物理学专业
核心课程的思维导图
范例库

刘中强　姜素蓉　满忠晓　张英杰　编著

U0430599

清華大學出版社
北　京

图书在版编目（CIP）数据

物理学专业核心课程的思维导图范例库 / 刘中强等编著. -- 北京 ：清华大学出版社，2025. 4. -- ISBN 978-7-302-68732-0

Ⅰ. O4

中国国家版本馆 CIP 数据核字第 202580N7T6 号

责任编辑：陈凯仁
封面设计：刘艳芝
责任校对：薄军霞
责任印制：宋　林

出版发行：清华大学出版社
网　　址：https://www.tup.com.cn，https://www.wqxuetang.com
地　　址：北京清华大学学研大厦 A 座　　**邮　　编**：100084
社 总 机：010-83470000　　**邮　　购**：010-62786544
投稿与读者服务：010-62776969，c-service@tup.tsinghua.edu.cn
质量反馈：010-62772015，zhiliang@tup.tsinghua.edu.cn
印 装 者：三河市龙大印装有限公司
经　　销：全国新华书店
开　　本：185mm×260mm　　**印　　张**：19.5　　**字　　数**：470 千字
版　　次：2025 年 5 月第 1 版　　**印　　次**：2025 年 5 月第1 次印刷
定　　价：79.00 元

产品编号：107441-01

教学理念

阐物质宏观微观之道，
解物性时空演化之理。
学思维导图发散之秘，
修数理图文交互之功。
构建知识结构全景图，
夯实理论创新奠基石。
梳理解决问题方法论，
提升思维能力高阶性。
品味格物致知风雨路，
参悟宇宙万物永恒律。
手握知识心智导图经，
身生思维飞翼展宏图。

前言

PREFACE

本书是以思维导图及其说明文字相对完整地呈现高校物理学专业核心课程知识结构体系的教材。党的二十大报告强调，加强基础学科、新兴学科、交叉学科建设，加快建设中国特色、世界一流的大学和优势学科。这充分说明，打破学科间，尤其是同一学科不同分支学科间的壁垒尤为重要。思维导图可作为知识结构诊断者、先行组织者、教学进程引导者、交流辅助者、教学评估者和教学总结者等应用于教学全过程。挖掘思维导图的多种功能对于优化教师的教和发展学生的思维能力具有重要意义。绘制思维导图是一种高效使用大脑发散性思考的方法。思维导图模拟人脑神经系统的放射性结构，以视觉形象化图示展现认知结构、外化大脑思维图谱。不过，许多论文和图书将蜘蛛图、概念图和思维导图混为一谈。迄今未曾见过包含一门学科完整知识结构全景图的教材。经过 16 年的教学实践摸索，我们发现思维导图之所以没能在高校物理学专业推广使用的主因是“巧妇难为无米之炊”。运用思维导图学习物理知识的最佳途径是“先模仿、后创新”。没有合适的思维导图范例作为模仿对象，初学者大多无从下手，抑制其学习运用的兴趣，最后只能望“图”兴叹，放弃尝试。编写本书的目的是为高校物理学专业的师生构建“教”与“学”的思维导图范例库。希望像有实时导航地图的旅行家一样，让每位热爱物理学的探索者拥有一幅相对完整的知识结构思维导图，在学习和探索物理学知识的过程中始终做到心中有数，时刻知道自己所处的思维空间坐标，避免“偏航”或“迷航”。希望读者使用本书既能高效地学习物理学基础知识和物理思想，也能学会运用思维导图服务于自身的学习、工作和研究。在附书名页中的教学理念充分体现了编写本教材的目的。

本书编写了高等院校物理学专业 10 门核心课程的思维导图，这些课程包括力学、热学、电磁学、光学、原子物理学、理论力学、热力学与统计物理、电动力学、量子力学和固体物理学。参考我国普通高等教育本科国家级规划教材和国外的优秀教材，将 10 门物理学专业核心课程以章为单位“压缩”成 77 张思维导图，图文并茂地给出了物理学专业知识结构的全景图。使用最少的文字、符号、公式和图像，直观展现物理学中的关键知识节点之间的逻辑关系、物理图像、物理思想和研究思路。直观可视的思维流线将关键知识节点自然地联系起来，为读者提高发散性思维能力和逻辑思维能力提供了大量的模仿对象和参考资料。运用可视化知识结构导图打破物理学科各门课程之间的壁垒，强化物理学各分支学科间的相互联系，借助思维导图完成对自身知识结构体系的宏观重构，在联系、比较和综合过程中培养学生的综合能力和科学思维方法。

针对如何使用本书的问题，可从“教”与“学”两个方面入手。

作为教师，可以根据课程需求选取教材的部分章节作为教学内容，将思维导图融入课程的教学过程中，也可开设综合性课程讲授物理学的整体知识架构及各分支学科间的相互联系。教师在备课前对一门学科的知识体系有一个全局认识，厘清每个知识节点的来龙去脉，掌握每一个知识关键节点所包含的重要研究思路，犹如为顺利完成教学目标安装精准的导航系统，打破“不识庐山真面目，只缘身在此山中”的困扰，达到“会当凌绝顶，一览众山小”的境界。备课时，在通晓所有细节的基础上，再试着修炼“压缩知识”的内功，真正将书“读懂读薄”，提高有效知识密度。授课时，“解压”思维导图中每一个关键知识节点的内涵和外延，将书“讲透讲厚”，自然而然地达到教学目标；授课后再引导学生使用思维导图将书读薄，化繁为简，找出关键知识节点之间的联系，构建完整的知识结构体系，提高创新思维能力，水到渠成地做到教学相长。

作为学生，上课前使用本书提供的思维导图快速浏览所需掌握知识体系的全貌，带着疑问上课，为解答这些疑问，重点掌握知识结构中每个知识关键节点产生的根源和过程，这是提高创新能力和培养全局思维的一种重要方法。课后在教师和本书的引导下绘制属于自己的思维导图，紧紧抓住所学知识的“筋骨”，提高有效知识密度，构建自己在物理知识海洋中游弋的导航系统，这是将知识内化为个人能力的重要过程。同时，这也是科学研究中开展调研工作的一般流程。

2500多年前，至圣先师孔子就提出“学而不思则罔，思而不学则殆”的命题，阐明了学习与思考的辩证关系。在我们看来，将思维导图运用到学习的全过程是实践这一观点的重要途径。使用本书的关键是动手去构建属于自己的思维导图。倘若你只是抱着好奇的心态浏览本书，你的收获将不得而知。本书仅仅给出我们自身当前认知的思维导图案例以供参考，思维导图应因人而异、因时而异，因为与时俱进的动态演化是其内禀属性。假如你正准备让自己变得强大起来，请遵循“不动笔墨不读书”的原则，走“先模仿，后创新”的路子，结合自己学习和研究的特点，一笔一画地画出自己的思维导图，构建出属于自己的知识结构全景图和导图。起初大家可能感觉构建过程费时、费力，但是，只要坚持“熟能生巧”的信念，多多练习，必将会收到事半功倍的效果。愿每位读者都能练就终身学习的“压缩与解压缩”内功，为今后的高效学习、顺利工作和幸福生活插上强有力的思维翅膀，不断超越自我，创造更加美好的人生，为中华民族的伟大复兴贡献自己的力量。

本书在出版过程中得到清华大学出版社秦帅，特别是责任编辑陈凯仁的帮助，也得到了曲阜师范大学教务处宋阳同志及物理工程学院全体师生的支持和帮助，编者在此表示衷心感谢！

由于编者水平有限，书中错误和不足不妥之处在所难免，欢迎读者不吝赐正。

编　者

2024年8月于曲阜师范大学

目录

CONTENTS

第1章 力学的思维导图范例

1.1 数学知识补充的思维导图

力学是高校物理学专业开始学习物理学的第一门专业基础课。学习相关物理知识的前提是熟练地掌握基本的数学工具并将其用于描述物理理论。图 1.1 给出了相关数学知识补充的思维导图。常见的物理量可分为标量和矢量。矢量在物理学中扮演着重要的角色，弄清矢量的运算规则就非常必要。在直角坐标系中，若将 $\boldsymbol{i},\boldsymbol{j},\boldsymbol{k}$ 分别作为 x,y,z 轴正方向上的单位矢量，则矢量 $\boldsymbol{A}$ 可表示为

$$\boldsymbol{A}=A_x\boldsymbol{i}+A_y\boldsymbol{j}+A_z\boldsymbol{k} \tag{1.1.1}$$

矢量的加减($\boldsymbol{A}\pm\boldsymbol{B}=?$)满足什么规则呢？矢量的加减等于各对应分量相加减。矢量之间还有点积(或标积)和叉积(或矢积)运算。两个矢量的点积等于它们的大小和它们之间夹角余弦的乘积，即标量积，表示为

$$C=\boldsymbol{A}\cdot\boldsymbol{B}=AB\cos\varphi \tag{1.1.2}$$

在直角坐标系中，可表示为

$$C=A_xB_x+A_yB_y+A_zB_z \tag{1.1.3}$$

两个矢量的叉积得到一个新矢量，如 $\boldsymbol{C}=\boldsymbol{A}\times\boldsymbol{B}$，其大小为 $C=AB\sin\theta$(θ 为 $\boldsymbol{A}$ 与 $\boldsymbol{B}$ 的夹角)，其方向由右手螺旋关系确定。在直角坐标系中，可表示为

$$\boldsymbol{C}=\begin{vmatrix}\boldsymbol{i} & \boldsymbol{j} & \boldsymbol{k}\\ A_x & A_y & A_z\\ B_x & B_y & B_z\end{vmatrix} \tag{1.1.4}$$

按照点积和叉积的运算规则，可以定义两种不同的三重积，即$(\boldsymbol{A}\times\boldsymbol{B})\cdot\boldsymbol{C}$ 和$(\boldsymbol{A}\times\boldsymbol{B})\times\boldsymbol{C}$，它们的运算结果和物理意义是什么呢？$(\boldsymbol{A}\times\boldsymbol{B})\cdot\boldsymbol{C}$ 在学习固体物理学中的倒格矢时会用到(图 10.1)。

依据函数的微分和积分的定义，可以定义矢量的微分和积分。类比函数 $y=y(x)$的导数 $y'=\frac{\mathrm{d}y}{\mathrm{d}x}$，矢量 $\boldsymbol{A}(t)$对 t 的导数定义为

$$\frac{\mathrm{d}\boldsymbol{A}}{\mathrm{d}t}=\lim_{\Delta t\to 0}\frac{\boldsymbol{A}(t+\Delta t)-\boldsymbol{A}(t)}{\Delta t} \tag{1.1.5}$$

在直角坐标系中，可表示为

$$\frac{\mathrm{d}\boldsymbol{A}}{\mathrm{d}t}=\frac{\mathrm{d}A_x}{\mathrm{d}t}\boldsymbol{i}+\frac{\mathrm{d}A_y}{\mathrm{d}t}\boldsymbol{j}+\frac{\mathrm{d}A_z}{\mathrm{d}t}\boldsymbol{k} \tag{1.1.6}$$

在学习力学中的速度、加速度和角加速度时，会用到相关知识。类比积分 $F(x)=\int f(x)\mathrm{d}x+C$，

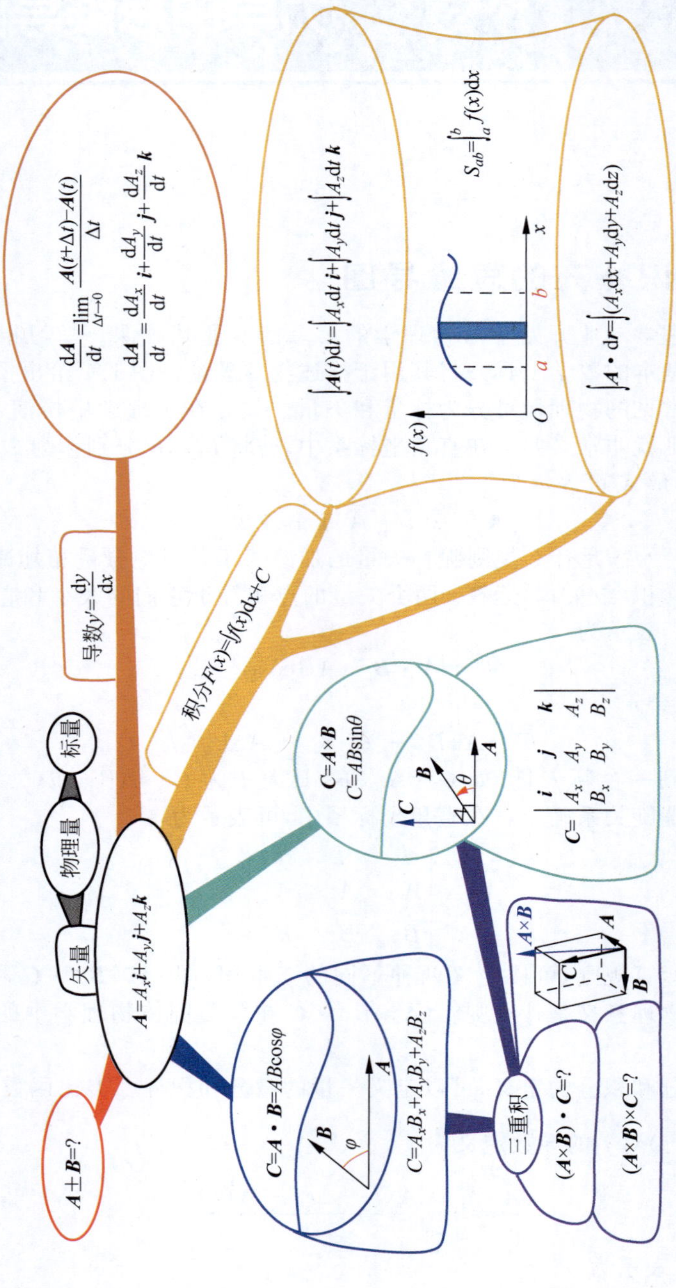

图 1.1 数学知识补充的思维导图

矢量的积分又可以分为两类，一类是矢量对时间的积分，如

$$\int A(t)\mathrm{d}t=\int A_x\mathrm{d}t\boldsymbol{i}+\int A_y\mathrm{d}t\boldsymbol{j}+\int A_z\mathrm{d}t\boldsymbol{k} \tag{1.1.7}$$

另一类是矢量对位移的积分，如

$$\int \boldsymbol{A}\cdot\mathrm{d}\boldsymbol{r}=\int(A_x\mathrm{d}x+A_y\mathrm{d}y+A_z\mathrm{d}z) \tag{1.1.8}$$

这两类积分将分别在学习力的冲量和力做功时得到应用。使用积分曲线下的面积（$S_{ab}=\int_a^b f(x)\mathrm{d}x$）可以从几何角度理解不同物理量的物理意义。

请构建自己的思维导图。

1.2　力学导论的思维导图

力学是研究物质机械运动规律的学科。普通物理力学课程主要介绍质点力学、刚体力学、振动、波动及流体力学等内容。图 1.2 给出了力学导论的思维导图。

如图 1.2 中的红色分支所示，质点力学的研究对象包括质点和质点系，从运动学和动力学两个方面进行研究。质点的运动学主要研究质点的位置矢量 $\boldsymbol{r}(t)$、速度$\boldsymbol{v}(t)$和加速度 $\boldsymbol{a}(t)$及其之间的内在关系。质点的动力学以牛顿运动定律，尤其是牛顿第二定律（$\boldsymbol{F}^{\mathrm{ex}}=m\boldsymbol{a}$，其中 $\boldsymbol{F}^{\mathrm{ex}}$ 代表质点所受的合外力）为核心，分别研究单个质点和质点系的机械运动规律。在考查外力对时间的累积效果（$\boldsymbol{F}^{\mathrm{ex}}\mathrm{d}t=?$ 或$\int_{t_1}^{t_2}\boldsymbol{F}^{\mathrm{ex}}\cdot\mathrm{d}t=\boldsymbol{p}-\boldsymbol{p}_0$）时，引入动量的概念，进而研究质点和质点系在外力作用下动量的变化规律（如动量定理和动量守恒定律等）。在探索外力对位移的累积效果（$\boldsymbol{F}^{\mathrm{ex}}\cdot\mathrm{d}\boldsymbol{r}=?$ 或 $W^{\mathrm{ex}}=\int_a^b\boldsymbol{F}^{\mathrm{ex}}\cdot\mathrm{d}\boldsymbol{r}$）时，引入功、动能、势能和机械能的概念，进而研究质点和质点系在外力作用下能量的变化规律（如动能定理、功能原理和机械能守恒定律等）。在考虑位置矢量和力的叉积（$\boldsymbol{r}\times\boldsymbol{F}$）时，引入力矩来研究质点相对某一参考点的角动量

$$\boldsymbol{L}=\boldsymbol{r}\times\boldsymbol{p} \tag{1.2.1}$$

的变化规律，然后将其推广到质点系，研究质点系角动量的变化规律（如角动量定理和角动量守恒定律等）。

把刚体看作任意两个质点间的距离保持不变的质点系并运用已知的质点系的运动规律对其进行研究，形成了刚体力学，如图 1.2 中的橘黄色分支所示。普通物理力学课程主要研究刚体定轴转动和平面平行运动，并简单介绍定点转动。对于刚体定轴转动来说，其运动学主要研究转动角度 $\theta(t)$、角速度 $\omega(t)$和角加速度 $\alpha(t)$及其之间的内在关系，而其动力学则以定轴转动定理（$M_z=I_z\alpha_z$）为核心，主要介绍刚体转动的动力学性质，通过考查力矩做功和力矩对时间的累积效应，分别研究刚体的转动动能和角动量的变化规律。

振动和波动是横跨物理学不同领域的非常普遍而重要的运动形式。通过引入弹簧振子、单摆和复摆等理想模型，利用质点和刚体运动规律可以研究振动这种特殊而又具有普遍意义的运动形式。波动是振动的传播，掌握振动的规律对于研究波动的规律是必不可少的前提。如图 1.2 中的蓝色分支所示，振动的核心内容是简谐振动、阻尼振动和受迫振动，

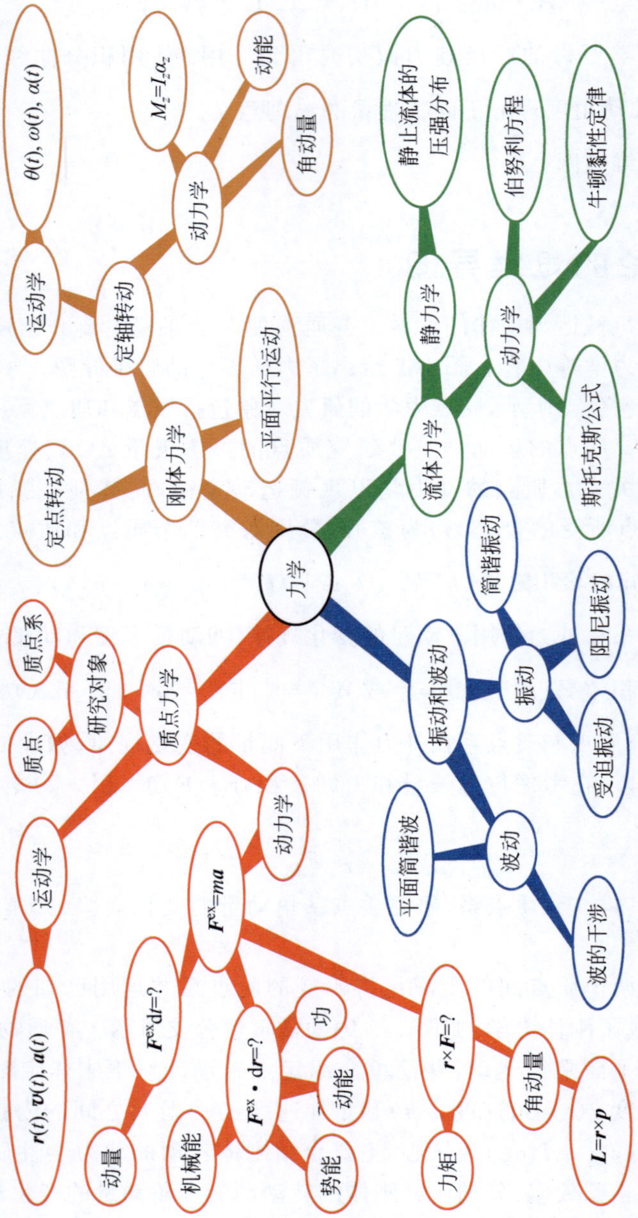

图 1.2 力学导论的思维导图

重点关注振动的起因与形式、运动学行为和合成。波动的核心内容是平面简谐波和波的干涉。振动和波动的基本原理是声学、光学、电工学、无线电学、自动控制等科学技术的理论基础。

将质点系的运动规律应用到流体继而发展出流体力学。如图1.2中的绿色分支所示，流体力学大致可分为流体静力学和流体动力学。流体静力学针对在重力场中视为静止的液体或气体研究静止流体的压强分布等，而流体动力学中将会简要介绍伯努利方程、牛顿黏性定律和斯托克斯公式。将质点系的功能原理应用到流体中，可得理想流体在重力场中作定常流动时一流线上的压强、流速和高度的关系，即伯努利方程。牛顿黏性定律和斯托克斯公式将分别应用在非平衡输运过程(图2.4)和密立根油滴实验(图5.1)中。

请构建自己的思维导图。

1.3　质点运动学的思维导图

当物体因自身尺寸与其运动空间相比过小，可忽略其形状和大小时，而被看作有质量的点，简称质点。它是力学中最简单的理想模型。如此忽略次要因素，抓住主要矛盾来构建理想模型的方法，极大地方便了力学的研究，这也是构建物理模型的基本思路和科学方法。图1.3给出了质点运动学的思维导图。

质点的运动学方程 $\boldsymbol{r}(t)$ 可以给出任意时刻 t 质点在空间中的位置，通过将 $\boldsymbol{r}(t)$ 对时间求导，依次可得质点的速度和加速度随时间变化的规律。在不同坐标系中，它的形式也不尽相同。在直角坐标系中，运动学方程具象为位矢，其表达式为

$$\boldsymbol{r}(t)=x(t)\boldsymbol{i}+y(t)\boldsymbol{j}+z(t)\boldsymbol{k} \tag{1.3.1}$$

用来描述质点的位置。其分量形式为

$$\begin{cases} x=x(t) \\ y=y(t) \\ z=z(t) \end{cases} \tag{1.3.2}$$

若将分量式消去 t，则可得质点运动的轨迹方程：$z=z(x,y)$(三维空间)或 $y=y(x)$(二维空间)。如图1.3中的红色分支所示，在 Δt 时间内，位矢的增量为

$$\Delta\boldsymbol{r}=\boldsymbol{r}(t+\Delta t)-\boldsymbol{r}(t) \tag{1.3.3}$$

称为质点的位移。它在直角坐标系中的具体形式为

$$\Delta\boldsymbol{r}=\Delta x\boldsymbol{i}+\Delta y\boldsymbol{j}+\Delta z\boldsymbol{k} \tag{1.3.4}$$

如图1.3中的黄色分支所示，为了描述质点运动的快慢，引入速度的概念，其定义式为

$$\boldsymbol{v}=\lim_{\Delta t\to 0}\frac{\Delta\boldsymbol{r}}{\Delta t}=\frac{\mathrm{d}\boldsymbol{r}}{\mathrm{d}t} \tag{1.3.5}$$

它是位置矢量的一阶导数。在直角坐标系中，可表示为

$$\boldsymbol{v}=\frac{\mathrm{d}x}{\mathrm{d}t}\boldsymbol{i}+\frac{\mathrm{d}y}{\mathrm{d}t}\boldsymbol{j}+\frac{\mathrm{d}z}{\mathrm{d}t}\boldsymbol{k} \tag{1.3.6}$$

其分量形式为

$$\begin{cases} v_x=\mathrm{d}x/\mathrm{d}t \\ v_y=\mathrm{d}y/\mathrm{d}t \\ v_z=\mathrm{d}z/\mathrm{d}t \end{cases} \tag{1.3.7}$$

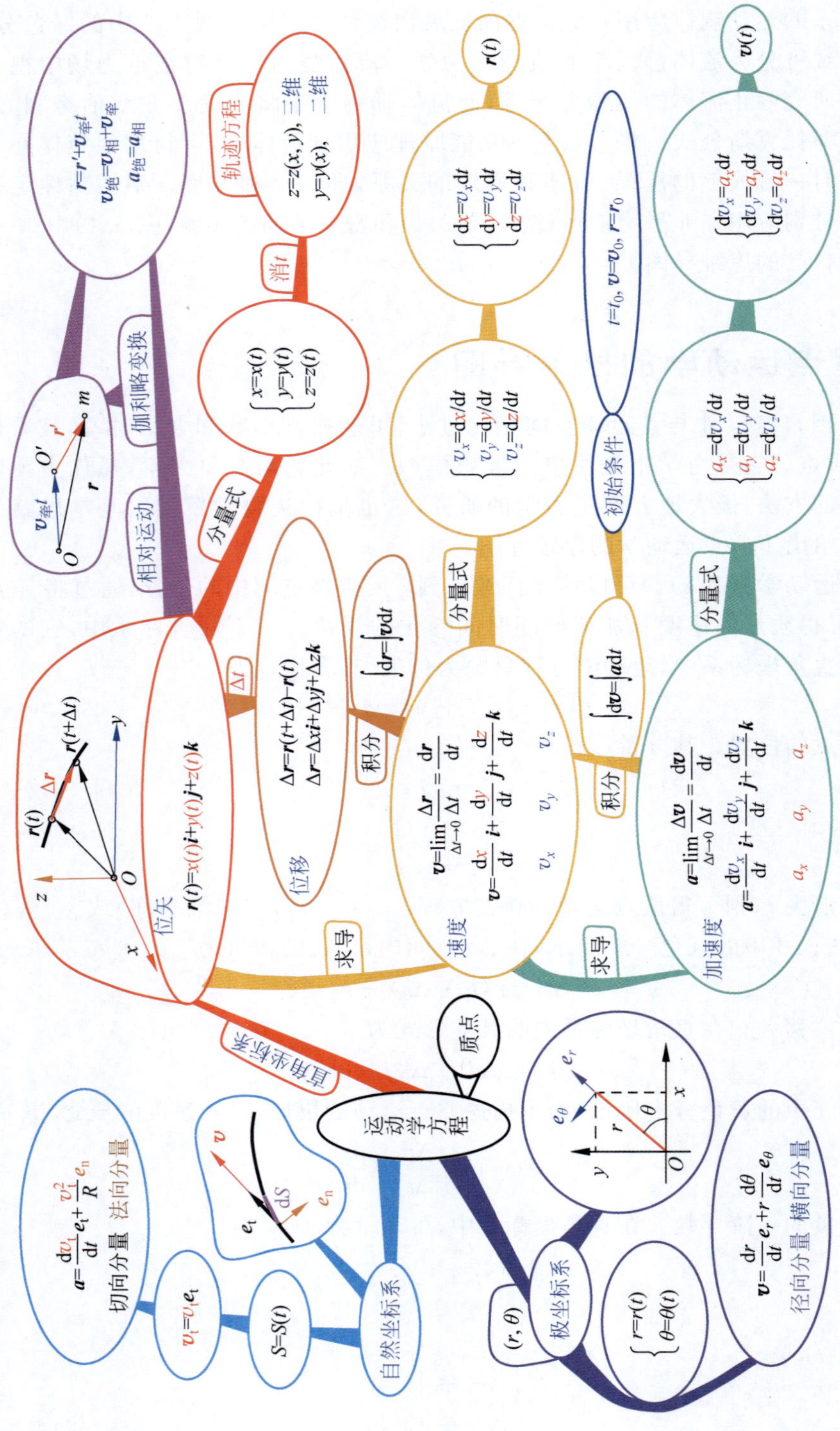

图 1.3 质点运动学的思维导图

变换形式有

$$\begin{cases} dx = v_x dt \\ dy = v_y dt \\ dz = v_z dt \end{cases} \tag{1.3.8}$$

这表明,速度对时间累积会产生物体位置的变化,通过积分$\left(\int d\boldsymbol{r} = \int \boldsymbol{v}\, dt\right)$可得质点的运动学方程$\boldsymbol{r}(t)$。

如图1.3中的青色分支所示,为了描述质点的速度变化的快慢,引入加速度的概念,其定义式为

$$\boldsymbol{a} = \lim_{\Delta t \to 0} \frac{\Delta \boldsymbol{v}}{\Delta t} = \frac{d\boldsymbol{v}}{dt} \tag{1.3.9}$$

它是速度的一阶导数或位矢的二阶导数。在直角坐标系中,可表示为

$$\boldsymbol{a} = \frac{dv_x}{dt}\boldsymbol{i} + \frac{dv_y}{dt}\boldsymbol{j} + \frac{dv_z}{dt}\boldsymbol{k} \tag{1.3.10}$$

其分量形式为

$$\begin{cases} a_x = dv_x/dt \\ a_y = dv_y/dt \\ a_z = dv_z/dt \end{cases} \tag{1.3.11}$$

变换形式有

$$\begin{cases} dv_x = a_x dt \\ dv_y = a_y dt \\ dv_z = a_z dt \end{cases} \tag{1.3.12}$$

这表明加速度对时间累积会产生速度的改变量,通过积分$\left(\int d\boldsymbol{v} = \int \boldsymbol{a}\, dt\right)$可得$\boldsymbol{v}(t)$。综上所述,假如已知运动学方程,通过对时间$t$求导,即可得到质点的速度和加速度。反过来,若已知加速度和初始条件$t=t_0$,$\boldsymbol{v}=\boldsymbol{v}_0$,$\boldsymbol{r}=\boldsymbol{r}_0$,通过积分$\int d\boldsymbol{v} = \int \boldsymbol{a}\, dt$和$\int d\boldsymbol{r} = \int \boldsymbol{v} dt$,即可求得质点的速度和位移。然而,你知道加速度$\frac{d\boldsymbol{a}}{dt}$的物理意义及其应用实例吗?

如图1.3中的玫红色分支所示,在有相对运动(即牵连速度为$\boldsymbol{v}_{牵}$)的两个惯性系中描述同一质点m的运动,可得伽利略变换:

$$\boldsymbol{r} = \boldsymbol{r}' + \boldsymbol{v}_{牵} t \tag{1.3.13a}$$

$$\boldsymbol{v}_{绝} = \boldsymbol{v}_{相} + \boldsymbol{v}_{牵} \text{(绝对速度等于相对速度和牵连速度之和)} \tag{1.3.13b}$$

$$\boldsymbol{a}_{绝} = \boldsymbol{a}_{相} \text{(绝对加速度等于相对加速度)} \tag{1.3.13c}$$

这里将式(1.3.13a)对时间t依次求导,可得式(1.3.13b)和式(1.3.13c)。

如图1.3中的紫色分支所示,在平面极坐标系(r,θ)中,运动学方程表示为$r=r(t)$,$\theta=\theta(t)$。将$\boldsymbol{r}=r(t)\boldsymbol{e}_r$代入定义式$\boldsymbol{v}=\frac{d\boldsymbol{r}}{dt}$,可得

$$\boldsymbol{v} = \frac{dr}{dt}\boldsymbol{e}_r + r\frac{d\theta}{dt}\boldsymbol{e}_\theta \tag{1.3.14}$$

其中，等式右侧两项为分量，分别称为径向速度和横向速度。对应加速度的形式将在图 6.1 中给出。

如图 1.3 中的浅蓝色分支所示，在自然坐标系中，运动学方程则表示为 $S=S(t)$。将 $\mathrm{d}\boldsymbol{r}=\mathrm{d}S\boldsymbol{e}_{\mathrm{t}}$ 代入定义式$\boldsymbol{v}=\frac{\mathrm{d}\boldsymbol{r}}{\mathrm{d}t}$，可得

$$\boldsymbol{v}=v_{\mathrm{t}}\boldsymbol{e}_{\mathrm{t}} \tag{1.3.15}$$

再使用 $\boldsymbol{a}=\frac{\mathrm{d}\boldsymbol{v}}{\mathrm{d}t}$，可得

$$\boldsymbol{a}=\frac{\mathrm{d}v_{\mathrm{t}}}{\mathrm{d}t}\boldsymbol{e}_{\mathrm{t}}+\frac{v_{\mathrm{t}}^2}{R}\boldsymbol{e}_{\mathrm{n}}=a_{\mathrm{t}}\boldsymbol{e}_{\mathrm{t}}+a_{\mathrm{n}}\boldsymbol{e}_{\mathrm{n}} \tag{1.3.16}$$

式中，等式右侧两项为分量，分别为切向加速度和法向加速度。

请构建自己的思维导图。

1.4 牛顿运动定律和动量守恒定律的思维导图

图 1.4 给出了牛顿运动定律和动量守恒定律的思维导图。它将依次介绍牛顿运动三定律、力的类型、质点和质点系的动量定理、动量守恒定律，以及非惯性系中的惯性力等内容。

参考系按照其是否满足牛顿运动定律可分为惯性参考系(惯性系)和非惯性参考系(非惯性系)。前者满足牛顿运动定律，后者则不满足。在惯性参考系中，质点所受合外力 $\boldsymbol{F}^{\mathrm{ex}}$($\boldsymbol{F}^{\mathrm{ex}}=\sum\boldsymbol{F}_i$) 等于其动量 $\boldsymbol{p}$ 对时间的一阶导数，即

$$\boldsymbol{F}^{\mathrm{ex}}=\frac{\mathrm{d}\boldsymbol{p}}{\mathrm{d}t} \tag{1.4.1}$$

式中，$\boldsymbol{p}=m\boldsymbol{v}$。式(1.4.1)也称为质点动量定理的微分形式，做宏观低速运动的物体，可忽略相对论效应，其质量 m 可看作常量(见 8.7 节)，则可得牛顿第二定律：

$$\boldsymbol{F}^{\mathrm{ex}}=m\boldsymbol{a} \tag{1.4.2}$$

它表明，当作用在质量为 m 的质点上的合外力为 $\boldsymbol{F}^{\mathrm{ex}}$ 时，质点的加速度为 $\boldsymbol{a}$，这也说明力是改变物体运动状态的原因。倘若物体所受合外力为零(此时质点的加速度 $\boldsymbol{a}=0$)，则物体保持其原来的运动状态(做匀速直线运动或静止)，简记为

$$\text{若 } \boldsymbol{F}^{\mathrm{ex}}=0, \quad \text{则}\boldsymbol{v}=\boldsymbol{C}(\boldsymbol{C}\text{ 为常矢量})$$

这就是牛顿第一定律，它说明了力不是物体运动的原因。牛顿第三定律指出：两个存在相互作用的物体之间作用力和反作用力的大小相等，但方向相反，即

$$\boldsymbol{F}_{12}=-\boldsymbol{F}_{21} \tag{1.4.3}$$

值得注意的是，物体的质量可以通过碰撞实验来定义，即

$$m=m_0\frac{|\Delta\boldsymbol{v}_0|}{|\Delta\boldsymbol{v}|} \tag{1.4.4}$$

式中，m_0、$|\Delta\boldsymbol{v}_0|$和$|\Delta\boldsymbol{v}|$分别代表标准参考质量、物体 m_0 和 m 的速度变化量的大小。

力按照其产生的原因不同可分为两种不同的类型：主动力和被动力。常见的主动力有重力 $\boldsymbol{G}$($\boldsymbol{G}=m\boldsymbol{g}$)、弹性恢复力 $\boldsymbol{f}$($\boldsymbol{f}=-k\boldsymbol{x}$)、电场力 $\boldsymbol{F}$($\boldsymbol{F}=q\boldsymbol{E}$)、洛伦兹力 $\boldsymbol{f}$($\boldsymbol{f}=q\boldsymbol{v}\times\boldsymbol{B}$)等。常见的被动力有支持力 $\boldsymbol{N}$、绳的拉力 $\boldsymbol{T}$、摩擦力 $\boldsymbol{f}$($f=\mu N$)等。

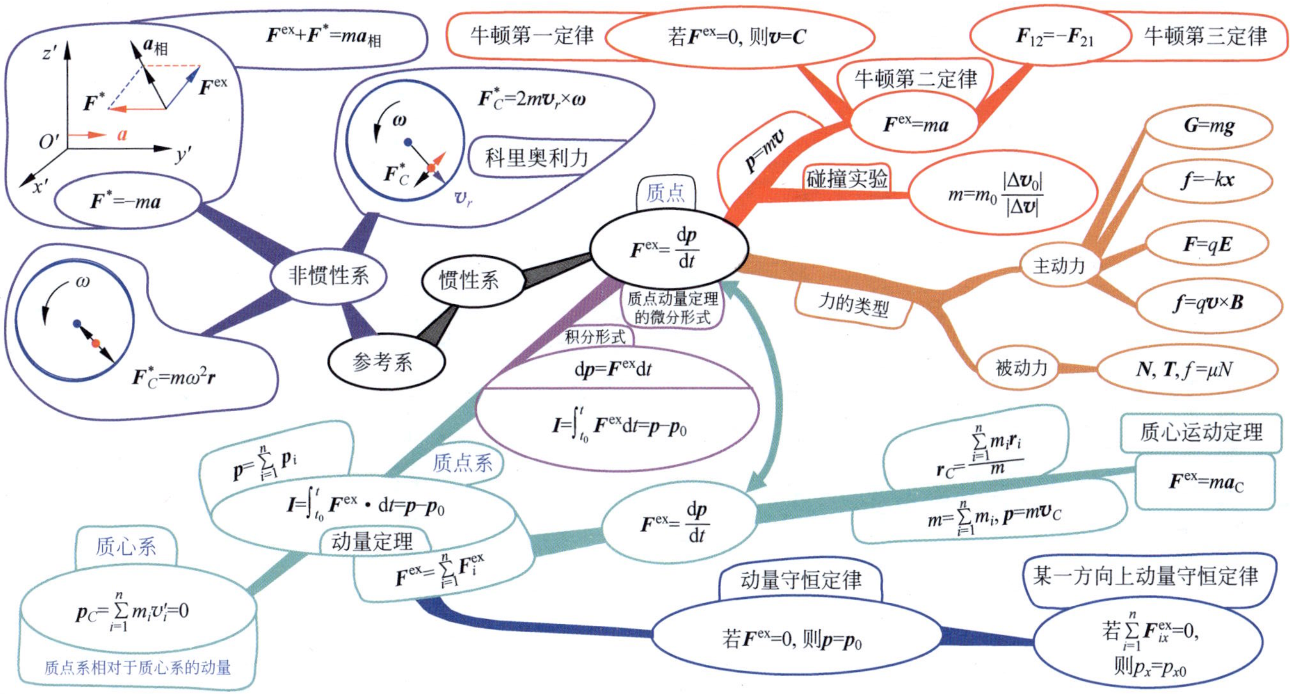

图 1.4　牛顿运动定律和动量守恒定律的思维导图

将式(1.4.1)变形可得

$$d\boldsymbol{p}=\boldsymbol{F}^{ex}dt \tag{1.4.5}$$

这表明,合外力作用在质点上对时间累积会改变质点的动量。质点动量定理的积分形式为

$$\boldsymbol{I}=\int_{t_0}^{t}\boldsymbol{F}^{ex}dt=\boldsymbol{p}-\boldsymbol{p}_0 \tag{1.4.6}$$

显然,质点的动量定理除了可用力的冲量 $\boldsymbol{I}$ 来计算质点的初动量或末动量外,还可以计算质点在 $t_0 \sim t$ 时间内所受的平均作用力。将质点动量定理推广到质点系可得质点系的动量定理:

$$\boldsymbol{I}=\int_{t_0}^{t}\boldsymbol{F}^{ex}dt=\boldsymbol{p}-\boldsymbol{p}_0 \tag{1.4.7}$$

式中,$\boldsymbol{p}=\sum_{i=1}^{n}\boldsymbol{p}_i$ 为质点系的末动量,等于每个质点动量的矢量和;$\boldsymbol{p}_0$ 为质点系的初动量;$\boldsymbol{F}^{ex}=\sum_{i=1}^{n}\boldsymbol{F}_i^{ex}$ 代表质点系所受的合外力,等于每个质点所受外力的矢量和,它与质点系内质点之间的内力无关。尽管质点系的动量定理和质点动量定理的形式相同,但符号所代表的意义不同。

如图 1.4 中的青色分支所示,质点系动量定理的微分式为

$$\boldsymbol{F}^{ex}=\frac{d\boldsymbol{p}}{dt} \tag{1.4.8}$$

其形式和质点动量定理的微分式(1.4.1)类似。引入质心的位置矢量

$$\boldsymbol{r}_C=\frac{\sum_{i=1}^{n}m_i\boldsymbol{r}_i}{m} \tag{1.4.9}$$

式中,质点系总质量 $m=\sum_{i=1}^{n}m_i$,总动量 $\boldsymbol{p}=m\boldsymbol{v}_C$,运用 $\boldsymbol{F}^{ex}=\frac{d\boldsymbol{p}}{dt}$可给出质心运动定理:

$$\boldsymbol{F}^{ex}=m\boldsymbol{a}_C \tag{1.4.10}$$

设质点的位置矢量在惯性系和质心系中分别为 $\boldsymbol{r}_i$ 和 $\boldsymbol{r}'_i$,它们满足 $\boldsymbol{r}_i=\boldsymbol{r}'_i+\boldsymbol{r}_C$,将其代入式(1.4.9)可得

$$\sum_{i=1}^{n}m_i\boldsymbol{r}'_i=0 \tag{1.4.11}$$

再将其对时间求导可得

$$\boldsymbol{p}_C=\sum_{i=1}^{n}m_i\boldsymbol{v}'_i=0 \tag{1.4.12}$$

即质点系相对于质心系的动量始终为零。

倘若作用在质点系的合外力为零,则质点系的动量守恒,简记为

$$\text{若 }\boldsymbol{F}^{ex}=0,\quad \text{则 }\boldsymbol{p}=\boldsymbol{p}_0$$

这就是动量守恒定律。有时质点系在某一方向(如 x 轴方向)上所受的合外力为零,则质点系在这一方向上动量守恒,简记为

$$\text{若}\sum_{i=1}^{n}\boldsymbol{F}_{ix}^{ex}=0,\quad \text{则 }p_x=p_{x0}$$

如图 1.4 中的紫色分支所示，在非惯性系中，为了使牛顿第二定律在形式上“仍然”成立，除物体间相互作用的力外，还可引入惯性力 $\boldsymbol{F}^*$（一种非相互作用力）用于解决物体的动力学问题。惯性力的具体表达式会因非惯性系不同而不同。例如，在以加速度为 $\boldsymbol{a}$ 相对惯性系做匀加速直线运动的非惯性系中，可引入惯性力：

$$\boldsymbol{F}^* = -m\boldsymbol{a} \tag{1.4.13}$$

在以角速度 ω 转动的非惯性系中描述相对其静止的质点时，可引入惯性力：

$$\boldsymbol{F}_C^* = m\omega^2\boldsymbol{r} \tag{1.4.14}$$

在转动的非惯性系描述沿其径向运动的质点时，可引入另外一种惯性力——科里奥利力：

$$\boldsymbol{F}_C^* = 2m\boldsymbol{v}_{\mathrm{r}} \times \boldsymbol{\omega} \tag{1.4.15}$$

相应的示意图如图 1.4 中的紫色分支所示。针对第一种情况，由牛顿第二定律 $\boldsymbol{F}^{\mathrm{ex}} = m\boldsymbol{a}_{绝}$ 和 $\boldsymbol{a}_{绝} = \boldsymbol{a}_{相} + \boldsymbol{a}$（它由 $\boldsymbol{r} = \boldsymbol{r}' + \boldsymbol{r}_{O'}$ 对时间的二阶导数给出），可得质点在直线加速参考系中的动力学方程为

$$\boldsymbol{F}^{\mathrm{ex}} + \boldsymbol{F}^* = m\boldsymbol{a}_{相} \tag{1.4.16}$$

请构建自己的思维导图。

1.5　动能和势能的思维导图

图 1.5 给出了动能和势能的思维导图。图中从做功和能量转化的角度去考查质点和质点系的运动规律。力所做的功是物体能量转化的量度。如图 1.5 中的青色分支所示，作用在质点上的力 $\boldsymbol{F}$ 使其产生位移 $\mathrm{d}\boldsymbol{r}$，则力所做的元功记为

$$\mathrm{d}W = \boldsymbol{F} \cdot \mathrm{d}\boldsymbol{r} = F\,\mathrm{d}r\cos\theta \tag{1.5.1}$$

式中，θ 为 $\boldsymbol{F}$ 与 $\mathrm{d}\boldsymbol{r}$ 之间的夹角。在力 $\boldsymbol{F}$ 作用下，质点从 a 运动到 b，力 $\boldsymbol{F}$ 所做的功为

$$W = \int_a^b \boldsymbol{F} \cdot \mathrm{d}\boldsymbol{r} \tag{1.5.2}$$

元功在直角坐标系、自然坐标系和平面极坐标系中的形式分别为

$$\begin{cases} \mathrm{d}W = F_x\mathrm{d}x + F_y\mathrm{d}y + F_z\mathrm{d}z \\ \mathrm{d}W = F_{\mathrm{t}}\mathrm{d}s \\ \mathrm{d}W = F_r\mathrm{d}r + F_\theta r\mathrm{d}\theta \end{cases} \tag{1.5.3}$$

如图 1.5 中的蓝色分支所示，考查作用在质点上合外力的元功 $\mathrm{d}W^{\mathrm{ex}} = \boldsymbol{F}^{\mathrm{ex}} \cdot \mathrm{d}\boldsymbol{r}$，再利用牛顿第二定律 $\boldsymbol{F}^{\mathrm{ex}} = m\boldsymbol{a} = m\mathrm{d}\boldsymbol{v}/\mathrm{d}t$ 可得

$$\mathrm{d}W^{\mathrm{ex}} = \mathrm{d}\left(\frac{1}{2}mv^2\right) \tag{1.5.4}$$

由此引入质点的动能的概念，其表达式为

$$E_{\mathrm{k}} = \frac{1}{2}mv^2 \tag{1.5.5}$$

将式(1.5.4)推广至有限过程，可得

$$W^{\mathrm{ex}} = \int_a^b \boldsymbol{F}^{\mathrm{ex}} \cdot \mathrm{d}\boldsymbol{r} = E_{\mathrm{k}}(b) - E_{\mathrm{k0}}(a) \tag{1.5.6}$$

这就是质点的动能定理，即合外力所做的功等于质点动能的变化量。

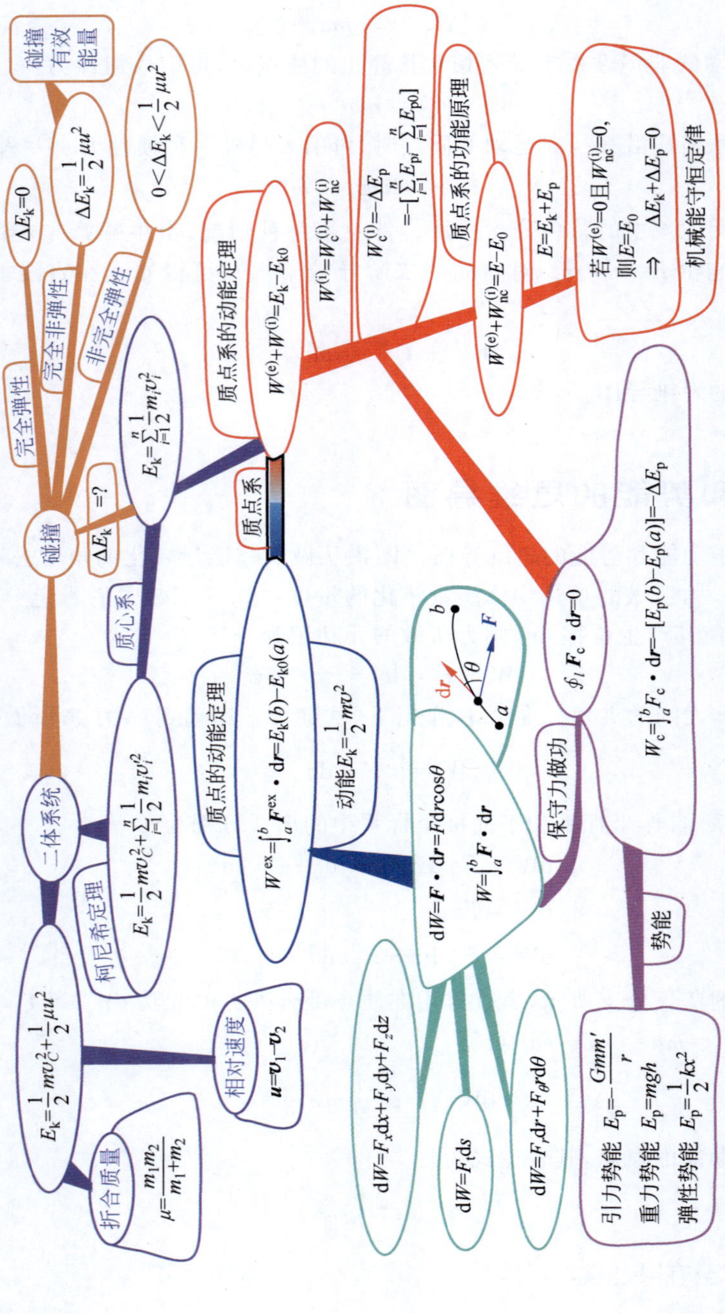

图 1.5 动能和势能的思维导图

力按其做功的大小和路径是否有关，可分为保守力 $\boldsymbol{F}_{\mathrm{c}}$ 和非保守力 $\boldsymbol{F}_{\mathrm{nc}}$。如图 1.5 中的玫红色分支所示，保守力做功与路径无关，其沿闭合路径所做的功始终为零，即

$$\oint_l \boldsymbol{F}_{\mathrm{c}} \cdot \mathrm{d}\boldsymbol{r} = 0 \tag{1.5.7}$$

据此可引入势能 E_{p} 的概念。可以证明，在保守力 $\boldsymbol{F}_{\mathrm{c}}$ 作用下，质点从 a 运动到 b，$\boldsymbol{F}_{\mathrm{c}}$ 所做的功等于质点相应势能的减小量，即

$$W_{\mathrm{c}} = \int_a^b \boldsymbol{F}_{\mathrm{c}} \cdot \mathrm{d}\boldsymbol{r} = -[E_{\mathrm{p}}(b) - E_{\mathrm{p}}(a)] = -\Delta E_{\mathrm{p}} \tag{1.5.8}$$

万有引力、重力和弹性力都是保守力，它们做功分别会引起质点的引力势能 $\left(E_{\mathrm{p}} = -\dfrac{Gmm'}{r}\right)$、重力势能($E_{\mathrm{p}} = mgh$)和弹性势能 $\left(E_{\mathrm{p}} = \dfrac{1}{2}kx^2\right)$ 的改变。

如图 1.5 中的红色分支所示，将质点的动能定理应用到质点系，再引入质点系的动能 $E_{\mathrm{k}} = \sum\limits_{i=1}^{n} \dfrac{1}{2} m_i v_i^2$，可得质点系的动能定理：

$$W^{(\mathrm{e})} + W^{(\mathrm{i})} = E_{\mathrm{k}} - E_{\mathrm{k0}} = \Delta E_{\mathrm{k}} \tag{1.5.9}$$

它表明，质点系动能的变化量一部分来自外力所做的功 $W^{(\mathrm{e})}$，另一部分来自内力所做的功 $W^{(\mathrm{i})}$。内力所做的功 $W^{(\mathrm{i})}$ 又包括保守力所做的功 $W_{\mathrm{c}}^{(\mathrm{i})}$ 和非保守力所做的功 $W_{\mathrm{nc}}^{(\mathrm{i})}$ 两部分，即

$$W^{(\mathrm{i})} = W_{\mathrm{c}}^{(\mathrm{i})} + W_{\mathrm{nc}}^{(\mathrm{i})} \tag{1.5.10}$$

因

$$W_{\mathrm{c}}^{(\mathrm{i})} = -\Delta E_{\mathrm{p}} = -\left(\sum_{i=1}^{n} E_{\mathrm{p}i} - \sum_{i=1}^{n} E_{\mathrm{p0}}\right)$$

可得质点系的功能原理，即

$$W^{(\mathrm{e})} + W_{\mathrm{nc}}^{(\mathrm{i})} = E - E_0 \tag{1.5.11}$$

式中，质点系的机械能 $E = E_{\mathrm{k}} + E_{\mathrm{p}}$。这说明，质点系的机械能改变一部分来自外力做功 $W^{(\mathrm{e})}$，另一部分来自非保守内力所做的功 $W_{\mathrm{nc}}^{(\mathrm{i})}$。当外力和非保守内力都不做功时，质点系的机械能守恒，简记为

$$\text{若 } W^{(\mathrm{e})} = 0 \text{ 且 } W_{\mathrm{nc}}^{(\mathrm{i})} = 0, \quad \text{则 } E = E_0$$

也可等效为

$$\Delta E_{\mathrm{k}} + \Delta E_{\mathrm{p}} = 0 \tag{1.5.12}$$

这就是机械能守恒定律。它给出质点系在何种条件下，机械能之间在相互转化中才能够保持其守恒性，这为从能量角度解决一些力学问题提供了极大的便利。

如图 1.5 中的紫色分支所示，在质心参考系中考查质点系的动能，将 $\boldsymbol{v}_i = \boldsymbol{v}_C + \boldsymbol{v}'_i$ 代入 $E_{\mathrm{k}} = \sum\limits_{i=1}^{n} \dfrac{1}{2} m_i v_i^2$，再利用质点系相对于质心系的动量始终为零的结论，即 $\boldsymbol{p}_C = \sum\limits_{i=1}^{n} m_i \boldsymbol{v}'_i = 0$ (图 1.4 左下角)，可得柯尼希定理：

$$E_{\mathrm{k}} = \frac{1}{2} m v_C^2 + \sum_{i=1}^{n} \frac{1}{2} m_i v'^2_i \tag{1.5.13}$$

将柯尼希定理应用到二体系统，引入相对速度 $\boldsymbol{u} = \boldsymbol{v}_1 - \boldsymbol{v}_2 = \boldsymbol{v}'_1 - \boldsymbol{v}'_2$ 和折合质量 $\mu =$

$\dfrac{m_1 m_2}{m_1+m_2}$，再利用 $m_1 \boldsymbol{v}_1' + m_2 \boldsymbol{v}_2' = 0$，可得

$$E_{\mathrm{k}} = \frac{1}{2} m v_C^2 + \frac{1}{2} \mu u^2 \tag{1.5.14}$$

如此二体问题可简化为单体问题，以上结果可以用于研究所有二体问题，如粒子的对撞、行星绕太阳的公转和原子核的衰变等问题。

如图 1.5 中的橘黄色分支所示，按照二体系统碰撞所引起的动能损失 ΔE_{k} 的多少（$\Delta E_{\mathrm{k}}=?$），可将宏观物体之间的碰撞分为完全弹性碰撞、完全非弹性碰撞和非完全弹性碰撞。它们的动能损失分别为 $\Delta E_{\mathrm{k}}=0$、$\Delta E_{\mathrm{k}}=\frac{1}{2}\mu u^2$ 和 $0<\Delta E_{\mathrm{k}}<\frac{1}{2}\mu u^2$。质点系的动量定理 $\boldsymbol{F}^{\mathrm{ex}}=\frac{\mathrm{d}\boldsymbol{p}}{\mathrm{d}t}$ 表明，当二体系统不受外力时，其总动量在碰撞前后保持不变，即 $\boldsymbol{v}_C$ 为常矢量，在碰撞前后二体系统的质心动能 $\frac{1}{2}mv_C^2$ 也保持不变。由式(1.5.14)可知，碰撞前的相对动能 $\frac{1}{2}\mu u^2$ 成为二体碰撞中所能损失的最大能量，称其为碰撞有效能量，在完全非弹性碰撞后，二体的相对速度为零，相对动能 $\frac{1}{2}\mu u^2$ 被完全转化为其他形式的能量。

请构建自己的思维导图。

1.6 角动量的思维导图

图 1.6 展示了角动量的思维导图。它首先从引入质点的角动量出发，考查其对时间变化率和质点所受力矩的关系，给出质点分别对参考点 O 和对 z 轴的角动量定理和角动量守恒定律；其次，将质点的角动量变化规律推广到质点系，给出质点系分别对参考点 O 和对 z 轴的角动量定理和角动量守恒定律；最后，考查在质心系中角动量定理和角动量守恒定律的形式。

质点运动学在描述质点运动时使用位置矢量 $\boldsymbol{r}$ 和速度 $\boldsymbol{v}$，质点动力学在同时考虑质点的质量 m 和速度 $\boldsymbol{v}$ 时引入动量 $\boldsymbol{p}=m\boldsymbol{v}$ 的概念，若同时考虑质点的空间位置 $\boldsymbol{r}$ 和动量 $\boldsymbol{p}$，可引入角动量 $\boldsymbol{L}$ 的概念继续研究质点相对某一参考点的运动规律。如图 1.6 蓝色分支上方的图所示，$\boldsymbol{L}=\boldsymbol{r}\times\boldsymbol{p}$ 代表质点对参考点 O 的角动量，大小为 $L=mrv\sin\theta$，方向由右手螺旋关系给出。将 $\boldsymbol{p}=m\boldsymbol{v}$ 代入 $\boldsymbol{L}=\boldsymbol{r}\times\boldsymbol{p}$ 并对时间求一阶导数，可得质点对参考点 O 的角动量定理：

$$\boldsymbol{M} = \frac{\mathrm{d}\boldsymbol{L}}{\mathrm{d}t} \tag{1.6.1}$$

这表明，质点对参考点 O 的角动量对时间的变化率等于作用于质点的合力对该点的合力矩，即

$$\boldsymbol{M} = \boldsymbol{r} \times \boldsymbol{F} \tag{1.6.2}$$

如图 1.6 蓝色分支下方的图所示。

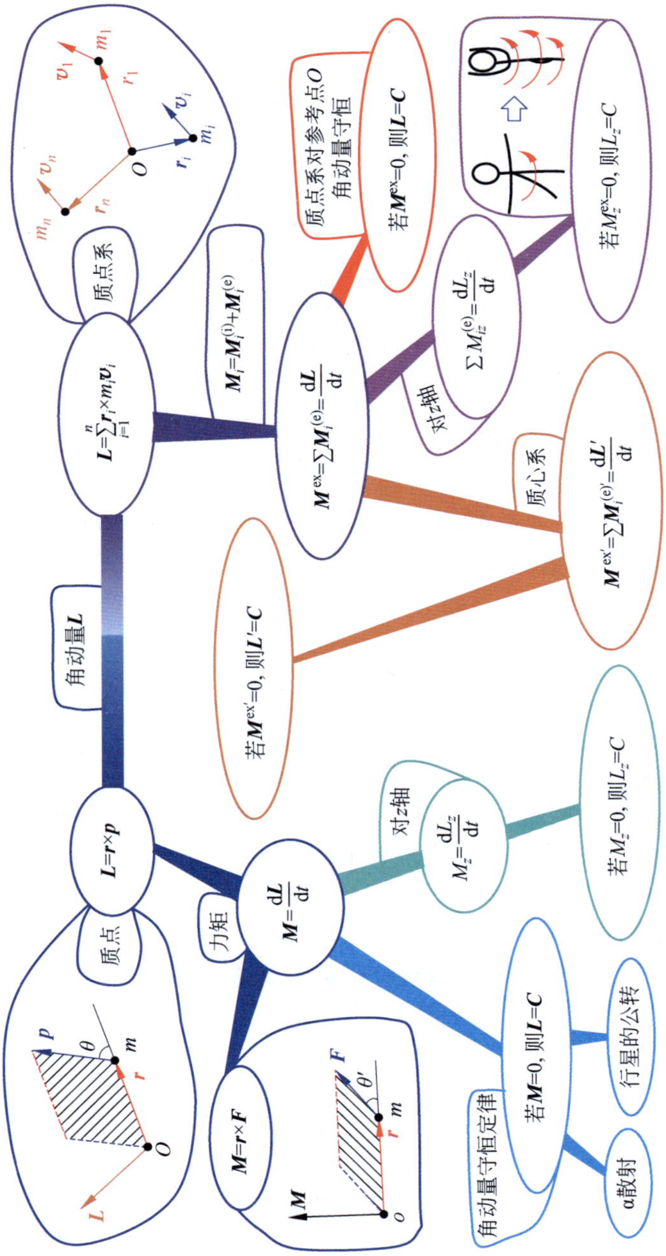

图 1.6　角动量的思维导图

如图 1.6 中的浅蓝色分支所示，假如质点相对参考点 O 所受的合力矩 $\boldsymbol{M}=0$，则质点对参考点 O 的角动量守恒，简记为

$$若\ \boldsymbol{M}=0,\quad 则\ \boldsymbol{L}=\boldsymbol{C}$$

这就是质点对参考点 O 的角动量守恒定律。利用有心力对力心的力矩为零的特点，该定律被广泛用于研究 α 散射和行星的公转等问题。

如图 1.6 中的青色分支所示，将式(1.6.1)投影到 z 轴，可得质点对 z 轴的角动量定理：

$$M_z=\frac{\mathrm{d}L_z}{\mathrm{d}t} \tag{1.6.3}$$

它说明，质点对 z 轴的角动量对时间的变化率等于作用于质点的合力对同一轴线的力矩 M_z。假如 $M_z=0$，则质点对 z 轴的角动量守恒，简记为

$$若\ M_z=0,\quad 则\ L_z=C$$

如图 1.6 紫色分支中的图所示，对质点系来说，对参考点 O 的角动量等于每个质点相对同一参考点的角动量之和，即

$$\boldsymbol{L}=\sum_{i=1}^{n}\boldsymbol{r}_i\times m_i\boldsymbol{v}_i \tag{1.6.4}$$

对于第 i 个质点，所受合力矩 $\boldsymbol{M}_i$ 包含两部分，一部分来自内力所产生的力矩 $\boldsymbol{M}_i^{(\mathrm{i})}$，另一部分来自外力所产生的力矩 $\boldsymbol{M}_i^{(\mathrm{e})}$，即

$$\boldsymbol{M}_i=\boldsymbol{M}_i^{(\mathrm{i})}+\boldsymbol{M}_i^{(\mathrm{e})} \tag{1.6.5}$$

将质点对参考点 O 的角动量定理应用到每一个质点，再考虑作用力与反作用力的力矩大小相等而方向相反，可得质点系对参考点 O 的角动量定理：

$$\boldsymbol{M}^{\mathrm{ex}}=\sum\boldsymbol{M}_i^{(\mathrm{e})}=\frac{\mathrm{d}\boldsymbol{L}}{\mathrm{d}t} \tag{1.6.6}$$

这表明，质点系对参考点 O 的角动量对时间的变化率等于作用于质点系的外力对该点的力矩的矢量和。如果 $\boldsymbol{M}^{\mathrm{ex}}=0$，则质点系对参考点 O 角动量守恒，简记为

$$若\ \boldsymbol{M}^{\mathrm{ex}}=0,\quad 则\ \boldsymbol{L}=\boldsymbol{C}$$

如图 1.6 中的红色分支所示。

将式(1.6.6)投影到 z 轴，可得质点系对 z 轴的角动量定理：

$$\sum M_{iz}^{(\mathrm{e})}=\frac{\mathrm{d}L_z}{\mathrm{d}t} \tag{1.6.7}$$

假如 $M_z^{\mathrm{ex}}=\sum M_{iz}^{(\mathrm{e})}=0$，则质点对 z 轴的角动量守恒，简记为

$$若\ M_z^{\mathrm{ex}}=0,\quad 则\ L_z=C$$

据此可以解释做定轴转动的舞蹈演员或花样滑冰运动员如何通过四肢的伸缩来控制自身转动的快慢的，如图 1.6 玫红色分支中的图所示。

正如图 1.6 中的橘黄色分支所示，在质心参考系中，考查质点系对质心的角动量对时间的变化率，可得质点系对质心的角动量定理

$$\boldsymbol{M}^{\mathrm{ex}'}=\sum\boldsymbol{M}_i^{(\mathrm{e})'}=\frac{\mathrm{d}\boldsymbol{L}'}{\mathrm{d}t} \tag{1.6.8}$$

倘若质点系对质心的合力矩为零，即 $\boldsymbol{M}^{\mathrm{ex}'}=0$，则质点系对质心的角动量守恒，简记为

$$\text{若 } \boldsymbol{M}^{\mathrm{ex}'}=0, \quad \text{则 } \boldsymbol{L}'=\boldsymbol{C}$$

请构建自己的思维导图。

1.7　刚体力学的思维导图

刚体是力学中的另一个理想模型，其内的任意质点之间没有相对位移，因此可用于研究可忽略形变的宏观物体的运动。图 1.7 给出了刚体力学的思维导图。假如刚体做平动，刚体内的第 i 个质元和第 j 个质元之间满足如下关系：

$$\begin{cases}\boldsymbol{r}_j=\boldsymbol{r}_i+\boldsymbol{r}_{ij}\\ \boldsymbol{v}_j=\boldsymbol{v}_i\\ \boldsymbol{a}_j=\boldsymbol{a}_i\end{cases} \tag{1.7.1}$$

这意味着，只要弄清平动刚体内任意一个质元的运动状态，就可知道刚体的整体运动状态。描述刚体平动的问题就简化为质点力学问题，运用前文所介绍的质点力学的知识就足够了。但是，刚体除了平动外，还可转动，更一般的平面平行运动则可看作平动和转动的合成。

如图 1.7 中的绿色分支所示，首先考查刚体的动量，刚体作为质点系的一种特殊形式——不变质点系，它的动量及其变化规律应该遵循质点系的动量定理和质心运动规律（图 1.4）。刚体的动量 $\boldsymbol{p}=m\boldsymbol{v}_C=m\dfrac{\mathrm{d}\boldsymbol{r}_C}{\mathrm{d}t}$，再由质点系的动量定理 $\boldsymbol{F}^{\mathrm{ex}}=\dfrac{\mathrm{d}\boldsymbol{p}}{\mathrm{d}t}$ 可知，质心运动定理为

$$\boldsymbol{F}^{\mathrm{ex}}=m\boldsymbol{a}_C \tag{1.7.2}$$

质量为 m 的刚体所受合外力为 $\boldsymbol{F}^{\mathrm{ex}}$ 时，其质心的加速度为 $\boldsymbol{a}_C$，这表明确定刚体的质心位置就变得非常重要。由质心坐标的定义式

$$\boldsymbol{r}_C=\frac{\sum m_i\boldsymbol{r}_i}{m} \tag{1.7.3}$$

可知，在直角坐标系中，$\boldsymbol{r}_C$ 的 x 分量为

$$x_C=\frac{\sum m_i x_i}{\sum m_i} \tag{1.7.4}$$

考虑到刚体是不变形的连续质点系，求 x_C 采用积分的形式，即

$$x_C=\frac{\int x\,\mathrm{d}m}{m} \tag{1.7.5}$$

y 分量和 z 分量的形式与 x 分量的形式类似，读者可作为练习自行写出。因质量元 $\mathrm{d}m=\rho\mathrm{d}V$（$\rho$ 为刚体的质量密度），考虑特例 $\rho=C$，可得如下结论：均匀刚体的质心与其几何对称中心重合。

刚体做定轴转动时，刚体中每个质元都围绕转轴做圆周运动。如图 1.7 中的红色分支所示，其运动学可使用角量 θ、ω 和 α 及其之间的关系来描述。$\theta=\theta(t)$ 为定轴转动的运动学

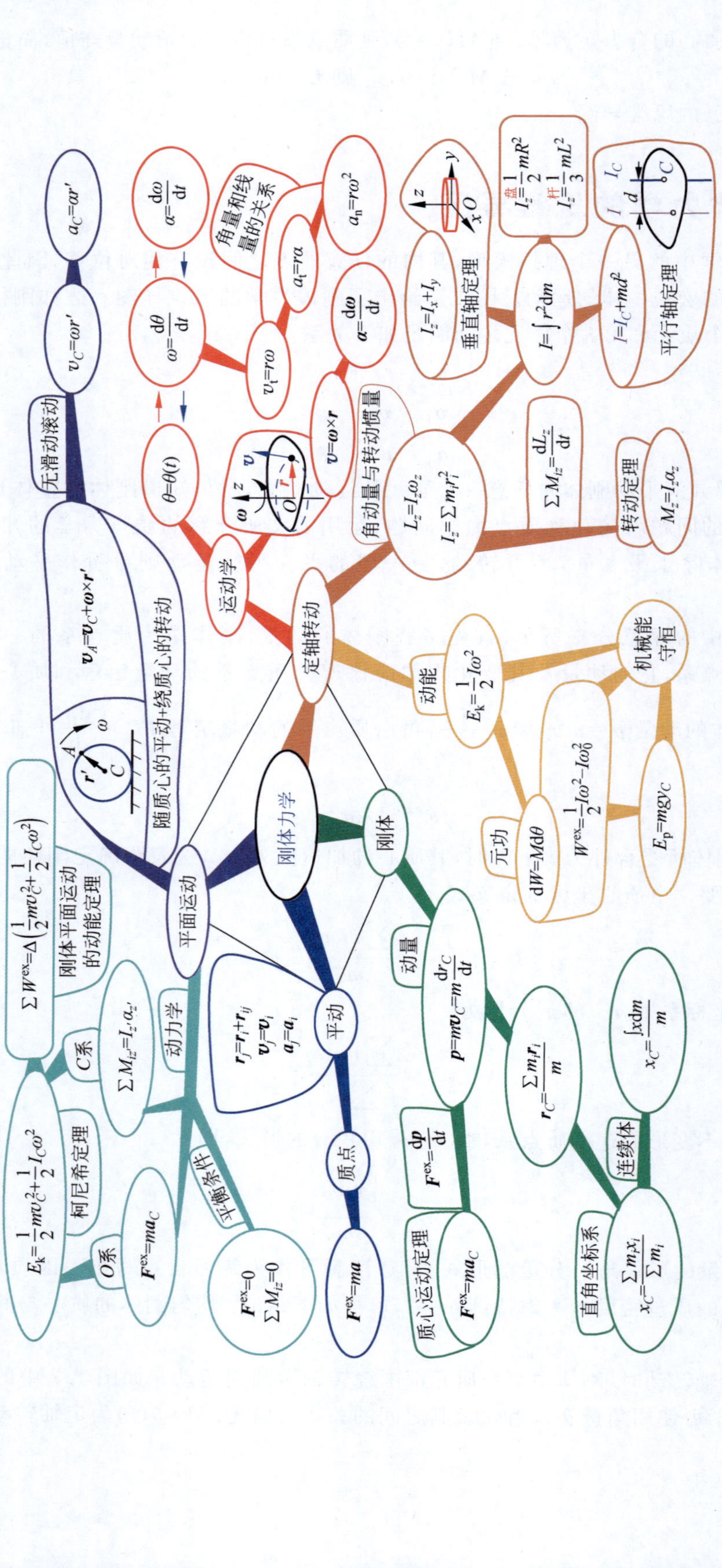

图 1.7 刚体力学的思维导图

方程，$\omega=\frac{\mathrm{d}\theta}{\mathrm{d}t}$和$\alpha=\frac{\mathrm{d}\omega}{\mathrm{d}t}$分别为定轴转动的角速度和角加速度。采用图1.3中研究$\boldsymbol{r}(t)$、$\boldsymbol{v}(t)$和$\boldsymbol{a}(t)$的关系类似的方法，若已知$\theta=\theta(t)$，可通过其对时间依次求导，分别得到$\omega(t)$和$\alpha(t)$；若已知$\alpha(t)$和初始条件，可通过积分依次求得$\omega(t)$和$\theta(t)$。考查角量和线量之间的关系可知，线速度$v_{\mathrm{t}}=r\omega$，切向加速度$a_{\mathrm{t}}=r\alpha$，向心加速度$a_{\mathrm{n}}=r\omega^2$，用矢量式可表示为

$$\begin{cases}\boldsymbol{v}=\boldsymbol{\omega}\times\boldsymbol{r}\\ \boldsymbol{\alpha}=\dfrac{\mathrm{d}\boldsymbol{\omega}}{\mathrm{d}t}\end{cases}\tag{1.7.6}$$

如图1.7中的橘黄色分支所示，因做定轴转动的刚体中每个质元对转轴z的角动量方向都沿转轴方向，将它们叠加在一起可得，刚体对z轴的角动量为

$$L_z=I_z\omega_z\tag{1.7.7}$$

式中，$I_z=\sum m_i r_i^2$称为刚体对z轴的转动惯量。对于连续体的刚体，其转动惯量为

$$I=\int r^2\mathrm{d}m\tag{1.7.8}$$

以绕其中心轴转动的圆盘和绕其一端垂直轴转动的杆为例，它们的转动惯量分别为$I_z=\frac{1}{2}mR^2$和$I_z=\frac{1}{3}mL^2$。将$r_i^2=x_i^2+y_i^2$和$\boldsymbol{r}_i=\boldsymbol{r}_C+\boldsymbol{r}'_i$（$|\boldsymbol{r}_C|=d$）分别代入$I_z=\sum m_i r_i^2$，可依次得到垂直轴定理和平行轴定理：

$$I_z=I_x+I_y\tag{1.7.9}$$

$$I=I_C+md^2\tag{1.7.10}$$

应用质点系对z轴的角动量定理$\sum M_{iz}=\frac{\mathrm{d}L_z}{\mathrm{d}t}$，可得刚体定轴转动的转动定理：

$$M_z=I_z\alpha_z\tag{1.7.11}$$

该定理在定轴转动中的地位与牛顿第二定律$\boldsymbol{F}^{\mathrm{ex}}=m\boldsymbol{a}$在质点动力学中的地位相当。

如图1.7中的黄色分支所示，计算刚体内所有质元的动能之和，并利用角量和线量之间的关系，可得定轴转动的动能：

$$E_{\mathrm{k}}=\frac{1}{2}I\omega^2\tag{1.7.12}$$

由元功的定义$\mathrm{d}W=\boldsymbol{F}\cdot\mathrm{d}\boldsymbol{r}$出发，可得力矩推动刚体做定轴转动$\mathrm{d}\theta$所做的元功为

$$\mathrm{d}W=M\mathrm{d}\theta\tag{1.7.13}$$

那么，在有限过程中，外力矩所做的功的代数和等于定轴转动动能的改变量，即

$$W^{\mathrm{ex}}=\frac{1}{2}I\omega^2-\frac{1}{2}I\omega_0^2\tag{1.7.14}$$

这就是刚体定轴转动的动能定理。可以证明，刚体的重力势能与刚体的质量集中于其质心位置时所具有的重力势能一样，即$E_{\mathrm{p}}=mgy_C$。最终可证明，含有刚体的系统在满足仅有系统内部保守力做功的情况下，仍遵循机械能守恒定律。

从运动学角度来看，刚体做平面平行运动时，其中的一个质元的运动可看作随基点的平动和绕基点的转动的合运动。如图1.7紫色分支中的图所示，在轮子的滚动中，其上边缘一点A的速度可由基点C的速度和A绕基点C转动的线速度来表示，即

$$\boldsymbol{v}_A=\boldsymbol{v}_C+\boldsymbol{\omega}\times\boldsymbol{r}' \tag{1.7.15}$$

假如轮子与地面接触点没有发生相对运动(即$\boldsymbol{v}_A=0$)时,可得无滑动滚动的条件:$v_C=\omega r'$和$a_C=\alpha r'$。

如图1.7中的青色分支所示,从动力学角度来看,刚体做平面平行运动时,在O系(实验室系)中应遵循质心运动定理$\boldsymbol{F}^{\text{ex}}=m\boldsymbol{a}_C$,在$C$系(质心系)中应遵循刚体对质心轴的转动定理$\sum M_{iz'}=I_{z'}\alpha_{z'}$,质点系的柯尼希定理变形为

$$E_{\text{k}}=\frac{1}{2}mv_C^2+\frac{1}{2}I_C\omega^2 \tag{1.7.16}$$

质点系的动能定理变形为刚体平面运动的动能定理:

$$\sum W^{\text{ex}}=\Delta\left(\frac{1}{2}mv_C^2+\frac{1}{2}I_C\omega^2\right) \tag{1.7.17}$$

另外,刚体要达到力学平衡的充要条件为:合外力$\boldsymbol{F}^{\text{ex}}=0$,且合外力矩$\sum M_{iz}=0$。

请构建自己的思维导图。

1.8 振动的思维导图

物体在平衡位置附近的往复运动称为振动。图1.8给出了振动的思维导图。它将依次介绍简谐振动、阻尼振动和受迫振动,重点从动力学方程、运动学方程和振动的合成多个角度介绍简谐振动,为学习波动奠定理论基础。

按振动的特征不同,振动可分为简谐振动、阻尼振动和受迫振动。物体在线性恢复力的作用下围绕平衡位置的往返运动,称为简谐振动。如图1.8红色分支中的图所示,常见简谐振动的典型模型有:弹簧振子、单摆和复摆。将牛顿第二定律($\boldsymbol{F}^{\text{ex}}=m\boldsymbol{a}$)和定轴转动定律($M_z=I_z\alpha_z$)分别应用到上述模型,可得三个形式类似的动力学方程:

$$\frac{\mathrm{d}^2x}{\mathrm{d}t^2}+\omega_0^2x=0 \tag{1.8.1}$$

对于弹簧振子、单摆和复摆,由受力分析可知

$$\begin{cases}-kx=m\dfrac{\mathrm{d}^2x}{\mathrm{d}t^2}\\[2ex]-mg\theta=ml\dfrac{\mathrm{d}^2\theta}{\mathrm{d}t^2}\\[2ex]-mgr_C\theta=I\dfrac{\mathrm{d}^2\theta}{\mathrm{d}t^2}\end{cases} \tag{1.8.2}$$

分别变形后可得

$$\begin{cases}\dfrac{\mathrm{d}^2x}{\mathrm{d}t^2}+\dfrac{k}{m}x=0\\[2ex]\dfrac{\mathrm{d}^2\theta}{\mathrm{d}t^2}+\dfrac{g}{l}\theta=0\\[2ex]\dfrac{\mathrm{d}^2\theta}{\mathrm{d}t^2}+\dfrac{mgr_C}{I}\theta=0\end{cases} \tag{1.8.3}$$

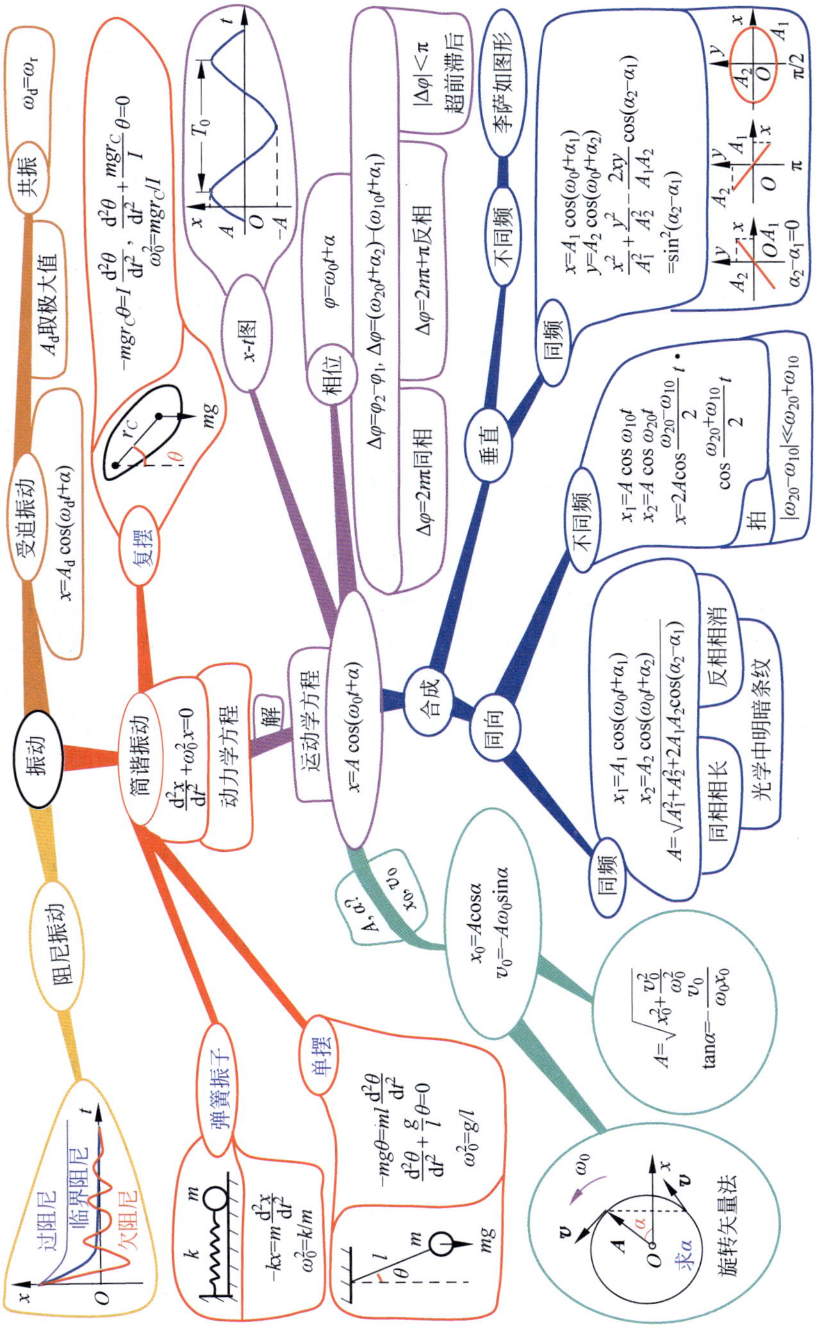

振动
简谐振动
受迫振动
$x=A_d\cos(\omega_d t+\alpha)$
A_d取极大值
共振
$\omega_d=\omega_r$
阻尼振动
过阻尼
临界阻尼
欠阻尼
复摆
$-mgr_C\theta=I\frac{d^2\theta}{dt^2}$，$\frac{d^2\theta}{dt^2}+\frac{mgr_C}{I}\theta=0$
$\omega_0^2=mgr_C/I$
弹簧振子
$-kx=m\frac{d^2x}{dt^2}$
$\omega_0^2=k/m$
单摆
$-mg\theta=ml\frac{d^2\theta}{dt^2}$
$\frac{d^2\theta}{dt^2}+\frac{g}{l}\theta=0$
$\omega_0^2=g/l$
$\frac{d^2x}{dt^2}+\omega_0^2x=0$
动力学方程
解
运动学方程
$x=A\cos(\omega_0 t+\alpha)$
x-t图
相位
$\varphi=\omega_0 t+\alpha$
$\Delta\varphi=\varphi_2-\varphi_1$, $\Delta\varphi=(\omega_{20}t+\alpha_2)-(\omega_{10}t+\alpha_1)$
$\Delta\varphi=2n\pi$同相
$\Delta\varphi=2n\pi+\pi$反相
$|\Delta\varphi|<\pi$
超前滞后
A, α?
x_0, v_0
$x_0=A\cos\alpha$
$v_0=-A\omega_0\sin\alpha$
$A=\sqrt{x_0^2+\frac{v_0^2}{\omega_0^2}}$
$\tan\alpha=-\frac{v_0}{\omega_0 x_0}$
旋转矢量法
求α
合成
同向
同频
$x_1=A_1\cos(\omega_0 t+\alpha_1)$
$x_2=A_2\cos(\omega_0 t+\alpha_2)$
$A=\sqrt{A_1^2+A_2^2+2A_1A_2\cos(\alpha_2-\alpha_1)}$
同相相长
反相相消
光学中明暗条纹
不同频
$x_1=A\cos\omega_{10}t$
$x_2=A\cos\omega_{20}t$
$x=2A\cos\frac{\omega_{20}-\omega_{10}}{2}t\cdot\cos\frac{\omega_{20}+\omega_{10}}{2}t$
拍
$|\omega_{20}-\omega_{10}|\ll\omega_{20}+\omega_{10}$
垂直
同频
$x=A_1\cos(\omega_0 t+\alpha_1)$
$y=A_2\cos(\omega_0 t+\alpha_2)$
$\frac{x^2}{A_1^2}+\frac{y^2}{A_2^2}-\frac{2xy}{A_1A_2}\cos(\alpha_2-\alpha_1)=\sin^2(\alpha_2-\alpha_1)$
$\alpha_2-\alpha_1=0$
π
$\pi/2$
不同频
李萨如图形

图 1.8　振动的思维导图

式中，弹簧振子、单摆和复摆的 ω_0^2 分别为 $\omega_0^2=k/m$、$\omega_0^2=g/l$ 和 $\omega_0^2=mgr_C/I$。

如图 1.8 中的玫红色分支所示，求解简谐振动的动力学方程可得，简谐振动的运动学方程为

$$x=A\cos(\omega_0 t+\alpha) \tag{1.8.4}$$

式中，A 为振幅，相位 $\varphi=\omega_0 t+\alpha$，$\alpha$ 为初相位。x-t 图给出了简谐振子偏离平衡位置作周期性变化的规律。两个简谐振动的“步调”可用相位差 $\Delta\varphi=\varphi_2-\varphi_1$ 来描述，具体形式为

$$\Delta\varphi=(\omega_{20}t+\alpha_2)-(\omega_{10}t+\alpha_1) \tag{1.8.5}$$

对于两个同频振动来说，当 $\Delta\varphi=2n\pi$ 时，则称两振动同相；当 $\Delta\varphi=2n\pi+\pi$ 时，则称两振动反相；当 $|\Delta\varphi|<\pi$ 时，则称振动 1 超前振动 2 的相位为 $|\Delta\varphi|$，或振动 2 落后振动 1 的相位为 $|\Delta\varphi|$。

如何才能确定简谐振动的振幅 A 和初相位 α 呢？如图 1.8 中的青色分支所示，假如已知初始位置 x_0 和初速度 v_0，则 $x_0=A\cos\alpha$，$v_0=-A\omega_0\sin\alpha$，求解可得

$$A=\sqrt{x_0^2+\frac{v_0^2}{\omega_0^2}},\quad \tan\alpha=-\frac{v_0}{\omega_0 x_0} \tag{1.8.6}$$

此外，使用旋转矢量法借助圆周运动和简谐振动的对应关系，可方便地求出简谐振动的初相位 α。

两个简谐运动的合成在学习波的干涉中将发挥着重要的作用，见图 1.9 和图 4.4。如图 1.8 中的蓝色分支所示，两个振动的合成按照振动方向关系的不同可分为同方向简谐运动的合成和相互垂直简谐运动的合成。前者又包括同方向同频率简谐运动的合成和同方向不同频率简谐运动的合成。具体来说，假设两个同方向同频率简谐运动的运动学方程分别为 $x_1=A_1\cos(\omega_0 t+\alpha_1)$ 和 $x_2=A_2\cos(\omega_0 t+\alpha_2)$，那么它们合振动的振幅为

$$A=\sqrt{A_1^2+A_2^2+2A_1A_2\cos(\alpha_2-\alpha_1)} \tag{1.8.7}$$

当相位差 $\Delta\varphi=\alpha_2-\alpha_1=2n\pi$ 时，$A=A_1+A_2$，振动“相长”，简记为“同相相长”；当相位差 $\Delta\varphi=\alpha_2-\alpha_1=2n\pi+\pi$ 时，$A=|A_1-A_2|$，振动“相消”，简记为“反相相消”。这些结论同样适用于研究“光学中发生干涉时明暗条纹”的现象(图 4.4)。倘若两个同方向不同频率简谐运动的运动学方程分别为 $x_1=A\cos\omega_{10}t$ 和 $x_2=A\cos\omega_{20}t$，则其合振动的运动方程为

$$x=2A\cos\frac{\omega_{20}-\omega_{10}}{2}t\cdot\cos\frac{\omega_{20}+\omega_{10}}{2}t \tag{1.8.8}$$

它不再是简谐振动。当 $|\omega_{20}-\omega_{10}|\ll\omega_{20}+\omega_{10}$ 时，两个同方向不同频率的振动合成会形成“拍”的现象。

假设两个相互垂直同频率的简谐运动的运动学方程为 $x=A_1\cos(\omega_0 t+\alpha_1)$ 和 $y=A_2\cos(\omega_0 t+\alpha_2)$，它们合运动的轨迹方程为

$$\frac{x^2}{A_1^2}+\frac{y^2}{A_2^2}-\frac{2xy}{A_1A_2}\cos(\alpha_2-\alpha_1)=\sin^2(\alpha_2-\alpha_1) \tag{1.8.9}$$

当 $\Delta\alpha=\alpha_2-\alpha_1=0$、$\pi$ 和 $\pi/2$ 时，合运动的轨迹分别为两条直线段和一个椭圆，如图 1.8 蓝色分支底部的图所示。当两个相互垂直不同频率的简谐运动合成时，会形成轨迹变化更加丰富多样的李萨如图形。

振动系统因受阻力做振幅减小的运动，称为阻尼振动。假如弹簧振子所受阻力的大小

与速率成正比，即 $f_r=-\gamma\frac{dx}{dt}$，可得阻尼振动的动力学方程为

$$\frac{d^2x}{dt^2}+2\beta\frac{dx}{dt}+\omega_0^2x=0 \tag{1.8.10}$$

式中，$\beta=\frac{\gamma}{2m}$。求解式(1.8.10)可得三种阻尼振动形式：欠阻尼状态、临界阻尼状态和过阻尼状态，它们随时间变化的曲线如图 1.8 黄色分支中的图所示。

如图 1.8 中的橘黄色分支所示，系统在持续的周期性外力作用下进行的振动称为受迫振动。在弹簧振子阻尼振动的动力学方程基础上，再加上周期性外驱动力 $H\cos\omega_d t$ 后，可得受迫振动的动力学方程为

$$\frac{d^2x}{dt^2}+2\beta\frac{dx}{dt}+\omega_0^2x=H_0\cos\omega_d t \tag{1.8.11}$$

式中，ω_0 和 ω_d 分别为系统的固有振动频率和驱动力的频率，$H_0=H/m$。求解式(1.8.11)可得受迫振动的稳定振动状态，可表示为

$$x=A_d\cos(\omega_d t+\varphi) \tag{1.8.12}$$

式中，$A_d=\frac{H/m}{\sqrt{(\omega_0^2-\omega_d^2)^2+4\beta^2\omega_d^2}}$。当驱动频率 ω_d 等于共振频率 ω_r，即 $\omega_d=\omega_r=\sqrt{\omega_0^2-2\beta^2}$ 时，受迫振动系统的振幅 A_d 取极大值，这种现象称为位移共振。共振现象有利有弊，如它会导致桥梁和建筑的倒塌，也常常被用来测定某些系统的频率。

请构建自己的思维导图。

1.9　波动和声的思维导图

振动状态在空间中的传播会形成波动。图 1.9 展示了波动和声的思维导图。当波源以角频率 ω 做简谐运动时，介质中的体元均按余弦(或正弦)规律运动而形成的波，称为平面简谐波。如图 1.9 左下角两椭圆之间的图所示，假如已知 x_0 处质元 Q 的振动方程为

$$y(x_0,t)=A\cos(\omega t+\varphi) \tag{1.9.1}$$

该振动状态会落后或超前 $\Delta t=\frac{x-x_0}{u}$ 传播到 x 处的 P 点，该处的振动方程即为波动方程，故波动方程为

$$y(x,t)=A\cos\left[\omega\left(t-\frac{x-x_0}{u}\right)+\varphi\right] \tag{1.9.2}$$

或

$$y(x,t)=A\cos\left[\omega\left(t+\frac{x-x_0}{u}\right)+\varphi\right] \tag{1.9.3}$$

其中，式(1.9.2)表示波以速度 $\boldsymbol{u}$ 向 x 轴正方向传播，而式(1.9.3)则表示波以速度 $\boldsymbol{u}$ 向 x 轴负方向传播。

当 t 一定时，$y(x,t)$ 表示 t 时刻各质元相对各自平衡位置发生位移的分布情况(即波形图)，波形曲线上两相邻相同振动状态的质元之间的距离称为波长 λ。当 x 一定时，$y(x,t)$

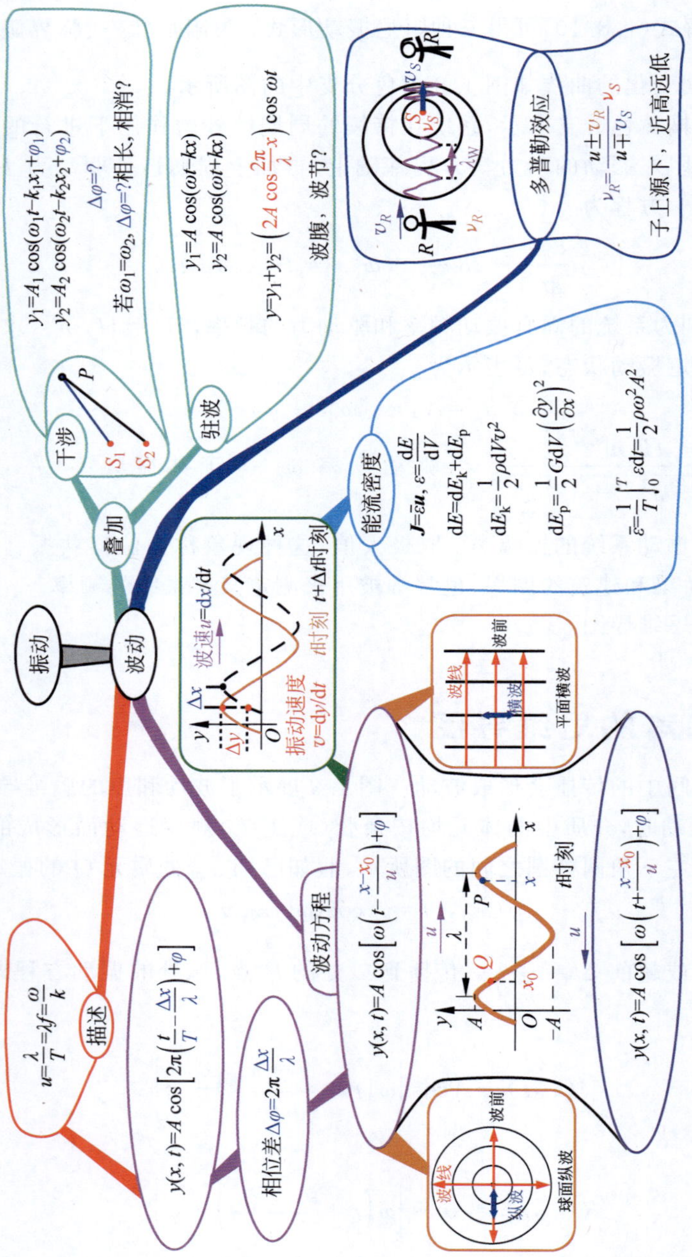

图 1.9 波动和声的思维导图

表示 x 处的质元在不同时刻偏离平衡位置的位移(即振动规律),质元的振动速度的大小为 $v=\mathrm{d}y/\mathrm{d}t$。如图 1.9 橘黄色分支中的图所示,波在传播过程中相同相位的振动质元构成波面,若用波线代表波动的传播方向,则波线和波面呈正交关系。波动按照其传播波面的形状不同可分为球面波和平面波。按照质元(或某一物理量)振动的方向和波动的传播方向平行或垂直,波动可分为纵波和横波。

如图 1.9 绿色分支中的图所示,由 t 时刻和 $t+\Delta t$ 时刻的波形图可判定该波动传播的方向沿 x 轴正方向。因在 $t\sim t+\Delta t$ 两波形沿 x 轴正方向传播了 Δx,故波的传播速度为 $u=\mathrm{d}x/\mathrm{d}t$。描述波动特征的物理量有波速 u、波长 λ、周期 T、频率 f、角频率 ω 和波数 k,它们之间满足如下关系:

$$u=\frac{\lambda}{T}=\lambda f=\frac{\omega}{k} \tag{1.9.4}$$

因此波动方程 $y(x,t)=A\cos\left[\omega\left(t-\frac{x-x_0}{u}\right)+\varphi\right]$ 可改写为

$$y(x,t)=A\cos\left[2\pi\left(\frac{t}{T}-\frac{\Delta x}{\lambda}\right)+\varphi\right] \tag{1.9.5}$$

相位 $\omega\left(t-\frac{x-x_0}{u}\right)+\varphi=2\pi\left(\frac{t}{T}-\frac{\Delta x}{\lambda}\right)+\varphi$ 代表 x 处的振动状态,x 和 x_0 两点之间的相位差

$$\Delta\varphi=2\pi\frac{\Delta x}{\lambda} \tag{1.9.6}$$

当 $\Delta x=n\lambda$ 时,$\Delta\varphi=2n\pi$,这说明两点的振动状态完全相同。

波在传播过程中会携带能量。如图 1.9 中的浅蓝色分支所示,单位时间内通过单位面积的能量称为平均能流密度,则

$$\boldsymbol{J}=\bar{\varepsilon}\boldsymbol{u} \tag{1.9.7}$$

式中,$\bar{\varepsilon}$ 为平均能量密度,$\boldsymbol{u}$ 为波速矢量。能量密度定义为

$$\varepsilon=\frac{\mathrm{d}E}{\mathrm{d}V} \tag{1.9.8}$$

其中,体元 $\mathrm{d}V$ 中的能量为

$$\mathrm{d}E=\mathrm{d}E_{\mathrm{k}}+\mathrm{d}E_{\mathrm{p}} \tag{1.9.9}$$

体元的动能和剪切形变势能分别为

$$\mathrm{d}E_{\mathrm{k}}=\frac{1}{2}\rho\,\mathrm{d}Vv^2 \tag{1.9.10}$$

$$\mathrm{d}E_{\mathrm{p}}=\frac{1}{2}G\,\mathrm{d}V\left(\frac{\partial y}{\partial x}\right)^2 \tag{1.9.11}$$

可以证明,平均能量密度为

$$\bar{\varepsilon}=\frac{1}{T}\int_0^T\varepsilon\,\mathrm{d}t=\frac{1}{2}\rho\omega^2A^2 \tag{1.9.12}$$

式中,ρ 为介质的密度;ω 和 A 分别为振动的角频率和振幅。

如图 1.9 蓝色分支中的图所示,由于波源 S 或观察者 R 发生相对运动而出现观测频率 ν_{R} 与波源频率 ν_{S} 不同的现象,称为多普勒效应。假如波速为 u,观测者 R 相对静止波源运

动的速度为 v_R，波源 S 相对静止观测者的运动速度为 v_S，则

$$\nu_R = \frac{u \pm v_R}{u \mp v_S}\nu_S \tag{1.9.13}$$

上式可以通过使用“子上源下，近高远低”的口诀快速记忆，其中 v_R 和 v_S 的位置由“子上源下”(子是指观测者，源是指波源)记忆，而正负号的选取则遵循“观测者和波源靠近时，ν_R 变高；两者远离时，ν_R 变低”的原则。多普勒效应被广泛应用到雷达测速、医疗彩超、移动通信、农业生产和天文现象的研究中。

如图 1.9 青色分支中的图所示，两个波源 S_1 和 S_2 所产生的波动在空间中一点 P 相遇时会出现什么情况？设两个波源在 P 点所产生振动的方程分别为 $y_1 = A_1\cos[\omega_1 t - k_1 x_1 + \varphi_1]$ 和 $y_2 = A_2\cos[\omega_2 t - k_2 x_2 + \varphi_2]$，下面从计算两个振动的相位差($\Delta\varphi = ?$)出发，研究波动叠加的特点。由于两个振动的相位差为

$$\Delta\varphi = (\omega_2 - \omega_1)t - (k_2 x_2 - k_1 x_1) + (\varphi_2 - \varphi_1) \tag{1.9.14}$$

当 $\omega_1 = \omega_2$ 时(简记为：若 $\omega_1 = \omega_2$，$\Delta\varphi = ?$)，则

$$\begin{cases} k_2 = k_1 = k \\ \Delta\varphi = -k(x_2 - x_1) + (\varphi_2 - \varphi_1) \end{cases} \tag{1.9.15}$$

因此，当同方向同频率的两个振动的相位差 $\Delta\varphi$ 固定时，两列波会出现干涉现象。由于合振动的振幅为

$$A = \sqrt{A_1^2 + A_2^2 + 2A_1A_2\cos\Delta\varphi} \tag{1.9.16}$$

因此，可得波动干涉相长和干涉相消的条件分别为 $\Delta\varphi = 2n\pi$ 和 $\Delta\varphi = (2n+1)\pi$，其中 n 为整数。

当振幅相同而传播方向相反的两列简谐相干波叠加时会形成驻波。假设两列波的方程分别为 $y_1 = A\cos[\omega t - kx]$，$y_2 = A\cos[\omega t + kx]$，则合振动的方程为

$$y = y_1 + y_2 = \left(2A\cos\frac{2\pi}{\lambda}x\right)\cos\omega t \tag{1.9.17}$$

由此讨论可知，在 $x = \pm n\,\frac{\lambda}{2}$ 处会出现波腹，而在 $x = \pm(2n+1)\frac{\lambda}{4}$ 处会出现波节。

请构建自己的思维导图。

第2章 热学的思维导图范例

2.1 热学导论的思维导图

图 2.1 给出了热学导论的思维导图。热学是研究物质热现象、热运动规律以及热运动与其他运动形式之间转化规律的一门学科。根据研究方法的不同，热学包括热力学和统计物理学两个部分。热力学是热学的宏观理论。它从对热现象的大量直接观测中所总结出来的基本规律出发，运用数学方法，通过逻辑推理和演绎，得出有关物质各种宏观性质之间的关系、宏观物理过程进行的方向和限度等普遍性的结论。统计物理学是热学的微观理论，它从物质是由大量微观粒子所组成的事实出发，认为物质的宏观性质是大量微观粒子性质的集体表现，宏观物理量是相应微观物理量的统计平均值，运用统计的方法找到微观量与宏观量之间的关系，给出具体物质的特性，并阐明产生这些特性的微观机理。

热学所研究的对象称为系统，系统通过边界与外界相互作用（做功、传递热量或粒子数交换）。平衡态作为系统最简单的、最基本的状态，是热学教材中主要的研究对象。平衡态是指在不受外界条件的影响下，热力学系统的各部分宏观性质在长时间里不发生变化的状态。稳态与平衡态不同，在有热流或粒子流的情况下，各处宏观状态均不随时间变化的状态称为稳态。因此判断系统是否处于平衡态的依据是，考查系统中是否存在热流或粒子流。处于平衡态的系统中既无热流也无粒子流。描述系统状态所需的物理量称为热力学参量（如体积、压强、温度）。对于气体、液体和各向同性的固体等简单系统，可用几何参量（如体积 V）、力学参量（如压强 p）和温度 T 来描述。

热力学第零定律指出，互为热平衡的物体之间必存在一个相同的特征——具有相同的温度，即

$$T_1 = T_2 = \cdots = T_n \tag{2.1.1}$$

据此人们就可以借助温度计来比较不同物体温度的高低，在对温度计进行数值标注时，首先必须给出温度的数值表示法——温标。建立一种经验温标需要包括三个要素：①选择测温物质的测温属性；②选定固定点，通常将水的正常沸点（$T_{\text{boil}} = 373.15\ \text{K}$）、正常凝固点（$T_{\text{ice}} = 273.15\ \text{K}$）和三相点（$T_{\text{tr}} = 273.16\ \text{K}$）选为固定点；③进行分度，采用线性分度或非线性分度应由测温物质的测温属性随温度的变化情况来确定。测温物质按其状态不同又可分为固体、液体和气体。对于固体物质，可将其随温度发生显著变化的电阻 R 或电动势 ε_{P} 作为测温属性。常见的体温计通常将液态水银或乙醇的体积作为测温属性，采用摄氏温标或华氏温标，依据图 2.1 蓝色分支中左侧的示意图，可导出摄氏温度 t(℃)与华氏温度 t_{F}(℉)

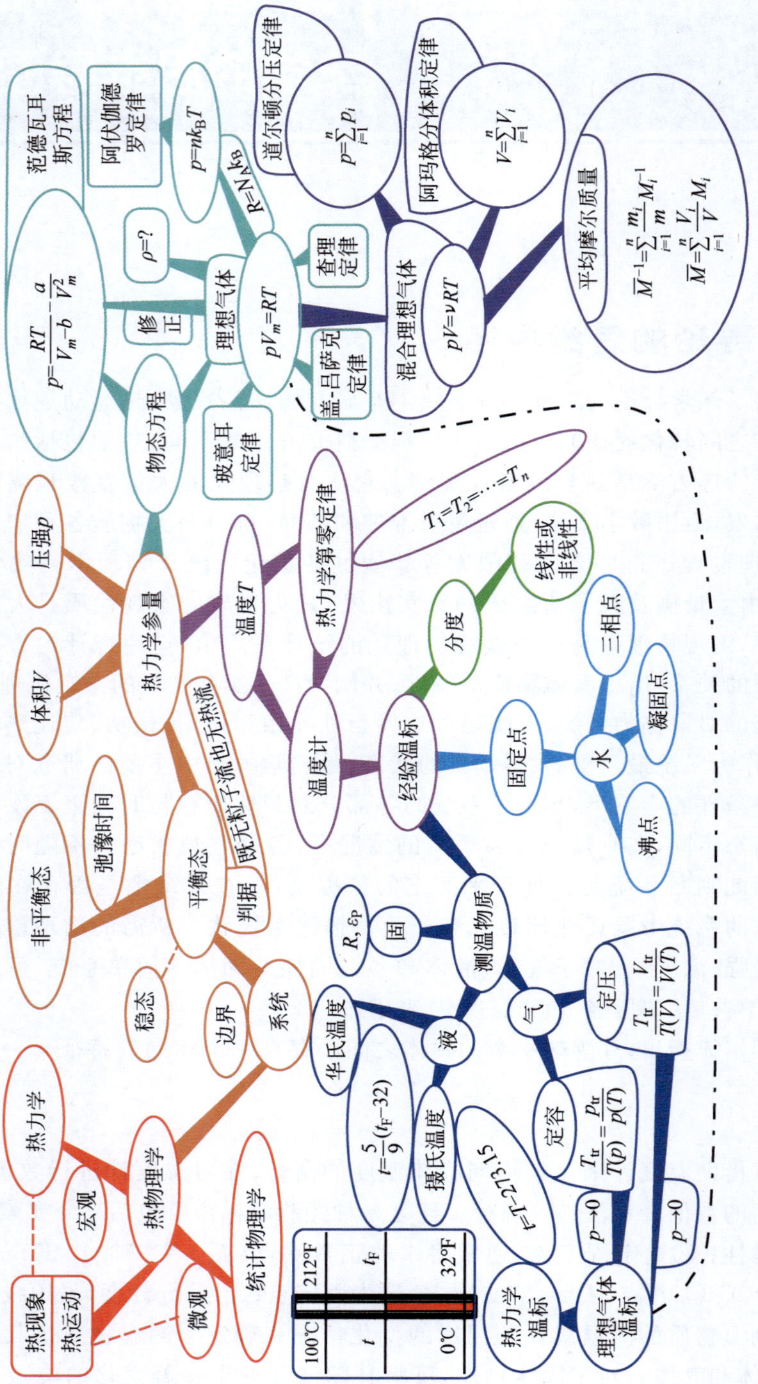

图 2.1 热学导论的思维导图

之间的换算关系为

$$t=\frac{5}{9}(t_{\mathrm{F}}-32) \tag{2.1.2}$$

以气体为测温物质，利用理想气体物态方程中体积（或压强）不变（等容或等压）时，压强（或体积）与温度呈正比关系所确定的温标称为理想气体温标。为了克服不同经验温标所测结果的差异，通过可逆卡诺循环（图 2.5），可以引入一种不依赖测温物质、测温属性的温标——热力学温标。通常，在理想气体温标适用的范围内，理想气体温标和热力学温标是一致的。

如图 2.1 中的青色分支所示，处于平衡态的某种物质的热力学参量之间所满足的函数关系称为该物质的物态方程。通过总结玻意耳定律、盖-吕萨克定律和查理定律等三个实验定律，人们发现单一组分的理想气体的物态方程为

$$pV=\nu RT \tag{2.1.3}$$

倘若将物质的量 $\nu=\dfrac{m}{M}=\dfrac{N}{N_{\mathrm{A}}}=\dfrac{V}{V_m}$ 代入式（2.1.3），并利用 $R=N_{\mathrm{A}}k_{\mathrm{B}}$，可得气体的密度为

$$\rho=\frac{pM}{RT} \tag{2.1.4}$$

压强为

$$p=nk_{\mathrm{B}}T \tag{2.1.5}$$

理想气体物态方程的形式为

$$pV_m=RT \tag{2.1.6}$$

由 $n=p/k_{\mathrm{B}}T$ 和 $N=nV$，可从理论上理解阿伏伽德罗定律：相同温度、相同压强下，相同体积的任何理想气体含有相同的分子数。在 $pV_m=RT$ 的基础上通过引入斥力修正（$-b$）和引力修正$\left(-\dfrac{a}{V_m^2}\right)$，可得范德瓦耳斯方程：

$$p=\frac{RT}{V_m-b}-\frac{a}{V_m^2} \tag{2.1.7}$$

该方程也可通过统计物理方法导出（图 7.10），它可用于解释气液相变的过程（图 7.5）。

如图 2.1 中的紫色分支所示，尽管混合理想气体的物态方程 $pV=\nu RT$ 和单一组分的理想气体方程形式相同，但是其中 p、V 和 ν 的物理意义不同。对于混合理想气体来说，总压强 p 和分压强 p_i 满足道尔顿分压定律，即

$$p=\sum_{i=1}^{n}p_i \tag{2.1.8}$$

总体积 V 和分体积 V_i 满足阿玛格分体积定律，即

$$V=\sum_{i=1}^{n}V_i \tag{2.1.9}$$

总物质的量 ν 等于每一种组分的物质的量 ν_i 之和，即

$$\nu=\sum_{i=1}^{n}\nu_i \tag{2.1.10}$$

由定义式 $\overline{M}=m/\nu$，可导出混合理想气体的平均摩尔质量 $\overline{M}$ 满足如下形式：

$$\overline{M}^{-1}=\sum_{i=1}^{n}\frac{m_i}{m}M_i^{-1} \tag{2.1.11}$$

或

$$\overline{M}=\sum_{i=1}^{n}\frac{V_i}{V}M_i \tag{2.1.12}$$

式中，$\frac{m_i}{m}$为第 i 个组分的质量分数，$\frac{V_i}{V}$为第 i 个组分的体积分数。

请构建自己的思维导图。

2.2 分子动理论的平衡态理论的思维导图之一

图 2.2 展示了分子动理论的平衡态理论的思维导图之一，主要给出物质微观模型的基本观点和认识。如图 2.2 黑色椭圆框中的图所示，它告诉我们，物质系统是由大量分子或原子等微观粒子组成的，分子之间存在引力和斥力相互作用，分子总是在做无规则的热运动，大量分子的热运动满足统计规律，因此，依次可以从分子、分子力(分子间相互作用)、分子的热运动和统计规律四个方面来认识热力学系统的微观模型。

分子的有效直径 d 代表发生相对运动的两个分子在一定温度下所能达到的最小距离，D 是有效直径 d 的最大值。分子间的平衡距离 r_0 是指两个分子间相互作用(分子力)等于零时两个分子间的距离，这时分子间引力和斥力的大小相等，分子间的势能取最小值。这些物理量都在分子力 $f(r)$及其相应势能 $E_p(r)$的曲线上有所显示，见图 2.2 玫红色分支中的示意。

如图 2.2 中的橘黄色分支所示，在理想气体方程 $pV_m=RT$ 的基础上考虑分子间斥力和引力的影响，分别引入$-b$ 和$-\frac{a}{V_m^2}$，得到范德瓦耳斯方程：

$$p=\frac{RT}{V_m-b}-\frac{a}{V_m^2} \tag{2.2.1}$$

式中，$b=(4N_A)\frac{4}{3}\pi\left(\frac{d}{2}\right)^3$，$b$ 可由两个刚性球模型相互不能侵入的体积导出。另外，a 和 b 还可在运用正则系综理论研究实际气体的过程中导出(图 7.10)。

图 2.2 玫红色分支中的图给出了分子力及其相应势能随两个分子之间距离变化的曲线。常用分子力的表达式有米氏模型：

$$f(r)=\frac{\alpha}{r^s}-\frac{\beta}{r^t} \tag{2.2.2}$$

其相应的势能为

$$E_p(r)=\frac{\alpha}{(s-1)r^{s-1}}-\frac{\beta}{(t-1)r^{t-1}} \tag{2.2.3}$$

势能和分子力之间的关系为

$$f=-\frac{\partial E_p}{\partial r} \tag{2.2.4}$$

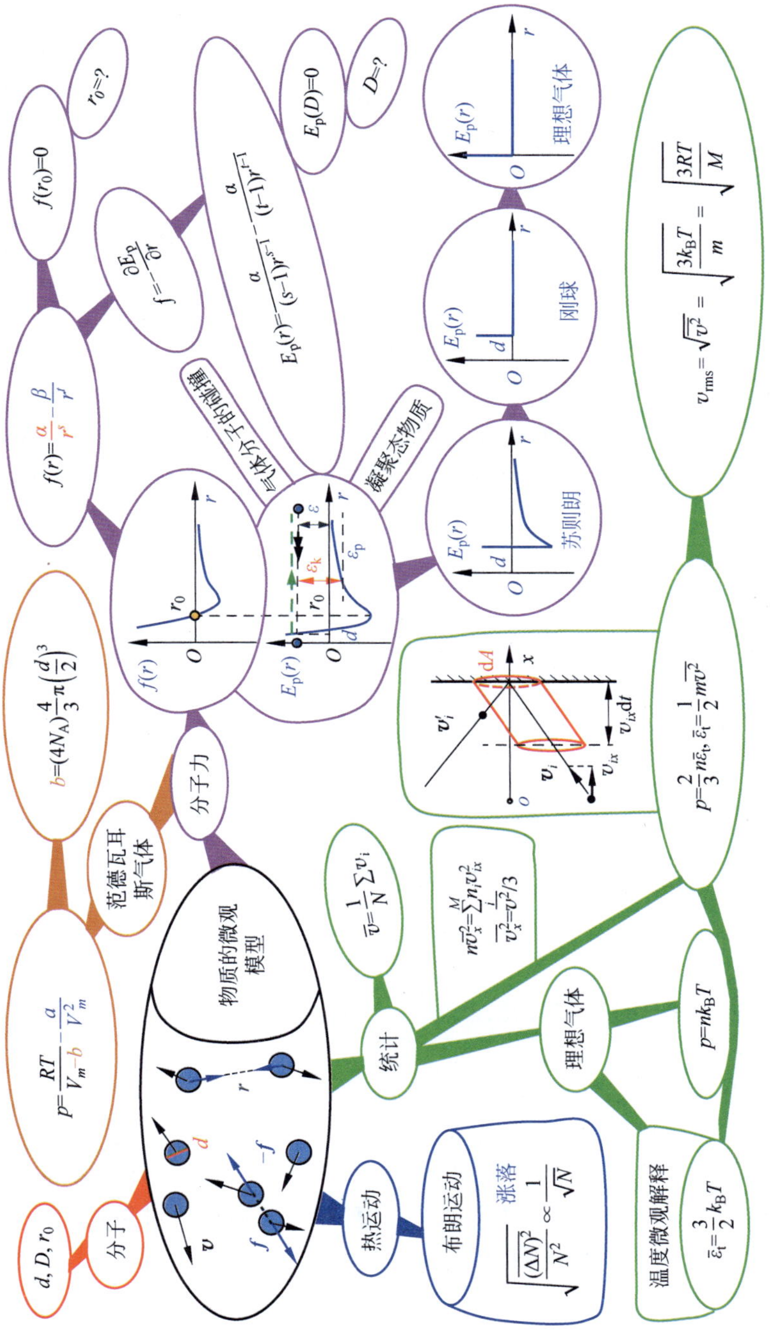

图 2.2　分子动理论的平衡态理论的思维导图之一

令 $f(r)=0$ 和 $E_p(r)=0$，可分别得到分子间的平衡距离 r_0 和分子的最大有效直径 D。通过分子势能曲线可以讨论气体分子的弹性正碰和凝聚态物质的凝聚现象、弹性和热胀冷缩等问题。在实际应用中，分子势能曲线可以简化为多种形式，例如，苏则朗模型、刚性球模型和理想气体模型等。

如图 2.2 中的绿色分支所示，大量微观粒子的热运动满足统计规律。统计物理学认为，宏观量是相应微观量在满足给定宏观条件系统的所有可能的微观态上的统计平均值。分子的平均速率为 $\bar{v}=\dfrac{1}{N}\sum v_i$，平均速度为 $\bar{\boldsymbol{v}}=\dfrac{1}{N}\sum \boldsymbol{v}_i=0$，可以证明，分子速度分量平方的平均值满足如下形式：

$$\begin{cases} n\overline{v_x^2}=\sum\limits_i^M n_i v_{ix}^2 \\ \overline{v_x^2}=\overline{v^2}/3 \end{cases} \tag{2.2.5}$$

式中，n 和 n_i 分别代表总的分子数密度和速度分量的平方等于 v_{ix}^2 的分子数密度。如图 2.2 绿色分支中的图所示，由质点的动量定理分析任意一个分子碰撞器壁时所产生的作用力，再运用统计方法计算单位时间内单位面积上所受到分子碰撞的平均作用力，即可得到压强的统计表达式为

$$p=\frac{2}{3}n\bar{\varepsilon}_t \tag{2.2.6}$$

式中，$\bar{\varepsilon}_t=\dfrac{1}{2}m\overline{v^2}$ 代表分子的平均平动动能。对比式(2.2.6)和理想气体物态方程另一种形式 $p=nk_BT$，可得

$$\bar{\varepsilon}_t=\frac{3}{2}k_BT \tag{2.2.7}$$

由此可理解温度的微观解释：平衡态下系统的温度是系统内微观粒子热运动剧烈程度的量度。对比式(2.2.7)和 $\bar{\varepsilon}_t=\dfrac{1}{2}m\overline{v^2}$ 可得，分子的方均根速率为

$$v_{rms}\equiv\sqrt{\overline{v^2}}=\sqrt{\frac{3k_BT}{m}}=\sqrt{\frac{3RT}{M}} \tag{2.2.8}$$

该式也可通过麦克斯韦速率分布律导出(图 2.3)，如此可以将不同章节的知识点糅合成有机整体。

系统中大量的微观粒子总是不停地在做无规则的热运动。花粉颗粒在液面上无规则的热运动现象称为布朗运动，它不仅是液体分子做无规则热运动的重要实验证据，同时也说明热运动中存在涨落现象。实验测量一般给出一个物理量在一段时间内的平均值，物理量的实时测量值和平均值之间偏差的平方的平均值，称为该物理量对平均值的涨落。一个物理量的相对涨落(即相对均方根偏差)和被统计对象数目 N 的关系为

$$\sqrt{\frac{\overline{(\Delta N)^2}}{N^2}}\propto\frac{1}{\sqrt{N}} \tag{2.2.9}$$

该式的具体推导过程与图 7.9 所给巨正则系综理论有关，利用它可以讨论统计方法对系统大小的要求。

请构建自己的思维导图。

2.3 分子动理论的平衡态理论的思维导图之二

图 2.3 展示了分子动理论的平衡态理论的思维导图之二，主要介绍了平衡态系统中粒子所满足的统计分布函数，包括麦克斯韦速率分布律、麦克斯韦速度分布律、分子射线的速率分布函数、外场中自由粒子的分布函数和粒子能量按自由度均分定理等内容。

如图 2.3 中的红色分支所示，平衡态系统中分子的速率满足麦克斯韦速率分布律：

$$f(v)\mathrm{d}v = 4\pi\left(\frac{m}{2\pi k_B T}\right)^{3/2} \mathrm{e}^{-\frac{mv^2}{2k_B T}} v^2 \mathrm{d}v \tag{2.3.1}$$

相应的分布曲线如图 2.3 红色分支中的图所示，$f(v)$曲线下青色窄条的面积为

$$f(v)\mathrm{d}v = \mathrm{d}N/N \tag{2.3.2}$$

它代表分子的速率介于 $v \sim v+\mathrm{d}v$ 之间的概率，因此 $f(v)$表示分子速率分布的概率密度。显然，分子速率分布函数应满足归一化条件，即

$$\int_0^{+\infty} f(v)\mathrm{d}v = \int_0^{+\infty} \mathrm{d}N/N = 1 \tag{2.3.3}$$

$f(v)$曲线的最大值所对应的速率 v_p 称为最概然速率。在使用麦克斯韦速率分布函数求速率函数的统计平均值时，为了方便，可以令 $\xi = v/v_p$，则有如下约化形式：

$$f(v)\mathrm{d}v = F(\xi)\mathrm{d}\xi \tag{2.3.4}$$

式中，$F(\xi) = \frac{4}{\sqrt{\pi}}\xi^2 \exp(-\xi^2)$。任意速率函数的平均值表达式为

$$\overline{\varphi(v)} = \int_0^{+\infty} \varphi(v) f(v)\mathrm{d}v \tag{2.3.5}$$

据此可得分子的平均速率为

$$\bar{v} = \int_0^{+\infty} v f(v)\mathrm{d}v \tag{2.3.6}$$

分子速率平方的平均值为

$$\overline{v^2} = \int_0^{+\infty} v^2 f(v)\mathrm{d}v \tag{2.3.7}$$

分子的方均根速率为

$$v_{\mathrm{rms}} = \sqrt{\overline{v^2}} \tag{2.3.8}$$

计算结果表明，最概然速率 v_p、平均速率 $\bar{v}$ 和方均根速率 v_{rms} 都有形式$\sqrt{a\frac{k_B T}{m}}$，其中，常数 a 分别为 2、$\frac{8}{\pi}$和 3，所以可用口诀“最平方，2、$\frac{8}{\pi}$、3”来记忆它们。

如图 2.3 中的玫红色分支所示，麦克斯韦速率分布律源于麦克斯韦速度分布律，而麦克斯韦速度分布律可由玻耳兹曼分布 $a_l = \omega_l \mathrm{e}^{-\alpha-\beta\varepsilon_l}$ 导出(7.7 节)。麦克斯韦速度分布律给出分子的速度在速度空间中小体积元 $\mathrm{d}v_x \mathrm{d}v_y \mathrm{d}v_z$ 内出现的概率，表达式为

$$f(v_x, v_y, v_z)\mathrm{d}v_x \mathrm{d}v_y \mathrm{d}v_z = \mathrm{d}N_{xyz}/N \tag{2.3.9}$$

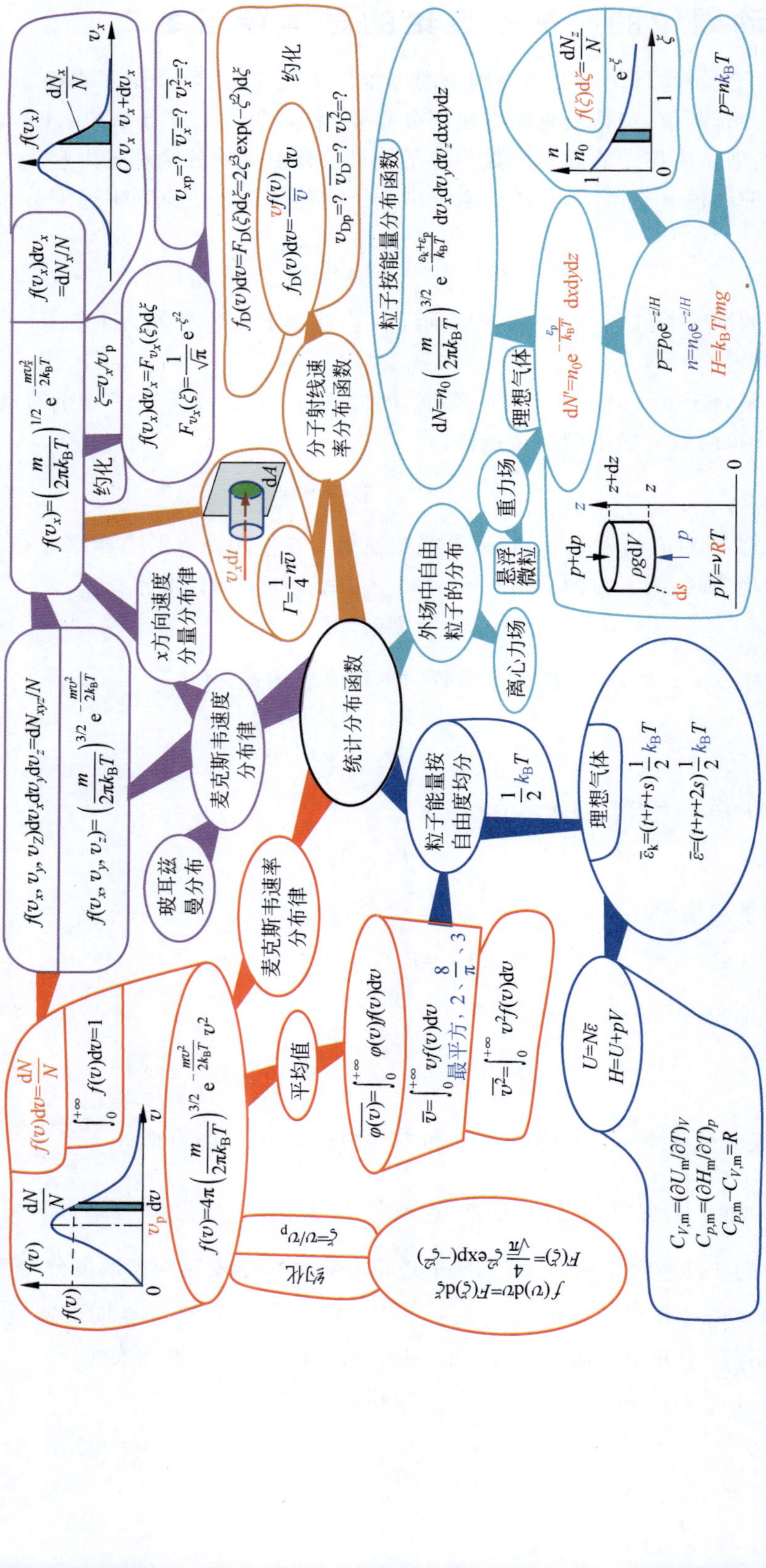

图 2.3 分子动理论的平衡态理论的思维导图之二

式中，$f(v_x,v_y,v_z)=\left(\frac{m}{2\pi k_B T}\right)^{3/2}\mathrm{e}^{-\frac{mv^2}{2k_B T}}$。将麦克斯韦速度分布律推广至速度空间中一个速率介于 $v\sim v+\mathrm{d}v$ 的球壳内，即可得到麦克斯韦速率分布律。分子在 x 方向速度分量 v_x 的分布律为

$$f(v_x)\mathrm{d}v_x=\mathrm{d}N_x/N \tag{2.3.10}$$

式中，$f(v_x)=\left(\frac{m}{2\pi k_B T}\right)^{1/2}\mathrm{e}^{-\frac{mv_x^2}{2k_B T}}$。$f(v_x)$的分布曲线如图 2.3 右上角的图所示，采用分析 $f(v)$分布曲线类似的方法可知，$f(v_x)$的分布曲线下 $v_x\sim v_x+\mathrm{d}v_x$ 的阴影面积代表分子速度的 x 分量介于 $v_x\sim v_x+\mathrm{d}v_x$ 的概率。引入 $\xi=v_x/v_p$ 可得其约化形式

$$f(v_x)\mathrm{d}v_x=F_{v_x}(\xi)\mathrm{d}\xi \tag{2.3.11}$$

式中，$F_{v_x}(\xi)=\frac{1}{\sqrt{\pi}}\mathrm{e}^{-\xi^2}$，进一步可以导出 v_x 的最概然速率值 v_{xp}($v_{xp}=?$)、平均速率值 $\overline{v_x}$($\overline{v_x}=?$)和速率平方平均值($\overline{v_x^2}=?$)。

如图 2.3 橘黄色分支中的图所示，使用 $f(v_x)$考虑单位时间内碰到单位面积器壁上的分子数目，即可得到碰壁数

$$\Gamma=\frac{1}{4}n\bar{v} \tag{2.3.12}$$

其中，n 和 $\bar{v}$ 分别代表分子的数密度和平均速率。在处于平衡态的密闭容器壁上打一个小孔可形成分子泻流，或称分子射线。因为碰壁数的表达式有如下的积分形式：

$$\Gamma=\frac{1}{4}n\bar{v}=\int_0^{+\infty}\frac{1}{4}nvf(v)\mathrm{d}v \tag{2.3.13}$$

如果考查 $v\sim v+\mathrm{d}v$ 速率区间内，则在 $\mathrm{d}t$ 时间内打到 $\mathrm{d}A$ 面元上的分子数占总碰撞分子数的比率为$\frac{vf(v)}{\bar{v}}$。将 $\mathrm{d}A$ 面换成等大的孔洞，即可得到分子射线速率分布函数为

$$f_D(v)\mathrm{d}v=\frac{vf(v)}{\bar{v}}\mathrm{d}v \tag{2.3.14}$$

采用类似思路，令 $\xi=v/v_p$，可得相应的约化形式

$$f_D(v)\mathrm{d}v=F_D(\xi)\mathrm{d}\xi=2\xi^3\exp(-\xi^2)\mathrm{d}\xi \tag{2.3.15}$$

进而可以研究其最概然速率 v_{Dp}($v_{Dp}=?$)、平均速率 $\overline{v_D}$($\overline{v_D}=?$)和速率平方平均值 $\overline{v_D^2}$($\overline{v_D^2}=?$)。结合实验装置，可证明

$$f_D(v)\Delta v\propto v^4\mathrm{e}^{-\frac{mv^2}{2k_B T}} \tag{2.3.16}$$

与实验结果对比，可验证麦克斯韦速率分布律的正确性。

如图 2.3 浅蓝色分支中左侧的图所示，将重力场中的大气看作等温的理想气体($pV=\nu RT$)，由流体静力学平衡条件 $\mathrm{d}p=-\rho g\,\mathrm{d}z$ 和 $\rho=\frac{pM}{RT}$可得

$$\mathrm{d}p=-\frac{pM}{RT}g\,\mathrm{d}z \tag{2.3.17}$$

对其积分可知，大气压强随高度 z 的分布为

$$p = p_0 e^{-z/H} \tag{2.3.18}$$

再使用 $p = nk_B T$ 和 $p_0 = n_0 k_B T$，可得分子数密度的分布为

$$n = n_0 e^{-z/H}$$

其中，$H = k_B T/mg$ 称为等温大气标高，分子数密度的分布如图 2.3 浅蓝色分支中右侧的图所示。那么，在重力场直角坐标系空间中(x, y, z)附近某一体积元 $dx dy dz$ 内分子的数目为

$$dN' = n_0 e^{-\frac{\varepsilon_p}{k_B T}} dx dy dz \tag{2.3.19}$$

其中，ε_p 为分子的重力势能。再考虑 dN'中的分子的速度介于 $v_x \sim v_x + dv_x$，$v_y \sim v_y + dv_y$，$v_z \sim v_z + dv_z$ 的粒子数目可得粒子按能量的分布函数为

$$dN = n_0 \left(\frac{m}{2\pi k_B T}\right)^{3/2} e^{-\frac{\varepsilon_k + \varepsilon_p}{k_B T}} dv_x dv_y dv_z dx dy dz \tag{2.3.20}$$

其中，ε_k 为分子的动能。类似地，可以研究悬浮微粒在重力场中的分布，或者研究分子在离心力场中的分布，这些理论研究与同位素的分离技术密切相关。

描述一个物体的空间位置所需的独立坐标称为该物体的自由度，而决定一个物体的空间位置所需的独立坐标数称为自由度数。因为温度为 T 的气体系统中一个分子的平均平动动能为

$$\bar{\varepsilon}_t = \frac{3}{2} k_B T \tag{2.3.21}$$

将其与 3 个平动自由度相联系，可推测出粒子能量按自由度均分定理，该定理认为，处于温度为 T 的平衡态的气体中，分子热运动动能平均分配到每一个分子的每一个自由度上的平均动能都是 $\frac{1}{2} k_B T$。将其应用到理想气体可知分子的平均动能和平均能量分别为

$$\overline{\varepsilon_k} = (t + r + s) \frac{1}{2} k_B T \tag{2.3.22}$$

$$\bar{\varepsilon} = (t + r + 2s) \frac{1}{2} k_B T \tag{2.3.23}$$

其中，t、r 和 s 分别为分子的平动、转动和振动的自由度数。因理想气体中分子间的势能为零，故理想气体的内能为 $U = N\bar{\varepsilon}$。定义焓为 $H = U + pV$，由 $C_{V,m} = (\partial U_m/\partial T)_V$ 和 $C_{p,m} = (\partial H_m/\partial T)_p$ 可得

$$C_{p,m} - C_{V,m} = R \tag{2.3.24}$$

请构建自己的思维导图。

2.4 输运现象及其分子动理论的思维导图

碰撞可分为弹性碰撞和非弹性碰撞。微观粒子(分子、原子等)之间碰撞的分类和宏观物体之间碰撞的分类有本质区别。如果一个粒子与另一个粒子在碰撞中，只交换动能，粒子的内部状态并无改变，则称这种碰撞称为弹性碰撞；若碰撞中粒子的内部状态有所改变

(例如,原子被激发、电离或发生核反应等),则称其为非弹性碰撞。宏观物体的弹性碰撞和非弹性碰撞则以碰撞中是否有动能损失来区分(图 1.5)。

气体内的输运现象与分子之间的弹性碰撞密切相关,图 2.4 给出了输运现象及其分子动理论的思维导图。如图 2.4 橘黄色分支中的图所示,碰撞截面为 $\sigma=\pi d^2$ 的分子以平均相对速率 $\bar{u}$ 运动。考虑一个分子在假想其余气体分子均静止的状态下穿行,在时间 Δt 内,它将与以 σ 为底、以 $\bar{u}\Delta t$ 为高的弯折圆柱体内的所有分子发生碰撞,计算该分子单位时间内在弯折圆柱体内所碰撞分子的个数,可得分子间的平均碰撞频率

$$z=\sqrt{2}\sigma n\bar{v} \tag{2.4.1}$$

其中,n 和 $\bar{v}$ 分别为分子的数密度和平均速率。倘若分子的等效直径不同($2d\rightarrow d_1+d_2$),分子碰撞截面或分子散射截面的一般表达式变为

$$\sigma=\pi\left(\frac{d_1+d_2}{2}\right)^2 \tag{2.4.2}$$

另外,分子间平均碰撞频率 z 等于单位时间内分子平均运动距离 $\bar{v}$($\bar{v}$ 为平均速率)除以分子的平均自由程 $\bar{\lambda}$,即

$$z=\frac{\bar{v}}{\bar{\lambda}} \tag{2.4.3}$$

那么,分子的平均自由程为

$$\bar{\lambda}=1/(\sqrt{2}\sigma n) \tag{2.4.4}$$

如果将气体看作理想气体(若 $p=nk_BT$),则

$$\bar{\lambda}=\frac{k_BT}{\sqrt{2}\sigma p} \tag{2.4.5}$$

由此可以从理论上探究真空系统所需真空度对设计参数的要求。分子按自由程的分布函数为

$$f(\lambda)=\frac{1}{\bar{\lambda}}\mathrm{e}^{-\frac{\lambda}{\bar{\lambda}}} \tag{2.4.6}$$

该分布与分子射线速率分布函数在形式上有相似之处(图 2.3)。运用以上知识,不仅可讨论分子的平均碰撞频率和平均自由程,还可研究电子、质子和原子等微观粒子在气体中的平均碰撞频率和平均自由程。

由于非平衡系统中存在温度梯度 $\left(\frac{\mathrm{d}T}{\mathrm{d}z}\right)_{z_0}$、宏观运动速度梯度 $\left(\frac{\mathrm{d}u}{\mathrm{d}z}\right)_{z_0}$ 或密度梯度 $\left(\frac{\mathrm{d}\rho}{\mathrm{d}z}\right)_{z_0}$,系统中就会发生热传导现象(如图 2.4 红色分支中的图所示)、层流中的黏性现象或扩散现象. 实验发现,一维热传导现象满足傅里叶定律,即

$$\delta Q=-\kappa\left(\frac{\mathrm{d}T}{\mathrm{d}z}\right)_{z_0}\mathrm{d}A\,\mathrm{d}t \tag{2.4.7}$$

层流中的黏性现象满足牛顿黏滞定律,即

$$\mathrm{d}K=-\eta\left(\frac{\mathrm{d}u}{\mathrm{d}z}\right)_{z_0}\mathrm{d}A\,\mathrm{d}t \tag{2.4.8}$$

一维扩散现象满足菲克定律,即

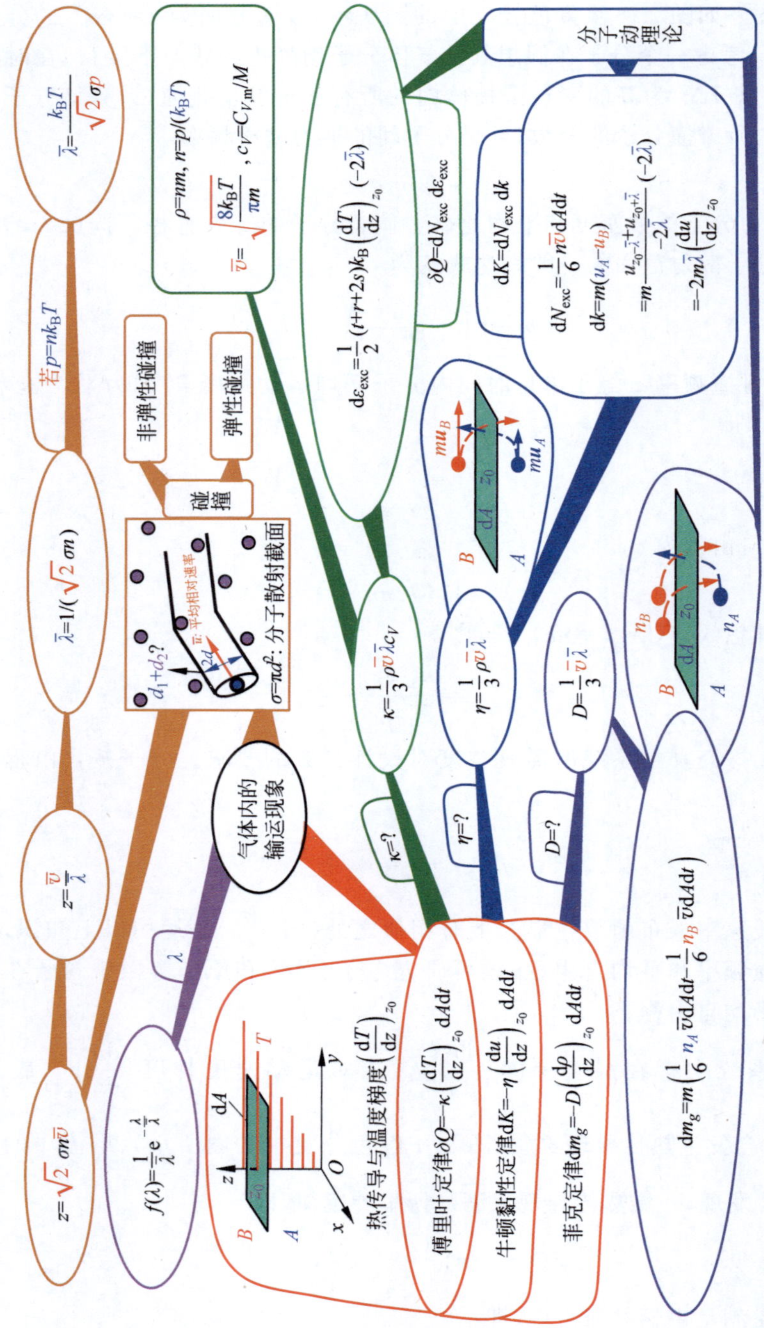

图 2.4 输运现象及其分子动理论的思维导图

$$\mathrm{d}m_g = -D\left(\frac{\mathrm{d}\rho}{\mathrm{d}z}\right)_{z_0}\mathrm{d}A\,\mathrm{d}t \tag{2.4.9}$$

这表明在 $\mathrm{d}t$ 时间内通过面元 $\mathrm{d}A$ 输运的热量 δQ、动量 $\mathrm{d}K$ 和气体质量 $\mathrm{d}m_g$ 除了分别与温度梯度 $\left(\frac{\mathrm{d}T}{\mathrm{d}z}\right)_{z_0}$、速度梯度 $\left(\frac{\mathrm{d}u}{\mathrm{d}z}\right)_{z_0}$ 和密度梯度 $\left(\frac{\mathrm{d}\rho}{\mathrm{d}z}\right)_{z_0}$ 成正比外，还与 $\mathrm{d}A\,\mathrm{d}t$ 成正比，比例系数分别为导热系数 κ、黏性系数 η 和扩散系数 D，且输运的方向与梯度的方向相反（式中负号“—”的来源）。在学习数学物理方法中会运用这些定律导出一类数学物理方程——热传导方程。

从微观角度出发，分子动理论可以再现前面介绍的三个宏观定律，并给出导热系数 κ、黏性系数 η 和扩散系数 D 的表达式。如图 2.4 蓝色分支给出的以层流中的黏性现象为例的图所示，在 $\mathrm{d}t$ 时间内通过面元 $\mathrm{d}A$ 交换的分子对的数目为

$$\mathrm{d}N_{\mathrm{exc}} = \frac{1}{6}n\bar{v}\,\mathrm{d}A\,\mathrm{d}t \tag{2.4.10}$$

假设面元 AB 两侧的分子数密度相同，则每交换一对分子输运的动量为

$$\mathrm{d}k = m(u_{\mathrm{A}} - u_{\mathrm{B}}) = m\,\frac{u_{z_0-\bar{\lambda}} + u_{z_0+\bar{\lambda}}}{-2\bar{\lambda}}(-2\bar{\lambda}) = -2m\bar{\lambda}\left(\frac{\mathrm{d}u}{\mathrm{d}z}\right)_{z_0} \tag{2.4.11}$$

进而使用 $\mathrm{d}K = \mathrm{d}N_{\mathrm{exc}}\mathrm{d}k$ 计算输运的总动量，可得牛顿黏滞定律的微观表达式，与牛顿黏滞定律作对比，最终得到黏性系数为

$$\eta = \frac{1}{3}\rho\bar{v}\bar{\lambda} \tag{2.4.12}$$

如图 2.4 中的绿色分支所示，可采用类似的方法推导傅里叶定律，只需考虑每交换一对分子输运的能量：

$$\mathrm{d}\varepsilon_{\mathrm{exc}} = \frac{1}{2}(t + r + 2s)k_{\mathrm{B}}\left(\frac{\mathrm{d}T}{\mathrm{d}z}\right)_{z_0}(-2\bar{\lambda}) \tag{2.4.13}$$

进而使用 $\delta Q = \mathrm{d}N_{\mathrm{exc}}\mathrm{d}\varepsilon_{\mathrm{exc}}$ 计算输运的总能量，可得傅里叶定律的微观表达式，与傅里叶定律作对比，可得导热系数为

$$\kappa = \frac{1}{3}\rho\bar{v}\bar{\lambda}c_V \tag{2.4.14}$$

其中，物质的密度 $\rho = nm$；分子数密度 $n = p/k_{\mathrm{B}}T$；平均速率 $\bar{v} = \sqrt{\frac{8k_{\mathrm{B}}T}{\pi m}}$；等容比热容 $c_V = C_{V,\mathrm{m}}/M$。

如图 2.4 紫色分支中的图所示，扩散现象与黏性现象、热传导现象有所不同，因分子的数密度在界面 A 和 B 两侧存在梯度，在 $\mathrm{d}t$ 时间内通过面元 $\mathrm{d}A$ 交换的分子数目之差不再为零，其值为 $\left(\frac{1}{6}n_A\bar{v}\,\mathrm{d}A\,\mathrm{d}t - \frac{1}{6}n_B\bar{v}\,\mathrm{d}A\,\mathrm{d}t\right)$，则质量输运方程为

$$\mathrm{d}m_g = m\left(\frac{1}{6}n_A\bar{v}\,\mathrm{d}A\,\mathrm{d}t - \frac{1}{6}n_B\bar{v}\,\mathrm{d}A\,\mathrm{d}t\right) \tag{2.4.15}$$

与菲克定律作对比，可得扩散系数为

$$D = \frac{1}{3}\bar{v}\bar{\lambda} \tag{2.4.16}$$

请构建自己的思维导图。

2.5 热力学第一定律的思维导图

图 2.5 给出了热力学第一定律的思维导图。图 2.5 将首先给出热力学第一定律，介绍计算体积功和热量的一般方法，并讨论热容；其次，将热力学第一定律和理想气体的物态方程相结合，讨论理想气体在绝热过程、等体过程、等压过程、等温过程和多方过程中的内能变化、做功和吸收热量的特点；最后，将热力学第一定律应用到理想气体的循环过程，研究热机和制冷机工作的效率。

热力学第一定律是能量守恒定律在热力学领域的一种特殊表现形式。它指出系统从外界吸收的热量 Q，一部分用于系统内能的增加 ΔU，另一部分用于对外做功 W，即

$$Q=\Delta U+W \tag{2.5.1}$$

在无限小过程中，其数学表达式为

$$\delta Q=\mathrm{d}U+\delta W \tag{2.5.2}$$

因内能 U 为状态量，而热量 Q 和功 W 为过程量，所以它们在微元过程中的表达式有所不同。

如图 2.5 中的红色分支所示，在一微元过程中，系统对外所做的功与过程相关，系统是否对外做功 δW，由外界对系统是否做功 δW^{ex} 来决定，即

$$\delta W=-\delta W^{\mathrm{ex}}=p_{\mathrm{ex}}\mathrm{d}V \tag{2.5.3}$$

其中，p_{ex} 是外部压强。在可逆过程中，$p_{\mathrm{ex}}=p$，系统因体积变化对外所做的元功才能采用 $\delta W=p\,\mathrm{d}V$ 的形式。在有限过程中，系统对外所做的功为

$$W=\int_{V_1}^{V_2}p\,\mathrm{d}V \tag{2.5.4}$$

做功的绝对值等于 p-V 图中过程曲线下对应的面积。

如图 2.5 中的玫红色分支所示，在一微元过程中，系统吸收的热量也与过程相关，则

$$\delta Q=C\mathrm{d}T=\nu C_{\mathrm{m}}\mathrm{d}T \tag{2.5.5}$$

其中，C 和 C_{m} 分别代表所经历过程的热容和摩尔热容。在有限过程中，

$$Q=\int_{\text{path}}\nu C_{\mathrm{m}}\mathrm{d}T \tag{2.5.6}$$

某个过程 x 的摩尔热容定义为 1 mol 的某种物质在 x 过程中每升高 1 K 所吸收的热量，即

$$C_{x,\mathrm{m}}=\frac{\delta Q_{x,\mathrm{m}}}{\mathrm{d}T} \tag{2.5.7}$$

那么，由等压摩尔热容 $C_{p,\mathrm{m}}=\dfrac{\delta Q_{p,m}}{\mathrm{d}T}$ 和等容摩尔热容 $C_{V,\mathrm{m}}=\dfrac{\delta Q_{V,\mathrm{m}}}{\mathrm{d}T}$，可以定义绝热指数为

$$\gamma=C_{p,\mathrm{m}}/C_{V,\mathrm{m}} \tag{2.5.8}$$

对理想气体来说，可证明 $C_{p,\mathrm{m}}-C_{V,\mathrm{m}}=R$。对于一般物质来说，$C_{p,\mathrm{m}}-C_{V,\mathrm{m}}$ 的值是多少 ($C_{p,\mathrm{m}}-C_{V,\mathrm{m}}=?$)，这将由图 2.6 中的迈耶公式给出答案。理想气体经历绝热过程的过程曲线方程应满足 $pV^{\gamma}=C_1$（具体原因见下文），再借助理想气体的物态方程 $pV=\nu RT$，分别

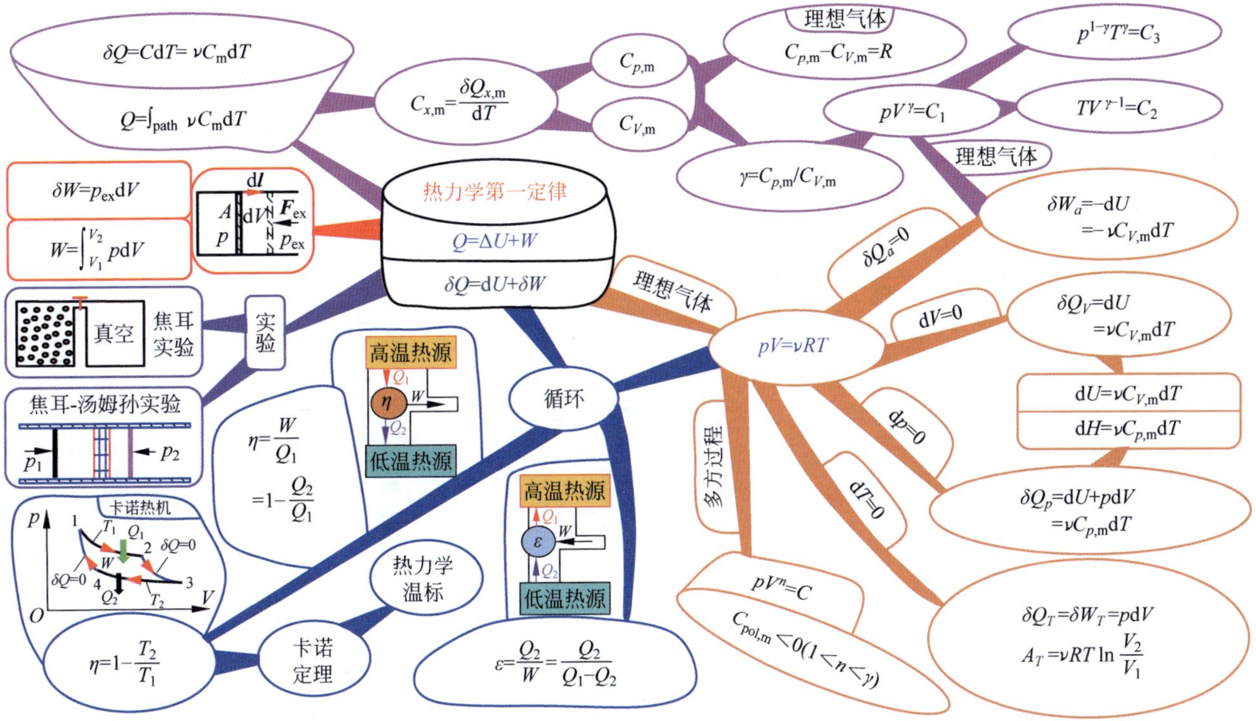

图 2.5　热力学第一定律的思维导图

消去 p 和 V 可得绝热过程中理想气体的温度和体积、压强和温度分别满足的方程为

$$\begin{cases} TV^{\gamma-1}=C_2 \\ p^{1-\gamma}T^{\gamma}=C_3 \end{cases} \tag{2.5.9}$$

其中,C_1、C_2 和 C_3 均为常数。这些过程方程在研究包含绝热过程的循环过程的效率时将非常有用。

如图 2.5 中的橘黄色分支所示,将热力学第一定律应用到气体,尤其是理想气体,可以分析气体在绝热过程($\delta Q_a=0$)、等容过程($\mathrm{d}V=0$)、等压过程($\mathrm{d}p=0$)和等温过程($\mathrm{d}T=0$)中的内能变化、做功和吸收热量所满足的规律。对于理想气体而言,在绝热过程($\delta Q_a=0$)中,有

$$\delta W_a=p\,\mathrm{d}V=-\mathrm{d}U=-\nu C_{V,\mathrm{m}}\mathrm{d}T \tag{2.5.10}$$

再结合理想气体物态方程的微分式:

$$p\,\mathrm{d}V+V\mathrm{d}p=\nu R\,\mathrm{d}T \tag{2.5.11}$$

联立式(2.5.10)和式(2.5.11)消去 $\mathrm{d}T$,导出 p 和 V 满足的微分方程,通过积分可导出理想气体的绝热曲线方程应满足

$$pV^{\gamma}=C_1 \tag{2.5.12}$$

在等容过程中,有

$$\delta Q_V=\mathrm{d}U=\nu C_{V,\mathrm{m}}\mathrm{d}T \tag{2.5.13}$$

在等压过程中,有

$$\delta Q_p=\mathrm{d}U+p\,\mathrm{d}V=\nu C_{p,\mathrm{m}}\mathrm{d}T \tag{2.5.14}$$

结合焓的定义 $H=U+pV$,可知,等压过程吸收的热量为

$$\delta Q_p=\mathrm{d}H=\nu C_{p,\mathrm{m}}\mathrm{d}T \tag{2.5.15}$$

在等温过程中,吸收的热量为

$$\delta Q_T=\delta W_T=p\,\mathrm{d}V,\quad W_T=\nu RT\ln\frac{V_2}{V_1} \tag{2.5.16}$$

还可将上述过程推广到多方过程,其过程曲线方程满足以下形式:

$$pV^n=C \tag{2.5.17}$$

其中,n 为多方指数,C 为常数。利用热力学第一定律、理想气体的物态方程和多方过程的曲线方程的微分式,可以证明多方过程的摩尔热容满足:

$$C_{\mathrm{pol,m}}=C_{V,\mathrm{m}}\left(\frac{n-\gamma}{n-1}\right) \tag{2.5.18}$$

$C_{\mathrm{pol,m}}<0(1<n<\gamma)$,这一结果可以用于对恒星早期演化过程的研究。同时,当 $n=0,1,\gamma$ 和 $n\to\pm\infty$ 时,$C_{\mathrm{pol,m}}$ 分别对应于等压过程、等温过程、绝热过程和等容过程的摩尔热容。

将热力学第一定律应用到循环过程,可以研究热机和制冷机的工作效率。其中,热机的热效率和制冷机的制冷系数分别为

$$\eta=\frac{W}{Q_1}=1-\frac{Q_2}{Q_1} \tag{2.5.19}$$

$$\varepsilon=\frac{Q_2}{W}=\frac{Q_2}{Q_1-Q_2} \tag{2.5.20}$$

值得注意的是，这里的 Q_1 和 Q_2 仅代表热机在高温热源或低温热源吸热或放热的绝对值。对于工作在两个等温过程和两个绝热过程的可逆卡诺热机来说，其效率只与高低温热源的温度 T_1 和 T_2 有关，即

$$\eta=1-\frac{T_2}{T_1} \tag{2.5.21}$$

再结合热力学第二定律可以得到卡诺定理(图 2.6)，进而可以定义热力学温标。

如图 2.5 紫色分支中的图所示，应用热力学第一定律，焦耳的自由膨胀实验探索了气体的内能与温度和体积之间的关系，焦耳-汤姆孙绝热节流实验探索了气体的焓与温度和压强之间的关系。

请构建自己的思维导图。

2.6　热力学第二定律与熵的思维导图

图 2.6 给出了热力学第二定律与熵的思维导图。它将首先给出热力学第二定律的两种文字表述，并讨论其统计解释；其次，由卡诺定理导出克劳修斯等式和不等式，提出熵的概念，给出热力学第二定律的数学表述；再次，将其与热力学第一定律结合给出热力学的基本等式和不等式，导出熵增原理；最后，讨论卡诺定理的应用，导出能态关系和迈耶公式。

如图 2.6 中的红色分支所示，热力学第二定律刻画了自然界中一大类热现象的不可逆性，它有两种著名的表述方式：开尔文表述和克劳修斯表述。热力学第二定律的开尔文表述：不可能从单一热源吸收热量，使之完全变为有用功而不产生其他影响。如图 2.6 中红色分支左侧的图所示，从热机的角度来看，这意味着 $\eta=1$ 是不可能的。热力学第二定律的克劳修斯表述：不可能把热量从低温物体传到高温物体而不引起其他影响。如图 2.6 中红色分支右侧的图所示，从制冷机的角度来看，这意味着 $\varepsilon\to\infty$ 是不可能的。使用反证法可以证明两种表述是完全等价的，并且和自然界中一切与热相联系的自发过程的不可逆性是一致的。热力学第二定律的实质表明：与热力学相关的宏观过程大都是不可逆的。任何一个不可逆过程中必包含耗散、力学、热学和化学等四种不可逆因素中的某一种或某几种因素。从统计角度的解释来看，当孤立系统中发生不可逆过程时，它总会从微观态少的宏观态向微观态多的宏观态的方向演化。

如图 2.6 中的青色分支所示，卡诺定理的内容为：在相同的高温热源 T_1 和相同的低温热源 T_2 之间工作的一切可逆热机，其效率都相等，而与工作物质无关；工作于两个具有相同的高低温热源之间的一切热机，以可逆卡诺热机的效率为最高，即

$$\eta\leqslant 1-\frac{T_2}{T_1} \tag{2.6.1}$$

工作于两个具有相同的高低温热源之间的一切制冷机，以可逆卡诺制冷机的制冷系数为最高，即

$$\varepsilon\leqslant\frac{T_2}{T_1-T_2} \tag{2.6.2}$$

卡诺定理可以通过反证法证明。将 $\eta=1+\frac{Q_2}{Q_1}$ 和式(2.6.1)结合，并把 Q_2 看作热机在低温热

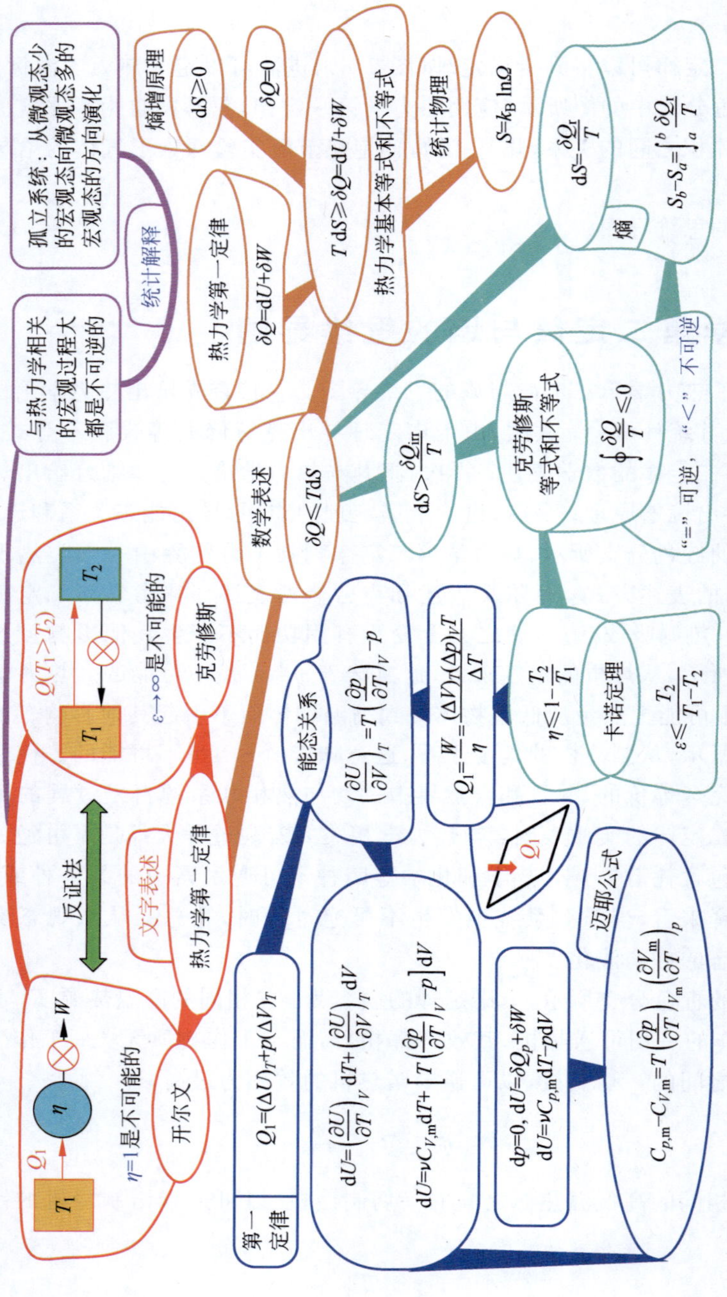

图 2.6 热力学第二定律与熵的思维导图

源处吸收的热量，可知

$$\frac{Q_1}{T_1}+\frac{Q_2}{T_2}\leqslant 0 \tag{2.6.3}$$

再将其推广至一般循环过程，可得克劳修斯等式和不等式，即

$$\oint\frac{\delta Q}{T}\leqslant 0 \tag{2.6.4}$$

式中，“＝”对应可逆(reversible)过程，“＜”对应不可逆(irreversible)过程(简记为“‘＝’可逆，‘＜’不可逆”)。热力学第二定律的重要贡献是提出了一个新的状态量——熵。设温度为 T 的系统在一个可逆微元过程中吸收热量 δQ_{r}，它的熵变定义为

$$\mathrm{d}S=\frac{\delta Q_{\mathrm{r}}}{T} \tag{2.6.5}$$

那么，在有限过程中系统从状态 a 到状态 b 的可逆过程中，熵变为

$$S_b-S_a=\int_a^b\frac{\delta Q_{\mathrm{r}}}{T} \tag{2.6.6}$$

倘若温度为 T 的系统在不可逆过程中吸收热量 δQ_{irr}，则

$$\mathrm{d}S>\frac{\delta Q_{\mathrm{irr}}}{T} \tag{2.6.7}$$

因此，热力学第二定律的数学表述为

$$\delta Q\leqslant T\mathrm{d}S \tag{2.6.8}$$

如图 2.6 中的橘黄色分支所示，将热力学第二定律($\delta Q\leqslant T\mathrm{d}S$)和热力学第一定律($\delta Q=\mathrm{d}U+\delta W$)结合，可得热力学基本等式和不等式为

$$T\mathrm{d}S\geqslant\delta Q=\mathrm{d}U+\delta W \tag{2.6.9}$$

对于孤立系统来说，因 $\delta Q=0$，故有熵增加原理，即

$$\mathrm{d}S\geqslant 0 \tag{2.6.10}$$

从统计物理的角度可以证明，系统的熵 S 与系统的微观态的数目 Ω 之间满足玻耳兹曼公式：

$$S=k_{\mathrm{B}}\ln\Omega \tag{2.6.11}$$

见图 7.8。

如图 2.6 中的蓝色分支所示，计算微小卡诺循环中热机在高温热源处吸收的热量 Q_1 有两种途径：第一种是使用卡诺定理计算，可得

$$Q_1=\frac{W}{\eta}=\frac{(\Delta V)_T(\Delta p)_V T}{\Delta T} \tag{2.6.12}$$

第二种是使用热力学第一定律计算，可得

$$Q_1=(\Delta U)_T+p(\Delta V)_T \tag{2.6.13}$$

联立式(2.6.12)和式(2.6.13)可得能态关系：

$$\left(\frac{\partial U}{\partial V}\right)_T=T\left(\frac{\partial p}{\partial T}\right)_V-p \tag{2.6.14}$$

将内能 U 看作 T 和 V 的函数，即 $U=U(T,V)$，其全微分为

$$\mathrm{d}U=\left(\frac{\partial U}{\partial T}\right)_V\mathrm{d}T+\left(\frac{\partial U}{\partial V}\right)_T\mathrm{d}V \tag{2.6.15}$$

将能态关系式(2.6.14)代入式(2.6.15)可知

$$\mathrm{d}U=\nu C_{V,\mathrm{m}}\mathrm{d}T+\left[T\left(\frac{\partial p}{\partial T}\right)_V-p\right]\mathrm{d}V \tag{2.6.16}$$

再将热力学第一定律 $\mathrm{d}U=\delta Q_p+\delta W$ 应用到等压过程($\mathrm{d}p=0$),可知

$$\mathrm{d}U=\nu C_{p,\mathrm{m}}\mathrm{d}T-p\,\mathrm{d}V \tag{2.6.17}$$

在等压条件下联立式(2.6.16)和式(2.6.17)可得迈耶公式:

$$C_{p,\mathrm{m}}-C_{V,\mathrm{m}}=T\left(\frac{\partial p}{\partial T}\right)_{V_\mathrm{m}}\left(\frac{\partial V_\mathrm{m}}{\partial T}\right)_p \tag{2.6.18}$$

针对理想气体,使用迈耶公式和理想气体的物态方程 $pV_\mathrm{m}=RT$,可得图 2.5 中给出的结果:

$$C_{p,\mathrm{m}}-C_{V,\mathrm{m}}=R$$

请构建自己的思维导图。

2.7 物态与相变的思维导图

图 2.7 展示了物态与相变的思维导图。它将首先从介绍五种物态出发给出物质各种形态的大体分类;其次,研究液体的表面现象,给出曲面附加压强,讨论液滴和气泡的内外压强;再次,给出相变的分类,重点讨论一级相变及其相图的特征,导出克拉珀龙方程,并使用范德瓦耳斯方程解释气液相变的过程;最后,探讨沸腾的过程和条件。

如图 2.7 中的红色分支所示,构成物质的分子的聚合状态,在一定压强和温度下所处的相对稳定的状态称为物态。自然界存在五种物态:超固态、固态、液态、气态和等离子态。固态和液态,统称为凝聚态。固态物质包括晶体和非晶态固体,晶体又可分为单晶体和多晶体。

液体的表面现象是最简单的界面现象。如图 2.7 中玫红色分支左侧的图所示,通过肥皂膜可以理解液体表面张力 F、表面能 E_s 和表面张力系数 σ,它们的关系如下:

$$\sigma=F/L=\mathrm{d}E_\mathrm{s}/\mathrm{d}S \tag{2.7.1}$$

上式表明,表面张力系数代表液体表面单位长度上的表面张力或代表液体单位面积上的表面自由能。由于表面张力的存在,致使弯曲液面内外存在压强差,称为曲面附加压强 p_add。图 2.7 玫红色分支中右侧给出了球形液滴的示意图,通过分析任一球冠液体的受力情况可得附加压强为

$$p_\mathrm{add}=p_1-p_0=\frac{2\sigma}{R} \tag{2.7.2}$$

其中,σ 和 R 分别为液体的表面张力系数和液滴的半径。在此基础上,可以讨论空气中液滴的形成条件、液体中气泡的形成过程和沸腾过程、肥皂泡和肺泡的内外压强差以及毛细现象等问题。

自然界中存在许多液体润湿(浸润)现象和不润湿(不浸润)现象。如图 2.7 浅蓝色分支中的图所示,通过引入液体自由表面与固体接触表面间的接触角 θ 可以定量描述润湿现象和不润湿现象。显然,$0\leqslant\theta<\pi/2$ 为润湿情形,$\pi/2<\theta\leqslant\pi$ 为不润湿情形。习惯上常把 $\theta=0$ 时的液面称为完全润湿,$\theta=\pi$ 时的液面称为完全不润湿。

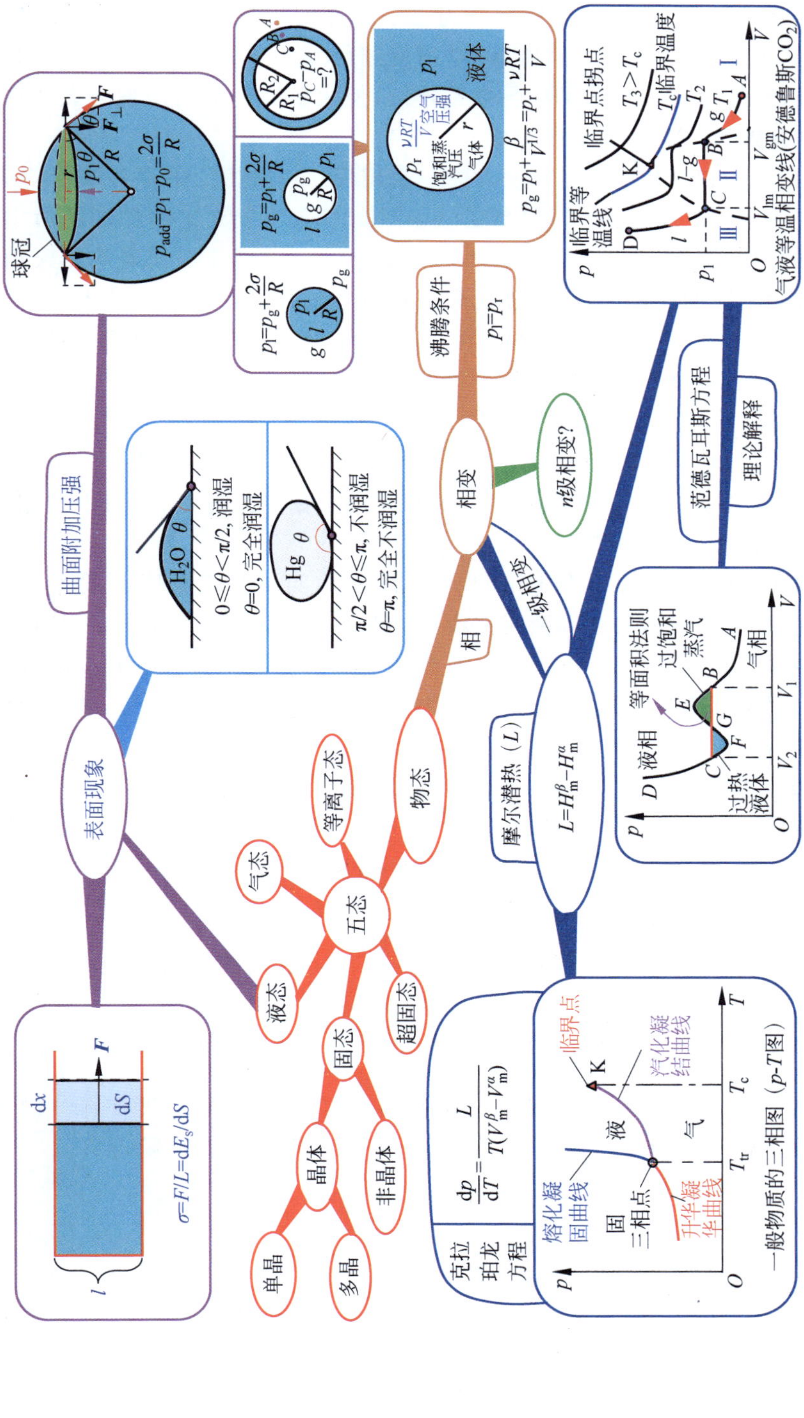

图 2.7　物态与相变的思维导图

实际上，同一种物质的相同物态中也可以存在几种性质不同的物质结构，所以还需要引入“相”这一概念来严格描述物态之间的转变。相是指系统中存在一定界面内物化性质相同的均匀物质的聚集态。相之间的转变，简称为相变，严格来说，它是指物质在压强、温度等外界条件不变的情况下，从一个相转变为另一个相的过程，且伴随物理性质发生突变的现象. 根据化学势在相变点处的性质，可对相变进行分类。如果在相变点两相的化学势和化学势的 1 级，2 级，…，$n-1$ 级的偏导数都连续，但化学势 μ 的 n 级偏导数存在突变(即 μ 的 n 级偏导数不连续)，则称为 n 级相变。

常见的固相、液相和气相之间的转变均为一级相变。一级相变中存在摩尔潜热 L($L=H_{\mathrm{m}}^{\beta}-H_{\mathrm{m}}^{\alpha}$)、摩尔体积($V_{\mathrm{m}}^{\beta}-V_{\mathrm{m}}^{\alpha}\neq 0$)的突变。如图 2.7 蓝色分支中左侧的图所示，一般物质的固、液和气的三相图(p-T 图)由“三线两点”组成。“三线”分别代表汽化凝结曲线、升华凝华曲线和熔化凝固曲线，“两点”分别代表三相点和临界点。虽然理论上不能直接给出物质的相平衡曲线，不过，根据热力学理论可以求出两相平衡曲线的斜率。对于一级相变来说，两相平衡曲线的斜率满足克拉珀龙方程：

$$\frac{\mathrm{d}p}{\mathrm{d}T}=\frac{L}{T(V_{\mathrm{m}}^{\beta}-V_{\mathrm{m}}^{\alpha})} \tag{2.7.3}$$

其中，摩尔潜热 $L=T(S_{\mathrm{m}}^{\beta}-S_{\mathrm{m}}^{\alpha})$。克拉珀龙方程可由卡诺定理导出，也可由在相变点两相的化学势连续这一性质导出(图 7.5)。

对于气液相变来说，如图 2.7 右下角的 p-V 图所示，当温度较低时，等温线随着压强的增大可以分成气相、气液两相共存和液相三段；在临界温度 T_{c} 下，气液两相共存现象消失；当温度高于临界温度时，等温条件下无论如何改变压强也不会出现气液相变。气液相变曲线可以在理论上使用范德瓦耳斯方程来解释，这其中会讨论过饱和蒸气、过热液体和等面积法则等，具体内容将在 7.4 节中再次提及。

另外，如图 2.7 橘黄色分支中的图所示，通过分析液体中气泡内外压强如下的力学平衡条件可以认识沸腾过程：

$$p_{\mathrm{l}}+\frac{\beta}{V^{1/3}}=p_{\mathrm{r}}+\frac{\nu RT}{V} \tag{2.7.4}$$

其中，p_{l} 和 $\frac{\beta}{V^{1/3}}$ 分别代表液体的压强和附加压强；p_{r} 和 $\frac{\nu RT}{V}$ 分别代表气泡内部的饱和蒸汽压和空气的压强。当 $p_{\mathrm{l}}>p_{\mathrm{r}}$ 时，力学平衡要求 $\frac{\beta}{V^{1/3}}<\frac{\nu RT}{V}$；当温度升高，饱和蒸汽压 p_{r} 增大时，气泡通过增大体积 V 可以再次实现力学平衡。但是，当液体温度使得气泡满足沸腾条件($p_{\mathrm{l}}=p_{\mathrm{r}}$)时，泡内压强始终大于泡外压强，气泡迅速膨胀，产生沸腾现象。

请构建自己的思维导图。

第3章 电磁学的思维导图范例

3.1 电磁学全景知识结构的思维导图

电磁学是研究电磁现象的规律和应用的物理学分支学科。图3.1展示了电磁学全景知识结构的思维导图。本书仅给出静电场的基本规律、有导体的静电场、静电场中的电介质、恒定电流和电路、恒定电流的磁场、电磁感应和暂态过程、磁介质、时变电磁场和电磁波等章节的思维导图。

静电场的基本规律这一章节首先给出了两静止点电荷之间相互作用所遵从的库仑定律：

$$\boldsymbol{F}_{12}=\frac{1}{4\pi\varepsilon_0}\frac{q_1q_2}{r^2}\boldsymbol{e}_{12} \tag{3.1.1}$$

然后给出了描述静电场的电场强度$\boldsymbol{E}$，并讨论了它的通量满足高斯定理、它的环量满足环路定理，即

$$\oint_S\boldsymbol{E}\cdot\mathrm{d}\boldsymbol{S}=\frac{\sum\limits_i q_i}{\varepsilon_0} \tag{3.1.2a}$$

$$\oint_c\boldsymbol{E}\cdot\mathrm{d}\boldsymbol{l}=0 \tag{3.1.2b}$$

进而提出了电势U的概念，它和电场强度的关系为

$$\boldsymbol{E}=-\nabla U \tag{3.1.3}$$

学会计算静电场的电场强度及其电势是研究静电场的重点。

有导体的静电场这一章节主要研究导体在静电场中达到静电平衡的条件，讨论各种电容器的电容以及电容器连接(如串联、并联等)后的等效电容，进而研究电容器所储存的静电能，并给出静电能的能量密度为

$$w_{\mathrm{e}}=\frac{1}{2}\boldsymbol{D}\cdot\boldsymbol{E} \tag{3.1.4}$$

静电场中的电介质这一章节主要研究电介质在静电场中出现电极化的现象。首先将介质中的电荷分为自由电荷和极化电荷，并引入极化强度$\boldsymbol{P}$的概念，给出均匀各向同性电介质极化强度$\boldsymbol{P}$和外电场$\boldsymbol{E}$之间的关系为

$$\boldsymbol{P}=\varepsilon_0\chi\boldsymbol{E} \tag{3.1.5}$$

然后探讨有电介质时静电场的基本方程。其中，有电介质时的高斯定理的表达式为

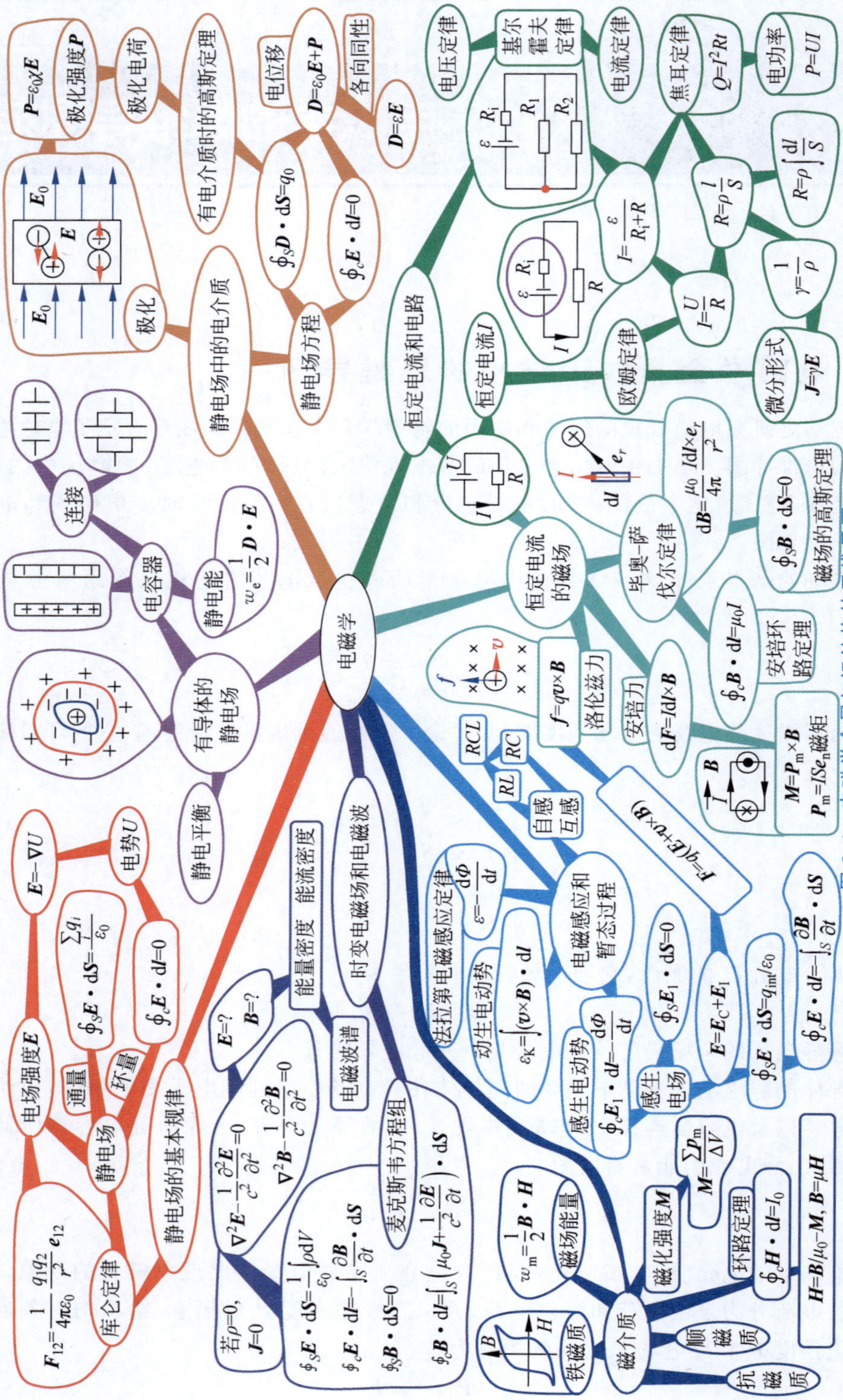

图 3.1 电磁学全景知识结构的思维导图

$$\oint_S \boldsymbol{D} \cdot \mathrm{d}\boldsymbol{S} = q_0 \tag{3.1.6}$$

静电场的环路定理的表达式为

$$\oint_c \boldsymbol{E} \cdot \mathrm{d}\boldsymbol{l} = 0 \tag{3.1.7}$$

其中，$\boldsymbol{D}=\varepsilon_0\boldsymbol{E}+\boldsymbol{P}$，称为电位移，对于均匀各向同性电介质来说，$\boldsymbol{D}=\varepsilon\boldsymbol{E}$。

恒定电流和电路这一章节首先给出形成恒定电流 I 的条件。然后介绍欧姆定律，其表达式为

$$I = \frac{U}{R} \tag{3.1.8}$$

将其推广到含源电路，得到全电路的欧姆定律的表达式为

$$I = \frac{\varepsilon}{R_{\mathrm{i}} + R} \tag{3.1.9}$$

并从节点处电荷守恒和沿一闭合回路一周的电势降为零两个角度，导出基尔霍夫定律的电流定律和电压定律。对于长度为 l，横截面为 S 的导体，其电阻公式为

$$R = \rho \frac{l}{S} \tag{3.1.10}$$

其中，ρ 为电阻率；电导率为 $\gamma=\dfrac{1}{\rho}$。可证明欧姆定律的微分形式为

$$\boldsymbol{J} = \gamma \boldsymbol{E} \tag{3.1.11}$$

运用微积分的思想，可得变截面导体的电阻公式为

$$R = \rho \int \frac{\mathrm{d}l}{S} \tag{3.1.12}$$

最后，介绍电流经过电阻产生热效应的焦耳定律和电功率，它们的表达式分别为

$$Q = I^2 R t \tag{3.1.13}$$

$$P = UI \tag{3.1.14}$$

恒定电流的磁场这一章节首先给出稳恒电流产生磁场的毕奥-萨伐尔定律，其表达式为

$$\mathrm{d}\boldsymbol{B} = \frac{\mu_0}{4\pi} \frac{I \mathrm{d}\boldsymbol{l} \times \boldsymbol{e}_r}{r^2} \tag{3.1.15}$$

然后，计算描述稳恒磁场性质的通量和环量，即磁场的高斯定理和安培环路定理，它们的表达式分别为

$$\oint_S \boldsymbol{B} \cdot \mathrm{d}\boldsymbol{S} = 0 \tag{3.1.16}$$

$$\oint_c \boldsymbol{B} \cdot \mathrm{d}\boldsymbol{l} = \mu_0 I \tag{3.1.17}$$

随后，探讨电流元 $I\mathrm{d}\boldsymbol{l}$ 在磁场中所受的安培力公式：

$$\mathrm{d}\boldsymbol{F} = I \mathrm{d}\boldsymbol{l} \times \boldsymbol{B} \tag{3.1.18}$$

并将其推广至载流线圈所受力矩，得

$$\boldsymbol{M} = \boldsymbol{P}_m \times \boldsymbol{B} \tag{3.1.19}$$

其中，$\boldsymbol{P}_m = IS\boldsymbol{e}_{\mathrm{n}}$ 称为线圈的磁矩。最后，研究带电粒子在磁场中所受的洛伦兹力，其表达式为

$$f = q\boldsymbol{v} \times \boldsymbol{B} \tag{3.1.20}$$

电磁感应和暂态过程这一章节首先给出法拉第电磁感应定律,其表达式为

$$\varepsilon = -\frac{\mathrm{d}\Phi}{\mathrm{d}t} \tag{3.1.21}$$

然后,探讨动生电动势、感生电动势及感生电场通量的性质,它们的表达式分别为

$$\varepsilon_{\mathrm{K}} = \int (\boldsymbol{v} \times \boldsymbol{B}) \cdot \mathrm{d}\boldsymbol{l} \tag{3.1.22}$$

$$\varepsilon_{\mathrm{I}} = \oint_c \boldsymbol{E}_{\mathrm{I}} \cdot \mathrm{d}\boldsymbol{l} = -\frac{\mathrm{d}\Phi}{\mathrm{d}t} \tag{3.1.23}$$

$$\oint_S \boldsymbol{E}_{\mathrm{I}} \cdot \mathrm{d}\boldsymbol{S} = 0 \tag{3.1.24}$$

令总电场等于库仑电场和感生电场之和,即 $\boldsymbol{E} = \boldsymbol{E}_{\mathrm{C}} + \boldsymbol{E}_{\mathrm{I}}$,则带电粒子在电磁场中所受的洛伦兹力为

$$\boldsymbol{F} = q(\boldsymbol{E} + \boldsymbol{v} \times \boldsymbol{B}) \tag{3.1.25}$$

随后,得到总电场 $\boldsymbol{E}$ 所满足的性质,即它的通量和环量分别满足如下关系:

$$\oint_S \boldsymbol{E} \cdot \mathrm{d}\boldsymbol{S} = q_{\mathrm{int}}/\varepsilon_0$$

$$\oint_c \boldsymbol{E} \cdot \mathrm{d}\boldsymbol{l} = -\int_S \frac{\partial \boldsymbol{B}}{\partial t} \cdot \mathrm{d}\boldsymbol{S}$$

最后,研究自感和互感现象,讨论 RL、RC 和 RCL 电路的变化规律。

磁介质这一章节首先介绍如何通过磁化强度 $\boldsymbol{M}$ 描述磁化现象,其定义式为

$$\boldsymbol{M} = \frac{\sum \boldsymbol{p}_m}{\Delta V} \tag{3.1.26}$$

然后探讨有磁介质时的环路定理,其表达式为

$$\oint_c \boldsymbol{H} \cdot \mathrm{d}\boldsymbol{l} = I_0 \tag{3.1.27}$$

其中,磁场强度 $\boldsymbol{H} = \boldsymbol{B}/\mu_0 - \boldsymbol{M}$。对于各向同性磁介质来说,$\boldsymbol{B} = \mu \boldsymbol{H}$。随后,讨论顺磁质、抗磁质和铁磁质的特征及其磁化产生机理。最后,导出磁场能量密度的公式:

$$w_{\mathrm{m}} = \frac{1}{2} \boldsymbol{B} \cdot \boldsymbol{H} \tag{3.1.28}$$

时变电磁场和电磁波这一节首先导出麦克斯韦方程组:

$$\begin{cases} \oint_S \boldsymbol{E} \cdot \mathrm{d}\boldsymbol{S} = \dfrac{1}{\varepsilon_0} \int \rho \mathrm{d}V \\ \oint_c \boldsymbol{E} \cdot \mathrm{d}\boldsymbol{l} = -\int_S \dfrac{\partial \boldsymbol{B}}{\partial t} \cdot \mathrm{d}\boldsymbol{S} \\ \oint_S \boldsymbol{B} \cdot \mathrm{d}\boldsymbol{S} = 0 \\ \oint_c \boldsymbol{B} \cdot \mathrm{d}\boldsymbol{l} = \int_S \left(\mu_0 \boldsymbol{J} + \dfrac{1}{c^2} \dfrac{\partial \boldsymbol{E}}{\partial t} \right) \cdot \mathrm{d}\boldsymbol{S} \end{cases} \tag{3.1.29}$$

若 $\rho = 0$,$\boldsymbol{J} = 0$,由麦克斯韦方程组讨论自由空间中电场和磁场所满足的微分方程组:

$$\nabla^2 \boldsymbol{E} - \frac{1}{c^2}\frac{\partial^2 \boldsymbol{E}}{\partial t^2} = 0 \tag{3.1.30}$$

$$\nabla^2 \boldsymbol{B} - \frac{1}{c^2}\frac{\partial^2 \boldsymbol{B}}{\partial t^2} = 0 \tag{3.1.31}$$

可以解出 E 和 B($E=?$,$B=?$)。然后,探讨电磁波传播时的能量密度和能流密度。最后简单介绍电磁波谱的构成。

请构建自己的思维导图。

3.2 静电场基本规律的思维导图

静电场的基本规律主要研究电荷、点电荷间相互作用的库仑定律和对静电场的描绘方法。图 3.2 给出了静电场基本规律的思维导图。静电场是由静止电荷激发的场,而电荷又分为正、负电荷两种类型,同种电荷相互排斥,异种电荷相互吸引。根据电荷能否在其中流动,可将物质大致分为导体、半导体和绝缘体(电介质)。实验表明,电荷既不会创生,也不会凭空消灭,只会从一个物体转移到另一个物体,这称为电荷守恒定律。物体所带电荷量是量子化的、分立的,不能取任意值,只能是元电荷的整数倍。元电荷的电荷量为一个质子所带的电荷,其值为 1.6×10^{-19} C。电子的电荷 $\mathrm{e}=-1.6\times10^{-19}$ C,其数值首先由密立根通过油滴实验测得,读者可试着以画思维导图的形式回顾该实验的原理。

与质点是力学中的理想模型类似,点电荷是电磁学中的理想模型。如图 3.2 橘黄色分支中的图所示,真空中相距为 r 的两个点电荷 q_1 和 q_2 之间的相互作用力遵从库仑定律,即电荷 q_1 受到电荷 q_2 的作用力为

$$\boldsymbol{F}_{12} = \frac{1}{4\pi\varepsilon_0}\frac{q_1 q_2}{r^2}\boldsymbol{e}_{12} \tag{3.2.1}$$

反之,电荷 q_2 受到电荷 q_1 的作用力为

$$\boldsymbol{F}_{21} = \frac{1}{4\pi\varepsilon_0}\frac{q_1 q_2}{r^2}\boldsymbol{e}_{21} \tag{3.2.2}$$

它们是一对作用力和反作用力。式中,ε_0 为真空中电容率。由试验电荷 q_0 所受合外力等于各分力的矢量和(力的叠加原理),即 $\boldsymbol{F}_{\text{tot}} = \sum \boldsymbol{F}_i$,可得电场强度的叠加原理:

$$\boldsymbol{E} = \sum \boldsymbol{E}_i \tag{3.2.3}$$

即一个场点处的电场强度等于每个点电荷在此处所激发的电场强度的矢量和。

静电场是矢量场,电场强度的定义式为

$$\boldsymbol{E} = \boldsymbol{F}/q_0 \tag{3.2.4}$$

它表示单位正电荷在场点处所受的电场力。对于点电荷 q_i 来说,它在 r 处所产生的电场强度为

$$\boldsymbol{E}_i = \frac{1}{4\pi\varepsilon_0}\frac{q_i}{r^2}\boldsymbol{e}_r \tag{3.2.5}$$

一个点电荷系在同一场点所产生的总电场可由式(3.2.3)求出。对于连续带电体来说,电荷元 $\mathrm{d}q$ 在场点所产生的电场强度为

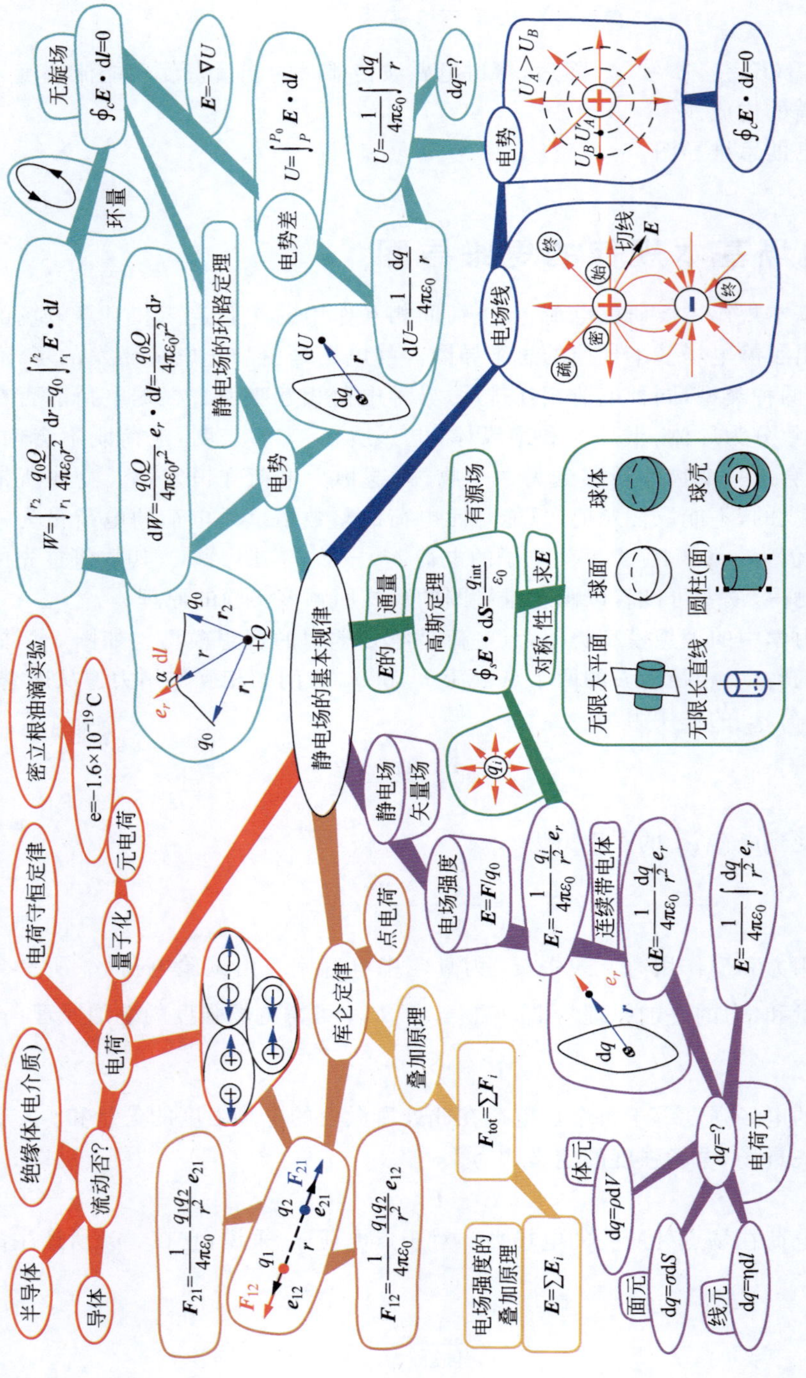

图 3.2 静电场基本规律的思维导图

$$\mathrm{d}\boldsymbol{E}=\frac{1}{4\pi\varepsilon_0}\frac{\mathrm{d}q}{r^2}\boldsymbol{e}_r \tag{3.2.6}$$

则由电场强度的叠加原理可知，连续带电体在场点所产生的总电场强度可由式(3.2.6)积分得到，即

$$\boldsymbol{E}=\frac{1}{4\pi\varepsilon_0}\int\frac{\mathrm{d}q}{r^2}\boldsymbol{e}_r \tag{3.2.7}$$

电荷元的具体形式($\mathrm{d}q=?$)取决于带电物体的电荷分布。对于电荷为体分布、面分布和线分布的带电体来说，它们的 $\mathrm{d}q$ 可分别表示为

$$\begin{cases}\mathrm{d}q=\rho\mathrm{d}V\\ \mathrm{d}q=\sigma\mathrm{d}S\\ \mathrm{d}q=\eta\mathrm{d}l\end{cases} \tag{3.2.8}$$

其中，ρ、σ 和 η 分别为电荷的体密度、面密度和线密度。

在物理学中，对矢量场的描述通常会讨论矢量的通量和环量。从点电荷产生的电场对球面的通量出发，将其推广到点电荷系，可证明电场强度 $\boldsymbol{E}$ 对闭合曲面的通量遵循高斯定理，即

$$\oint_S\boldsymbol{E}\cdot\mathrm{d}\boldsymbol{S}=\frac{q_{\mathrm{int}}}{\varepsilon_0} \tag{3.2.9}$$

它表明，在静电场中，对闭合曲面的电通量等于闭合曲面内的电荷代数和 q_{int} 的$\dfrac{1}{\varepsilon_0}$倍，而与闭合曲面外的电荷无关。这表明静电场是有源场，其场源就是电荷。如图 3.2 绿色分支中的图所示，对于高度对称性的带电体(如无限大平面、无限长直线、无限长圆柱(面)、球面、球体、球壳等带电体)，使用高斯定理可很方便地求出它们所激发静电场的电场强度 $\boldsymbol{E}$ 的分布。

如图 3.2 蓝色分支中的图所示，为了形象地描述电场的分布，人们引入了电场线。规定电场线始于正电荷或无穷远，终于负电荷或无穷远；电场线的疏密程度代表电场的强弱，电场线上某点的切线方向代表该点电场强度的方向。再由$\oint_c\boldsymbol{E}\cdot\mathrm{d}\boldsymbol{l}=0$(静电场是无旋场)引入电势来描述电场。可证明，沿着电场线的方向，电势总是降低的。

如图 3.2 中的青色分支所示，通过研究库仑力做功的特点，从功能转化的角度，可证明，电场强度的环量满足静电场的环路定理，即

$$\oint_c\boldsymbol{E}\cdot\mathrm{d}\boldsymbol{l}=0 \tag{3.2.10}$$

下面考虑试验电荷 q_0 在静止点电荷 Q 所产生的电场中运动，计算库仑力所做的功 W。点电荷 q_0 在 Q 产生的电场中移动 $\mathrm{d}\boldsymbol{l}$，电场力所做的元功为

$$\mathrm{d}W=\frac{q_0Q}{4\pi\varepsilon_0r^2}\boldsymbol{e}_r\cdot\mathrm{d}\boldsymbol{l}=\frac{q_0Q}{4\pi\varepsilon_0r^2}\mathrm{d}r \tag{3.2.11}$$

则点电荷 q_0 从 $\boldsymbol{r}_1$ 移动到 $\boldsymbol{r}_2$，电场力所做的总功为

$$W=\int_{r_1}^{r_2}\frac{q_0Q}{4\pi\varepsilon_0r^2}\mathrm{d}r=q_0\int_{r_1}^{r_2}\boldsymbol{E}\cdot\mathrm{d}\boldsymbol{l}=\frac{q_0Q}{4\pi\varepsilon_0}\left(\frac{1}{r_1}-\frac{1}{r_2}\right) \tag{3.2.12}$$

它仅与试验电荷的始末位置有关，而与路径无关。假如试验电荷绕闭合路径运动一周，则

$W=0$，显然有环量$\oint_c \boldsymbol{E}\cdot \mathrm{d}\boldsymbol{l}=0$，这说明静电场是无旋场。保守力做功与路径无关，与此类比，引入势能的概念，可引入电势的概念来描述静电场。将单位正电荷从场点 P 移动到电势的参考点 P_0，电场力所做的功称为 P 和 P_0 两点之间的电势差，即

$$U=\int_P^{P_0}\boldsymbol{E}\cdot \mathrm{d}\boldsymbol{l} \tag{3.2.13}$$

假如选取 P_0 点为电势零点，则 U 称为 P 点的电势。可证明，电场强度是电势梯度的负值，即

$$\boldsymbol{E}=-\nabla U \tag{3.2.14}$$

对有限的带电体，选无限远为电势零点，电荷元 $\mathrm{d}q$ 在 $\boldsymbol{r}$ 处所产生的电势为

$$\mathrm{d}U=\frac{1}{4\pi\varepsilon_0}\frac{\mathrm{d}q}{r} \tag{3.2.15}$$

则带电体在 $\boldsymbol{r}$ 处所产生的电势可由式(3.2.15)积分得到，即

$$U=\frac{1}{4\pi\varepsilon_0}\int\frac{\mathrm{d}q}{r} \tag{3.2.16}$$

其中不同带电体的电荷元 $\mathrm{d}q$ 具有不同的形式($\mathrm{d}q=?$)，请读者思考。比较式(3.2.7)和式(3.2.16)可知，计算电势的分布显然较容易一些。一般来说，先计算带电体所产生的电势分布，然后使用式(3.2.14)研究其电场强度的分布特点。

请构建自己的思维导图。

3.3 有导体的静电场的思维导图

图 3.3 展示了有导体的静电场的思维导图。本节结合图 3.3 首先讨论静电场中的导体处于静电平衡时的性质，然后研究导体系统储存电荷的能力(电容器的电容)，最后探讨带电体系的静电能。

处于静电场中的导体会产生感应电荷，导体处于静电平衡的条件是：导体内的电场强度为零，即 $\boldsymbol{E}_{内}=0$。可通过反证法来理解这一结果，倘若 $\boldsymbol{E}_{内}\neq 0$，导体中的自由电荷会在电场作用下继续移动，这与静电平衡相矛盾。利用 $\boldsymbol{E}_{内}=0$ 和高斯定理，可以研究导体处于静电平衡的性质。如图 3.3 中红色分支左侧的图所示，以平行导体表面的一个小面元 ΔS 为底，构造一个小圆柱体，应用高斯定理$\oint_S \boldsymbol{E}\cdot \mathrm{d}\boldsymbol{S}=\dfrac{\sigma_S\Delta S}{\varepsilon_0}$，可得该面元附近外侧的电场强度为

$$\boldsymbol{E}_S=\frac{\sigma_S}{\varepsilon_0}\boldsymbol{e}_\mathrm{n} \tag{3.3.1}$$

其中，σ_S 为该面元处电荷的面密度。若对导体内的任意小体积元 ΔV 使用高斯定理$\oint_S \boldsymbol{E}\cdot \mathrm{d}\boldsymbol{S}=\dfrac{\rho_i\Delta V}{\varepsilon_0}$，可得处于静电平衡导体内的自由电荷体密度 $\rho_i=0$，而其电荷面密度 $\sigma_S\neq 0$。若从电势的角度来看，处于静电平衡的导体上任意两点 a 和 b 的电势差为

$$U_{ab}=\int_a^b\boldsymbol{E}\cdot \mathrm{d}\boldsymbol{l}=0 \tag{3.3.2}$$

这说明，此时的导体是等势体，导体表面是等势面，同样可用反证法来理解这一性质。

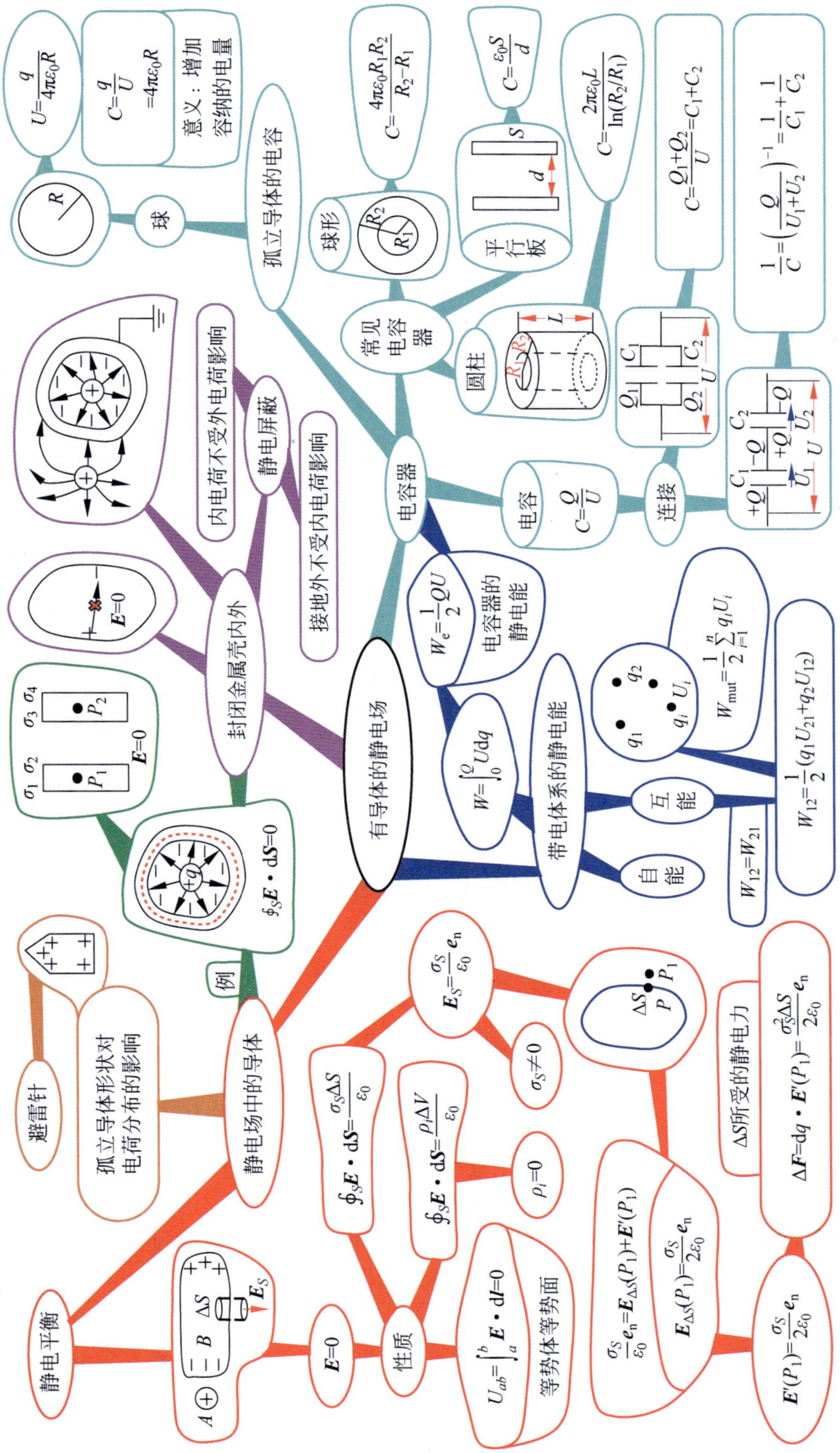

图 3.3　有导体的静电场的思维导图

下面来讨论导体表面上一带电面元 ΔS 所受的静电力。如图 3.3 中红色分支右侧的图所示，考查 ΔS 附近外侧一点 P_1 的电场强度，它包括 ΔS 所带电荷产生的电场强度 $\boldsymbol{E}_{\Delta S}(P_1)$和导体表面除 ΔS 剩余部分所带电荷产生的电场强度 $\boldsymbol{E}'(P_1)$两个部分，即

$$\frac{\sigma_S}{\varepsilon_0}\boldsymbol{e}_n=\boldsymbol{E}_{\Delta S}(P_1)+\boldsymbol{E}'(P_1) \tag{3.3.3}$$

因 $\boldsymbol{E}_{\Delta S}(P_1)=\frac{\sigma_S}{2\varepsilon_0}\boldsymbol{e}_n$，则 $\boldsymbol{E}'(P_1)=\frac{\sigma_S}{2\varepsilon_0}\boldsymbol{e}_n$，那么，$\Delta S$ 所受的静电力为

$$\Delta\boldsymbol{F}=\mathrm{d}q\cdot\boldsymbol{E}'(P_1)=\frac{\sigma_S^2\Delta S}{2\varepsilon_0}\boldsymbol{e}_n \tag{3.3.4}$$

实验表明，孤立导体的形状对电荷分布的影响很大。一般来说，导体表面的曲率越大，其电荷面密度也越大。避雷针正是利用这一性质来实现定点尖端放电，从而保护目标物免遭雷击的。

结合静电平衡条件 $\boldsymbol{E}=0$ 和高斯定理，可以分析静电场中各种形状的带电导体的电荷分布。例如，使用高斯定理$\oint_S\boldsymbol{E}\cdot\mathrm{d}\boldsymbol{S}=0$分析如图 3.3 绿色分支中所示的封闭导体壳内部的感应电荷，可得其值为静电荷 q 的负值；再如，可由 P_1 和 P_2 的电场强度 $\boldsymbol{E}=0$ 求解平行板带电体的表面电荷密度 $\sigma_1,\sigma_2,\sigma_3$ 和 σ_4。如图 3.3 中的玫红色分支所示，通过分析封闭金属壳内外的电场分布，可理解静电屏蔽的原理：封闭金属壳内表面的电荷并不受金属壳外电荷的影响；当封闭金属壳接地时，金属壳外的电场并不受壳内电荷的影响。

电容器是一种能够容纳电荷的电子元件。如图 3.3 中的青色分支所示，为了度量电容器容纳电荷能力的大小，引入电容的概念，电容的定义式为

$$C=\frac{Q}{U} \tag{3.3.5}$$

其中，Q 和 U 分别为电容的带电荷量和电压。对于孤立导体的电容，以带电导体球为例，带电荷量为 q，半径为 R 的导体球的电压为

$$U=\frac{q}{4\pi\varepsilon_0 R} \tag{3.3.6}$$

则其电容为

$$C=\frac{q}{U}=4\pi\varepsilon_0 R \tag{3.3.7}$$

这表明，电容的物理意义是每增加单位电压时电容器所能增加容纳的电荷量。计算电容时，首先假设电容器带电，然后计算电容器的电压，最后使用定义式即可求出电容器的电容。依照此法，可求得常见电容器的电容。例如，球形电容器的电容为

$$C=\frac{4\pi\varepsilon_0 R_1R_2}{R_2-R_1} \tag{3.3.8}$$

平行板电容器的电容为

$$C=\frac{\varepsilon_0 S}{d} \tag{3.3.9}$$

圆柱形电容器的电容为

$$C=\frac{2\pi\varepsilon_0 L}{\ln(R_2/R_1)} \tag{3.3.10}$$

式中，相关参量的物理意义请参见图 3.3 青色分支中的示意图。另外，采用如图 3.3 中青色分支底部图所示的两种方式连接电容器，总电容分别是多少？可以证明，两电容器并联后的等效电容为

$$C=\frac{Q_1+Q_2}{U}=C_1+C_2 \tag{3.3.11}$$

而两电容器串联后的等效电容 C 则满足以下方程：

$$\frac{1}{C}=\left(\frac{Q}{U_1+U_2}\right)^{-1}=\frac{1}{C_1}+\frac{1}{C_2} \tag{3.3.12}$$

这与电阻串并联后所得等效电阻遵循的规律完全不同。

如图 3.3 中的蓝色分支所示，从功能转换的角度来考查带电体系，可以探究带电体系的静电能。以电容器充电为例，克服静电力所要做的功为

$$W=\int_0^Q U\mathrm{d}q \tag{3.3.13}$$

将 $U=\dfrac{q}{C}$ 代入式(3.3.13)，可得

$$W=W_e=\frac{1}{2}QU \tag{3.3.14}$$

式中，W_e 就是电容器所具有的静电能。将类似的研究方法应用到带电体系，可求得带电体系的静电能。点电荷除了具有自能外，点电荷之间还会有互能。以 q_1 和 q_2 两个点电荷为例，它们之间的互能应该有以下关系：

$$W_{12}=W_{21} \tag{3.3.15}$$

即假设其中一个点电荷不动，另一个点电荷从无穷远处移动到体系中的相应位置处所需做的功必定是相等的，即

$$q_1U_{21}=q_2U_{12} \tag{3.3.16}$$

为了方便，令 $W_{12}=\dfrac{1}{2}(q_1U_{21}+q_2U_{12})$，将这一结果推广到由 n 个点电荷组成的带电体系，可知互能的代数和为

$$W_{\text{mut}}=\frac{1}{2}\sum_{i=1}^{n}q_iU_i$$

其中，q_i 为第 i 个点电荷所具有的电荷；U_i 为除 q_i 外所有电荷在 q_i 处激发的电势。

请构建自己的思维导图。

3.4　静电场中的电介质的思维导图

图 3.4 给出了静电场中的电介质的思维导图。它将依次介绍电介质的极化、电偶极子、极化电荷、有电介质时的高斯定理和静电场方程，以及电场的能量等内容。

导体在电场作用下，其内部的自由电荷会定向移动，从而出现静电平衡或导电的现象。而电介质和导体完全不同，在电场作用下，其内部束缚电荷会产生极化现象，这称为电介质

的极化。由热学知识可知，物质都是由大量分子或原子组成的，根据分子是否存在固有电偶极矩 $\boldsymbol{p}_i$，可将分子分为无极分子和有极分子。在外电场中，无极分子发生位移极化，有极分子同时发生位移极化和取向极化，电介质呈现极化现象，如图 3.4 红色分支中的图所示。为了描述电介质极化的程度，引入极化强度，其表达式为

$$\boldsymbol{P}=\frac{\sum \boldsymbol{p}_i}{\Delta V} \tag{3.4.1}$$

它表示单位体积内分子电偶极矩的矢量和。实验表明，

$$\boldsymbol{P}=\varepsilon_0 \chi \boldsymbol{E} \tag{3.4.2}$$

其中，χ 称为电介质的极化率。若 χ 与外电场 $\boldsymbol{E}$ 无关，则称该电介质为各向同性的线性电介质；若 $\chi=C$，则称该电介质为均匀电介质。

电偶极子是电磁学中的另一个理想模型，它在解释电介质极化方面发挥着重要的作用。如图 3.4 橘黄色分支中的图所示，电偶极子是由矢量 $\boldsymbol{l}$ 连接的两等量异种点电荷 $\pm q$ 组成的系统，它的电偶极矩定义为

$$\boldsymbol{p}=q\boldsymbol{l} \tag{3.4.3}$$

处于外电场 $\boldsymbol{E}$ 中的电偶极子会受到力矩 $\boldsymbol{M}$ 的作用，其大小为

$$\boldsymbol{M}=\boldsymbol{r}_-\times\boldsymbol{F}_-+\boldsymbol{r}_+\times\boldsymbol{F}_+=(\boldsymbol{r}_+-\boldsymbol{r}_-)\times\boldsymbol{F}_+=\boldsymbol{l}\times q\boldsymbol{E} \tag{3.4.4}$$

因此，可得力矩等于电偶极矩与电场强度的叉积，即

$$\boldsymbol{M}=\boldsymbol{p}\times\boldsymbol{E} \tag{3.4.5}$$

电偶极子会产生以其轴线为轴的轴对称的静电场，计算可得它在空间中产生的电势为

$$U(r,\theta)=\frac{p\cos\theta}{4\pi\varepsilon_0 r^2} \tag{3.4.6}$$

使用 $\boldsymbol{E}=-\nabla U$，可得其电场强度在空间的分布为

$$\boldsymbol{E}(r,\theta)=\frac{p}{4\pi\varepsilon_0 r^3}(\boldsymbol{e}_r 2\cos\theta+\boldsymbol{e}_\theta\sin\theta) \tag{3.4.7}$$

电介质被极化后，会在介质内部和表面产生极化电荷，弄清极化电荷体密度 ρ' 和极化电荷面密度 σ' 与哪些因素有关尤为重要。首先讨论极化电荷的体密度 ρ'，如图 3.4 青色分支左侧的图所示，选取介质内的一个小体积元 ΔV 为研究对象，在其表面选取面元 $\mathrm{d}S$，由于只有与面元交跨的电偶极子才会对极化电荷体密度有贡献，因此其所贡献的电荷量为

$$\mathrm{d}q'=-qnl\cos\theta\,\mathrm{d}S$$

因极化强度（矢量）$\boldsymbol{P}=nq\boldsymbol{l}$，故有

$$\mathrm{d}q'=-\boldsymbol{P}\cdot\mathrm{d}\boldsymbol{S}$$

对小体积元 ΔV 的所有表面积分可得

$$q'=-\oint_S \boldsymbol{P}\cdot\mathrm{d}\boldsymbol{S} \tag{3.4.8}$$

则极化电荷的体密度为

$$\rho'=-\frac{\oint_S \boldsymbol{P}\cdot\mathrm{d}\boldsymbol{S}}{\Delta V} \tag{3.4.9}$$

下面讨论极化电荷的面密度 σ'。如图 3.4 中青色分支右侧的图所示，以介质 1 和介质 2 的界面为例，作一底面积为 ΔS、高度为 h 的圆柱体，其底面平行于界面，则圆柱体内所包含的极

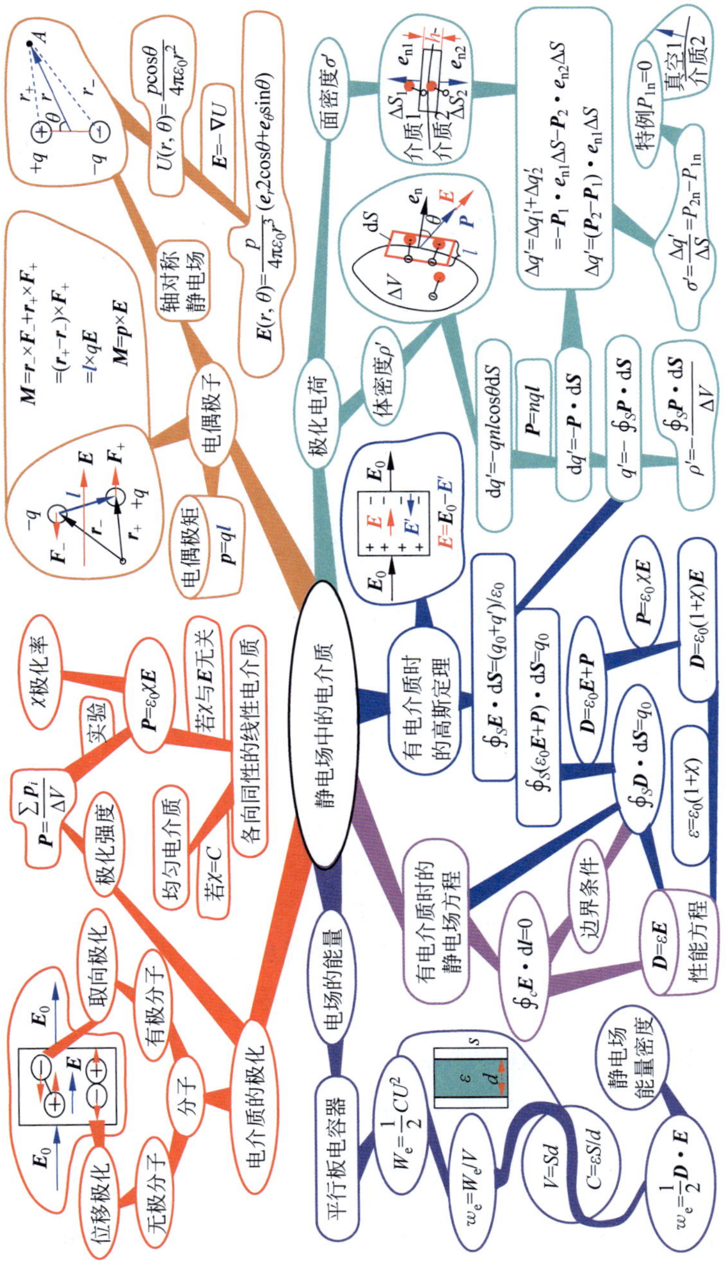

图 3.4　静电场中的电介质的思维导图

化电荷为

$$\Delta q' = \Delta q'_1 + \Delta q'_2 = -\boldsymbol{P}_1 \cdot \boldsymbol{e}_{n1} \Delta S - \boldsymbol{P}_2 \cdot \boldsymbol{e}_{n2} \Delta S \tag{3.4.10}$$

因 $\Delta S_1 = \Delta S_2 = \Delta S$，即

$$\Delta q' = (\boldsymbol{P}_2 - \boldsymbol{P}_1) \cdot \boldsymbol{e}_{n1} \Delta S$$

那么，极化电荷的面密度为

$$\sigma' = \frac{\Delta q'}{\Delta S} = P_{2n} - P_{1n} \tag{3.4.11}$$

作为特例，令 $P_{1n}=0$，即介质 1 为真空，则 $\sigma' = P_{2n}$。这说明介质表面的极化电荷面密度等于电介质的极化强度在界面法线方向上的分量。

根据前面的分析可知，如图 3.4 蓝色分支中的图所示，介质在外电场 $\boldsymbol{E}_0$ 中极化后，其内部的电场强度变为

$$\boldsymbol{E} = \boldsymbol{E}_0 - \boldsymbol{E}'$$

其中，$\boldsymbol{E}'$ 代表极化电荷所产生的电场强度。将高斯定理推广，可得有电介质时的高斯定理，其表达式为

$$\oint_S \boldsymbol{D} \cdot \mathrm{d}\boldsymbol{S} = q_0 \tag{3.4.12}$$

其中，q_0 为闭合曲面 S 内的自由电荷的代数和。其具体推导过程如下：从真空中的高斯定理 $\oint_S \boldsymbol{E} \cdot \mathrm{d}\boldsymbol{S} = (q_0 + q')/\varepsilon_0$ 出发，利用极化体电荷 $q' = -\oint_S \boldsymbol{P} \cdot \mathrm{d}\boldsymbol{S}$，可得

$$\oint_S (\varepsilon_0 \boldsymbol{E} + \boldsymbol{P}) \cdot \mathrm{d}\boldsymbol{S} = q_0$$

令电位移矢量 $\boldsymbol{D} = \varepsilon_0 \boldsymbol{E} + \boldsymbol{P}$，则有

$$\oint_S \boldsymbol{D} \cdot \mathrm{d}\boldsymbol{S} = q_0$$

又因 $\boldsymbol{P} = \varepsilon_0 \chi \boldsymbol{E}$，则

$$\boldsymbol{D} = \varepsilon_0 (1 + \chi) \boldsymbol{E}$$

令 $\varepsilon = \varepsilon_0(1+\chi)$，有

$$\boldsymbol{D} = \varepsilon \boldsymbol{E} \tag{3.4.13}$$

该式被称为电介质的性能方程。此外，静电场始终是无旋场，即

$$\oint_c \boldsymbol{E} \cdot \mathrm{d}\boldsymbol{l} = 0$$

总之，有电介质时的静电场方程包括两部分：

$$\oint_c \boldsymbol{E} \cdot \mathrm{d}\boldsymbol{l} = 0 \tag{3.4.14a}$$

$$\oint_S \boldsymbol{D} \cdot \mathrm{d}\boldsymbol{S} = q_0 \tag{3.4.14b}$$

最后，在有电介质时再次考查电场的能量。如图 3.4 紫色分支中的图所示，以填充介质的平行板电容器为例，它所储存的静电能为

$$W_e = \frac{1}{2} C U^2 \tag{3.4.15}$$

定义静电场能量密度为

$$w_e = W_e / V \tag{3.4.16}$$

因为平行板电容器的体积和电容分别为 $V = Sd$ 和 $C = \varepsilon S / d$，将它们代入式(3.4.16)和式(3.4.15)可知

$$w_e = \frac{1}{2} \boldsymbol{D} \cdot \boldsymbol{E} \tag{3.4.17}$$

请注意，尽管这一结果是通过特例得到的，但它是普遍适用的。

请构建自己的思维导图。

3.5　恒定电流和电路的思维导图

图 3.5 展示了恒定电流和电路的思维导图。它首先给出形成恒定电流的条件，然后介绍欧姆定律，最后介绍分析电路的一般方法。电流是指单位时间内通过导体某一截面的电荷量，定义式为

$$I = \frac{\mathrm{d}q}{\mathrm{d}t} \tag{3.5.1}$$

引入电流密度(矢量)能够更细致地描述电流，其定义式为

$$\boldsymbol{J} = \frac{\mathrm{d}I}{\mathrm{d}S_{\perp}} \boldsymbol{e}_I \tag{3.5.2}$$

它代表通过垂直电流方向单位面积的电流强弱。显然，电流是电流密度矢量的通量，即

$$I = \int_S \boldsymbol{J} \cdot \mathrm{d}\boldsymbol{S} \tag{3.5.3}$$

如果计算电流密度对一闭曲面的通量，可得电流的连续性方程，即

$$\oint_S \boldsymbol{J} \cdot \mathrm{d}\boldsymbol{S} = -\frac{\mathrm{d}q}{\mathrm{d}t} \tag{3.5.4}$$

它表明，单位时间内流出某一闭合曲面的电荷量等于该闭合曲面内电荷减少量对时间的变化率。倘若$\frac{\mathrm{d}q}{\mathrm{d}t} = 0$，可导出形成恒定电流的条件，即

$$\oint_S \boldsymbol{J} \cdot \mathrm{d}\boldsymbol{S} = 0 \tag{3.5.5}$$

直流电路是指利用直流电源提供电流的电路，而电路是指由电子元器件、支路和节点构成的网络结构。如图 3.5 中的橘黄色分支所示，将形成恒定电流的条件式(3.5.5)应用到载流导线上可得

$$\int_{S_1} \boldsymbol{J} \cdot \mathrm{d}\boldsymbol{S} + \int_{S_2} \boldsymbol{J} \cdot \mathrm{d}\boldsymbol{S} = I_1 - I_2 = 0 \tag{3.5.6}$$

即给出同一支路上的电流是相同的结论。倘若将式(3.5.5)应用到节点上，可知

$$I_1 + I_2 = I_3 \tag{3.5.7}$$

如将其推广可得到后文提到的基尔霍夫第一定律，即电流定律。

如图 3.5 中的绿色分支所示，通过总结实验可得欧姆定律的表达式为

$$U = IR \tag{3.5.8}$$

它表明，加在电阻两端的电压 U 等于通过该电阻的电流 I 和电阻 R 的乘积。欧姆定律的表达式也可写为

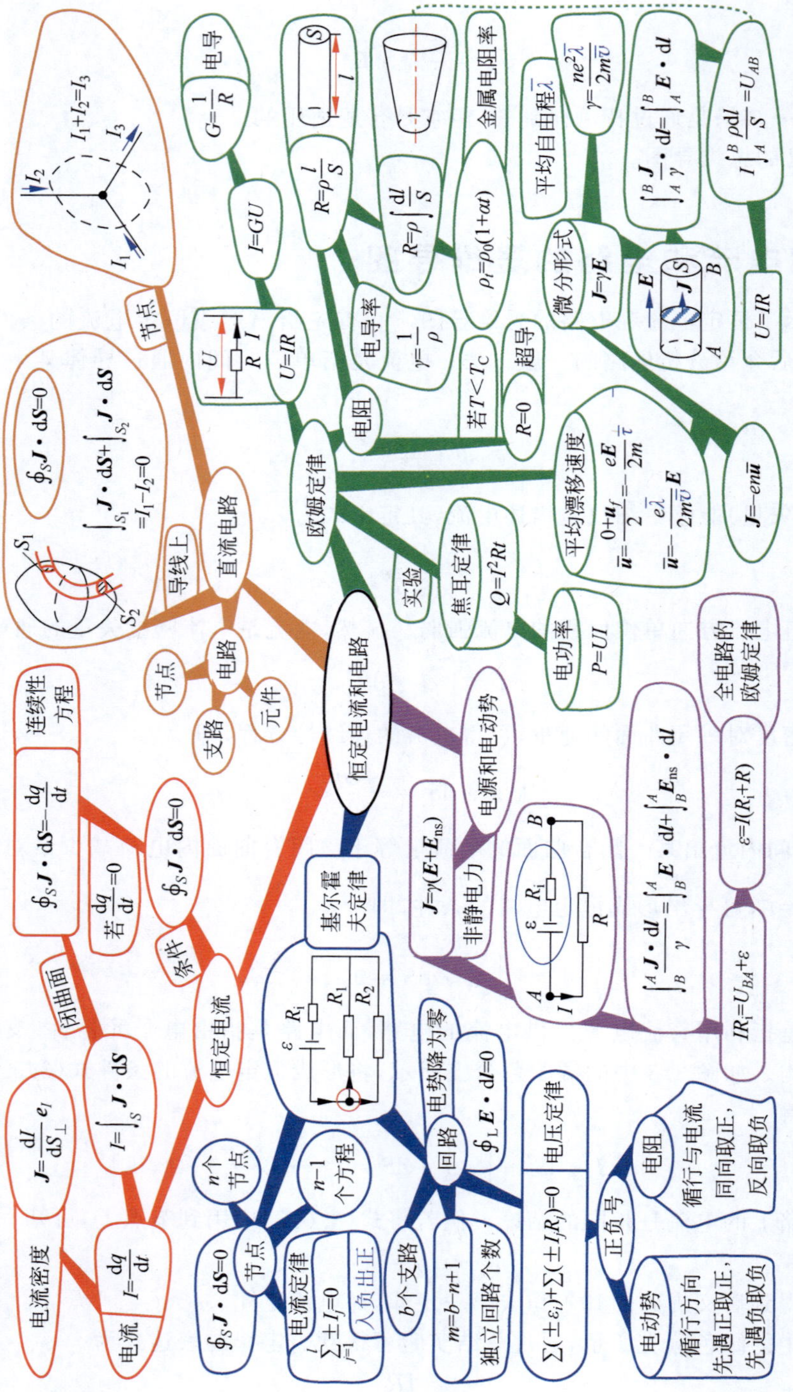

图 3.5 恒定电流和电路的思维导图

$$I = GU \tag{3.5.9}$$

其中，$G=\dfrac{1}{R}$称为电导。对于一段长为 l、横截面积为 S 的均匀导体，其电阻为

$$R = \rho\,\frac{l}{S} \tag{3.5.10}$$

其中，电阻率 ρ 可用于定义电导率 γ，即 $\gamma=\dfrac{1}{\rho}$。对于截面积不同的电阻，可使用 $R=\rho\int\dfrac{\mathrm{d}l}{S}$ 积分求出。实验发现，金属电阻率是(摄氏)温度 t 的函数，即

$$\rho_t = \rho_0(1+\alpha t) \tag{3.5.11}$$

令人兴奋的是，许多导体会在温度低于某一临界温度 T_c 时，其电阻变为零(若 $T<T_c$，则 $R=0$)，从而产生超导性现象，这为高效利用电能开辟了新道路。

电子在金属导体中参与导电时会不断发生碰撞现象，平均每两次碰撞之间的时间记为

$$\bar{\tau} = \bar{\lambda}/\bar{v} \tag{3.5.12}$$

其中，$\bar{\lambda}$ 和 $\bar{v}$ 分别称为电子的平均自由程和平均热运动速率。电子在电场中定向移动形成电流，平均漂移速度为

$$\bar{\boldsymbol{u}} = \frac{0+\boldsymbol{u}_f}{2} = -\frac{e\boldsymbol{E}}{2m}\bar{\tau}$$

即

$$\bar{\boldsymbol{u}} = -\frac{e\bar{\lambda}}{2m\bar{v}}\boldsymbol{E} \tag{3.5.13}$$

根据电流密度的定义可知

$$\boldsymbol{J} = -en\bar{\boldsymbol{u}} \tag{3.5.14}$$

将式(3.5.13)代入式(3.5.14)可得，欧姆定律的微分形式：

$$\boldsymbol{J} = \gamma\boldsymbol{E} \tag{3.5.15}$$

其中，电导率 $\gamma=\dfrac{ne^2\bar{\lambda}}{2m\bar{v}}$。将式(3.5.15)变形并在两端点乘 $\mathrm{d}\boldsymbol{l}$，同时对一段直流电路积分，则有

$$\int_A^B \frac{\boldsymbol{J}}{\gamma}\cdot \mathrm{d}\boldsymbol{l} = \int_A^B \boldsymbol{E}\cdot \mathrm{d}\boldsymbol{l}$$

再利用 $\rho=\dfrac{1}{\gamma}$ 和 $I=JS$，可知

$$I\int_A^B \frac{\rho\,\mathrm{d}l}{S} = U_{AB} \tag{3.5.16}$$

由此可推导出欧姆定律的表达式为

$$U = IR$$

其中，$R=\int_A^B \dfrac{\rho\,\mathrm{d}l}{S}$。实验发现，通电的电阻会将电能转变为热能，所产生的热量遵循焦耳定律，焦耳定律的数学表达式为

$$Q = I^2Rt \tag{3.5.17}$$

由 $U=IR$，可知电流流过电阻所做的功 $W=Q=UIt$，因此可得到计算电功率的一般表达

式为

$$P = UI \tag{3.5.18}$$

它适用于一切电路，而 $P=I^2R=U^2/R$ 只适用于纯电阻电路。

电源是将其他形式的能转换成电能的装置。电动势是表征电源特性的一个物理量，其定义为电源中非静电力对电荷做功的能力。它的大小等于非静电力把单位正电荷从电源的负极，经过电源内部移到电源正极所做的功。对于含源电路来说，电流密度为

$$\boldsymbol{J} = \gamma(\boldsymbol{E} + \boldsymbol{E}_{\mathrm{ns}}) \tag{3.5.19}$$

其中，$\boldsymbol{E}$ 和 $\boldsymbol{E}_{\mathrm{ns}}$ 分别代表静电力对应的电场强度和非静电力对应的电场强度。如图 3.5 玫红色分支中的图所示，选取电路中包含电源的 BA 段作为研究对象，可得以下积分方程：

$$\int_B^A \frac{\boldsymbol{J} \cdot \mathrm{d}\boldsymbol{l}}{\gamma} = \int_B^A \boldsymbol{E} \cdot \mathrm{d}\boldsymbol{l} + \int_B^A \boldsymbol{E}_{\mathrm{ns}} \cdot \mathrm{d}\boldsymbol{l} \tag{3.5.20}$$

分析每个积分的物理意义可得

$$IR_{\mathrm{i}} = U_{BA} + \varepsilon \tag{3.5.21}$$

又因为 $U_{BA}=-IR$，代入式(3.5.21)可得全电路的欧姆定律的表达式为

$$\varepsilon = I(R_{\mathrm{i}} + R)$$

如图 3.5 中的蓝色分支所示，基尔霍夫定律为分析电路提供了重要依据。将 $\oint_S \boldsymbol{J} \cdot \mathrm{d}\boldsymbol{S} = 0$ 应用到某一节点，规定流入节点的电流的符号为负号，流出节点的电流的符号为正号，可得

$$\sum_{j=1}^{l} \pm I_j = 0 \tag{3.5.22}$$

即流入节点的电流和流出节点的电流的代数和为零，这称为基尔霍夫第一定律，即电流定律。对于由 n 个节点和 b 个支路构成的电路来说，可写出 $n-1$ 个电流满足的节点方程。因为沿任一回路循行一周的电势降为零，即 $\oint_L \boldsymbol{E} \cdot \mathrm{d}\boldsymbol{l} = 0$，可导出基尔霍夫第二定律，即电压定律，其表达式为

$$\sum(\pm \varepsilon_i) + \sum(\pm I_j R_j) = 0 \tag{3.5.23}$$

电动势和电阻电势降的正负号规定如下：对于电动势来说，当沿电路的循行方向首先遇到电源正极时，其符号取正号；当沿电路的循行方向首先遇到电源负极时，其符号取负号。对于电阻来说，当沿电路的循行方向与流经电阻的电流流向同向时，其符号取正号；当沿电路的循行方向与流经电阻的电流流向反向时，其符号取负号。可以证明，对于由 n 个节点和 b 个支路构成的电路，有 $m=b-n+1$ 独立的回路个数，因此能写出 $m=b-n+1$ 个回路方程。

请构建自己的思维导图。

3.6 恒定电流磁场的思维导图

图 3.6 给出了恒定电流磁场的思维导图。它将首先从毕奥-萨伐尔定律出发，依次给出恒定磁场的高斯定理和安培环路定理；其次，研究带电粒子在磁场中的运动，探讨磁聚焦、

回旋加速器和霍耳效应；最后，讨论磁场对载流导线的作用。

恒定电流会在其周围产生稳定的磁场。毕奥-萨伐尔定律给出电流元 $I\mathrm{d}\boldsymbol{l}$ 在场点 $\boldsymbol{r}$ 处产生磁感应强度的表达式：

$$\mathrm{d}\boldsymbol{B}=\frac{\mu_0}{4\pi}\frac{I\mathrm{d}\boldsymbol{l}\times\boldsymbol{e}_r}{r^2} \tag{3.6.1}$$

所产生磁场的方向由右手螺旋定则给出。如图 3.6 红色分支中的图所示，采用先微分再积分的思路，将毕奥-萨伐尔定律应用到不同载流导体中，可计算它们在空间中产生磁场的磁感应强度。例如，对于有限长载流直导线来说，其产生的磁感应强度为

$$B=\frac{\mu_0 I}{4\pi a}(\cos\theta_1-\cos\theta_2) \tag{3.6.2}$$

若 $\theta_1=0$ 且 $\theta_2=\pi$，可知无限长载流直导线的磁感应强度 $B=\frac{\mu_0 I}{2\pi a}$；载流圆环在其轴线上的磁感应强度 $B=\frac{\mu_0 IR^2}{2(a^2+R^2)^{3/2}}$；载流直螺线管在其内部的磁感应强度 $B=\frac{\mu_0 nI}{2}(\cos\beta_1-\cos\beta_2)$，它通过对 $\mathrm{d}B=\frac{\mu_0 R^2 In\mathrm{d}x}{2(x^2+R^2)^{3/2}}$ 进行积分得到。再次强调一下，回顾这些结果不只是为了方便记忆，更重要的是引导读者进行思维训练，通过思考、绘图和推导，架起定律和结果之间的桥梁，这才是我们关注的焦点和主要的目的。

由式(3.6.1)对任意闭合曲面的通量和磁场的叠加原理，可证明磁场的高斯定理满足以下形式：

$$\oint_S \boldsymbol{B}\cdot\mathrm{d}\boldsymbol{S}=0 \tag{3.6.3}$$

这说明稳恒磁场是无源场。由磁场的高斯定理可得推论：穿过以同一闭合曲线 L 为底边的所有曲面的磁通量始终相等。例如，如图 3.6 橘黄色分支中的图所示，通过 S_1 和 S_2 曲面的磁通量相等，即 $\Phi_1=\Phi_2$，这一推论为计算不同曲面的磁通量提供了便利。

如图 3.6 中绿色分支左上角的图所示，通过计算无限长载流直导线的磁感应强度的环量$\left(\boldsymbol{B}\cdot\mathrm{d}\boldsymbol{l}=\frac{\mu_0 I}{2\pi a}\mathrm{d}s=\frac{\mu_0 I}{2\pi}\mathrm{d}\beta\right)$，并将其推广可得安培环路定理，其表达式为

$$\oint_c \boldsymbol{B}\cdot\mathrm{d}\boldsymbol{l}=\mu_0\sum I \tag{3.6.4}$$

它表明，在恒定磁场中，磁感应强度 $\boldsymbol{B}$ 沿任何闭合路径的线积分，等于 μ_0 与该闭合路径所包围的各个电流的代数和之积。熟练应用安培环路定理计算不同载流导体所产生的磁感应强度是这一部分教学的重点。通过计算可知，半径为 R 的无限长载流圆柱体在圆柱内外产生的磁感应强度分别满足以下方程：

$$\begin{cases} B2\pi r=\mu_0 I\dfrac{r^2}{R^2}, & r\leqslant R \\ B2\pi r=\mu_0 I, & r>R \end{cases} \tag{3.6.5}$$

对于载流长直螺线管来说，$B\lambda=\mu_0 nI\lambda$，即 $B=\mu_0 nI$，其中，n 为单位长度上的线圈匝数。对于载流螺线环来说，$B2\pi R=\mu_0 NI$，即 $B=\mu_0 nI$。对于无限大的载流平面，定义线电流密度

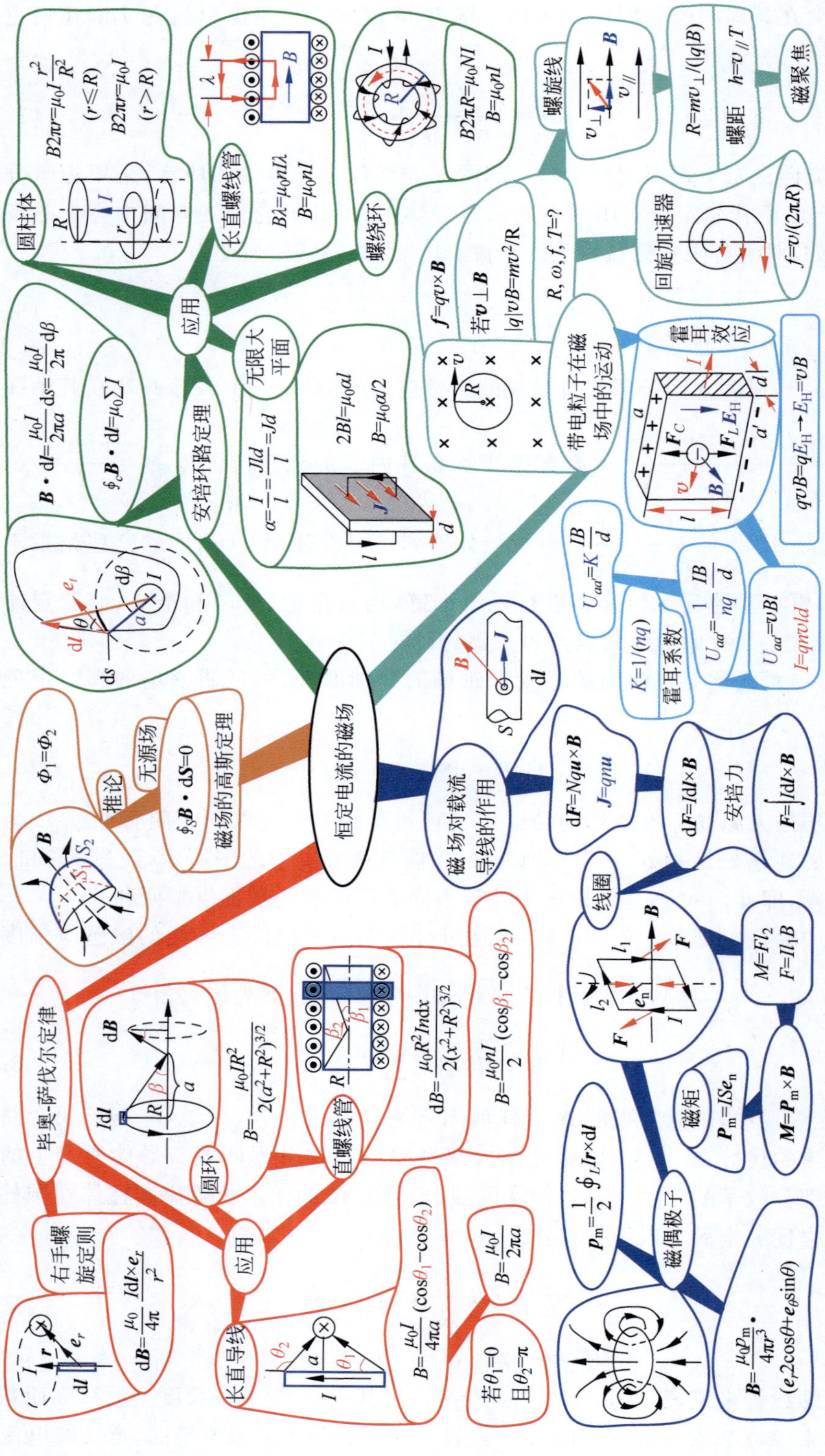

图 3.6 恒定电流磁场的思维导图

$\alpha=\dfrac{I}{l}=\dfrac{Jld}{l}=Jd$，由安培环路定理给出 $2Bl=\mu_0\alpha l$，则有 $B=\mu_0\alpha/2$。具体的计算过程，请读者依据图 3.6 绿色分支中的示意图自己写出。

图 3.6 的青色分支将讨论带电粒子在磁场中的运动。假如带电粒子 q 的速度 $\boldsymbol{v}$ 与均匀磁场 $\boldsymbol{B}$ 垂直，即 $\boldsymbol{v}\perp\boldsymbol{B}$，那么带电粒子将在洛伦兹力 $\boldsymbol{f}=q\boldsymbol{v}\times\boldsymbol{B}$ 的作用下做匀速圆周运动。由向心力公式 $|q|vB=mv^2/R$，可计算其做圆周运动的半径 R、角频率 ω、频率 f 和周期 T。当带电粒子的速度 $\boldsymbol{v}$ 与均匀磁场 $\boldsymbol{B}$ 不垂直时，根据运动的分解与合成可知，粒子将做螺旋运动，它是匀速圆周运动和沿轴线方向匀速直线运动的合成。圆周运动的半径为

$$R=mv_{\perp}/(|q|B) \tag{3.6.6}$$

螺旋线的螺距为

$$h=v_{/\!/}T \tag{3.6.7}$$

当一束粒子的速度分量 $v_{/\!/}$ 大致相同时，在磁场中可实现对发散粒子束的磁聚焦。另外，带电粒子在磁场中作圆周运动的同频现象 $\left(f=\dfrac{v}{2\pi R}=\dfrac{qB}{2\pi m}\right)$ 是建造回旋加速器的基础。

如图 3.6 浅蓝色分支中的图所示，当电流垂直于外磁场方向通过导体时，载流子发生偏转，垂直于电流和磁场的方向会产生一附加电场（霍耳电场 E_{H}），从而在导体的两端产生电势差，这种现象称为霍耳效应，这个电势差也称为霍耳电压。载流子不再偏转的条件是

$$qvB=qE_{\mathrm{H}} \tag{3.6.8}$$

则霍耳电场 $E_{\mathrm{H}}=vB$，相应的霍耳电压 $U_{aa'}=vBl$，又因为电流 $I=qnvld$，将 $l=I/qnvd$ 代入 $U_{aa'}$ 可得

$$U_{aa'}=\frac{1}{nq}\frac{IB}{d} \tag{3.6.9}$$

若定义霍耳系数为 $K=1/(nq)$，则 $U_{aa'}=K\dfrac{IB}{d}$。图 10.4 还会提到霍耳效应，感兴趣的读者可以沿着霍耳效应、整数量子霍耳效应、半整数量子霍耳效应、量子自旋霍耳效应和量子反常霍耳效应的系列理论深入了解相关领域的发展历程。

如图 3.6 蓝色分支中右侧的图所示，从载流子在导线中定向运动所受的洛伦兹力出发，可得到磁场对载流导线的作用所遵循的规律。以横截面积为 S 的电流元 $I\mathrm{d}\boldsymbol{l}$ 为研究对象，电流元内 N 个载流子所受到的洛伦兹力为

$$\mathrm{d}\boldsymbol{F}=Nq\boldsymbol{u}\times\boldsymbol{B} \tag{3.6.10}$$

利用 $\boldsymbol{J}=qn\boldsymbol{u}$ 和 $I=JS$，可得安培力公式

$$\mathrm{d}\boldsymbol{F}=I\mathrm{d}\boldsymbol{l}\times\boldsymbol{B} \tag{3.6.11}$$

通过对式(3.6.11)积分可求出一段载流导线所受的安培力。如图 3.6 蓝色分支中间的图所示，若将矩形载流线圈放入均匀磁场中，则线圈会受到磁场施加的力矩作用。力矩的大小为

$$M=Fl_2 \tag{3.6.12}$$

其中，$F=Il_1B$。再考虑力矩的方向，则可得线圈所受力矩为

$$\boldsymbol{M}=\boldsymbol{p}_{\mathrm{m}}\times\boldsymbol{B} \tag{3.6.13}$$

式中，$\boldsymbol{p}_{\mathrm{m}}=IS\boldsymbol{e}_{\mathrm{n}}$ 称为载流线圈的磁矩。这是电动机工作原理的基础。类比电偶极子，可将

载流圆环简化为磁偶极子模型，如图 3.6 蓝色分支中左侧的图所示，它的磁矩为

$$\boldsymbol{p}_{\mathrm{m}}=\frac{1}{2}\oint_{L} I\boldsymbol{r}\times \mathrm{d}\boldsymbol{l} \tag{3.6.14}$$

它在空间中激发磁场的磁感应强度为

$$\boldsymbol{B}=\frac{\mu_0 p_m}{4\pi r^3}(\boldsymbol{e}_r 2\cos\theta+\boldsymbol{e}_\theta \sin\theta) \tag{3.6.15}$$

请构建自己的思维导图。

3.7 电磁感应和暂态过程的思维导图

电能生磁，磁也能生电。图 3.7 给出了电磁感应和暂态过程的思维导图，它将进一步展现电磁相互转化的规律。实验发现，通过闭合电路的磁通量 Φ 发生变化时，回路中会产生感应电流，简记为

$$\text{若}\frac{\mathrm{d}\Phi}{\mathrm{d}t}\neq 0,\quad \text{则 } I\neq 0 \tag{3.7.1}$$

这种现象称为电磁感应，它也是发电机、感应电动机、变压器和大部分其他电力设备运行的理论基础。如图 3.7 中红色分支左侧的图所示，由磁通量的表达式 $\Phi=\int \boldsymbol{B}\cdot \mathrm{d}\boldsymbol{S}$ 可知，磁感应强度($\boldsymbol{B}(t)$)或闭合回路($\boldsymbol{S}(t)$)随时间的变化都会引起磁通量的改变。电磁感应会在导体中产生感应电动势，融合法拉第电磁感应定律和楞次定律可知，感应电动势遵循以下规律：

$$\varepsilon=-\frac{\mathrm{d}\Phi}{\mathrm{d}t} \tag{3.7.2}$$

由上式可知，ε 的大小与 $\left|\frac{\mathrm{d}\Phi}{\mathrm{d}t}\right|$ 成正比，其方向由楞次定律决定(式中的负号)。如图 3.7 中红色分支右侧的图所示，楞次定律指出感应电流的后果总与引起感应电流的原因相对抗，从阻碍通过闭合回路磁通的变化可以判定闭合回路中导体所受安培力的效果。

将 $\Phi=\int \boldsymbol{B}\cdot \mathrm{d}\boldsymbol{S}$ 代入 $\varepsilon=-\frac{\mathrm{d}\Phi}{\mathrm{d}t}$，可得

$$\varepsilon=-\int \frac{\mathrm{d}\boldsymbol{B}(t)}{\mathrm{d}t}\cdot \mathrm{d}\boldsymbol{S}-\int \boldsymbol{B}\cdot \frac{\mathrm{d}\boldsymbol{S}(t)}{\mathrm{d}t}=\varepsilon_{\mathrm{ief}}+\varepsilon_{\mathrm{kef}} \tag{3.7.3}$$

进一步分析可知，电动势可分为动生电动势 $\varepsilon_{\mathrm{kef}}=-\int \boldsymbol{B}\cdot \frac{\mathrm{d}\boldsymbol{S}(t)}{\mathrm{d}t}$ 和感生电动势 $\varepsilon_{\mathrm{ief}}=-\int \frac{\mathrm{d}\boldsymbol{B}(t)}{\mathrm{d}t}\cdot \mathrm{d}\boldsymbol{S}$。如图 3.7 橘黄色分支中的图所示，动生电动势 $\varepsilon_{\mathrm{kef}}$ 是由一段导体内自由电子跟随导体运动时受洛伦兹力做定向运动而产生的。一个自由电子所受洛伦兹力 $\boldsymbol{f}=-e\boldsymbol{v}\times \boldsymbol{B}$，它所提供的非静电力场强为

$$\boldsymbol{E}_{\mathrm{ns}}=\frac{\boldsymbol{f}}{-e}=\boldsymbol{v}\times \boldsymbol{B} \tag{3.7.4}$$

当导体两端相互分离的正负电荷所产生静电场的电场强度与非静电力场强相等时，会形成稳定的动生电动势。因此，动生电动势的表达式可写为

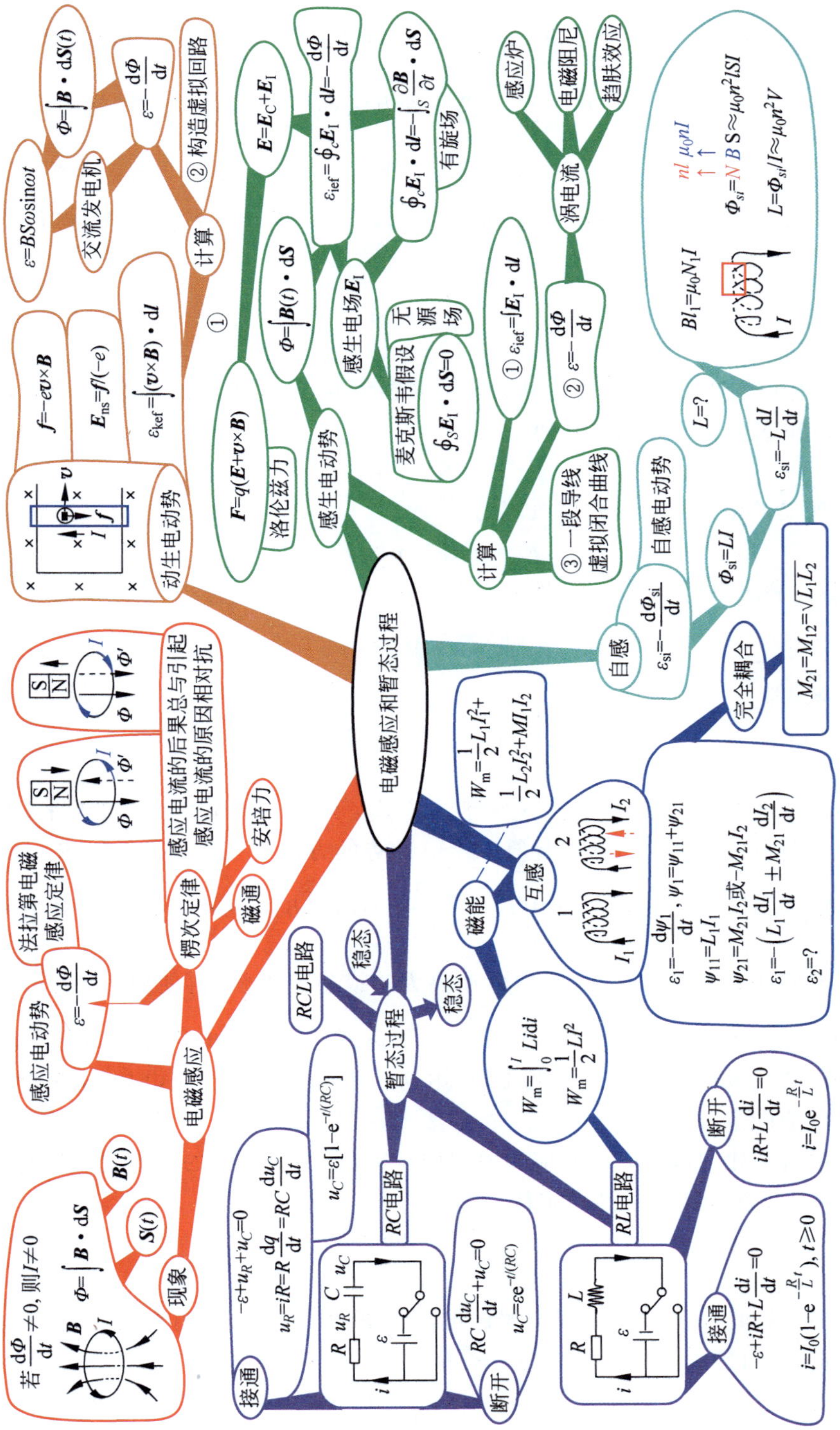

图 3.7　电磁感应和暂态过程的思维导图

$$\varepsilon_{\text{kef}}=\int(\boldsymbol{v}\times\boldsymbol{B})\cdot \mathrm{d}\boldsymbol{l} \tag{3.7.5}$$

计算动生电动势有两种方法：①直接使用$\varepsilon_{\text{kef}}=\int(\boldsymbol{v}\times\boldsymbol{B})\cdot \mathrm{d}\boldsymbol{l}$计算；②构造虚拟回路，使用$\varepsilon=-\frac{\mathrm{d}\Phi}{\mathrm{d}t}$和$\Phi=\int\boldsymbol{B}\cdot\mathrm{d}\boldsymbol{S}(t)$计算。使用第二种方法计算，可得交流发电机的电动势为

$$\varepsilon=BS\omega\sin\omega t \tag{3.7.6}$$

如图 3.7 中的绿色分支所示，将磁通量$\Phi=\int\boldsymbol{B}(t)\cdot\mathrm{d}\boldsymbol{S}$代入$\varepsilon_{\text{ief}}=\oint_c\boldsymbol{E}_{\text{I}}\cdot\mathrm{d}\boldsymbol{l}=-\frac{\mathrm{d}\Phi}{\mathrm{d}t}$，也可得到

$$\varepsilon_{\text{ief}}=-\int\frac{\mathrm{d}\boldsymbol{B}(t)}{\mathrm{d}t}\cdot\mathrm{d}\boldsymbol{S} \tag{3.7.7}$$

由此可知，感生电动势ε_{ief}是由变化磁场产生的感生电场$\boldsymbol{E}_{\text{I}}$引起的。因此，总电场$\boldsymbol{E}$可写为库仑场$\boldsymbol{E}_{\text{C}}$和感生电场$\boldsymbol{E}_{\text{I}}$的和，即

$$\boldsymbol{E}=\boldsymbol{E}_{\text{C}}+\boldsymbol{E}_{\text{I}} \tag{3.7.8}$$

则带电粒子所受的洛伦兹力公式应改写为

$$\boldsymbol{F}=q(\boldsymbol{E}+\boldsymbol{v}\times\boldsymbol{B}) \tag{3.7.9}$$

麦克斯韦假设，感生电场是无源场，即

$$\oint_S\boldsymbol{E}_{\text{I}}\cdot\mathrm{d}\boldsymbol{S}=0 \tag{3.7.10}$$

且它是有旋场，即

$$\oint_c\boldsymbol{E}_{\text{I}}\cdot\mathrm{d}\boldsymbol{l}=-\int_S\frac{\partial\boldsymbol{B}}{\partial t}\cdot\mathrm{d}\boldsymbol{S} \tag{3.7.11}$$

这些假设得到了实验的验证和支持，并最终导出了麦克斯韦方程组。如此看来，大胆假设、小心求证是进行研究的科学方法。计算感生电动势的方法有三种：①已知$\boldsymbol{E}_{\text{I}}$，使用$\varepsilon_{\text{ief}}=\int\boldsymbol{E}_{\text{I}}\cdot\mathrm{d}\boldsymbol{l}$计算；②针对闭合回路，使用$\varepsilon=-\frac{\mathrm{d}\Phi}{\mathrm{d}t}$和$\Phi=\int\boldsymbol{B}(t)\cdot\mathrm{d}\boldsymbol{S}$计算；③对于一段导线，构建虚拟闭合曲线，使得辅助线的感生电动势为零或易于求解，再使用$\varepsilon=-\frac{\mathrm{d}\Phi}{\mathrm{d}t}$计算。利用感生电场加速电子这一性质可制造电子感应加速器。由于在电磁感应情况下，洛伦兹力或感生电场力会在导体内部引起涡电流，利用这一效应可制造感应电炉、电磁阻尼器和充分利用趋肤效应的空心导线。

由自身电流变化引起的电磁感应现象叫作自感，自感现象中的感生电动势称为自感电动势，记为ε_{si}。由法拉第电磁感应定律可知

$$\varepsilon_{\text{si}}=-\frac{\mathrm{d}\Phi_{\text{si}}}{\mathrm{d}t} \tag{3.7.12}$$

其中，自感磁通量Φ_{si}正比于通过其自身的电流I，即$\Phi_{\text{si}}=LI$，比例系数L称为自感系数，简称自感。那么，自感电动势与电流的关系为

$$\varepsilon_{\text{si}}=-L\frac{\mathrm{d}I}{\mathrm{d}t} \tag{3.7.13}$$

自感系数又与哪些因素有关($L=?$)呢？如图 3.7 青色分支中的图所示，以绕有N匝线圈、

长为 l、截面积为 S 的螺线管为例，计算其自感系数。由安培环路定理可知，通有电流 I 的长直螺线管在其内部产生的磁场满足

$$Bl_1=\mu_0 N_1 I \tag{3.7.14}$$

则磁感应强度为

$$B=\mu_0 nI \tag{3.7.15}$$

自感磁通量为

$$\Phi_{si}=NBS\approx\mu_0 n^2 lSI \tag{3.7.16}$$

其中，$n=N/l$。又因 $V=lS$，故有

$$L=\Phi_{si}/I\approx\mu_0 n^2 V \tag{3.7.17}$$

如图 3.7 蓝色分支中的图所示，对于两个通有时变电流的线圈，每个线圈除有自感电动势外，还有另一个线圈提供的互感电动势。下面以线圈 1 为例，计算其感应电动势。由法拉第电磁感应定律可知

$$\begin{cases}\varepsilon_1=-\dfrac{\mathrm{d}\psi_1}{\mathrm{d}t}\\ \psi_1=\psi_{11}+\psi_{21}\end{cases} \tag{3.7.18}$$

其中，自感磁通量 $\psi_{11}=L_1 I_1$，互感磁通量 $\psi_{21}=M_{21}I_2$（或 $-M_{21}I_2$），M_{21} 为互感系数，简称互感。将 ψ_{11} 和 ψ_{21} 代入 $\varepsilon_1=-\dfrac{\mathrm{d}\psi_1}{\mathrm{d}t}$，可得

$$\varepsilon_1=-\left(L_1\frac{\mathrm{d}I_1}{\mathrm{d}t}\pm M_{21}\frac{\mathrm{d}I_2}{\mathrm{d}t}\right) \tag{3.7.19}$$

其中，正负号由电流的方向决定。同样地，可求出 ε_2 的表达式（$\varepsilon_2=?$），请读者自己推导完成。磁场具有的能量称为磁能。可以证明，当电流 I 通过自感线圈时，它所储存的磁能为

$$W_m=\int_0^I Li\,\mathrm{d}i \tag{3.7.20}$$

即 $W_m=\dfrac{1}{2}LI^2$。互感线圈的磁能为

$$W_m=\frac{1}{2}L_1I_1^2+\frac{1}{2}L_2I_2^2+MI_1I_2 \tag{3.7.21}$$

在完全耦合的情形下，可证明互感系数满足：

$$M=M_{21}=M_{12}=\sqrt{L_1L_2} \tag{3.7.22}$$

要证明以上结果需要了解暂态过程。

从一种稳态到另一种稳态所经历的过程叫作暂态过程。RL、RC 和 RCL 等电路接通或断开时，会出现电流逐渐增大或逐渐减小的暂态过程，直至达到稳态。

如图 3.7 紫色分支下方的图所示，RL 电路接通后电流满足如下微分方程：

$$-\varepsilon+iR+L\frac{\mathrm{d}i}{\mathrm{d}t}=0 \tag{3.7.23}$$

解为 $i=I_0(1-\mathrm{e}^{-\frac{R}{L}t})$，$t\geqslant 0$。当 $t\gg L/R$ 时，电流达到最大值 I_0。当电路短接后电流满足如下微分方程：

$$iR+L\frac{\mathrm{d}i}{\mathrm{d}t}=0 \tag{3.7.24}$$

它的解为 $i=I_0 e^{-\frac{R}{L}t}$。当 $t \gg L/R$ 时，电流趋于零。

如图 3.7 紫色分支上方的图所示，RC 电路接通后，由全电路欧姆定律可知

$$-\varepsilon+u_R+u_C=0 \tag{3.7.25}$$

将 $u_R=iR=R\dfrac{\mathrm{d}q}{\mathrm{d}t}=RC\dfrac{\mathrm{d}u_C}{\mathrm{d}t}$代入上式，有

$$-\varepsilon+u_C+RC\frac{\mathrm{d}u_C}{\mathrm{d}t}=0 \tag{3.7.26}$$

它的解为 $u_C=\varepsilon[1-e^{-t/(RC)}]$，$t \geqslant 0$。当 $t \gg RC$ 时，电容的电压达到最大值 ε。当电路短接后，有以下微分方程：

$$RC\frac{\mathrm{d}u_C}{\mathrm{d}t}+u_C=0 \tag{3.7.27}$$

它的解为 $u_C=\varepsilon e^{-t/(RC)}$。当 $t \gg RC$ 时，u_C 趋于零。对于 RCL 电路，请读者根据相关电路自己构建其思维导图进行探讨，这部分内容和电工学的部分内容相通。

请构建自己的思维导图。

3.8 磁介质的思维导图

图 3.8 展示了磁介质的思维导图。它将首先从有磁介质时静磁场的基本规律出发，依次介绍磁化现象、有磁介质时磁场的高斯定理和环路定理；其次，总结顺磁质、抗磁质和铁磁质的特性及其磁化的起因；最后，讨论磁场的能量，类比电路来研究磁路，给出磁路定律。

在磁场作用下，内部状态能发生变化并能反过来影响磁场的介质称为磁介质。如图 3.8 中的红色分支所示，类比研究有电介质时静电场基本规律的方法，可以研究有磁介质时静磁场的基本规律。磁介质在磁场作用下内部状态发生变化的现象称为磁化。安培分子电流理论揭示了磁现象与电流的联系，它将每个磁介质分子看作带有环形电流 I_{m}，磁矩为 $\boldsymbol{p}_{\mathrm{m}}$ 的磁偶极子。为了描述磁介质被磁化的程度，人们引入磁化强度，其定义式为

$$\boldsymbol{M}=\frac{\sum \boldsymbol{p}_{\mathrm{m}}}{\Delta V} \tag{3.8.1}$$

$\boldsymbol{M}$ 代表单位体积内分子磁矩的矢量和。当无外磁场时，在热运动的驱动下，分子磁矩在各个方向上的取向概率相同，则 $\boldsymbol{M}=0$；当有外磁场时，各分子磁矩倾向于转向外场方向，则 $\boldsymbol{M} \neq 0$，磁介质被磁化，此时分子电流在宏观上形成磁化电流 I'，I' 又会激发磁场 $\boldsymbol{B}'$。因此，有磁介质时磁场的磁感应强度包括两部分，即

$$\boldsymbol{B}=\boldsymbol{B}_0+\boldsymbol{B}' \tag{3.8.2}$$

其中，$\boldsymbol{B}_0$ 是传导电流 I_0 激发的磁场。

磁化电流又可分为体磁化电流和面磁化电流。如图 3.8 浅蓝色分支中左侧的图所示，计算通过以闭合曲线 L 为边线的曲面 S 的磁化电流。因为只有边线附近的分子电流才会对磁化电流有贡献，因此选取边线上一段 $\mathrm{d}\boldsymbol{l}$ 为轴线，作一个底面积为 A，高为 $\mathrm{d}l$ 的柱体。设分子数密度为 n，则分子电流中心在柱内的分子贡献的电流为

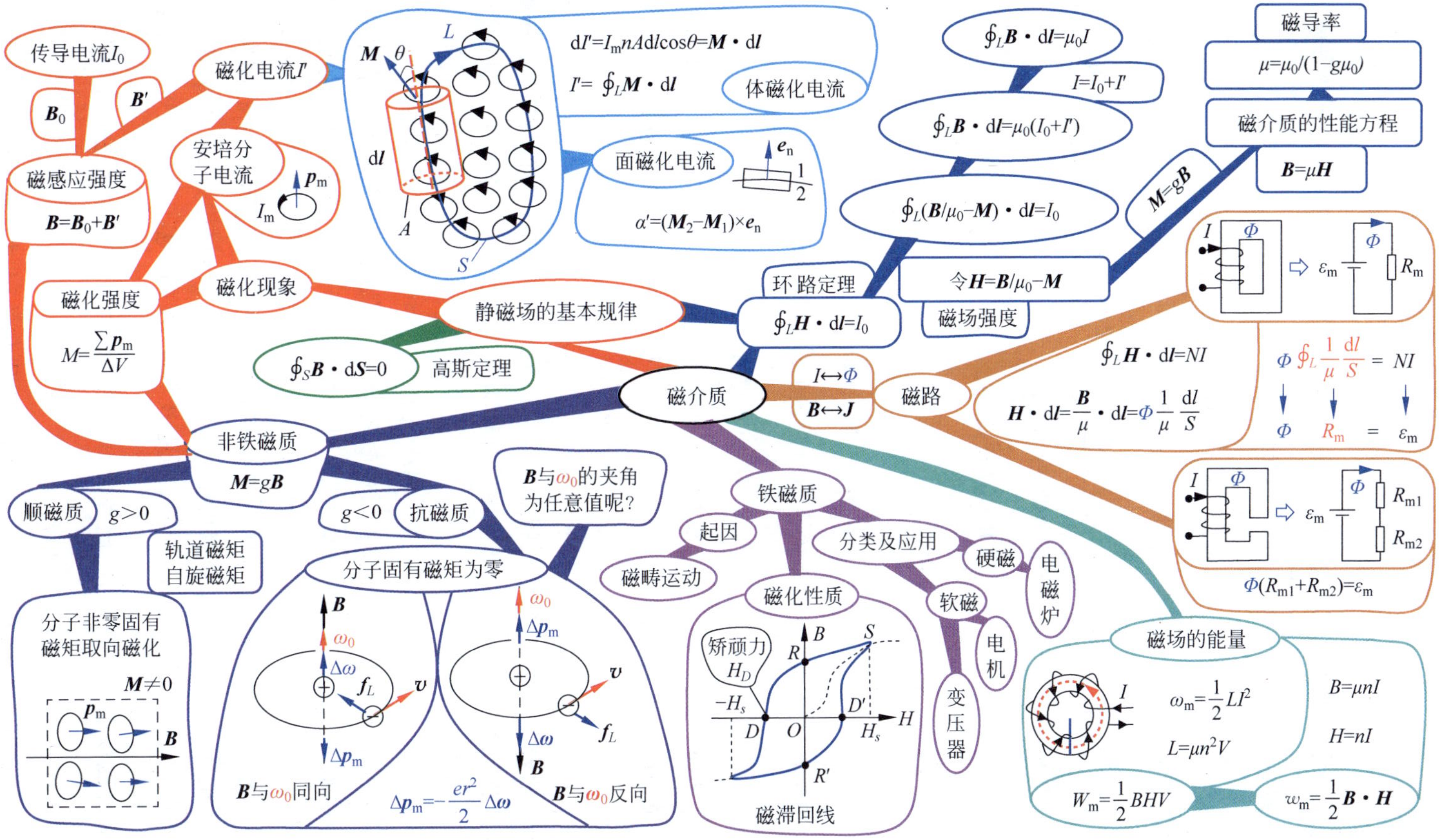

图 3.8　磁介质的思维导图

$$\mathrm{d}I' = I_{\mathrm{m}} nA\,\mathrm{d}l\cos\theta = \boldsymbol{M} \cdot \mathrm{d}\boldsymbol{l} \tag{3.8.3}$$

沿 L 积分一周，可得

$$I' = \oint_L \boldsymbol{M} \cdot \mathrm{d}\boldsymbol{l} \tag{3.8.4}$$

这种磁化电流叫作体磁化电流。如图 3.8 中浅蓝色分支右侧的图所示，在两种磁介质交界面，作一个矩形，利用 $I' = \oint_L \boldsymbol{M} \cdot \mathrm{d}\boldsymbol{l}$，可得面磁化电流密度为

$$\alpha' = (\boldsymbol{M}_2 - \boldsymbol{M}_1) \times \boldsymbol{e}_{\mathrm{n}} \tag{3.8.5}$$

有磁介质时磁场的通量仍满足高斯定理：$\oint_S \boldsymbol{B} \cdot \mathrm{d}\boldsymbol{S} = 0$，因为磁场是无源场。有磁介质时磁场的环路定理将改变形式，如图 3.8 蓝色分支从上向下所示。由 $\oint_L \boldsymbol{B} \cdot \mathrm{d}\boldsymbol{l} = \mu_0 I$ 可知，式中的电流包括传导电流和磁化电流，即 $I = I_0 + I'$，则

$$\oint_L \boldsymbol{B} \cdot \mathrm{d}\boldsymbol{l} = \mu_0 (I_0 + I') \tag{3.8.6}$$

将 $I' = \oint_L \boldsymbol{M} \cdot \mathrm{d}\boldsymbol{l}$ 代入式(3.8.6)后可得

$$\oint_L (\boldsymbol{B}/\mu_0 - \boldsymbol{M}) \cdot \mathrm{d}\boldsymbol{l} = I_0 \tag{3.8.7}$$

令磁场强度 $\boldsymbol{H} = \boldsymbol{B}/\mu_0 - \boldsymbol{M}$，可得有磁介质时磁场的环路定理，即

$$\oint_L \boldsymbol{H} \cdot \mathrm{d}\boldsymbol{l} = I_0 \tag{3.8.8}$$

这说明有磁介质时磁场强度的环量等于闭合曲线所包含的传导电流之和。对于各向同性非铁磁质来说，$\boldsymbol{M} = g\boldsymbol{B}$，将其代入 $\boldsymbol{H} = \boldsymbol{B}/\mu_0 - \boldsymbol{M}$ 可得磁介质的性能方程：

$$\boldsymbol{B} = \mu \boldsymbol{H} \tag{3.8.9}$$

其中，$\mu = \mu_0/(1 - g\mu_0)$ 称为磁导率。

实验和理论表明，磁介质按其磁特性可分为三类：①顺磁质；②抗磁质；③铁磁质。如图 3.8 中的紫色分支所示，顺磁质和抗磁质合称为非铁磁质。对于各向同非铁磁质来说，其磁化强度与磁场的关系如下：

$$\boldsymbol{M} = g\boldsymbol{B} \tag{3.8.10}$$

其中，g 是一个反映磁介质每点磁化性质的物理量，其数值可正可负。对于顺磁质，$\boldsymbol{M}$ 与 $\boldsymbol{B}$ 同向，则 $g > 0$，而对于抗磁质，$\boldsymbol{M}$ 与 $\boldsymbol{B}$ 反向，则 $g < 0$。对于 g 的正负取值，经典解释为：顺磁质中分子轨道磁矩和自旋磁矩所合成的固有磁矩不为零，分子的非零固有磁矩在外磁场中发生取向磁化，因此对于顺磁质，$\boldsymbol{M}$ 与 $\boldsymbol{B}$ 同向，$g > 0$；而抗磁质中分子的固有磁矩为零，抗磁性起源于电子的轨道运动在外磁场作用下的变化。通过讨论(见图 3.8 中紫色分支右侧的示意图)可知，无论是 $\boldsymbol{B}$ 与 $\boldsymbol{\omega}_0$ 同向，还是 $\boldsymbol{B}$ 与 $\boldsymbol{\omega}_0$ 反向，电子轨道磁矩的增量 $\Delta \boldsymbol{p}_{\mathrm{m}} = -\dfrac{er^2}{2}\Delta\boldsymbol{\omega}$ 和外磁场 $\boldsymbol{B}$ 始终反向，因此表现出抗磁性。读者还可以考虑如下问题：当 $\boldsymbol{B}$ 与 $\boldsymbol{\omega}_0$ 的夹角为任意值时，情况又如何呢？

对于铁磁质来说，$\boldsymbol{M} = g\boldsymbol{B}$ 不再适用。铁磁质磁化的起因与磁畴的运动密切相关。铁磁质的典型磁化特质是存在磁滞回线现象。如图 3.8 玫红色分支中的图所示，要消除剩磁

R 必须施加一个方向相反的矫顽力 H_D。根据 H_D 的不同,铁磁质又可分为软铁磁质和硬铁磁质。软铁磁质常被应用于制造电机和变压器等电器中,而硬铁磁质则被应用于制造电磁炉等电器中。

如图 3.8 中的青色分支所示,使用载流螺绕环可对磁场的能量进行初步研究。3.7 节已证明自感线圈储存的磁能为

$$W_m = \frac{1}{2}LI^2$$

其中,螺绕环的自感 $L=\mu n^2 V$。又因螺绕环内 $B=\mu nI$,$H=nI$,故有

$$W_m = \frac{1}{2}BHV \tag{3.8.11}$$

由于环内磁场均匀,可知静磁场的能量密度为

$$w_m = \frac{1}{2}\boldsymbol{B}\cdot\boldsymbol{H} \tag{3.8.12}$$

其形式与静电场的能量密度 $w_e=\frac{1}{2}\boldsymbol{D}\cdot\boldsymbol{E}$ 类似。

使用类比方法,将磁路和电路作类比,即令 $I\leftrightarrow\Phi$ 和 $\boldsymbol{B}\leftrightarrow\boldsymbol{J}$ 一一对应,可得磁路定律。如图 3.8 中橘黄色分支上方的图所示,在含铁芯电感线圈的磁路中,有

$$\oint_L \boldsymbol{H}\cdot \mathrm{d}\boldsymbol{l} = NI \tag{3.8.13}$$

其中,$\boldsymbol{H}\cdot\mathrm{d}\boldsymbol{l}=\frac{\boldsymbol{B}}{\mu}\cdot\mathrm{d}\boldsymbol{l}=\Phi\frac{1}{\mu}\frac{\mathrm{d}l}{S}$,将其代入式(3.8.13)可得

$$\Phi\oint_L \frac{1}{\mu}\frac{\mathrm{d}l}{S} = NI$$

与电阻 $R=\int\frac{1}{\gamma}\frac{\mathrm{d}l}{S}$ 进行类比,定义磁阻为 $R_m=\oint_L\frac{1}{\mu}\frac{\mathrm{d}l}{S}$,定义磁动势为 $\varepsilon_m=NI$,则有无分支的闭合磁路的欧姆定律为

$$\Phi R_m = \varepsilon_m \tag{3.8.14}$$

若将以上研究思路应用到开有空气隙的铁芯(见图 3.8 中橘黄色分支下方的示意图)时,则磁路方程为

$$\Phi(R_{m1}+R_{m2}) = \varepsilon_m$$

这属于磁阻的串联问题。那么,怎样的磁路会出现磁阻的并联问题呢?请感兴趣的读者自己查阅相关信息。

请构建自己的思维导图。

3.9 时变电磁场和电磁波的思维导图

图 3.9 给出了时变电磁场和电磁波的思维导图。麦克斯韦在总结前人成果的基础上,创造性地提出“位移电流”的重要假设,提出了一套关于电磁场的完整理论,主要为著名的麦克斯韦方程组,为电磁学的发展做出了突出的贡献。

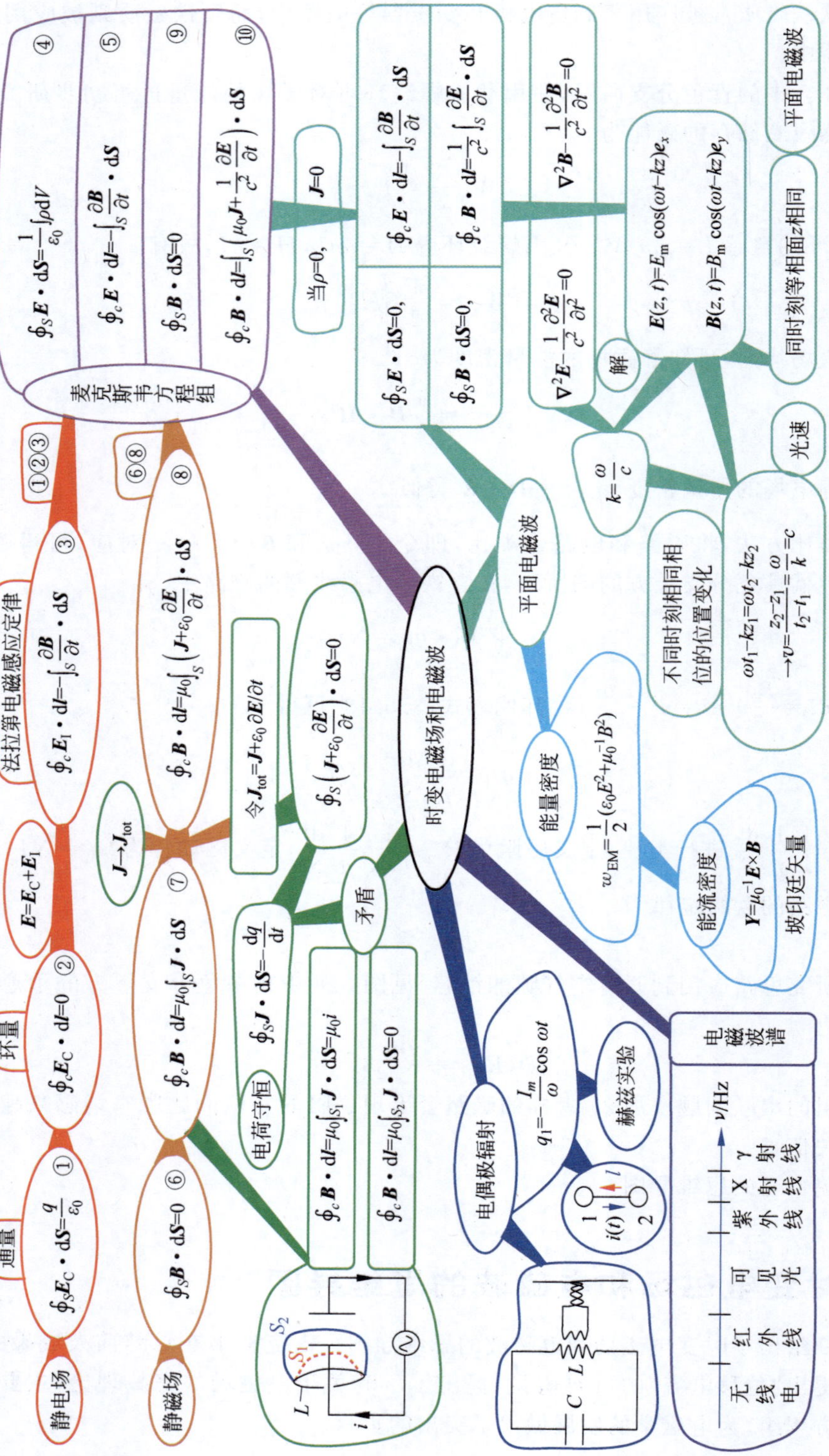

图 3.9 时变电磁场和电磁波的思维导图

通量和环量在描述矢量场的性质方面发挥着重要的作用。如图 3.9 中的红色分支所示，对于静电场 $\boldsymbol{E}_{\mathrm{C}}$ 来说，它的通量和环量分别满足以下方程：

$$\oint_S \boldsymbol{E}_{\mathrm{C}} \cdot \mathrm{d}\boldsymbol{S} = \frac{q}{\varepsilon_0} \tag{3.9.1}$$

$$\oint_c \boldsymbol{E}_{\mathrm{C}} \cdot \mathrm{d}\boldsymbol{l} = 0 \tag{3.9.2}$$

对应图 3.9 中的式①和式②。除了静电场 $\boldsymbol{E}_{\mathrm{C}}$，法拉第电磁感应定律的数学表达式为

$$\oint_c \boldsymbol{E}_{\mathrm{I}} \cdot \mathrm{d}\boldsymbol{l} = -\int_S \frac{\partial \boldsymbol{B}}{\partial t} \cdot \mathrm{d}\boldsymbol{S} \tag{3.9.3}$$

式(3.9.3)(即图 3.9 中式③)表明变化的磁场会在空间中激发感生电场 $\boldsymbol{E}_{\mathrm{I}}$，引入总电场 $\boldsymbol{E}=\boldsymbol{E}_{\mathrm{C}}+\boldsymbol{E}_{\mathrm{I}}$，由式(3.9.1)～式(3.9.3)(即式①～式③)三式可得麦克斯韦方程组的前两个方程：

$$\oint_S \boldsymbol{E} \cdot \mathrm{d}\boldsymbol{S} = \frac{1}{\varepsilon_0}\int \rho \mathrm{d}V \tag{3.9.4}$$

$$\oint_c \boldsymbol{E} \cdot \mathrm{d}\boldsymbol{l} = -\int_S \frac{\partial \boldsymbol{B}}{\partial t} \cdot \mathrm{d}\boldsymbol{S} \tag{3.9.5}$$

对应图 3.9 中的式④和式⑤。

如图 3.9 中的橘黄色分支所示，对于静磁场 $\boldsymbol{B}$ 来说，通量和环量分别满足以下方程：

$$\oint_S \boldsymbol{B} \cdot \mathrm{d}\boldsymbol{S} = 0 \tag{3.9.6}$$

$$\oint_c \boldsymbol{B} \cdot \mathrm{d}\boldsymbol{l} = \mu_0 \int_S \boldsymbol{J} \cdot \mathrm{d}\boldsymbol{S} \tag{3.9.7}$$

对应图 3.9 中的式⑥和式⑦。若将式(3.9.7)应用到如图 3.9 绿色分支所示的含有电容的交流电路中，对于同一环路 L 的两个不同积分曲面 S_1 和 S_2 来说，积分结果分别为

$$\oint_c \boldsymbol{B} \cdot \mathrm{d}\boldsymbol{l} = \mu_0 \int_{S_1} \boldsymbol{J} \cdot \mathrm{d}\boldsymbol{S} = \mu_0 i \tag{3.9.8}$$

$$\oint_c \boldsymbol{B} \cdot \mathrm{d}\boldsymbol{l} = \mu_0 \int_{S_2} \boldsymbol{J} \cdot \mathrm{d}\boldsymbol{S} = 0 \tag{3.9.9}$$

显然，两个结果相互矛盾。为了解决这一矛盾，麦克斯韦从电荷守恒定律 $\oint_S \boldsymbol{J} \cdot \mathrm{d}\boldsymbol{S} = -\frac{\mathrm{d}q}{\mathrm{d}t}$ 出发，再利用式(3.9.4)的变形式可得

$$\oint_S \left(\boldsymbol{J} + \varepsilon_0 \frac{\partial \boldsymbol{E}}{\partial t}\right) \cdot \mathrm{d}\boldsymbol{S} = 0 \tag{3.9.10}$$

引入全电流密度 $\boldsymbol{J}_{\mathrm{tot}}=\boldsymbol{J}+\varepsilon_0 \partial \boldsymbol{E}/\partial t$，替代式(3.9.7)中的 $\boldsymbol{J}$(即 $\boldsymbol{J} \rightarrow \boldsymbol{J}_{\mathrm{tot}}$)，可得

$$\oint_c \boldsymbol{B} \cdot \mathrm{d}\boldsymbol{l} = \mu_0 \int_S \left(\boldsymbol{J} + \varepsilon_0 \frac{\partial \boldsymbol{E}}{\partial t}\right) \cdot \mathrm{d}\boldsymbol{S} \tag{3.9.11}$$

其中，$\varepsilon_0 \partial \boldsymbol{E}/\partial t$ 称为位移电流密度，由式(3.9.6)(即图 3.9 中的式⑥)和式(3.9.11)(即图 3.9 中的式⑧)两式可得麦克斯韦方程组的后两个方程：

$$\oint_S \boldsymbol{B} \cdot \mathrm{d}\boldsymbol{S} = 0 \tag{3.9.12}$$

$$\oint_c \boldsymbol{B} \cdot \mathrm{d}\boldsymbol{l} = \int_S \left(\mu_0 \boldsymbol{J} + \frac{1}{c^2}\frac{\partial \boldsymbol{E}}{\partial t}\right) \cdot \mathrm{d}\boldsymbol{S} \tag{3.9.13}$$

其中，$c=1/\sqrt{\mu_0\varepsilon_0}$ 为光速，式(3.9.12)和式(3.9.13)分别对应图 3.9 中的式⑨和式⑩。如图 3.9 玫红色分支所示，由式(3.9.4)、式(3.9.5)、式(3.9.12)和式(3.9.13)组成的方程组就是著名的麦克斯韦方程组，它反映了在给定场源(电荷密度 ρ 及电流密度 $\boldsymbol{J}$)的前提下电场 $\boldsymbol{E}$ 和磁场 $\boldsymbol{B}$ 随时空演化所遵从的规律。

如图 3.9 中的青色分支所示，当 $\rho=0$，$\boldsymbol{J}=0$ 时，麦克斯韦方程组退化为无源麦克斯韦方程组，即

$$\begin{cases}\oint_S \boldsymbol{E}\cdot \mathrm{d}\boldsymbol{S}=0\\ \oint_c \boldsymbol{E}\cdot \mathrm{d}\boldsymbol{l}=-\int_S \dfrac{\partial \boldsymbol{B}}{\partial t}\cdot \mathrm{d}\boldsymbol{S}\\ \oint_S \boldsymbol{B}\cdot \mathrm{d}\boldsymbol{S}=0\\ \oint_c \boldsymbol{B}\cdot \mathrm{d}\boldsymbol{l}=\dfrac{1}{c^2}\int_S \dfrac{\partial \boldsymbol{E}}{\partial t}\cdot \mathrm{d}\boldsymbol{S}\end{cases} \tag{3.9.14}$$

它们可用于讨论自由空间中的平面电磁波。从这一方程组可以导出 $\boldsymbol{E}$ 和 $\boldsymbol{B}$ 满足的微分方程：

$$\nabla^2 \boldsymbol{E}-\frac{1}{c^2}\frac{\partial^2 \boldsymbol{E}}{\partial t^2}=0 \tag{3.9.15}$$

$$\nabla^2 \boldsymbol{B}-\frac{1}{c^2}\frac{\partial^2 \boldsymbol{B}}{\partial t^2}=0 \tag{3.9.16}$$

在自由空间中，它们的解分别为

$$\boldsymbol{E}(z,t)=E_{\mathrm{m}}\cos(\omega t-kz)\boldsymbol{e}_x \tag{3.9.17}$$

$$\boldsymbol{B}(z,t)=B_{\mathrm{m}}\cos(\omega t-kz)\boldsymbol{e}_y \tag{3.9.18}$$

其中，角频率 ω、波数 k 与光速 c 要满足以下关系：

$$k=\frac{\omega}{c} \tag{3.9.19}$$

将式(3.9.17)和式(3.9.18)代入电场和磁场满足的环量方程可知交变的电场和磁场在自由空间中相互激发，形成平面电磁波。之所以称为平面电磁波，那是因为在相同时刻等相面的 z 相同，波阵面是平面。如果考虑不同时刻相同相位的位置变化可得

$$\omega t_1-kz_1=\omega t_2-kz_2 \tag{3.9.20}$$

进而得到电磁波在真空中传播的速度为

$$v=\frac{z_2-z_1}{t_2-t_1}=\frac{\omega}{k}=c \tag{3.9.21}$$

即光速，这也意味着光波是一种特殊的电磁波。

如图 3.9 中的浅蓝色分支所示，类比电荷的定域守恒定律：

$$\oint_S \boldsymbol{J}\cdot \mathrm{d}\boldsymbol{S}=-\frac{\mathrm{d}}{\mathrm{d}t}\iiint_V \rho \mathrm{d}V \tag{3.9.22}$$

坡印廷导出了电磁场能量的定域守恒定律，其表达式

$$\iiint_V \boldsymbol{E}\cdot \boldsymbol{J}\,\mathrm{d}V=-\frac{\mathrm{d}}{\mathrm{d}t}\iiint_V w_{\mathrm{EM}}\mathrm{d}V-\oiint_S \boldsymbol{Y}\cdot \mathrm{d}\boldsymbol{S} \tag{3.9.23}$$

其中，时变电磁场的能量密度为 $w_{\mathrm{EM}}=\frac{1}{2}(\varepsilon_0 E^2+\mu_0^{-1}B^2)$；能流密度为 $\boldsymbol{Y}=\mu_0^{-1}\boldsymbol{E}\times\boldsymbol{B}$，又称为坡印廷矢量，其物理意义就是单位时间内流过单位面积的电磁场能量，相关内容参见 8.1 节。

各种频率(或波长)的电磁波的集合称为电磁波谱。按照频率 ν(或波长 λ)从小到大的顺序，电磁波可分为无线电、红外线、可见光、紫外线、X 射线、γ 射线等。

如图 3.9 中的蓝色分支所示，使用 LC 振荡电路可以给天线馈送振荡电流使天线发射电磁波，而发射天线可被简化为电偶极振子。设导线电流随时间作简谐规律变化，即

$$i(t)=I_m\sin\omega t \tag{3.9.24}$$

则球 1 的电荷 q_1 的变化率为

$$\frac{\mathrm{d}q_1}{\mathrm{d}t}=i(t)=I_m\sin\omega t \tag{3.9.25}$$

积分可得

$$q_1=-q_2=-\frac{I_m}{\omega}\cos\omega t \tag{3.9.26}$$

电偶极振子在空间中形成电偶极辐射，在球极坐标系中可讨论相关问题。赫兹通过一系列实验首次证实了电磁波的存在。

请构建自己的思维导图。

第4章 光学的思维导图范例

4.1 几何光学的思维导图之一

光学是研究光的传播以及其和物质相互作用问题的学科。按照人们对光学认识的角度和深度不同，光学大致可分为几何光学、波动光学和量子光学。几何光学把光的能量看作沿着一根根光线传播的，它们遵从直线传播、反射、折射等定律，它是各种光学仪器设计的理论基础。图 4.1 给出了几何光学的思维导图之一，本节结合图 4.1 主要介绍几何光学的基本定律、惠更斯原理、费马原理和光具组成像的规律。

学习几何光学，首先要从掌握几何光学的基本定律开始，这是因为它主要是以三个实验定律为基础发展起来的理论。如图 4.1 中的红色分支所示，几何光学三定律分别是：光的直线传播定律、反射定律和折射定律。光的直线传播定律是指光在均匀介质中沿直线传播，影子和小孔成像都是其例证。当一束光由折射率为 n_1 的介质 1 入射到折射率为 n_2 的介质 2 时，在其分界面上，通常它的一部分将发生反射而重回介质 1 中，而另一部分将发生折射而进入介质 2。如图 4.1 红色分支左上角的图所示，反射光线和折射光线都在入射面内，反射定律指出反射角 i_1' 等于入射角 i_1，即

$$i_1'=i_1 \tag{4.1.1}$$

折射定律也称斯涅耳定律，其表达式为

$$n_1\sin i_1=n_2\sin i_2 \tag{4.1.2}$$

或

$$\sin i_1/\sin i_2=n_{21} \tag{4.1.3}$$

其中，相对折射率 $n_{21}=n_2/n_1$，它代表介质 2 相对介质 1 的折射率。若 $n_1>n_2$，则称介质 1 为光密介质，介质 2 为光疏介质。当光线由光密介质射向光疏介质时，折射角 i_2 大于入射角 i_1。当入射角增至 $i_c=\arcsin(n_2/n_1)$ 时，$i_2=\pi/2$；当 $i_1>i_c$ 时，会发生全反射现象，则称 i_c 为全反射临界角，如图 4.1 红色分支右侧的图所示。全反射棱镜和光纤是全反射原理应用的典型例子。

如图 4.1 紫色分支上方的图所示，当光线通过三棱镜时，偏向角 δ 与 i_1,i_2,i_1',i_2' 以及棱角 α 之间有以下几何关系：

$$\begin{cases}\delta=i_1+i_1'-\alpha\\ \alpha=i_2+i_2'\end{cases} \tag{4.1.4}$$

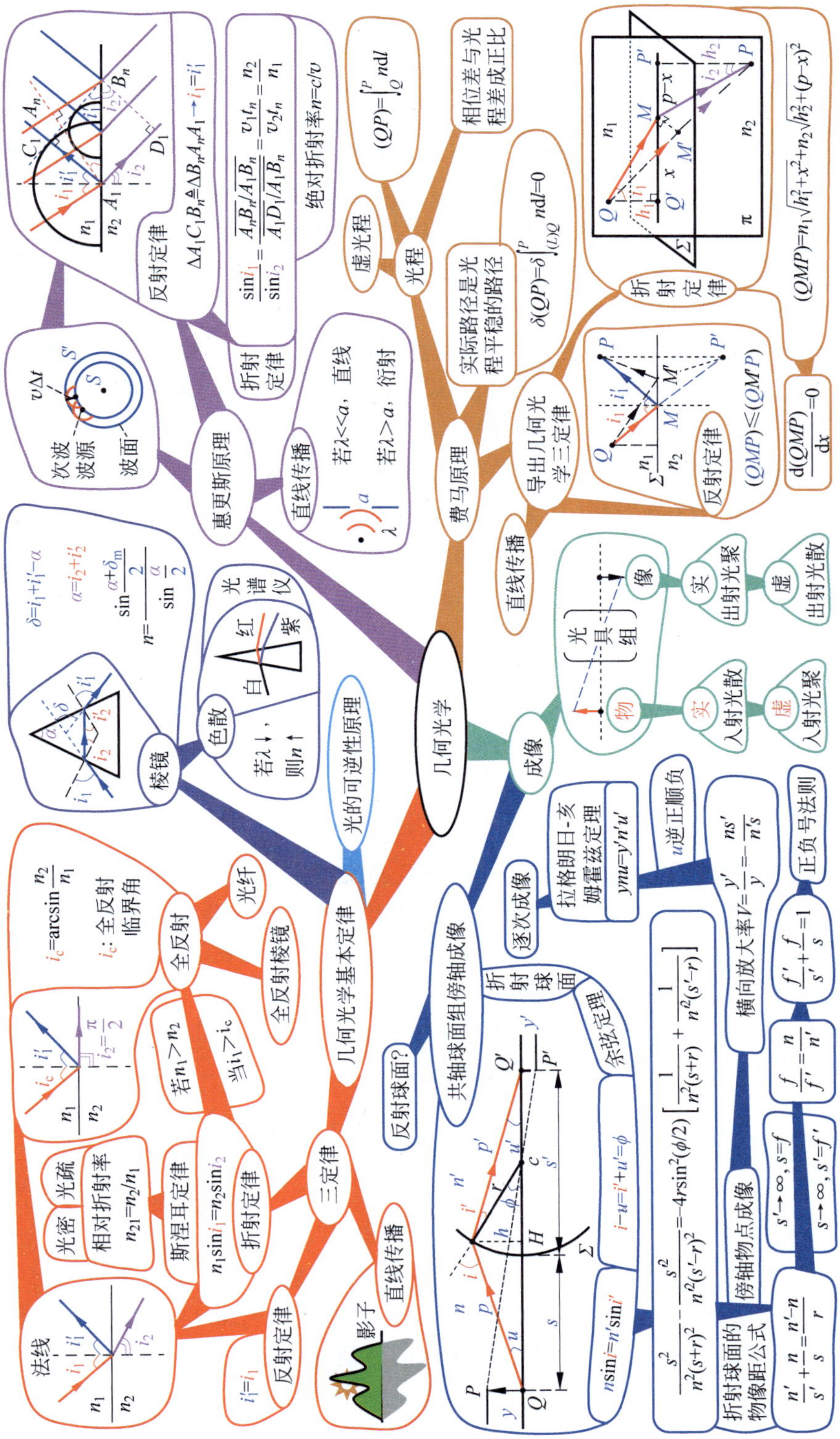

图 4.1 几何光学的思维导图之一

可以证明，在产生最小偏向角 δ_m 的充要条件 $i_1=i_1'$ 或 $i_2=i_2'$ 下，有

$$n=\frac{\sin\dfrac{\alpha+\delta_m}{2}}{\sin\dfrac{\alpha}{2}} \tag{4.1.5}$$

因此，只要测量出了 δ_m，就可通过式(4.1.5)得到棱镜的折射率 n。实验发现，折射率 n 与光的波长 λ 有关，这一现象称为色散，通常 n 随波长 λ 的减小而增大(简记为若 $\lambda\downarrow$，则 $n\uparrow$)。摄谱仪正是利用色散现象将白光分成从红到紫的光谱，如图 4.1 紫色分支下方的图所示。此外，光的可逆性原理指出当光线的传播方向反转时，它将逆着同一路径传播，这为使用逆向思维简化和解决复杂光学问题提供了理论基础。

如图 4.1 玫红色分支上方左侧的图所示，惠更斯原理是关于波面传播的理论。惠更斯原理指出，t 时刻波面 S 上的每一面元可以认为是次波波源，在均匀介质中，次波波面是半径为 $v\Delta t$ 的球面($\Delta t=t'-t$)，次波波面的包络面是 t'时刻的总扰动的波面。由惠更斯原理可以解释光的反射定律和折射定律，并给出折射率的物理意义——光在两种介质中传播的速度之比。如图 4.1 玫红色分支上方右侧的图所示，由两全同三角形 $\Delta A_1C_1B_n\triangleq\Delta B_nA_nA_1$，可得反射定律为

$$i_1=i_1'$$

再由 $\dfrac{\sin i_1}{\sin i_2}=\dfrac{\overline{A_nB_n}/\overline{A_1B_n}}{\overline{A_1D_1}/\overline{A_1B_n}}=\dfrac{v_1t_n}{v_2t_n}=\dfrac{n_2}{n_1}$，可得折射定律为

$$n_{21}=\frac{n_2}{n_1}=\frac{v_1}{v_2}$$

由此可知，一种介质的绝对折射率为

$$n=c/v \tag{4.1.6}$$

式(4.1.6)说明光密介质中的光速较小，这一结论与实验结果相吻合。不过，惠更斯原理无法给出光波通过小孔时次波面的包络面上和包络面以外的波扰动强度的分布，因而无法解释光波的直线传播与衍射现象的矛盾。后来，人们发现当波长 λ 远小于小孔尺度 a(若 $\lambda\ll a$)时，光波近似直线传播；否则(若 $\lambda>a$)，将发生衍射现象。

如图 4.1 中的橘黄色分支所示，费马原理使用光程的概念将几何光学三定律概括归结为一个统一的原理。QP 两点间的光程被定义为

$$(QP)=\sum_i n_i\Delta l_i \tag{4.1.7}$$

或

$$(QP)=\int_Q^P n\,\mathrm{d}l \tag{4.1.8}$$

其中，n_i 和 Δl_i 分别是光线在第 i 种介质中的折射率和路程。利用光程可以得到以下推论：相位差与光程差成正比，因此可以通过计算光程差替代计算相位差。费马原理指出：QP 两点间光线的实际路径是光程(QP)平稳值的路径，即

$$\delta(QP)=\delta\int_{(L)Q}^P n\,\mathrm{d}l=0 \tag{4.1.9}$$

由费马原理可推导出几何光学三定律。在均匀介质中两点间直线对应的光程最小，显然光

要沿直线传播。同样地，如图 4.1 橘黄色分支中的图所示，在反射过程中 $(QMP)\leqslant(QM'P)$ 所确定的反射点 M，要求光线满足反射定律（$i'_1=i_1$）。在折射过程中，由 $(QMP)=n_1\sqrt{h_1^2+x^2}+n_2\sqrt{h_2^2+(p-x)^2}$ 和光程极小条件 $\dfrac{\mathrm{d}(QMP)}{\mathrm{d}x}=0$，可得 $n_1\sin i_1=n_2\sin i_2$，这正是折射定律。费马原理还可以证明物点和像点之间各光线的光程是相等的，这就是物像之间的等光程性。通过引入“虚光程”的概念，可以将物像之间的等光程性推广至虚物或虚像的情形。

成像是几何光学中研究的中心问题之一。如图 4.1 青色分支中的图所示，所谓成像，是指物经过光具组在某种介质上形成可观测的像。物和像都有虚实之分。若入射到光具组的同心光束是发散的，其发散中心为实物；若入射的同心光束是会聚的，其会聚中心为虚物. 若从光具组出射的同心光束是会聚的，则称像点为实像；若出射的同心光束是发散的，则称像点为虚像。

大多数光学仪器是由球心在同一直线上的一系列折射或反射球面组成的，这种光具组叫作共轴球面光具组。共轴球面组在傍轴条件下成像的规律自然成为研究的重点问题。对它的研究思路是：先从单个折射球面出发，然后利用逐次成像的概念推广到多个球面。如图 4.1 蓝色分支中单个折射球面的图所示，利用折射定律 $n\sin i=n'\sin i'$、几何关系 $i-u=i'+u'=\phi$ 和余弦定理 $p^2=(s+r)^2+r^2-2r(s+r)\cos\phi$，可得

$$\frac{s^2}{n^2(s+r)^2}-\frac{s'^2}{n'^2(s'-r)^2}=-4r\sin^2(\phi/2)\left[\frac{1}{n^2(s+r)}+\frac{1}{n'^2(s'-r)}\right] \tag{4.1.10}$$

据此在傍轴条件下（u^2，u'^2 和 ϕ^2 均远小于 1），忽略 $\sin^2(\phi/2)$ 项，可得折射球面的物像距公式为

$$\frac{n'}{s'}+\frac{n}{s}=\frac{n'-n}{r} \tag{4.1.11}$$

令式(4.1.11)中 $s'\to\infty$，$s=f$ 和 $s\to\infty$，$s'=f'$，可得物方焦距和像方焦距的公式为

$$f=\frac{nr}{n'-n} \tag{4.1.12}$$

$$f'=\frac{n'r}{n'-n} \tag{4.1.13}$$

这也就是单球面焦距的公式。进而可得

$$\frac{f}{f'}=\frac{n}{n'} \tag{4.1.14}$$

以及物像距公式的焦距表示形式：

$$\frac{f'}{s'}+\frac{f}{s}=1 \tag{4.1.15}$$

为了统一不同情形下的公式，需要约定一种正负号法则，请读者参考相关教材使用思维导图进行总结。考查傍轴物点成像时，可引入横向放大率 $V=\dfrac{y'}{y}$ 用于描述物像关系。在傍轴条件下，可证明折射球面的横向放大率公式为

$$V=-\frac{ns'}{n's} \tag{4.1.16}$$

补充规定从光轴转到光线的方向为逆时针时的交角 u 为正，顺时针时的交角 u 为负，则 $u\approx h/s$，$-u'\approx h/s'$，故

$$\frac{u}{u'}=-s'/s \tag{4.1.17}$$

将其代入 $V=\dfrac{y'}{y}$ 和式(4.1.16)可得拉格朗日-亥姆霍兹定理的表示形式为

$$ynu=y'n'u'$$

拉格朗日-亥姆霍兹定理($ynu=y'n'u'=y''n''u''=\cdots$)能把整个光具组的物方量和像方量联系起来，为使用逐次成像分析共轴球面成像问题提供了理论支撑。请读者思考，将折射球面换成反射球面，结果又将如何呢？

请构建自己的思维导图。

4.2 几何光学的思维导图之二

图 4.2 展示了几何光学的思维导图之二，主要总结介绍了薄透镜的成像规律、光学仪器的成像原理和光度学的初步知识。

透镜是由两个折射球面组成的光具组。厚度很小($d\approx0$)的透镜，称为薄透镜。考查如图 4.2 左上角图所示的两折射球面，由图 4.1 蓝色分支所给结果可知，它们的物像距公式分别为

$$\frac{f'_1}{s'_1}+\frac{f_1}{s_1}=1 \tag{4.2.1}$$

$$\frac{f'_2}{s'_2}+\frac{f_2}{s_2}=1 \tag{4.2.2}$$

当 $d\approx0$ 时，则有 $s\approx s_1$，$s'=s'_2$，$s'_1=-s_2$。将它们代入式(4.2.1)和式(4.2.2)，消去 s_2 和 s'_1，可得

$$\frac{f'_1f'_2}{s'}+\frac{f_1f_2}{s}=f'_1+f_2 \tag{4.2.3}$$

依次令式(4.2.3)中 $s'\to\infty$，$s=f$ 和 $s\to\infty$，$s'=f'$，可得薄透镜的焦距公式为

$$\begin{cases}f=\dfrac{f_1f_2}{f'_1+f_2}\\[2ex] f'=\dfrac{f'_1f'_2}{f'_1+f_2}\end{cases} \tag{4.2.4}$$

将单球面焦距分别应用于透镜的两界面，则有

$$\begin{cases}f_1=\dfrac{nr_1}{n_L-n}\\[2ex] f'_1=\dfrac{n_Lr_1}{n_L-n}\\[2ex] f_2=\dfrac{n_Lr_2}{n'-n_L}\\[2ex] f'_2=\dfrac{n'r_2}{n'-n_L}\end{cases} \tag{4.2.5}$$

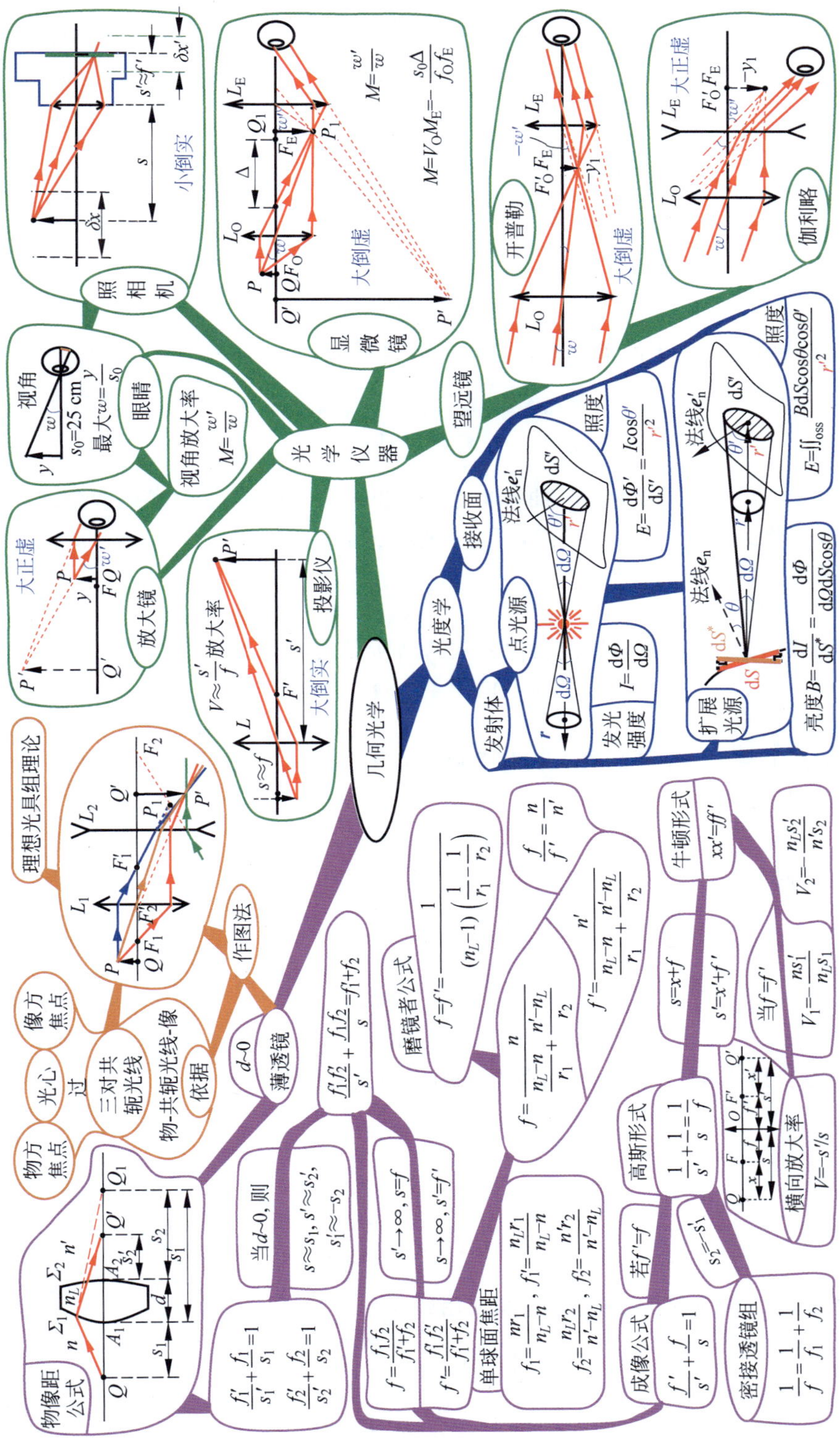

图 4.2　几何光学的思维导图之二

将它们代入式(4.2.4)可得

$$\begin{cases} f=\dfrac{n}{\dfrac{n_L-n}{r_1}+\dfrac{n'-n_L}{r_2}} \\ f'=\dfrac{n'}{\dfrac{n_L-n}{r_1}+\dfrac{n'-n_L}{r_2}} \end{cases} \tag{4.2.6}$$

两者之比为

$$\frac{f}{f'}=\frac{n}{n'} \tag{4.2.7}$$

在物像方折射率 $n=n'\approx 1$ 的情况下,式(4.2.6)改写为

$$f=f'=\frac{1}{(n_L-1)\left(\dfrac{1}{r_1}-\dfrac{1}{r_2}\right)} \tag{4.2.8}$$

它给出薄透镜焦距 f 与折射率 n_L、曲率半径(r_1 和 r_2)的关系,称为磨镜者公式。另外,如果使用 f 和 f'将式(4.2.3)表示出来,可得成像公式:

$$\frac{f'}{s'}+\frac{f}{s}=1 \tag{4.2.9}$$

若 $f'=f$,则式(4.2.9)化为薄透镜物像公式的高斯形式,即

$$\frac{1}{s'}+\frac{1}{s}=\frac{1}{f} \tag{4.2.10}$$

又因 $s=x+f$,$s'=x'+f'$(见图 4.2 左下角示意图),将它们代入式(4.2.10)可得薄透镜物像公式的牛顿形式:

$$xx'=ff' \tag{4.2.11}$$

由于透镜两球面的横向放大率分别为

$$\begin{cases} V_1=-\dfrac{ns'_1}{n_Ls_1} \\ V_2=-\dfrac{n_Ls'_2}{n's_2} \end{cases} \tag{4.2.12}$$

当物方和像方折射率相等时,$f=f'$,薄透镜的横向放大率为

$$V=V_1V_2=-\frac{s'}{s} \tag{4.2.13}$$

或

$$V=-\frac{f}{x} \tag{4.2.14}$$

对于两个薄透镜组成的密接透镜组,连续使用式(4.2.10)两次可得

$$\begin{cases} \dfrac{1}{s'_1}+\dfrac{1}{s_1}=\dfrac{1}{f_1} \\ \dfrac{1}{s'_2}+\dfrac{1}{s_2}=\dfrac{1}{f_2} \end{cases} \tag{4.2.15}$$

因为 $s_2=-s_1'$，则有

$$\frac{1}{s_2'}+\frac{1}{s_1}=\frac{1}{f_1}+\frac{1}{f_2} \tag{4.2.16}$$

与 $s_2'\to\infty$ 对应的 s_1 即为复合透镜的焦距 f，故有

$$\frac{1}{f}=\frac{1}{f_1}+\frac{1}{f_2} \tag{4.2.17}$$

这说明，密接复合透镜焦距的倒数是组成它的透镜焦距的倒数之和。

如图 4.2 中的橘黄色分支所示，除使用物像公式外，还可使用作图法(它是求物像关系的一种简单直观的方法)。作图法的依据是通过物点每条光线的共轭光线都通过像点。在薄透镜中，对轴外物点有三对共轭光线可供选择，它们分别是通过物方焦点、光心和像方焦点的光线。如图 4.2 橘黄色分支中的图所示，通过物方焦点的光线，经透镜折射后平行于光轴；通过光心的光线，经透镜后方向不变；平行于光轴的光线，经透镜折射后通过像方焦点。在此基础上可以学习理想光具组理论。

光学仪器应用广泛，掌握它们的成像原理具有十分重要的意义。下面参照图 4.2 绿色分支中所给的示意图，依次简单回顾投影仪、放大镜、照相机、眼睛、显微镜和望远镜的成像原理。投影仪通过利用凸透镜将画片放大后的倒立实像投射到屏幕上。在投影仪中，画片放在物方焦面外侧附近，物距 $s\approx f$，因而它的放大率为

$$V=-\frac{s'}{s}\approx\frac{s'}{f} \tag{4.2.18}$$

而放大镜则将被放大的物体置于物方焦面内侧附近，形成放大正立的虚像。照相机通过类凸透镜将物方两倍焦距以外的物体成像为缩小倒立的实像，呈现在像方焦平面附近的底片上($s'\approx f'$)。物点只有在可允许的前后范围 δx 内才能在底片上形成清晰的像，其中 δx 称为景深。当物距改变 δx 时，像距改变 $\delta x'$，$\delta x'/\delta x$ 越小，越有利于加大景深。由式(4.2.11)可知

$$\frac{\delta x'}{\delta x}=-f^2/x^2 \tag{4.2.19}$$

(设物、像方焦距相等)，因此可以通过改变焦距和物距来改变景深。从结构来看，人类的眼睛和照相机类似。物体在视网膜上成像的大小，正比于它对眼睛所张的角度——视角，眼睛观察物体的视角最大不超过 $w=\frac{y}{s_0}$，其中明视距离 $s_0=25$ cm。对于放大镜来说，物体对光心所张的视角近似等于

$$w'=y/f \tag{4.2.20}$$

由于放大镜的作用是放大视角，可定义放大镜的视角放大率为像所张的视角 w' 与肉眼观察时物体在明视距离处所张的视角 w 之比，即

$$M=\frac{w'}{w} \tag{4.2.21}$$

那么，放大镜的视角放大率的公式为 $M=\frac{s_0}{f}$。与放大镜不同，显微镜通过利用物镜 L_O 和目镜 L_E 配合将所观察物体成像为放大、倒立的虚像。放在物镜物方焦距外侧的被观察的物体 PQ 经物镜后在目镜 L_E 物方焦距内侧附近成放大、倒立的实像 P_1Q_1，再经目镜后在

明视距离之外成放大、倒立的虚像 $P'Q'$。可以证明，显微镜的视角放大率 M 为

$$M=\frac{w'}{w}=V_{\mathrm{O}}M_{\mathrm{E}}=-\frac{s_0\Delta}{f_{\mathrm{O}}f_{\mathrm{E}}} \tag{4.2.22}$$

关于望远镜，图 4.2 仅给出了开普勒望远镜和伽利略望远镜的原理图。两种望远镜都是先通过物镜 L_{O} 将无限远的物体成像在物镜像方的焦平面上，开普勒望远镜再通过凸透镜制作的目镜 L_{E} 将其成像为放大、倒立的虚像，而伽利略望远镜则通过凹透镜制作的目镜 L_{E} 将其成像为放大、正立的虚像。它们的视角放大率均为

$$M=-\frac{f_{\mathrm{O}}}{f_{\mathrm{E}}} \tag{4.2.23}$$

研究各种光量的定义及其单位的选定，它们与其他物理量的关系等光学问题的学科称为光度学。光的发射体和接收面需要用不同的物理量来描述。光的发射体按照线度的大小又可分为点光源和扩展光源。如图 4.2 蓝色分支中的图所示，一方面，点光源沿某一方向 $\boldsymbol{r}$ 的发光强度定义为沿此方向上单位立体角内发出的光通量，即

$$I=\frac{\mathrm{d}\Phi}{\mathrm{d}\Omega} \tag{4.2.24}$$

另一方面，点光源在接收面上所产生的照度定义为

$$E=\frac{\mathrm{d}\Phi'}{\mathrm{d}S'}=\frac{I\cos\theta'}{r'^2} \tag{4.2.25}$$

对于扩展光源来说，则需要引入亮度的概念来描述它。亮度 B 定义为在某一方向上单位投影面积的发光强度，即

$$B=\frac{\mathrm{d}I}{\mathrm{d}S^*}=\frac{\mathrm{d}\Phi}{\mathrm{d}\Omega\,\mathrm{d}S\cos\theta} \tag{4.2.26}$$

扩展光源在接收面上所产生的照度为

$$E=\iint_{\mathrm{oss}}\frac{B\,\mathrm{d}S\cos\theta\cos\theta'}{r'^2} \tag{4.2.27}$$

其中，oss 代表光源表面，这是因为扩展光源可以看作是无数点光源的集合。

请构建自己的思维导图。

4.3 波动光学的思维导图之一

尽管几何光学从光的直线传播、反射和折射等基本实验定律出发，成功解释了光学成像等特殊类型的光的传播问题，但是，它没有触及光的本性。若要真正了解光的本质，还需要研究波动光学。图 4.3 给出了波动光学的思维导图之一，主要介绍波动的基本概念、定态光波的振幅和相位的空间分布以及光波的复数表示。

图 4.3 中的红色分支梳理了波动的一些基本概念。振动在空间的传播形成波动。波动有两个显著特征：一是波动具有时空双重周期性；二是波动总伴随着能量的传输。按照对波场中物理状态扰动的描述所需物理参量的不同，可将波分为标量波、矢量波和张量波。例如，密度波和温度波属于标量波；电磁波是矢量波的典型例子，而弹力波和引力波属于张量波。在对波场进行几何描述时，常使用波面和波线的概念。波面，也称等相面，它是扰动的

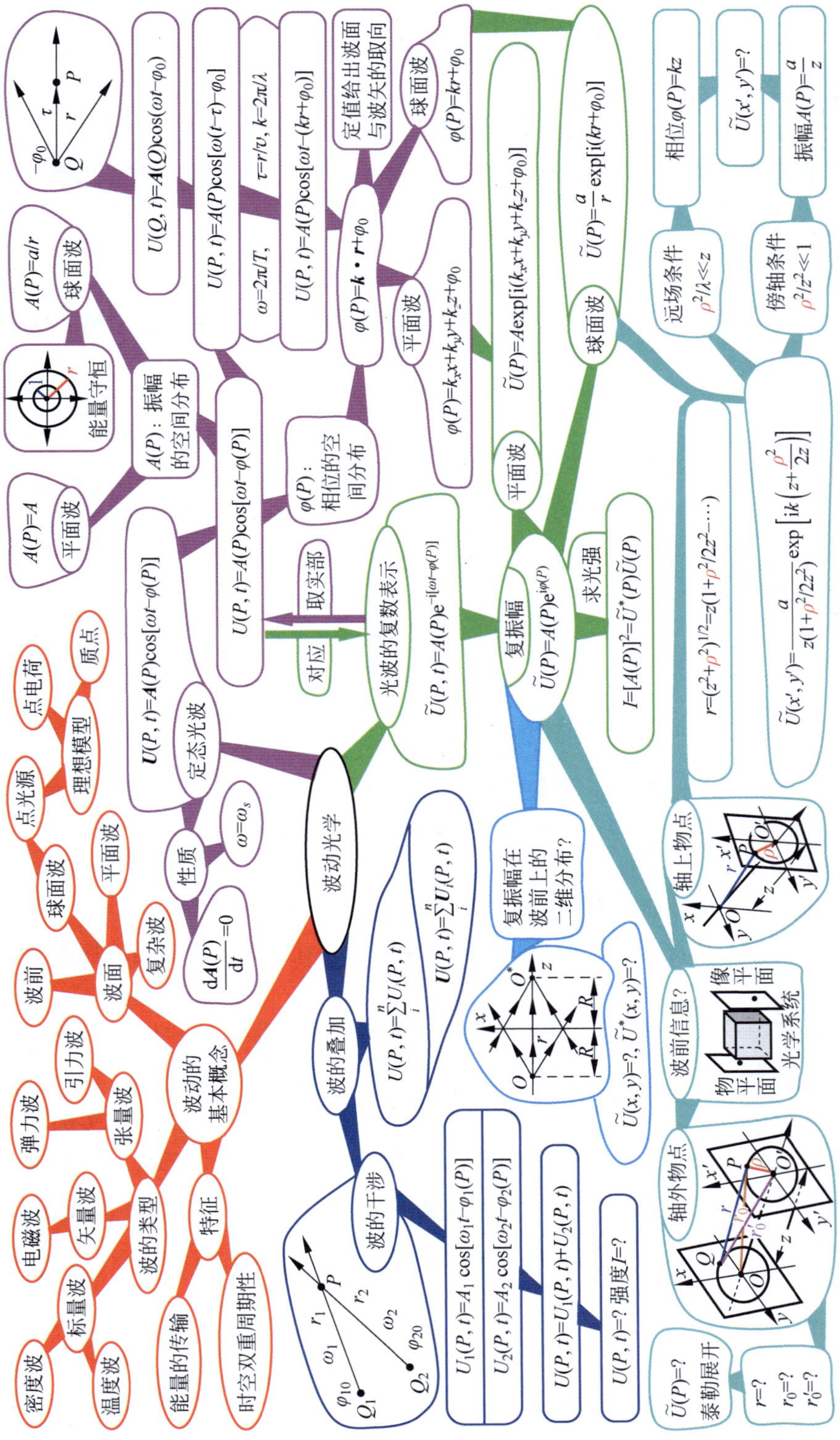

图 4.3　波动光学的思维导图之一

相位相等的各点的集合。波前有时特指走在最前面的波面,有时泛指波场中的任一曲面。按照波面形状的不同,波又可分为球面波、平面波和复杂波等。点光源在均匀介质中会产生球面波,由此可联想到物理中的其他理想模型,如点电荷和质点等。理想模型在物理学中扮演着重要的角色。

如图 4.3 中的玫红色分支所示,定态光波是满足以下性质的波场:①空间各点的扰动是相同频率的简谐振荡(频率与振源相同,即 $\omega=\omega_s$);②波场中各点扰动的振幅 $\mathbf{A}(P)$ 不随时间变化,即 $\frac{\mathrm{d}\mathbf{A}(P)}{\mathrm{d}t}=0$。定态矢量波的表达式为

$$\boldsymbol{U}(P,t)=\mathbf{A}(P)\cos[\omega t-\varphi(P)] \tag{4.3.1}$$

在各向同性均匀介质中传播的理想光波,若其满足傍轴条件,则可以将它看作标量波来处理,则 $\boldsymbol{U}(P,t)$ 退化为

$$U(P,t)=A(P)\cos[\omega t-\varphi(P)] \tag{4.3.2}$$

其中 $A(P)$ 代表振幅的空间分布。对于平面波来说,$A(P)=A$;根据能量守恒定律,可证明球面波的振幅 $A(P)=a/r$。如图 4.3 右上角的图所示,倘若已知波源 Q 的振动方程为

$$U(Q,t)=A(Q)\cos(\omega t-\varphi_0) \tag{4.3.3}$$

Q 点的振动状态经过时间 τ 后传播到 P 点,则 P 点的振动方程为

$$U(P,t)=A(P)\cos[\omega(t-\tau)-\varphi_0] \tag{4.3.4}$$

其中,角频率 $\omega=2\pi/T$;传播时间 $\tau=r/v$;波数 $k=2\pi/\lambda$。式(4.3.4)也称为波动方程,它也可写为

$$U(P,t)=A(P)\cos[\omega t-(kr+\varphi_0)] \tag{4.3.5}$$

因为 $\varphi(P)$ 反映相位的空间分布,比较式(4.3.5)和标量波的表达式(4.3.2)可得

$$\varphi(P)=\boldsymbol{k}\cdot\boldsymbol{r}+\varphi_0 \tag{4.3.6}$$

对于平面波来说,$\varphi(P)=k_x x+k_y y+k_z z+\varphi_0$;而对于球面波来说,$\varphi(P)=kr+\varphi_0$。当 $\varphi(P)$ 取定值时,可给出波面与波矢的取向。如 $\varphi(P)=k_x x+k_y y+k_z z+\varphi_0=C_1$ 代表波面是以波矢 $\boldsymbol{k}$ 的方向为法线的平面,而 $\varphi(P)=kr+\varphi_0=C_2$ 代表波面是以振源为中心与波矢 $\boldsymbol{k}$ 的方向正交的一个球面。

由于复指数函数与余弦(或正弦)函数的运算规律(叠加、微分和积分)是对应的,因此采用光波的复数表示描述定态波场中各点同一频率的简谐振动极为便利。显然,如图 4.3 中的绿色分支所示,将光波的复数表示形式 $\widetilde{U}(P,t)=A(P)\mathrm{e}^{-\mathrm{i}[\omega t-\varphi(P)]}$ 取实部正是定态光波的余弦形式。在讨论单色波场中各扰动的空间分布时,略去相同的时间因子 $\mathrm{e}^{-\mathrm{i}\omega t}$,剩余的空间分布因子位 $\widetilde{U}(P)=A(P)\mathrm{e}^{\mathrm{i}\varphi(P)}$,称为复振幅。平面波的复振幅可表示为

$$\widetilde{U}(P)=A\exp[\mathrm{i}(k_x x+k_y y+k_z z+\varphi_0)] \tag{4.3.7}$$

球面波的复振幅可表示为

$$\widetilde{U}(P)=\frac{a}{r}\exp[\mathrm{i}(kr+\varphi_0)] \tag{4.3.8}$$

那么,使用复振幅分布求光强分布的表达式采用以下形式:

$$I=[A(P)]^2=\widetilde{U}^*(P)\widetilde{U}(P) \tag{4.3.9}$$

通常光学系统中的一个元件只和波场中某个波前相互作用，关注复振幅在波前上的二维分布问题成为必然。如图 4.3 浅蓝色分支中的图所示，点光源在 $z=0$ 平面上的产生的复振幅 $\widetilde{U}(x,y)$ 和共轭波的复振幅 $\widetilde{U}^*(x,y)$ 的表达式($\widetilde{U}(x,y)=?$，$\widetilde{U}^*(x,y)=?$)，请读者根据球面波的复振幅表达式，给出自己的答案。物平面通过光学系统将波前的信息转换到像平面，因此确切知道某个波前的信息是十分重要的。如何获取波前信息呢？这些信息可以通过求解某个特定波前的复振幅的二维分布获得。

下面考虑点光源到波前的距离与波前线度之比满足什么条件时，才能把球面波看作平面波的问题。先考查轴上物点 O，再考查轴外物点 Q。如图 4.3 青色分支右侧的图所示，放在坐标原点 O 处的点光源在接收平面 $x'-y'$ 上的球面波前为

$$\widetilde{U}(x',y')=\frac{a}{r}\exp(ikr) \tag{4.3.10}$$

将其中的 r 作泰勒级数展开，即

$$r=(z^2+\rho^2)^{1/2}=z(1+\rho^2/2z^2-\cdots) \tag{4.3.11}$$

只保留到 ρ^2 项，则

$$\widetilde{U}(x',y')=\frac{a}{z(1+\rho^2/2z^2)}\exp\left[ik\left(z+\frac{\rho^2}{2z}\right)\right] \tag{4.3.12}$$

在远场条件($\rho^2/\lambda\ll z$)下，相位退化为 $\varphi(P)=kz$。在傍轴条件($\rho^2/z^2\ll 1$)下，振幅退化为 $A(P)=\dfrac{a}{z}$。考查在同时满足傍轴条件和远场条件的情况下 $\widetilde{U}(x',y')$ 的表达式，显然，此时 $\widetilde{U}(x',y')=\dfrac{a}{z}\exp(ikz)$，这说明在傍轴条件和远场条件同时满足的条件下，点光源发出的球面波可以被看作平面波。

如图 4.3 中青色分支左侧的图所示，采用类似的方法可以考虑轴外物点 Q 在 $x'-y'$ 面上激发的球面波前。先写出 r，r_0 和 r'_0 的表达式($r=?$，$r_0=?$，$r'_0=?$)，再使用泰勒级数展开可讨论多种情形下 $\widetilde{U}(P)$ 的表达式($\widetilde{U}(P)=?$)。例如，物点和场点都满足傍轴条件 x^2，$y^2\ll z^2$，x'^2，$y'^2\ll z^2$；场点满足傍轴条件，而物点同时满足傍轴条件和远场条件 x^2/λ，$y^2/\lambda\ll z$；物点满足傍轴条件，而场点同时满足傍轴条件和远场条件 x'^2/λ，$y'^2/\lambda\ll z$。这些情况下 $\widetilde{U}(P)$ 的表达式请感兴趣的读者自己去探索。

波的叠加原理认为，当两列(或多列)波同时存在时，在它们的交叠区域内每点的振动是各列波单独在该点产生的振动的合成，即标量波等于各标量之和，即

$$U(P,t)=\sum_i^n U_i(P,t) \tag{4.3.13}$$

矢量波等于各矢量的合成，即

$$\boldsymbol{U}(P,t)=\sum_i^n \boldsymbol{U}_i(P,t) \tag{4.3.14}$$

如图 4.3 蓝色分支中的图所示，考查两列波的干涉，若两列简谐波的方程分别为 $U_1(P,t)=A_1\cos[\omega_1 t-\varphi_1(P)]$ 和 $U_2(P,t)=A_2\cos[\omega_2 t-\varphi_2(P)]$，则它们在 P 点的叠加为

$$U(P,t)=U_1(P,t)+U_2(P,t) \tag{4.3.15}$$

对于叠加后波动方程$U(P,t)$和强度I的具体形式($U(P,t)=?,I=?$)，这些内容将在图4.4进一步讨论和总结。

请构建自己的思维导图。

4.4 波动光学的思维导图之二

图4.4给出了波动光学的思维导图之二，主要介绍光波干涉和衍射的一般理论。

下面以光场中电场分量之间的叠加为例来讨论光波的干涉问题。如图4.4红色分支中的图所示，假设两点光源Q_1和Q_2在P处所产生的电场强度分别为$\boldsymbol{E}_1(P,t)=\boldsymbol{A}_1\cos[\omega_1 t-\varphi_1(P)]$和$\boldsymbol{E}_2(P,t)=\boldsymbol{A}_2\cos[\omega_2 t-\varphi_2(P)]$，根据叠加原理$\boldsymbol{E}(P,t)=\sum_i^n \boldsymbol{E}_i(P,t)$，可知它们所引起的光扰动瞬时值的叠加为$\boldsymbol{E}=\boldsymbol{E}_1+\boldsymbol{E}_2$。而实际测量的往往是光强的叠加，因为多数接收器件是对光的强度产生响应的。波的叠加原理并不意味着两列波交叠时强度一定相加，但可以由它导出强度的合成规律。根据电磁场理论，电磁场在空间中的能流密度为

$$\boldsymbol{Y}=\boldsymbol{E}\times\boldsymbol{H}=\frac{n}{c\mu}(\boldsymbol{E}\cdot\boldsymbol{E})\boldsymbol{e}_k \tag{4.4.1}$$

(参见图8.1和图8.4)，因此能流密度的大小满足以下关系

$$Y\propto\boldsymbol{E}\cdot\boldsymbol{E}=\boldsymbol{E}_1\cdot\boldsymbol{E}_1+\boldsymbol{E}_2\cdot\boldsymbol{E}_2+2\boldsymbol{E}_1\cdot\boldsymbol{E}_2 \tag{4.4.2}$$

而实际测量的光强正比于能流密度对时间的平均值，即

$$I\propto\bar{Y}\propto\frac{1}{T}\int_0^T E^2\mathrm{d}t \tag{4.4.3}$$

由此可知，

$$I\propto\bar{\boldsymbol{Y}}\propto I_1+I_2+I_{12} \tag{4.4.4}$$

其中，I_1和I_2分别是两列光波单独在场点P处的光强，而$I_{12}=\frac{2}{T}\boldsymbol{A}_1\cdot\boldsymbol{A}_2\int_0^T\cos(\omega_1 t-\varphi_1)\cos(\omega_2 t-\varphi_2)\mathrm{d}t$代表两列波的干涉项。

干涉项I_{12}的取值($I_{12}=?$)在空间中的分布取决于波的叠加类型，其中，波的叠加可分为相干叠加和非相干叠加。运用三角函数关系$\cos(\alpha\pm\beta)=\cos\alpha\cos\beta\mp\sin\alpha\sin\beta$导出以下公式：

$$\cos\alpha\cos\beta=\frac{1}{2}[\cos(\alpha+\beta)+\cos(\alpha-\beta)] \tag{4.4.5}$$

再将其运用到干涉项I_{12}的表达式，可计算I_{12}的值。可以证明，若$\omega_1\neq\omega_2$或$\boldsymbol{A}_1\perp\boldsymbol{A}_2$，则$I_{12}=0,I=I_1+I_2$，这说明，不同频率的或电场分量相互垂直的电磁波只能产生非相干叠加，如图4.4中的紫色分支所示；如图4.4中的浅蓝色分支所示，若$\omega_1=\omega_2$且$\boldsymbol{A}_1/\!/\boldsymbol{A}_2$，则有

$$I_{12}=2\sqrt{I_1 I_2}\,\overline{\cos\delta(P)} \tag{4.4.6}$$

其中，$\delta(P)=\varphi_2-\varphi_1$代表两光源发出的光在$P$处的相位差，这是两列波产生相干叠加的必要条件。而$\overline{\cos\delta(P)}$的取值($\overline{\cos\delta(P)}=?$)与光源有关。对于普通光源来说，$\delta(P)$随时间

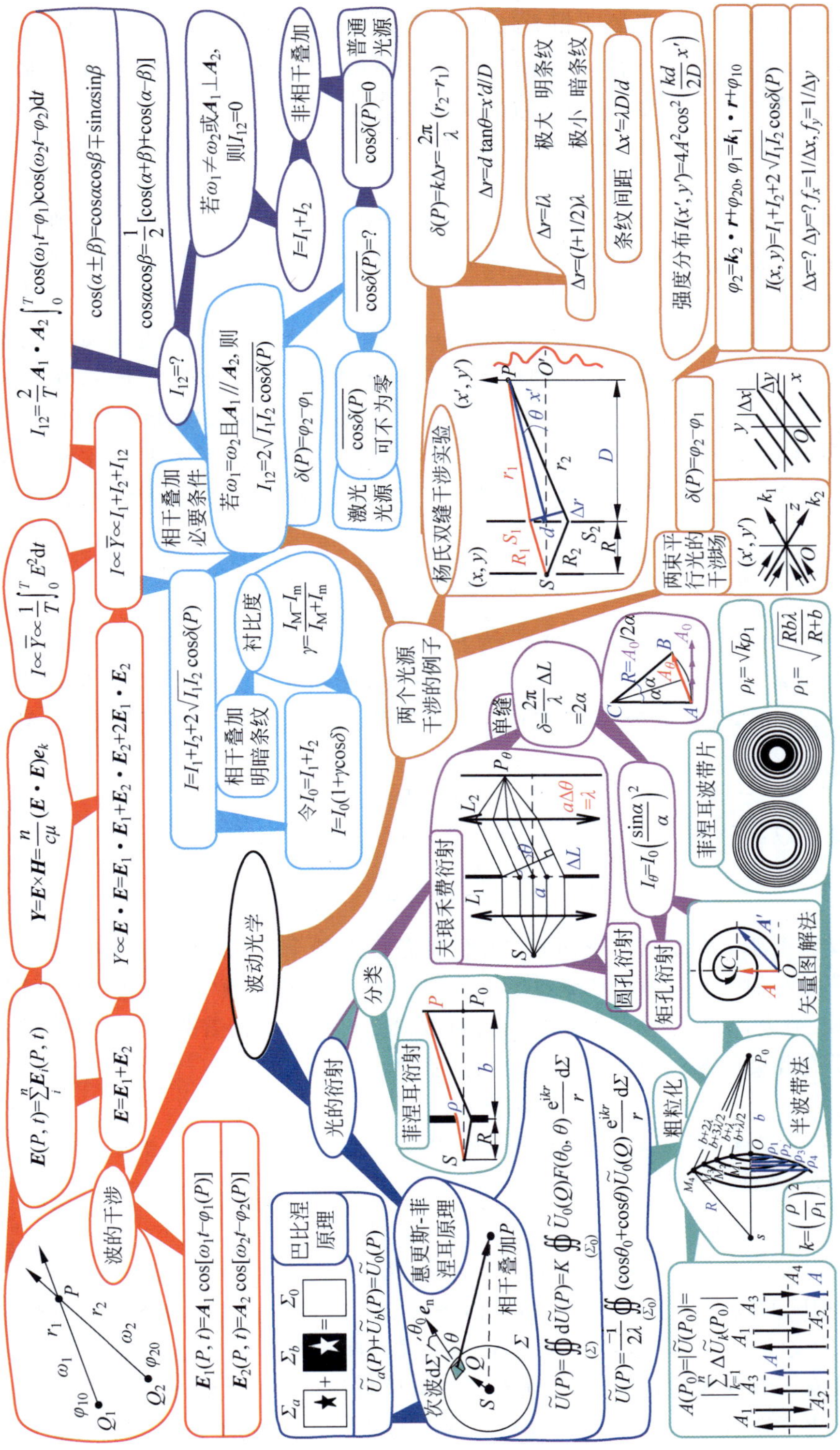

图 4.4　波动光学的思维导图之二

不断变化，故$\overline{\cos\delta(P)}=0$，两列光波只是非相干叠加，$I=I_1+I_2$，这就解释了日常光强分布的问题。若两光源为激光光源或相干光源，$\delta(P)$不随时间变化，故$\overline{\cos\delta(P)}$可不为零，此时两列光波产生相干叠加，$I=I_1+I_2+2\sqrt{I_1I_2}\cos\delta(P)$，光强重新分布，形成明暗条纹。为了描述干涉现象的显著程度，可引入衬比度，其定义式为

$$\gamma=\frac{I_M-I_m}{I_M+I_m} \tag{4.4.7}$$

其中，I_M 和 I_m 分别是干涉场中光强的极大值和极小值。令 $I_0=I_1+I_2$，则可证明 $I=I_0(1+\gamma\cos\delta)$。总之，两列光波产生干涉需要满足三个条件：①频率相同；②存在相互平行的振动分量；③相位差 $\delta(P)$稳定。

两个光源干涉的例子很多，杨氏(Young)实验是其中的典型代表。如图 4.4 橘黄色分支上方的图所示，普通单色光源照射到开有小孔的屏上，形成点光源 S，在其后再放置一个开有两个小孔 S_1 和 S_2 的屏。S_1 和 S_2 作为分波面的次波波源满足相干条件，在较远的屏上会形成平行的直线条纹。为了提高干涉条纹的亮度，实际中常将 S,S_1,S_2 用三个相互平行的狭缝替代，这就是杨氏双缝干涉实验。在杨氏双缝干涉实验中，两列波的相位差为

$$\delta(P)=k\Delta r=\frac{2\pi}{\lambda}(r_2-r_1) \tag{4.4.8}$$

其中，光程差为 $\Delta r=d\tan\theta=x'd/D$，$x'$为$P$ 到O'的距离，d 和D 分别为双缝的间距和双缝到接收屏的距离。当 $\Delta r=l\lambda$，$l=0,\pm1,\pm2,\cdots$时，光强取极大值，在屏上呈现明条纹；当 $\Delta r=(l+1/2)\lambda$ 时，光强取极小值，在屏上呈现暗条纹。可证明两相邻明(或暗)条纹的间距均为

$$\Delta x'=\lambda D/d \tag{4.4.9}$$

强度分布满足以下公式：

$$I(x',y')=4A^2\cos^2\left(\frac{kd}{2D}x'\right) \tag{4.4.10}$$

杨氏双缝干涉实验是两列球面光波在傍轴条件下的干涉，那么两束平行光的干涉场又是什么样子呢？如图 4.4 橘黄色分支下方的图所示，两列相同频率的单色平面波同时照射，在 $z=0$ 的波前上，干涉条纹是一组平行的直线段。仍然可以沿着先求相位差，再求强度分布的思路研究此类问题。两列平面波的相位差为

$$\delta(P)=\varphi_2-\varphi_1 \tag{4.4.11}$$

其中，$\varphi_2=\boldsymbol{k}_2\cdot\boldsymbol{r}+\varphi_{20}=k(x\cos\alpha_2+y\cos\beta_2)+\varphi_{20}$；$\varphi_1=\boldsymbol{k}_1\cdot\boldsymbol{r}+\varphi_{10}=k(x\cos\alpha_1+y\cos\beta_1)+\varphi_{10}$，波前上的强度分布为

$$\begin{cases}I(x,y)=I_1+I_2+2\sqrt{I_1I_2}\cos\delta(P)\\ \delta(P)=k(\cos\alpha_2-\cos\alpha_1)x+k(\cos\beta_2-\cos\beta_1)y+\varphi_{20}-\varphi_{10}\end{cases} \tag{4.4.12}$$

由于$\delta(P)$相同的场点，光强也相同，故干涉条纹是一组平行直线。读者可由余弦函数的周期性，讨论条纹间距 Δx 与 $\Delta y(\Delta x=?,\Delta y=?)$及空间频率 $f_x=1/\Delta x$，$f_y=1/\Delta y$。

除了具有干涉现象外，光的波动还有另一重要特征——光的衍射。如图 4.4 中的蓝色分支所示。惠更斯-菲涅耳原理是研究衍射现象的理论基础，表述如下：波前 Σ 上每个面元 $d\Sigma$ 都可以看作新的振动中心，它们发出次波在空间某一点 P 的振动是所有这些次波在该

点的相干叠加。惠更斯-菲涅耳原理的数学表达式为

$$\widetilde{U}(P)=\oiint_{(\Sigma)}\mathrm{d}\widetilde{U}(P)=K\oiint_{(\Sigma)}\widetilde{U}_0(Q)F(\theta_0,\theta)\frac{\mathrm{e}^{\mathrm{i}kr}}{r}\mathrm{d}\Sigma \tag{4.4.13}$$

后一个等号给出菲涅耳衍射积分公式。按照基尔霍夫边界条件，菲涅耳衍射积分公式应改写为菲涅耳-基尔霍夫衍射公式，即

$$\widetilde{U}(P)=\frac{-\mathrm{i}}{2\lambda}\oiint_{(\Sigma_0)}(\cos\theta_0+\cos\theta)\widetilde{U}_0(Q)\frac{\mathrm{e}^{\mathrm{i}kr}}{r}\mathrm{d}\Sigma \tag{4.4.14}$$

利用该式可以导出巴比涅原理，则有

$$\widetilde{U}_a(P)+\widetilde{U}_b(P)=\widetilde{U}_0(P) \tag{4.4.15}$$

它表明，互补屏形成的衍射场中复振幅之和等于自由波场的复振幅，因此利用巴比涅原理可以方便地由一种衍射屏的衍射图样求出互补屏的衍射图样来。

衍射系统由光源、衍射屏和接收屏组成。按照它们相互间距离的远近进行分类，可将衍射分为菲涅耳衍射和夫琅禾费衍射。前者的光源和接收屏(或两者之一)距离衍射屏有限远，后者的光源和接收屏都距离衍射屏无限远。夫琅禾费衍射又可分为单缝衍射、圆孔衍射和矩孔衍射等。

对于菲涅耳圆孔衍射，将菲涅耳衍射积分公式对波前作无限分割后进行粗粒化处理可得半波带法。如图4.4青色分支中的图所示，对于半径为 ρ 的圆孔，其所含半波带的数目 k 为

$$k=\left(\frac{\rho}{\rho_1}\right)^2 \tag{4.4.16}$$

其中，$\rho_1=\sqrt{\dfrac{Rb\lambda}{R+b}}$ 为第一个半波带的半径。利用半波带法将波前分割成一系列环形带，这些环形带的边缘点到 $O,M_1,M_2,M_3,M_4,\cdots$ 的光程依次相差半个波长。用 $\Delta\widetilde{U}_1(P_0)$，$\Delta\widetilde{U}_2(P_0)$，…代表各半波带发出的次波在 P_0 点产生的复振幅，则它们在 P_0 点的合振幅为

$$A(P_0)=|\widetilde{U}(P_0)|=\left|\sum_{k=1}^{n}\Delta\widetilde{U}_k(P_0)\right|=A_1(P_0)-A_2(P_0)+A_3(P_0)-\cdots+(-1)^{n+1}A_n(P_0) \tag{4.4.17}$$

如图4.4左下角所示，使用上下交替的矢量表示式(4.4.17)中加减交替项，则合振幅为

$$A(P_0)=\frac{1}{2}[A_1-(-1)^{n+1}A_n] \tag{4.4.18}$$

另外，运用矢量图解法不仅可以直接求出合振幅，还可以对半波带做更细致的处理，并给出任何半径的圆孔和圆屏在光轴上产生的振幅和光强。通过计算可得第 k 个半波带的半径为

$$\rho_k=\sqrt{k}\rho_1,\quad k=1,2,\cdots \tag{4.4.19}$$

其中，$\rho_1=\sqrt{\dfrac{Rb\lambda}{R+b}}$ 为第一个半波带的半径。在透明板上按照给出的比例画出各半波带，并将偶数(或奇数)的半波带涂黑，这样就构成了菲涅耳波带片，它具有强大的聚光性能。

如图4.4玫红色分支中的图所示，对于单缝夫琅禾费衍射，单缝上下边缘到 P_θ 的衍射

线间的光程差为

$$\Delta L = a\sin\theta \tag{4.4.20}$$

相应的相位差为

$$\delta = \frac{2\pi}{\lambda}\Delta L = 2\alpha \tag{4.4.21}$$

则 $\alpha=(\pi a/\lambda)\sin\theta$。用振动矢量图可求出合振幅为

$$A_\theta = A_0\frac{\sin\alpha}{\alpha} \tag{4.4.22}$$

将 A_θ 取平方可得单缝的夫琅禾费衍射的强度分布公式为

$$I_\theta = I_0\left(\frac{\sin\alpha}{\alpha}\right)^2 \tag{4.4.23}$$

其中，$\left(\frac{\sin\alpha}{\alpha}\right)^2$ 称为单缝衍射因子，由它可讨论衍射的主极强、次极强、暗斑位置和亮斑的角宽度。

光在电介质表面的反射和折射只是电磁波反射和折射问题中的一个特例，相关内容将在 8.4 节中给出，在此不再赘述。

请构建自己的思维导图。

4.5 干涉装置的思维导图

图 4.5 展示了干涉装置的思维导图。干涉装置只有在满足相干条件时才能形成干涉条纹。它们通过使用光具组将同一波列分解为两列波，使它们经过不同的路径后再次相遇来实现干涉。如此从同一波列分解而来的两列波频率相同，相位差稳定、振动方向也基本平行，从而可以产生稳定的可观测的干涉场。分解波列的方法主要有两种：分波前法和分振幅法。

如图 4.5 中的红色分支所示，采用分波前法的干涉装置的共同特点是将点光源 S 发射的球面波的波前 Σ 由光具组 Ⅰ 和 Ⅱ 分割为 Σ_1 和 Σ_2 两部分，被分割出来的两束光 1 和 2 分别经过光具组 Ⅰ 和 Ⅱ 后交叠起来，在一定区域内产生干涉场。设 S_1 和 S_2 为 S 对光具组 Ⅰ 和 Ⅱ 所形成的虚像，S_1 和 S_2 之间的距离为 d，它们到接收屏的距离为 D。屏幕上的干涉条纹就如同是由相干的虚光源 S_1 和 S_2 发出的光束产生的一样。杨氏双缝干涉实验是使用分波前法的干涉装置的典型代表。杨氏双缝干涉实验中光具组就是两个孔（或者两条狭缝），干涉图样为相互平行的直线条纹，相邻亮（或暗）条纹的间距为

$$\Delta x' = \lambda D/d \tag{4.5.1}$$

菲涅耳双面镜将一对紧靠在一起夹角 α 很小的平面反射镜 M_1 和 M_2 作为分波前的光具组，类比杨氏双缝干涉实验求出 $D(D=B+C)$ 和 $d(d=2\alpha B)$，可知其干涉条纹间距为

$$\Delta x' = \lambda(B+C)/(2\alpha B) \tag{4.5.2}$$

菲涅耳双棱镜则将一个棱角 α 很小的双棱镜作为分波前的光具组，它所形成干涉的条纹间距为

$$\Delta x' = \lambda(B+C)/[2(n-1)\alpha B] \tag{4.5.3}$$

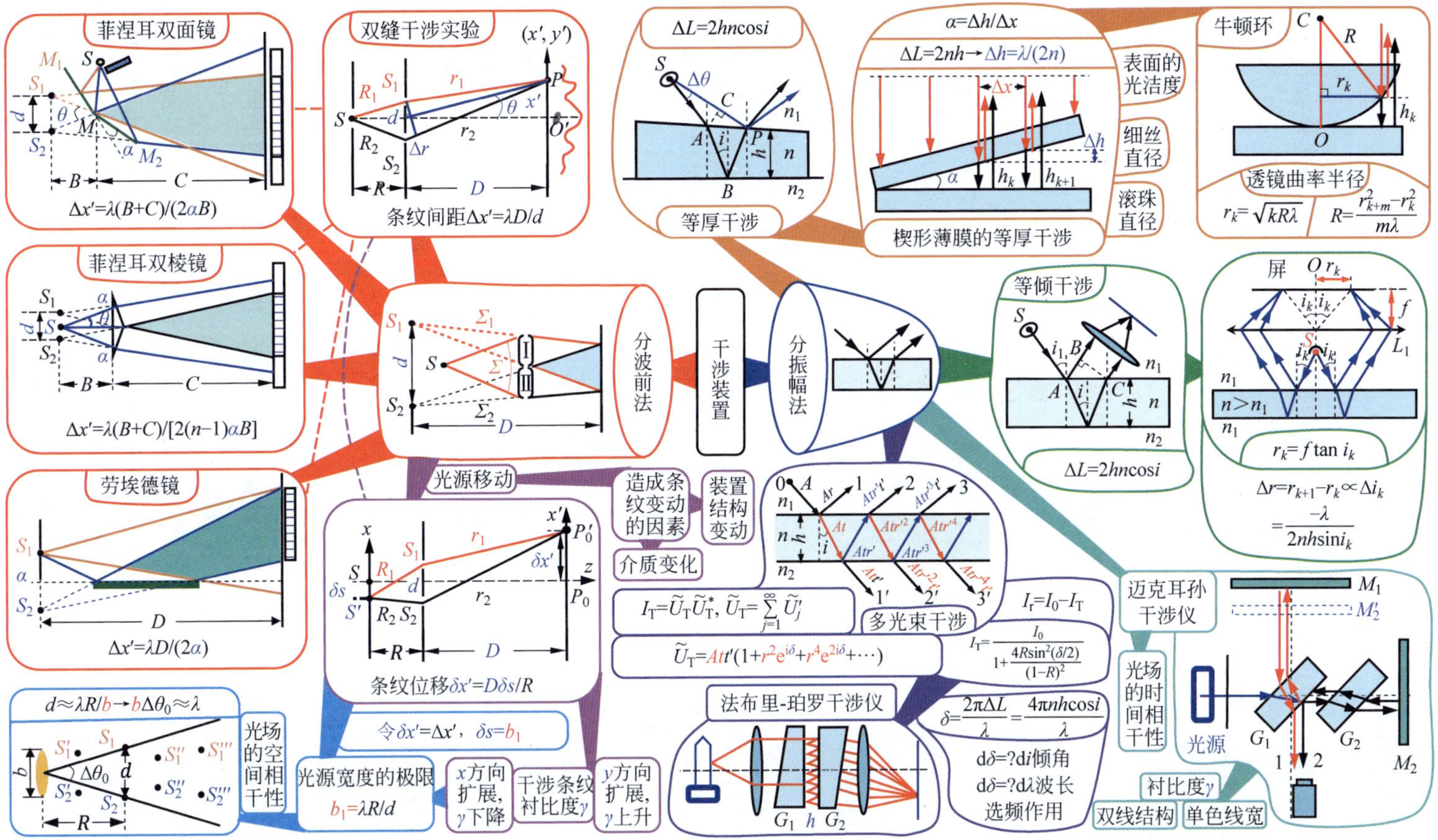

图 4.5　干涉装置的思维导图

其中，B 和 C 的物理意义如图 4.5 所示。劳埃德镜通过使用一个平面反射镜将从狭缝光源 S_1 发出的波列中的一部分反射到屏幕上，使之与 S_1 直接投射到屏幕上的光束在交叠区域产生干涉，干涉条纹的间距为

$$\Delta x' = \lambda D/(2a) \tag{4.5.4}$$

在干涉装置中，人们除了关注干涉条纹的静态分布，更关注它们的移动和变化，因为光的干涉的许多应用都和条纹的变动有关。造成条纹变动的原因主要有三个：一是光源的移动；二是装置结构的变动；三是介质的变化。一方面，如图 4.5 玫红色分支中的图所示，假如在杨氏双缝干涉实验中光源沿 x 方向从 S 到 S'（移动距离为 δs），零级条纹将移至轴外 P_0' 处，P_0' 的位置由光程差为零（即 $R_1-R_2=r_2-r_1$）来决定。又因为在傍轴近似下，$R_1-R_2\approx\frac{\delta s}{R}d$，$r_2-r_1\approx\frac{\delta x'}{D}d$，故光源的位移 δs 将引起干涉条纹的位移为

$$\delta x' = \frac{D\delta s}{R} \tag{4.5.5}$$

另一方面，由于干涉条纹的取向沿 y 方向，点光源沿 y 方向的平移不会引起干涉条纹的变动。实际中任何光源都有一定的宽度，光源的宽度会对干涉条纹的衬比度 γ 产生影响。基于以上分析可知，假如光源沿 y 方向扩展，不同点光源所引起的干涉条纹完全重合，则衬比度 γ 上升；假如光源沿 x 方向扩展，不同点光源所引起的干涉条纹彼此错开，则衬比度 γ 下降。

如图 4.5 中的浅蓝色分支所示，在点光源连续分布的情况下，当边缘处产生的条纹错开距离 $\delta x'$ 等于条纹间距 $\Delta x'$（即 $\delta x'=\Delta x'$）时，衬比度降为零。因此，若实验中要得到可分辨的干涉条纹，光源的宽度要受到限制。令 $\delta x'=\Delta x'$，与这个 $\delta x'$ 相对应的边缘点光源间距 $\delta s=b_1$，由式(4.5.5)和式(4.5.1)，可得

$$b_1 = \lambda R/d \tag{4.5.6}$$

此时的 b_1 称为光源的极限宽度。它的物理意义是，给定了 S_1，S_2 的位置，即给定了 R 和 d，当光源的宽度 b 达到式(4.5.6)所确定的 b_1 时，由 S_1，S_2 发出的次波产生干涉条纹的衬比度降为零，即这时可认为 S_1 和 S_2 完全不相干。若将式(4.5.6)变换为 $d\approx\lambda R/b$，可讨论光场的空间相干性问题，即给定宽度为 b 的面光源，它的照明空间中在波前上多大的范围内提取出来的两个次波源 S_1 和 S_2 还是相干的？如图 4.5 浅蓝色分支中的图所示，引入相干范围的孔径角 $\Delta\theta_0$，由 $\Delta\theta_0=d/R$ 和 $d\approx\lambda R/b$，可得空间相干性的反比公式：

$$b\Delta\theta_0 \approx \lambda \tag{4.5.7}$$

此式表明，相干范围的孔径角 $\Delta\theta_0$ 与光源宽度 b 成反比。因此，在 $\Delta\theta_0$ 内的两个次波源 S_1'' 和 S_2'' 是相干的，而在 $\Delta\theta_0$ 之外的两个次波源 S_1' 和 S_2' 则是不相干的。

如图 4.5 蓝色分支中的图所示，当一束光投射到两种透明介质的分界面上时，会有一部分光发生反射，另一部分光发生透射，当它们相遇时会产生干涉，这种产生干涉的方法称为分振幅法。最简单的分振幅干涉装置是薄膜。在薄膜干涉中的典型代表是厚度不均匀薄膜表面产生的等厚干涉和厚度均匀薄膜在无穷远产生的等倾干涉，它们具有十分重大的意义。

如图 4.5 中橘黄色分支左侧的图所示，在等厚干涉中，设薄膜折射率为 n，上下两方的

折射率分别为 n_1 和 n_2，场点 P 处膜厚为 h，在 P 点相交发生干涉的两条特定光线的光程差为

$$\Delta L = 2hn\cos i \tag{4.5.8}$$

在实际应用中，如楔形薄膜的等厚干涉，光束多采用正入射方式，即 $i=0$，故 $\Delta L=2hn$，见图 4.5 橘黄色分支中间的示意图。因相邻明(或暗)条纹之间的光程差为一个波长，所以相邻等厚条纹对应的厚度差为

$$\Delta h = \lambda/(2n) \tag{4.5.9}$$

由三角形关系可知，楔的顶角 α、条纹间隔 Δx 和厚度差 Δh 的关系为

$$\alpha = \Delta h/\Delta x$$

则条纹间隔为

$$\Delta x = \lambda/(2\alpha n) \tag{4.5.10}$$

从楔形薄膜可衍生出多种多样的测量装置，这些装置可用于检测工件表面的光洁度、测量细丝与滚珠的直径等。如图 4.5 中橘黄色分支右侧的图所示，将一个曲率半径很大的凸透镜放在一块平面玻璃板上，两者间会形成一厚度不均匀的空气层。设接触点为 O，则等厚干涉条纹是一系列以 O 为中心的同心圆圈，这种干涉条纹称为牛顿环。可以证明，第 k 级暗纹的半径 r_k 与透镜曲率半径 R 的关系为

$$r_k = \sqrt{kR\lambda} \tag{4.5.11}$$

如果已知 λ，用测距显微镜测得 r_k 和 r_{k+m}，就可求得透镜的曲率半径为

$$R = \frac{r_{k+m}^2 - r_k^2}{m\lambda} \tag{4.5.12}$$

此外，使用牛顿环还可检测透镜表面曲率是否合格，并为透镜的进一步研磨提供依据。

如图 4.5 中绿色分支左侧的图所示，等倾干涉的条纹由薄膜上彼此平行的反射光线产生，如用凸透镜聚焦，条纹将出现在它的焦平面上。两反射光线的光程差为

$$\Delta L = 2hn\cos i \tag{4.5.13}$$

由于膜的厚度是均匀的，因此引起条纹变化的唯一因素是倾角 i，干涉条纹是等倾角光线交点的轨迹，故称为等倾干涉。如图 4.5 中绿色分支右侧的图所示，对于由 S 发出的光线经介质 n 反射发出的平行光，经凸透镜 L_1 会聚后在屏幕上会形成同心圆圈的干涉条纹。可以证明，第 k 级明条纹对应的半径为

$$r_k = f\tan i_k \tag{4.5.14}$$

相邻条纹半径之差为

$$\Delta r = r_{k+1} - r_k \propto \Delta i_k = \frac{-\lambda}{2nh\sin i_k} \tag{4.5.15}$$

据此可分析影响干涉条纹疏密的因素。

如图 4.5 青色分支中的图所示，迈克耳孙干涉仪也是一种利用分振幅法的干涉装置。光源发出的光线经过 G_1 后分为反射光束 1 和透射光束 2，反射光束 1 入射到 M_1，经 M_1 反射后再次透过 G_1 进入检测器；透射光束 2 入射到 M_2，经 M_2 反射后再经 G_1 反射进入检测器。利用迈克耳孙干涉仪可以实现观察到各种薄膜的干涉图样，如等厚干涉条纹、等倾干涉条纹以及干涉条纹的各种变动情况。此外，还可从双线结构和单色线宽这两个因素讨论非单色性对迈克耳孙干涉仪中干涉条纹衬比度 γ 的影响。光场的时间相干性讨论的问

题是：在点光源 S 的波场中，沿波线的两点 P_1，P_2 若满足相干条件，需要相距多远？因为微光客体每次发光的持续时间 τ_0 有限，研究表明，谱线的宽度 $\Delta\nu$ 和 τ_0 成反比关系，即 $\tau_0\Delta\nu\approx 1$。

如图 4.5 紫色分支中的图所示，考查一块上下表面平行的薄膜，一束光 0 入射到其表面上，经过不断反射、折射和透射，会得到一个无穷系列的反射光束 1,2,3,…和一个无穷系列的透射光束 1′,2′,3′,…，这就会发生多光束干涉的现象，那么干涉场的强度又如何分布呢？可沿着以下思路进行研究：先求透射光的光强，其计算式为

$$I_T=\widetilde{U}_T\widetilde{U}_T^* \tag{4.5.16}$$

其中，透射光的总振幅为$\widetilde{U}_T=\sum\limits_{j=1}^{\infty}\widetilde{U}'_j$，即

$$\widetilde{U}_T=Att'(1+r^2e^{i\delta}+r^4e^{2i\delta}+\cdots) \tag{4.5.17}$$

由此可得

$$I_T=\frac{I_0}{1+\dfrac{4R\sin^2(\delta/2)}{(1-R)^2}} \tag{4.5.18}$$

再由光强守恒定律求反射光的光强，则

$$I_r=I_0-I_T$$

其中，$\delta=\dfrac{2\pi\Delta L}{\lambda}=\dfrac{4\pi nh\cos i}{\lambda}$。在多光束干涉装置中，折射率 n 和间隔 h 一般是不变的，可通过取微分的形式（如 $d\delta=?di$ 或 $d\delta=?d\lambda$）分别讨论倾角和波长对干涉条纹的影响。多光束干涉的应用十分广泛，例如，法布里-珀罗干涉仪就是利用它制成的，是产生十分细锐条纹最重要的仪器之一。基于波长对干涉条纹影响的分析，可知法布里-珀罗腔能对输入的非单色光起到选频作用。

请构建自己的思维导图。

4.6 衍射光栅的思维导图

广义来说，具有周期性的空间结构或光学性能的衍射屏，统称为衍射光栅。衍射光栅的种类很多，常见的有透射光栅和反射光栅。图 4.6 给出了衍射光栅的思维导图，主要总结回顾透射光栅和反射光栅，并简要介绍光栅光谱仪和以晶体为代表的三维光栅。

在介绍透射光栅时，重点介绍多缝夫琅禾费衍射。多缝夫琅禾费衍射的实验装置如图 4.6 中红色分支起始处的图所示，点光源 S 位于透镜 L_1 的焦点上，屏幕放在物镜 L_2 的焦平面上。S 发出的光经透镜 L_1 形成平行光，再经透射光栅形成衍射光场，衍射角为 θ 的平行光束经 L_2 在屏幕上 P_θ 处形成衍射条纹。设光栅常数为

$$d=a+b \tag{4.6.1}$$

其中 a 为缝宽，b 为缝间宽度。研究多缝夫琅禾费衍射的思路如下：先求单缝衍射的合振幅 a_θ，再求缝间干涉的合振幅 A_θ，最后讨论总光强。

如图 4.6 玫红色分支中的图所示，对于单缝衍射，使用矢量图解法可得，振幅分布为

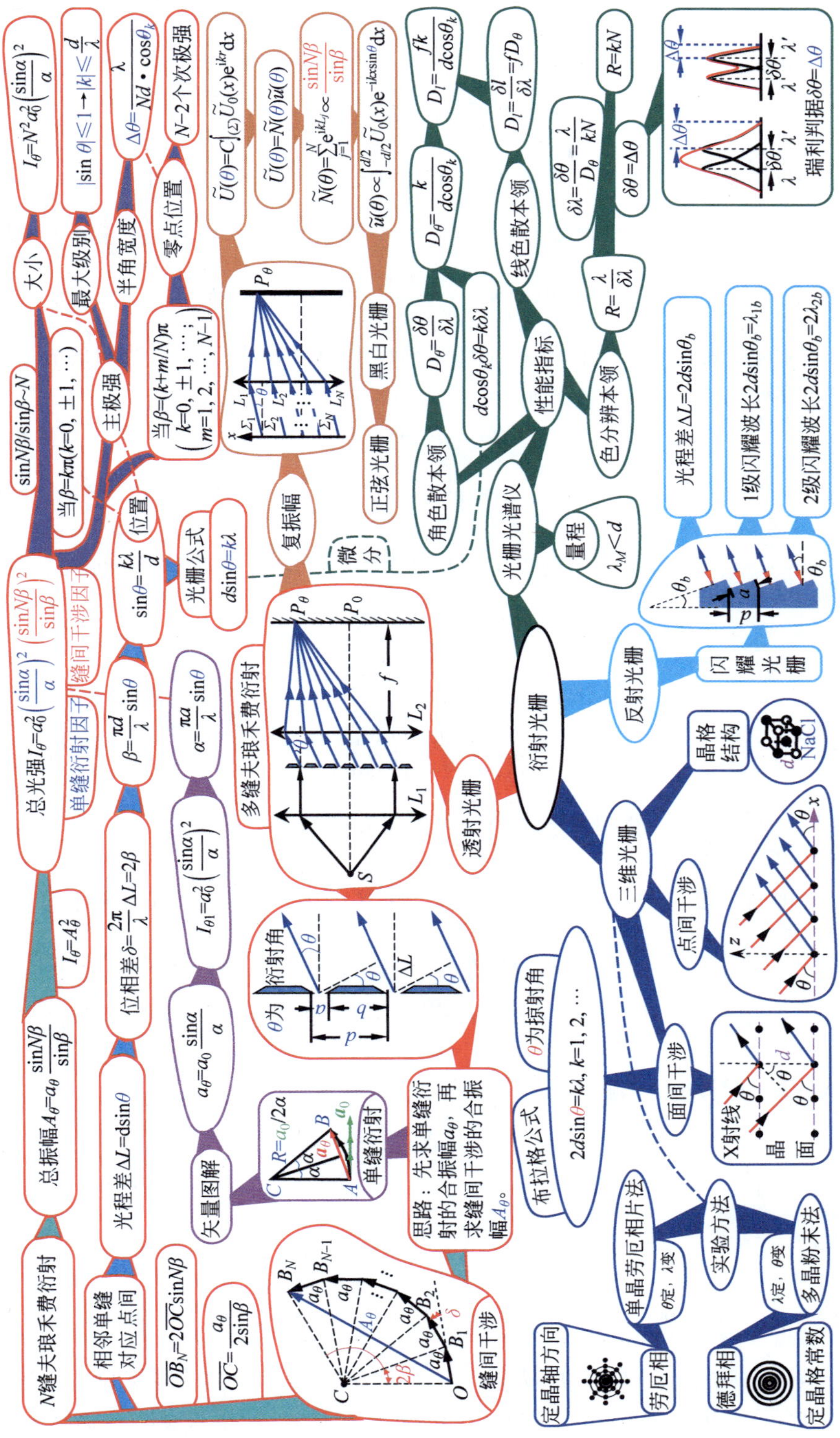

图 4.6 衍射光栅的思维导图

$$a_\theta = a_0 \frac{\sin\alpha}{\alpha} \tag{4.6.2}$$

光强分布为

$$I_{\theta 1} = a_0^2 \left(\frac{\sin\alpha}{\alpha}\right)^2 \tag{4.6.3}$$

其中，$\alpha=\frac{\pi a}{\lambda}\sin\theta$。同样地，如图 4.6 青红色相间分支中的图所示，采用矢量法可以计算 N 缝夫琅禾费衍射的振幅分布和强度分布。把 N 个合成振动进行叠加，可得 P_θ 点的总振动。矢量图解显示在缝间干涉中，$\overline{OC}=\frac{a_\theta}{2\sin\beta}$，代表总振动矢量的长度为 $\overline{OB_N}=2\overline{OC}\sin N\beta$。因为合成振动间的相位差与相邻单缝对应点发出的衍射线间的相位差相同，而对应点之间的光程差和相位差分别为

$$\Delta L = d\sin\theta \tag{4.6.4}$$

$$\delta = \frac{2\pi}{\lambda}\Delta L = 2\beta \tag{4.6.5}$$

其中，$\beta=\frac{\pi d}{\lambda}\sin\theta$。将 $\overline{OC}$ 和 $\overline{OB_N}$ 的表达式相结合，可得 N 缝夫琅禾费衍射的总振幅为

$$A_\theta = a_\theta \frac{\sin N\beta}{\sin\beta} \tag{4.6.6}$$

由 $I_\theta=A_\theta^2$ 可得，相应的总光强分布表达式为

$$I_\theta = a_0^2\left(\frac{\sin\alpha}{\alpha}\right)^2\left(\frac{\sin N\beta}{\sin\beta}\right)^2 \tag{4.6.7}$$

其中，$\left(\frac{\sin\alpha}{\alpha}\right)^2$ 和 $\left(\frac{\sin N\beta}{\sin\beta}\right)^2$ 分别称为单缝衍射因子和缝间干涉因子。

如图 4.6 中的紫红色相间分支所示，由缝间干涉因子 $\left(\frac{\sin N\beta}{\sin\beta}\right)^2$ 可讨论主极大的位置、大小、最大级别和半角宽度等。当 $\beta=k\pi(k=0,\pm1,\cdots)$时，$\sin N\beta/\sin\beta\sim N$，这些位置就是缝间干涉因子的主极大。由 $\beta=k\pi$ 和 $\beta=\frac{\pi d}{\lambda}\sin\theta$ 可知，这些位置的衍射角应满足条件 $\sin\theta=\frac{k\lambda}{d}$。将其变形可得，光栅公式为

$$d\sin\theta = k\lambda,\quad k=0,\pm1,\pm2,\cdots \tag{4.6.8}$$

主极大峰值的大小为

$$I_\theta = N^2 a_0^2\left(\frac{\sin\alpha}{\alpha}\right)^2 \tag{4.6.9}$$

受衍射角 $|\theta|\leqslant\pi/2$ 的限制，$|\sin\theta|\leqslant1$，则主极大的最大级别 $|k|\leqslant\frac{d}{\lambda}$。当 $\beta=(k+m/N)\pi$，$k=0,\pm1,\cdots$；$m=1,2,\cdots,N-1$ 时，$I_\theta=0$，它们将给出缝间干涉的零点位置。这表明，两个主极大之间有 $N-1$ 条暗线，相邻暗线之间有一个次极大，所以共有 $N-2$ 个次极大。定义主极大中心到邻近暗线之间的角距离为主极大的半角宽度 $\Delta\theta$，可证明

$$\Delta\theta=\frac{\lambda}{Nd\cdot\cos\theta_k} \tag{4.6.10}$$

利用菲涅耳衍射积分公式计算复振幅分布 $\widetilde{U}(\theta)$，也可得到强度分布公式(4.6.7)。如图 4.6 橘黄色分支中的图所示，将一维周期性结构的衍射屏分割为空间周期为 d 的 N 个窄条 $\Sigma_1,\Sigma_2,\cdots,\Sigma_N$，考查衍射角为 θ 的衍射光线经透镜后会聚到焦平面上的 P_θ 点产生的衍射情况。设 $L_1,L_2,\cdots,L_N$ 代表不同衍射单元的中心到 P_θ 的光程，不难看出，

$$L_j=L_1+(j-1)\Delta L$$

其中，$\Delta L=d\sin\theta$。由菲涅耳衍射公式(图 4.4)可知，P_θ 点的总复振幅为

$$\widetilde{U}(\theta)=C\int_{(\Sigma)}\widetilde{U}_0(x)\mathrm{e}^{\mathrm{i}kr}\,\mathrm{d}x$$

积分可得

$$\widetilde{U}(\theta)=\widetilde{N}(\theta)\widetilde{u}(\theta) \tag{4.6.11}$$

其中，N 元干涉因子 $\widetilde{N}(\theta)=\sum_{j=1}^{N}\mathrm{e}^{\mathrm{i}kL_j}\propto\frac{\sin N\beta}{\sin\beta}$；单元衍射因子 $\widetilde{u}(\theta)\propto\int_{-d/2}^{d/2}\widetilde{U}_0(x)\mathrm{e}^{-\mathrm{i}kx\sin\theta}\,\mathrm{d}x$。单元衍射因子的具体形式由衍射单元的光瞳函数 $\widetilde{U}_0(x)$ 决定，常见的光瞳函数有矩形阶跃函数和正比于 $[1+\cos(2\pi x/d)]$ 的“正弦”函数，它们分别对应着黑白光栅和正弦光栅。

光栅公式(4.6.8)表明，经过光栅后，不同波长的同级主极大出现在不同方位上，它们的集合构成光源的一套光谱。光栅光谱仪能够产生多级衍射，每一级衍射都会产生一套光谱，而棱镜只能产生一套光谱。如图 4.6 中的绿色分支所示，表征光栅性能的指标主要有两个：一是色散本领，它包括角色散本领和线色散本领；二是色分辨本领。角色散本领定义为

$$D_\theta=\frac{\delta\theta}{\delta\lambda} \tag{4.6.12}$$

其中，$\delta\lambda$ 和 $\delta\theta$ 分别代表两条谱线的波长差和角间隔。将光栅公式(4.6.8)两端取微分有

$$d\cos\theta_k\delta\theta=k\delta\lambda$$

再由定义式(4.6.12)可知，光栅的角色散本领为

$$D_\theta=\frac{k}{d\cos\theta_k} \tag{4.6.13}$$

线色散本领定义为

$$D_l=\frac{\delta l}{\delta\lambda} \tag{4.6.14}$$

设光栅后面聚焦物镜的焦距为 f，则 $\delta l=f\delta\theta$，$D_l=fD_\theta$，故光栅的线色散本领为

$$D_l=\frac{fk}{d\cos\theta_k} \tag{4.6.15}$$

色分辨本领定义为

$$R=\frac{\lambda}{\delta\lambda} \tag{4.6.16}$$

如图 4.6 绿色分支底部的图所示，$\Delta\theta$ 代表每条谱线的半宽度，当 $\Delta\theta>\delta\theta$ 时，无法分辨两条谱线；当 $\Delta\theta<\delta\theta$ 时，两条谱线可被分辨。如果将瑞利判据给出两谱线刚好能分辨的极限

$\delta\theta=\Delta\theta$ 和 $\Delta\theta=\dfrac{\lambda}{Nd\cos\theta_k}$代入式(4.6.12)和式(4.6.13),可得

$$\delta\lambda=\frac{\lambda}{kN} \tag{4.6.17}$$

进而由定义式(4.6.16)得到光栅的色分辨本领为

$$R=kN \tag{4.6.18}$$

这表明,光栅的色分辨本领与衍射单元总数 N 和光谱的级别 k 成正比,而与光栅常数 d 无关。

由于透射光栅各高级次光谱的光强相对较弱,而在实际使用光栅时只利用它的某一级光谱,因此需要设法将光能集中到这一级光谱上,使用反射光栅中的闪耀光栅可以解决这一问题。目前使用的闪耀光栅多是平面反射光栅。如图 4.6 浅蓝色分支中的图所示,锯齿状槽面与光栅屏间的夹角 θ_b,称为闪耀角。假设平行光束沿槽面法线方向入射,单槽衍射的 0 级谱线沿原方向返回。对于槽间干涉来说,相邻槽面之间在该方向的光程差为

$$\Delta L=2d\sin\theta_b \tag{4.6.19}$$

倘若有波长 λ_{1b} 或 λ_{2b} 的光束分别满足 $2d\sin\theta_b=\lambda_{1b}$ 或 $2d\sin\theta_b=2\lambda_{2b}$,则称 λ_{1b} 和 λ_{2b} 为 1 级闪耀波长和 2 级闪耀波长。这是因为光栅的单槽衍射 0 级主极强正好落在 λ_{1b} 或 λ_{2b} 光波的 1 级或 2 级谱线上,则光强就会主要集中在 λ_{1b} 或 λ_{2b} 附近的光谱上。

固体的晶格在三维空间中有周期性的结构,它对于波长较短的 X 射线来说,是一个理想的三维光栅。譬如,NaCl 晶体的微观结构是由钠离子和氯离子彼此相间排列而成的立方点阵。晶体中有许多晶面,如图 4.6 中的蓝色分支所示,晶体的衍射问题可分解为两步来处理:第一步,处理一个晶面中各个格点之间的干涉——点间干涉;第二步,处理不同晶面之间的干涉——面间干涉。对于前者,如图 4.6 所示,二维点阵的 0 级主极强方向,就是以晶面为镜面的反射线方向。对于后者,要使各晶面的反射光线叠加起来产生主极强,光程差 ΔL 必须是 λ 的整数倍,即要满足布拉格公式:

$$2d\sin\theta=k\lambda,\quad k=1,2,\cdots \tag{4.6.20}$$

其中,θ 为掠射角,而不是光栅公式 $d\sin\theta=k\lambda$ 中的衍射角 θ。

从布拉格公式(4.6.20)可知,要想获取一张 X 射线的衍射图就不能同时限定入射方向、晶体取向和光的波长。常用的实验方法有单晶劳厄相片法和多晶粉末法两种。单晶劳厄相片法用连续谱的 X 射线照射在单晶体上,这时掠射角 θ 确定,而探测波长 λ 可变,因此,对于每个晶面族,都可从入射光中选择出满足布拉格公式的波长来,从而在所有晶面族的反射方向上出现主极强,形成劳厄相。利用劳厄相可以确定晶轴的方向。多晶粉末法则采用单色的 X 射线照射在多晶粉末上,在探测波长 λ 确定的情况下,大量取向无规则的晶粒为 X 射线提供多变的掠射角 θ 以满足布拉格公式,形成德拜相。用德拜相可以确定晶格常数。这部分内容可与图 5.3 和图 10.1 的相关内容一起学习。

请构建自己的思维导图。

4.7 光在晶体中传播的思维导图

图 4.7 展示了光在晶体中传播的思维导图,重点讨论光在晶体中传播后,其偏振态的变化的问题。光是横波,这只表明电矢量的方向与光的传播方向垂直,但是在与传播方向垂

直的二维空间中，电矢量还可能有各式各样的振动状态，称为光的偏振态。如图 4.7 中的红色分支所示，按照偏振态的不同可将光分为五种，即自然光、圆偏振光、部分偏振光、椭圆偏振光和线偏振光。任何光线通过偏振片后只能剩余振动沿其透射方向的分量，透射光的强度等于该分量振幅的平方。如图 4.7 红色分支左下角的图所示，对于由起偏器 P_1 产生的线偏振光来说，通过检偏器 P_2 后的透射光强满足马吕斯定律，即

$$I_2 = I_1 \cos^2\theta \tag{4.7.1}$$

这是因为 $E_2 = E_1 \cos\theta$。

实验表明，只使用偏振片 P_1 和 P_2 无法将五种光完全区分开来。如图 4.7 中红色分支右上角的图所示，实验发现，将偏振片和四分之一波片两者结合起来使用，可将上述五种光完全区分开来。具体的实验方法包含两个步骤：①使用偏振片 P_1 将五种光分成三组；②再使用 $\lambda/4$ 片和偏振片 P_2 将自然光与圆偏振光、部分偏振光与椭圆偏振光区分开来。具体来说，通过步骤①，仅线偏振光经旋转的 P_1 后有消光现象；自然光与圆偏振光经旋转的 P_1 后光强都不变；部分偏振光与椭圆偏振光经旋转的 P_1 后光强都变化。通过步骤②，自然光经过四分之一波片仍为自然光，经旋转的 P_2 后无消光现象，而圆偏振光经过四分之一波片变成线偏振光，经旋转的 P_2 后有消光现象；部分偏振光经过四分之一波片仍为部分偏振光，经旋转的 P_2 后无消光现象，而椭圆偏振光过四分之一波片变成线偏振光，经旋转的 P_2 后有消光现象。定义偏振度为

$$P = \frac{I_M - I_m}{I_M + I_m} \tag{4.7.2}$$

其中 I_M 和 I_m 分别代表光通过偏振片后最大和最小的光强。显然，偏振度可以衡量部分偏振光偏振程度的大小，$P=0$ 和 $P=1$ 分别代表入射光是自然光和线偏振光的情况。

四分之一波片又是何方神圣呢？要弄明白其工作原理，首先要了解一下双折射现象。如图 4.7 橘黄色分支中的图所示，一束平行光通过某种晶体（如冰洲石）会分解为两束光——o 光（寻常光）和 e 光（非常光），这种现象称为双折射。实验发现，o 光和 e 光都是线偏振光，且两光束的振动方向相互垂直；倘若光线沿着这种晶体的某一特殊方向传播时 o 光和 e 光无法分开，则称这个方向为双折射晶体的光轴。晶体中某条光线与晶体光轴构成的平面，称为主平面。o 光电矢量的振动方向垂直于其主平面，而 e 光电矢量的振动方向平行于它的主平面。双折射晶体分为单轴晶体和双轴晶体两类。依据单轴晶体中波面的不同，单轴晶体又可分为两类：一类以冰洲石为代表，$v_e > v_o$，e 光的波面是扁椭球，这类晶体称为负晶体；另一类以石英为代表，$v_e < v_o$，e 光的波面是长椭球，这类晶体称为正晶体。

利用惠更斯作图法可求出 o 光和 e 光的折射方向，图 4.7 右上角的两个示意图给出了三种简单但有重要实际意义的特例：①光轴垂直于界面，光线正入射；②光轴平行于界面，光线正入射；③光轴垂直于入射面，光线斜入射。在情况①中，没有发生双折射；在情况②中，o 光和 e 光的波速差异会引起相位延迟效应；在情况③中，o 光和 e 光都服从普通的折射定律，只不过折射率分别为 n_o 和 n_e。借助这些特例，并利用 o 光和 e 光折射规律的不同可制作多种晶体偏振器，如罗雄棱镜、渥拉斯顿棱镜和尼科耳棱镜等。

如图 4.7 绿色分支中的图所示，在垂直于石英晶体的光轴方向切割出一块平行平面晶片（旋光晶片），单色线偏振光透射该石英晶片后仍为线偏振光，不过其振动面向左或向右旋

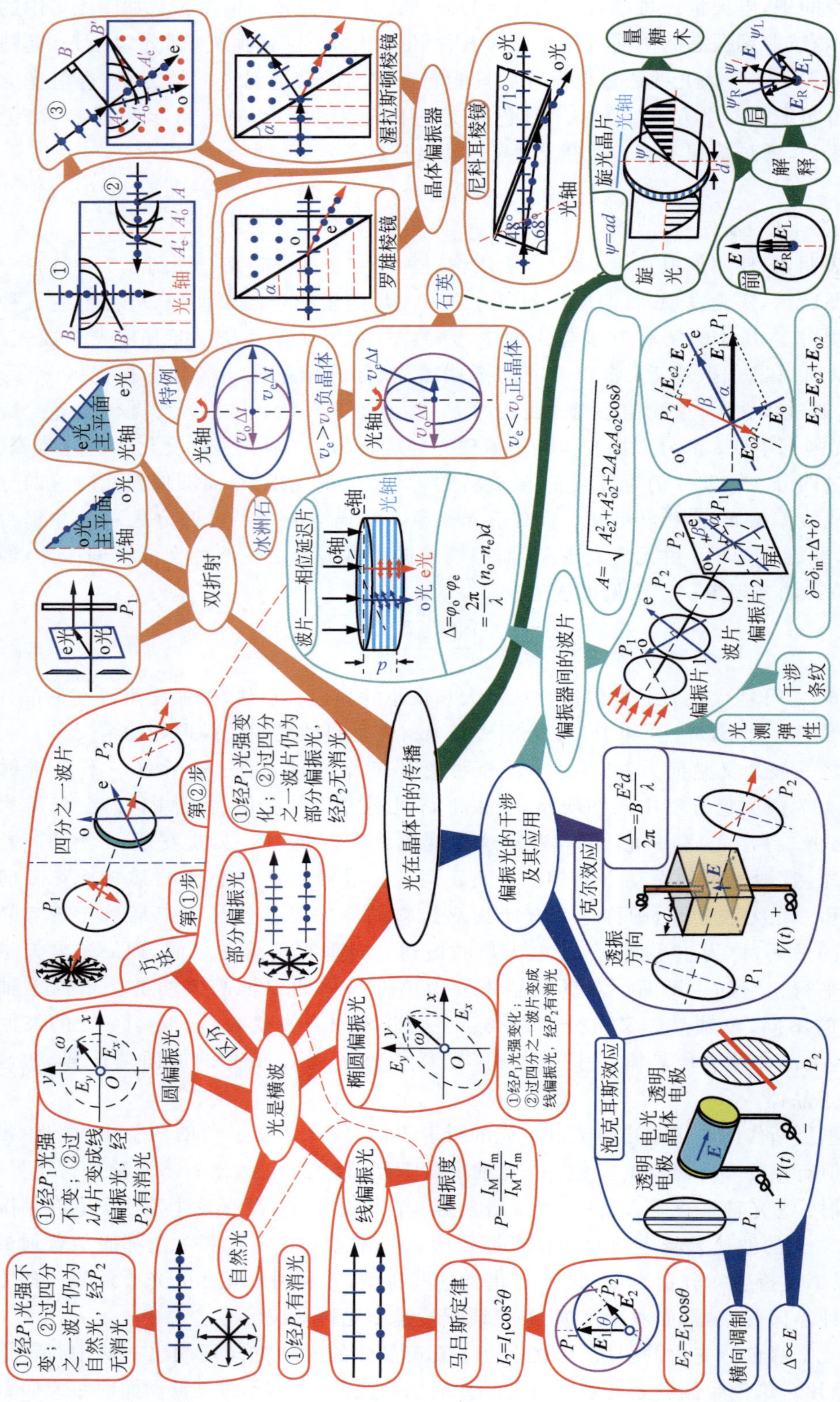

图 4.7 光在晶体中传播的思维导图

转一个角度ψ,这种现象称为旋光现象。实验表明,振动面旋转角度ψ与石英晶片的厚度d成正比,即

$$\psi=\alpha d \tag{4.7.3}$$

其中,α称为石英的旋光率。为了解释旋光性,菲涅耳假设:在旋光晶体中线偏振光沿光轴传播时分解为左旋和右旋圆偏振光(L光和R光),二者的折射率n_{L}和n_{R}不同,分别为$n_{\mathrm{L}}=c/v_{\mathrm{L}}$,$n_{\mathrm{R}}=c/v_{\mathrm{R}}$,因而经过旋光晶片时会产生不同的相位落后:

$$\varphi_{\mathrm{L}}=\frac{2\pi}{\lambda}n_{\mathrm{L}}d \tag{4.7.4}$$

$$\varphi_{\mathrm{R}}=\frac{2\pi}{\lambda}n_{\mathrm{R}}d \tag{4.7.5}$$

由线偏振光透射旋光晶片前后两图可知,

$$\psi=\frac{1}{2}(\varphi_{\mathrm{R}}-\varphi_{\mathrm{L}})=\frac{\pi}{\lambda}(n_{\mathrm{R}}-n_{\mathrm{L}})d \tag{4.7.6}$$

式(4.7.6)表明,偏振面转动的角度ψ是与旋光晶片的厚度d成正比的。当$n_{\mathrm{R}}>n_{\mathrm{L}}$时,$\psi>0$,晶体是左旋的;当$n_{\mathrm{R}}<n_{\mathrm{L}}$时,$\psi<0$,晶体是右旋的。这样,晶体的旋光性便得到了理论解释。此外,菲涅耳还使用复合棱镜验证了自己的假设。除石英晶体以外,许多有机液体或溶液也具有旋光性,其中最典型的就是糖溶液。实验表明,振动面的旋转角ψ与管长l和溶液的浓度N成正比,即

$$\psi=[\alpha]Nl \tag{4.7.7}$$

其中,$[\alpha]$称为该溶液的比旋光率。由此发展起来的糖量计(偏振计)在化工、制药等领域中有着广泛的应用。

偏振光的干涉及其应用的基本原理可以通过一个典型装置——偏振器间的波片来说明。波片,又称为相位延迟片,它是从单轴晶体中平行于光轴方向切割出的一块平行平面晶片。如图4.7中青色分支上方的图所示,当一束平行光正入射时,分解成的o光和e光的传播方向虽然不变,但波片对于它们的折射率不同,分别为$n_{\mathrm{o}}=c/v_{\mathrm{o}}$,$n_{\mathrm{e}}=c/v_{\mathrm{e}}$,则o光和e光经过厚度为$d$的波片的光程分别为

$$\begin{cases}L_{\mathrm{o}}=n_{\mathrm{o}}d\\L_{\mathrm{e}}=n_{\mathrm{e}}d\end{cases} \tag{4.7.8}$$

这样,当两束光通过波片后o光的相位相对于e光多延迟了

$$\Delta=\varphi_{\mathrm{o}}-\varphi_{\mathrm{e}}=\frac{2\pi}{\lambda}(n_{\mathrm{o}}-n_{\mathrm{e}})d \tag{4.7.9}$$

在实际中最常用的波片是四分之一波长片(简称$\lambda/4$片),其厚度满足以下关系式:

$$(n_{\mathrm{o}}-n_{\mathrm{e}})d=\pm\lambda/4 \tag{4.7.10}$$

则相位延迟$\Delta=\pm\pi/2$。据此可详细分析使用$\lambda/4$片和偏振片区分五种光的原因。

如图4.7中青色分支下方的图所示,一束平行光通过偏振器间的波片会分解成o光和e光,在屏幕上相遇的o光分量$\boldsymbol{E}_{\mathrm{o2}}$和e光分量$\boldsymbol{E}_{\mathrm{e2}}$产生同方向振动的相干叠加,它们之间的相位差为

$$\delta=\delta_{\mathrm{in}}+\Delta+\delta' \tag{4.7.11}$$

其中,δ_{in}代表入射在波晶片上的光的e光分量与o光分量间的相位差;Δ是由波片引起的

相位差；δ'为坐标轴投影引起的相位差。合振动为$\boldsymbol{E}_2=\boldsymbol{E}_{e2}+\boldsymbol{E}_{o2}$，它的振幅为

$$A=\sqrt{A_{e2}^2+A_{o2}^2+2A_{e2}A_{o2}\cos\delta} \tag{4.7.12}$$

其中，$A_{e2}=A_e\cos\beta=A_1\cos\alpha\cos\beta$；$A_{o2}=A_o\sin\beta=A_1\sin\alpha\sin\beta$。当波片厚度均匀时，屏幕上的干涉场中只发生均匀亮暗颜色的变化，但没有干涉条纹。倘若换一块厚度不均匀的晶片，屏幕上会出现等厚干涉条纹。光测弹性通过利用折射率之差(n_o-n_e)也是影响相位差Δ的一个因素检测出各种光学元件中的应力分布，因为应力会产生一定程度的各向异性，从而产生双折射现象。

除了外加应力外，电场也可以使某些物质产生双折射。如图4.7紫色分支中的图所示，在一对正交的偏振片中间放置充有硝基苯液体的小盒子，盒内封装着一对平行板电极，当在两极板间加上适当大小的强电场时，就会有光线透过这个光学系统，这种现象称为克尔效应。盒内的液体在强电场作用下变成了双折射物质，它将入射的光分解为o光和e光，它们之间产生附加相位差Δ，从而使出射光一般变成椭圆偏振光。实验表明，在克尔效应中$(n_o-n_e)\propto E^2$，从而有

$$\frac{\Delta}{2\pi}=B\,\frac{E^2d}{\lambda} \tag{4.7.13}$$

其中，B为该物质的克尔常数。

如图4.7蓝色分支中的图所示，倘若使用具有电光效应的晶体替代克尔盒，如KDP晶体，在电场作用下，原本自由状态下的单轴晶体会转变为双轴晶体，沿着原来光轴方向产生附加的双折射效应，且附加相位差与电场强度成正比$(\Delta\propto E)$，这种效应称为泡克耳斯效应。除了如图4.7左下角所示的纵向调制外，也可采用横向调制的方式实现泡克耳斯效应，具体细节请读者自行查阅文献学习。

请构建自己的思维导图。

第5章
原子物理学的思维导图范例

5.1 原子的位形的思维导图

原子物理学是研究原子的结构、运动规律及相互作用的物理学分支。它的主要研究内容包括：原子的电子结构、原子光谱、原子之间以及与其他物质的碰撞过程和相互作用。

原子的结构是怎样的？图 5.1 给出了原子的位形的思维导图，它将介绍人们对原子的初步认知，简述发现电子、提出汤姆孙模型和卢瑟福模型认识原子的历程。

众所周知，原子是由原子核和核外电子组成的。不过，直到 1897 年汤姆孙使用放电管才从实验上首次确认了电子的存在。1913 年，盖革和马斯顿通过 α 散射实验证实了原子核的存在。如图 5.1 橘黄色分支中的图所示，汤姆孙通过电子仅在电场 $\boldsymbol{E}$ 中发生偏转及其在电场中的偏转方向判定出电子带负电，并利用电子在垂直电场 $\boldsymbol{E}$ 和磁场 $\boldsymbol{B}$ 中做直线运动(受力平衡，洛伦兹力等于电场力，即 $evB=eE$)及其单独在磁场中作匀速圆周运动(向心力由洛伦兹力提供，即 $evB=m_e v^2/r$)测定了(两式消去 v)电子的比荷，即

$$\frac{e}{m_e}=\frac{E}{B^2 r} \tag{5.1.1}$$

1910 年，密立根通过油滴实验测定了电子的电荷量，即 $-e=-1.6\times10^{-19}$ C。在微观世界中，经常使用的能量单位是 eV，1 eV $=1.6\times10^{-19}$ J。将电子的电荷量与所测电子的比荷结合，可得电子的质量为 $m_e=9.1\times10^{-31}$ kg。法拉第电解定律指出，在电解过程中阴极析出物的质量 m 正比于通过的电荷量 Q，即

$$m=KQ=QM/(zF) \tag{5.1.2}$$

由此可得，比例常数为

$$K=M/(zF) \tag{5.1.3}$$

其中，M 为析出物的摩尔质量；z 为电子的得失数；F 为法拉第常数，$F=N_A e$。对于氢离子 H^+ 来说，$M=N_A m_p$，结合法拉第电解定律的表达式(5.1.2)可得

$$\frac{e}{m_p}=\frac{Q}{(zm)} \tag{5.1.4}$$

进而可测得质子的比荷。由式(5.1.1)和式(5.1.4)可得质子和电子的质量之比为 $\frac{m_p}{m_e}=$ 1 836，进而得到质子的质量 $m_p=1.67\times10^{-27}$ kg。为了方便计量，引入原子质量单位 u：规定 ^{12}C 的质量为 $m_{^{12}C}=12u$，则 $m_p=1.007u$。由于 12 g ^{12}C 含有 N_A 个 ^{12}C 原子，则有 1 g $=N_A u$，其中阿伏伽德罗常数 N_A 代表 1 mol 分子的分子数目或 1 mol 原子的原子数目，

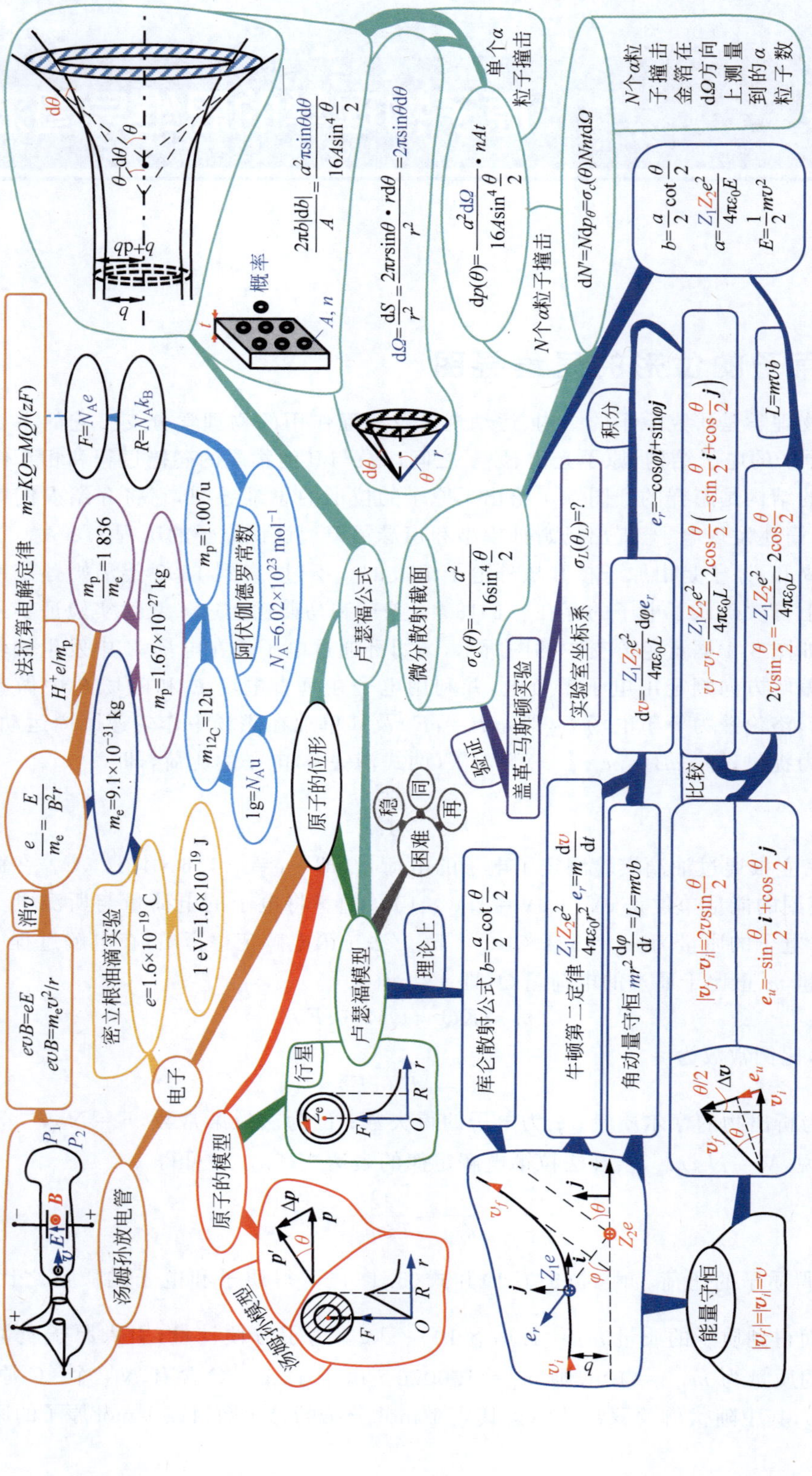

图 5.1 原子的位形的思维导图

$N_A=6.02\times10^{23}\ \mathrm{mol}^{-1}$。阿伏伽德罗常量 N_A 是连接宏观世界和微观世界的桥梁，譬如，热学中的摩尔气体常量为

$$R=N_A k_B$$

其中，k_B 是玻耳兹曼常量，如图 2.1 所示。

汤姆孙发现电子之后，提出了他的原子模型——汤姆孙模型，该模型认为原子中的正电荷均匀分布在整个原子球体内，而电子则镶嵌其中。后来，卢瑟福通过实验和理论推理，给出了新的原子模型——卢瑟福模型，该模型认为原子中心有一个极小的原子核，它集中了全部的正电荷和几乎所有的质量，所有电子都分布在它的周围。两种不同的电荷分布引起不同的相互作用，如图 5.1 红色和绿色分支中的图所示。通过估计 α 粒子由散射而引起的动量的相对变化量 $|\Delta \boldsymbol{p}|/|\boldsymbol{p}|$，可估算 α 粒子的最大偏转角 θ。大量实验结果和理论推导否定了汤姆孙模型的正确性而肯定了卢瑟福模型的合理性，若要证实卢瑟福模型的合理性，需要从理论上弄清楚库仑散射公式和卢瑟福公式。

首先介绍库仑散射公式：

$$b=\frac{a}{2}\cot\frac{\theta}{2} \tag{5.1.5}$$

其中，b 为瞄准距离；θ 为散射角；a 为库仑散射因子。如图 5.1 蓝色分支中的图所示，考虑远离靶核时(此时库仑势为零)，入射能量为 $E=\frac{1}{2}mv_1^2$、电荷为 Z_1e 的带电粒子，与电荷为 Z_2e 的靶核发生散射的情况。一方面，由牛顿第二定律可知

$$\frac{Z_1Z_2e^2}{4\pi\varepsilon_0 r^2}\boldsymbol{e}_r=m\frac{\mathrm{d}\boldsymbol{v}}{\mathrm{d}t} \tag{5.1.6}$$

由有心力场中角动量守恒定律可得

$$mr^2\frac{\mathrm{d}\varphi}{\mathrm{d}t}=L=mvb \tag{5.1.7}$$

两方程联立可得

$$\mathrm{d}\boldsymbol{v}=\frac{Z_1Z_2e^2}{4\pi\varepsilon_0 L}\mathrm{d}\varphi\boldsymbol{e}_r \tag{5.1.8}$$

其中，$\boldsymbol{e}_r=-\cos\varphi\boldsymbol{i}+\sin\varphi\boldsymbol{j}$。对式(5.1.8)两边积分可得

$$\boldsymbol{v}_f-\boldsymbol{v}_i=\frac{Z_1Z_2e^2}{4\pi\varepsilon_0 L}2\cos\frac{\theta}{2}\left(-\sin\frac{\theta}{2}\boldsymbol{i}+\cos\frac{\theta}{2}\boldsymbol{j}\right) \tag{5.1.9}$$

另一方面，由能量守恒定律可知，入射粒子散射前后的速率相等，即 $|\boldsymbol{v}_f|=|\boldsymbol{v}_i|=v$。粒子散射偏转 θ 角后，动量变化量的大小为 $|\boldsymbol{v}_f-\boldsymbol{v}_i|=2v\sin\frac{\theta}{2}$，方向为 $\boldsymbol{e}_u=-\sin\frac{\theta}{2}\boldsymbol{i}+\cos\frac{\theta}{2}\boldsymbol{j}$。比较两方面所得结果可得

$$2v\sin\frac{\theta}{2}=\frac{Z_1Z_2e^2}{4\pi\varepsilon_0 L}2\cos\frac{\theta}{2} \tag{5.1.10}$$

式中，$L=mvb$。进而得到库仑散射公式为

$$b=\frac{a}{2}\cot\frac{\theta}{2}$$

其中，$a=\dfrac{Z_1Z_2e^2}{4\pi\varepsilon_0 E}$，$E=\dfrac{1}{2}mv^2$。库仑散射公式具有十分重要的理论意义，但在实验中却无法应用，这是因为碰撞参量 b 至今还是一个不可控制的量。

库仑散射公式(5.1.5)表明，θ 与 b 有以下对应关系：若 b 越大，则 θ 就越小；若 b 越小，则 θ 就越大；对某个确定的 b，就有一个确定的 θ。那些瞄准距离在 b 到 $b+\mathrm{d}b$ 之间的粒子，经散射后必定以 $\theta\sim\theta-\mathrm{d}\theta$ 之间的角度射出，如图 5.1 中青色分支上方的图所示。凡通过图中所示以 b 为内半径，$b+\mathrm{d}b$ 为外半径的圆环的 α 粒子，必定散射到角度在 $\theta\sim\theta-\mathrm{d}\theta$ 之间的一个空心圆锥体之中。那么，粒子打在这个圆环上的概率是多少呢？如图 5.1 中青色分支中间的图所示，设一薄箔的面积为 A，厚度为 t，圆环的面积为 $2\pi b|\mathrm{d}b|$，利用库仑散射公式(5.1.5)，则粒子打在这个环上的概率为

$$\frac{2\pi b\ |\ \mathrm{d}b\ |}{A}=\frac{a^2 2\pi\sin\theta\mathrm{d}\theta}{16A\sin^4\dfrac{\theta}{2}} \tag{5.1.11}$$

由图 5.1 中青色分支下方的示意图可知，空心圆锥体的立体角 $\mathrm{d}\Omega$ 与 $\mathrm{d}\theta$ 有以下关系：

$$\mathrm{d}\Omega=\frac{\mathrm{d}S}{r^2}=\frac{2\pi r\sin\theta\cdot r\mathrm{d}\theta}{r^2}=2\pi\sin\theta\mathrm{d}\theta \tag{5.1.12}$$

则可得

$$\frac{2\pi b\ |\ \mathrm{d}b\ |}{A}=\frac{a^2\mathrm{d}\Omega}{16A\sin^4\dfrac{\theta}{2}} \tag{5.1.13}$$

假设薄箔上的原子核数密度为 n，各原子核前后不互相遮蔽，则 nAt 个原子核会贡献 nAt 个“圆环”。α 粒子打在这样的圆环上的散射角都是 θ，故单个 α 粒子撞击在薄箔上，被散射到 $\theta\sim\theta-\mathrm{d}\theta$(即 $\mathrm{d}\Omega$ 方向)范围内的概率为

$$\mathrm{d}p(\theta)=\frac{a^2\mathrm{d}\Omega}{16A\sin^4\dfrac{\theta}{2}}\cdot nAt \tag{5.1.14}$$

若有 N 个 α 粒子撞击在金箔上，则在 $\mathrm{d}\Omega$ 方向上测量到的 α 粒子数为

$$\mathrm{d}N'=N\mathrm{d}p_\theta=\sigma_c(\theta)Nnt\mathrm{d}\Omega \tag{5.1.15}$$

其中，微分截面

$$\sigma_c(\theta)=\frac{a^2}{16\sin^4\dfrac{\theta}{2}},\quad a=\frac{Z_1Z_2e^2}{4\pi\varepsilon_0 E} \tag{5.1.16}$$

式(5.1.16)就是著名的卢瑟福公式。必须指出的是，在以上推导过程中假定原子核是不动的，但是在实际使用时，必须把它变换到实验室坐标系。在实验室坐标系中微分截面 $\sigma_L(\theta_L)$ 该如何表述($\sigma_L(\theta_L)=?$)，请读者自学。盖革-马斯顿实验验证了卢瑟福公式的正确性。

卢瑟福提出的原子核式结构，承认了高密度原子核的存在。卢瑟福散射实验不仅对原子物理学的发展起了很大的促进作用，还为分析物质结构提供了一种新手段。尽管卢瑟福模型在解释原子结构上取得了巨大的成功，但是它还有三个困难。该模型无法解释原子的稳定性、同一性和再生性，具体细节请读者查阅资料深入了解。如何突破卢瑟福模型的局限性呢？这是图 5.2 要展示的内容。

请构建自己的思维导图。

5.2 原子的量子态的思维导图

玻尔创造性地将量子的概念用到了当时人们持怀疑态度的卢瑟福原子结构模型，给出了氢原子理论，解释了困扰人们近30年的光谱之谜。图5.2展示了原子的量子态的思维导图，主要回顾玻尔的氢原子理论。

若一物体能够吸收任何波长的电磁辐射而没有反射，则称这种物体为绝对黑体，简称黑体，如太阳就可近似看成黑体。基尔霍夫总结实验结果时证明，黑体的热辐射达到平衡时，辐射能量密度 $E(\nu,T)$ 随频率 ν 变化只与黑体的热力学温度 T 有关，而与空腔的形状及材料无关，如图5.2红色分支中示意图内的黑色原点所示。维恩依据实验结果，给出频率在 $\nu\sim\nu+\mathrm{d}\nu$ 的辐射能量密度 $E(\nu,T)$ 的经验公式为

$$E(\nu,T)\mathrm{d}\nu=C_1\nu^3\mathrm{e}^{-C_2\nu/T}\mathrm{d}\nu \tag{5.2.1}$$

瑞利和金斯则根据经典电动力学和统计物理学导出

$$E(\nu,T)\mathrm{d}\nu=\frac{8\pi}{c^3}kT\nu^2\mathrm{d}\nu \tag{5.2.2}$$

式(5.2.1)和式(5.2.2)分别在高频段和低频段与实验结果相符，但式(5.2.2)会在 $\nu\to\infty$ 时引起发散，这就是著名的“紫外灾难”。普朗克根据大量实验数据并结合式(5.2.1)和式(5.2.2)而推导出

$$E(\nu,T)\mathrm{d}\nu=\frac{8\pi h\nu^3}{c^3}\frac{\mathrm{d}\nu}{\mathrm{e}^{h\nu/kT}-1} \tag{5.2.3}$$

这就是著名的普朗克公式。后来，他发现只有在假设电磁辐射的能量交换是量子化的情况下，即

$$E_n=nh\nu,\quad n=1,2,3,\cdots \tag{5.2.4}$$

其中，$h=6.626\times10^{-34}\ \mathrm{J\cdot s}$ 称为普朗克常量，才能导出普朗克公式，具体推导过程详见统计物理中的图7.9。为了解释光电效应，爱因斯坦在普朗克能量子假说的基础上提出光量子假说，建立光电效应方程 $\frac{1}{2}mv_{\mathrm{m}}^2=h\nu-W_0$，即光子的能量 $h\nu$ 减去电子在金属中的结合能(脱出功) W_0 等于电子的最大动能，完美解释了光电效应，如图5.2中的橘黄色分支所示。

光谱是光的频率成分和强度分布的关系图，它是研究原子结构的重要手段之一。为解释氢原子光谱的实验结果，里德伯提出了一个普遍的方程，被称为里德伯方程，表示为

$$\tilde{\nu}=\frac{1}{\lambda}=R_{\mathrm{H}}\left[\frac{1}{n^2}-\frac{1}{n'^2}\right]=T(n)-T(n') \tag{5.2.5}$$

其中，$T(n)=R_{\mathrm{H}}/n^2$ 称为光谱项，R_{H} 称为里德伯常量。在里德伯方程中，$n=1,2,3,\cdots$；对于每一个 n，由 $n'=n+1,n+2,\cdots$ 构成一个谱系，如当 $n=1,2,3,4,5$ 时，所给谱系分别称为莱曼系、巴耳末系、帕邢系、布拉开系和普丰德系。玻尔的氢原子理论给出了里德伯方程所隐含的物理图像。

如图5.2中的蓝色、玫红色和青色分支所示，玻尔的氢原子理论包括三个方面的关键内容：①定态条件；②频率条件；③角动量量子化条件。

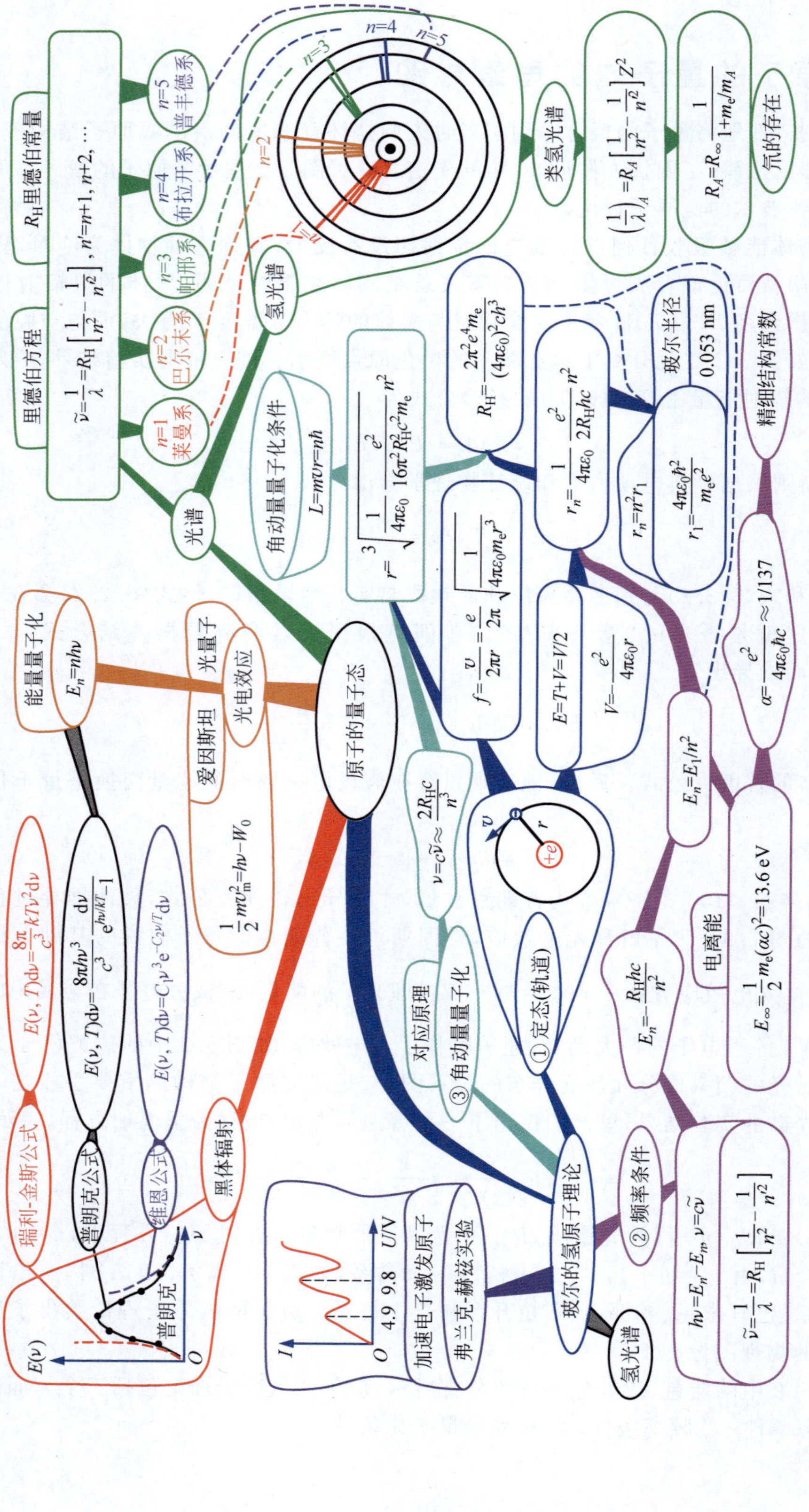

图 5.2 原子的量子态的思维导图

定态条件认为电子只能处于一些分立的轨道上，它只能在这些轨道上绕原子核转动，且不产生电磁辐射。电子以速率 v 在半径为 r 的圆形轨道上转动的频率为

$$f=\frac{v}{2\pi r}=\frac{e}{2\pi}\sqrt{\frac{1}{4\pi\varepsilon_0 m_e r^3}} \tag{5.2.6}$$

总能量为

$$E=T+V=V/2 \tag{5.2.7}$$

其中，势能 $V=-\frac{e^2}{4\pi\varepsilon_0 r}$。

频率条件认为当电子从一个定态轨道跃迁到另一个定态轨道时，会以电磁波的形式放出(或吸收)能量 $h\nu$，其值由能级差决定，即

$$h\nu=E_{n'}-E_n \tag{5.2.8}$$

其中，$\nu=c\tilde{\nu}$。将其与里德伯方程(5.2.5)作对比，适当变换后可得

$$E_n=-\frac{R_H hc}{n^2} \tag{5.2.9}$$

显然，$E_1=-R_H hc$；$E_n=E_1/n^2$。将式(5.2.9)与 $E=\frac{V}{2}=-\frac{e^2}{8\pi\varepsilon_0 r}$ 结合，可得氢原子中电子的第 n 个轨道的半径为

$$r_n=\frac{1}{4\pi\varepsilon_0}\frac{e^2}{2R_H hc}n^2 \tag{5.2.10}$$

角动量量子化条件可以应用对应原理给出，对应原理认为在原子范畴内的现象与宏观范围内的现象可以各自遵循本范围内的规律，但当把微观范围内的规律延伸到宏观范围时，则它所得到的数值结果应与经典理论所得的结果相一致。当 n 很大时，考虑两个相邻 n 之间的电子跃迁($n'-n=1$)，其频率 $\nu=c\tilde{\nu}\approx\frac{2R_H c}{n^3}$，应与 $f=\frac{v}{2\pi r}$ 一致，即

$$\frac{2R_H c}{n^3}=\frac{e}{2\pi}\sqrt{\frac{1}{4\pi\varepsilon_0 m_e r^3}} \tag{5.2.11}$$

则得

$$r=\sqrt[3]{\frac{1}{4\pi\varepsilon_0}\frac{e^2}{16\pi^2 R_H^2 c^2 m_e}}n^2 \tag{5.2.12}$$

对比式(5.2.10)和式(5.2.12)可得里德伯常量为

$$R_H=\frac{2\pi^2 e^4 m_e}{(4\pi\varepsilon_0)^2 ch^3} \tag{5.2.13}$$

将式(5.2.13)代入式(5.2.10)，可得

$$r_n=n^2 r_1 \tag{5.2.14}$$

其中，$r_1=\frac{4\pi\varepsilon_0\hbar^2}{m_e e^2}\approx 0.053\ \text{nm}$，称为玻尔半径。将式(5.2.13)代入式(5.2.9)，可得氢原子的电离能为

$$E_\infty=-E_1=\frac{1}{2}m_e(\alpha c)^2=13.6\ \text{eV} \tag{5.2.15}$$

其中，$\alpha=\frac{e^2}{4\pi\varepsilon_0\hbar c}\approx 1/137$，称为精细结构常数。倘若考查电子的角动量可得角动量量子化条件为

$$L=mvr=n\hbar,\quad n=1,2,3,\cdots \tag{5.2.16}$$

玻尔的氢原子理论使里德伯方程有了清晰的物理图像(氢光谱)，氢原子的电子轨道及光谱线如图 5.2 绿色分支中的图所示。玻尔理论同样也可对类氢离子的光谱进行描述，只需在原有公式中出现 e^2 时乘以 Z 即可。例如，类氢离子光谱的波数为

$$\left(\frac{1}{\lambda}\right)_A=R_A\left[\frac{1}{n^2}-\frac{1}{n'^2}\right]Z^2 \tag{5.2.17}$$

严格来说，当电子绕原子核转动时，原子核不是静止不动的，里德伯常量会因原子核质量的不同而不同，则

$$R_A=R_\infty\frac{1}{1+m_e/m_A} \tag{5.2.18}$$

其中，R_∞ 是原子的质量 m_A 为无穷大时的里德伯常量。利用式(5.2.18)，结合实验，观测到氢的 H_α 线旁边还有一条谱线的现象肯定了氘的存在。除了光谱研究部分证实了玻尔理论外，弗兰克-赫兹实验通过使用加速电子激发原子的方法证实了原子只能处于某些分立的量子态上，见图 5.2 紫色分支中的示意图，这证明了玻尔理论的正确性。譬如，汞原子只接收 4.9 eV 的外来能量，证明汞原子内存在一个能量为 4.9 eV 的量子态。

请构建自己的思维导图。

5.3 量子力学导论的思维导图

人类对真理的认知过程总是在螺旋式发展和前进。玻尔理论(旧量子论)在面对越来越多的实验结果时，也显得力不从心，现实呼唤新思想和新理论，由此诞生了量子力学。图 5.3 给出了量子力学导论的思维导图，它将引导我们初步认识波粒二象性、不确定关系、波函数及统计解释和薛定谔方程的相关知识。

如图 5.3 中的红色分支所示，德布罗意将光子的波粒二象性($E=h\nu$，$p=h/\lambda$)推广到所有物质粒子。他使用普朗克常量 h 将物质的粒子性和波动性联系在一起，提出物质波的波长为

$$\lambda=h/p \tag{5.3.1}$$

并将限制在原子内的电子看作驻波($2\pi r=n\lambda$)，给出了电子轨道角动量量子化的条件：

$$L=rp=n\hbar \tag{5.3.2}$$

戴维孙和盖革通过实验研究电子在镍单晶中的散射问题时发现，当入射与出射方向的夹角 $\theta=50°$时，反射电子束的强度会出现一个明显的极大值。强波束射出的条件是

$$2d\cos\alpha=n\lambda \tag{5.3.3}$$

即 $n\lambda=a\sin\theta$。假如 $\lambda=\frac{h}{p}=\frac{h}{\sqrt{2mE_k}}$，则

$$\theta=\arcsin\left(\frac{nh}{\sqrt{2mE_k}\,a}\right) \tag{5.3.4}$$

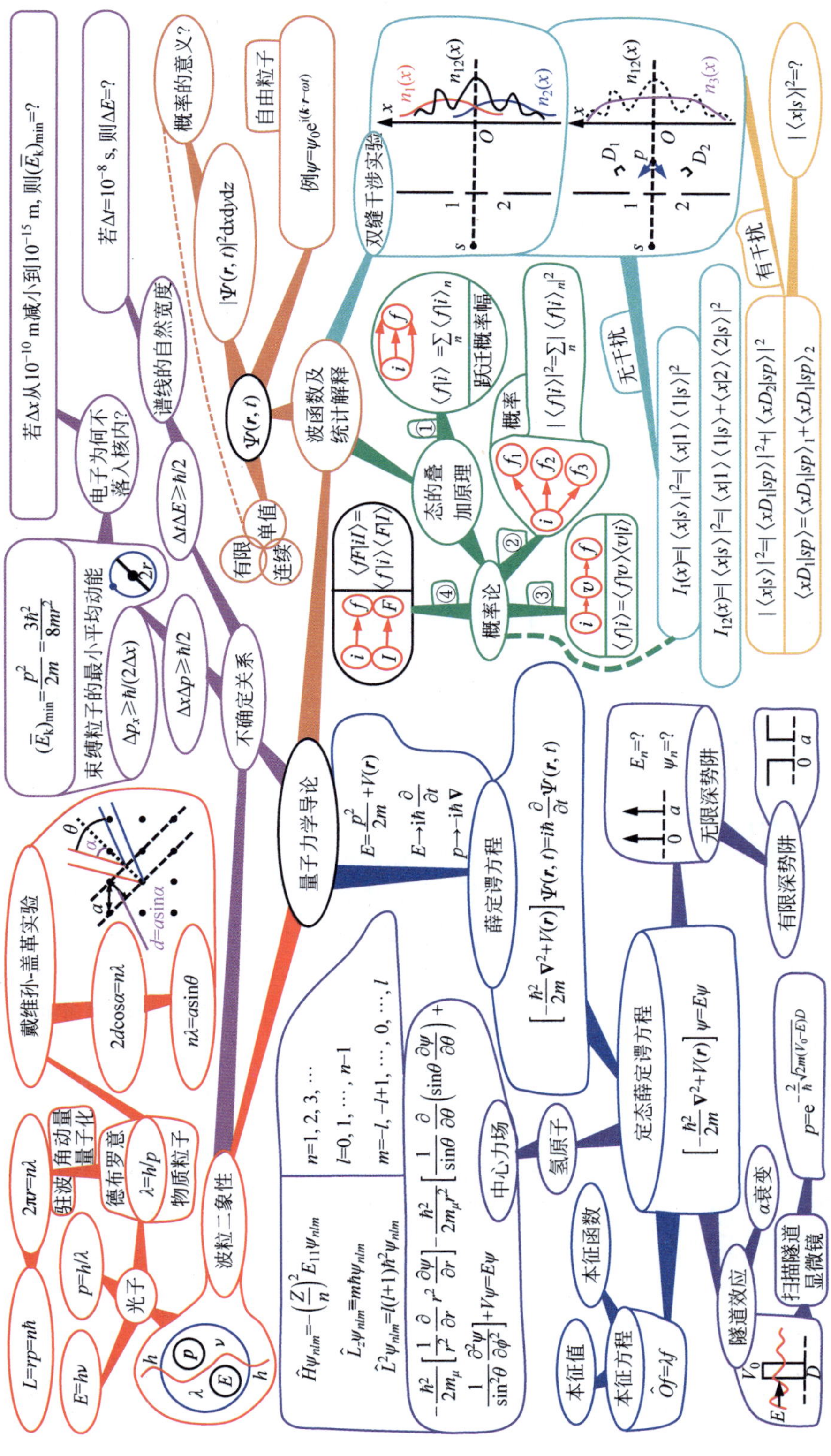

图 5.3　量子力学导论的思维导图

理论和实验结果符合得很好，证实了电子的德布罗意波公式的正确性。

如图 5.3 中的玫红色分支所示，海森伯在粒子的波粒二象性基础上给出了不确定关系，不确定关系包括多种表示形式，其中常见的两个关系式分别是：

$$\begin{cases}\Delta x\Delta p\geqslant\hbar/2\\ \Delta t\Delta E\geqslant\hbar/2\end{cases}\tag{5.3.5}$$

式(5.3.5)表明，粒子在客观上不能同时具有确定的坐标位置及相应的动量，对能量测量的精度要由对时间测量的精度来确定。利用它们可以解释多种问题，如利用 $\Delta p_x\geqslant\hbar/(2\Delta x)$ 可估算束缚粒子的最小平均动能为

$$(\bar{E}_{\mathrm{k}})_{\min}=\frac{p^2}{2m}=\frac{3\hbar^2}{8mr^2}\tag{5.3.6}$$

式中，$\hbar=h/2\pi$，称为约化普朗克常量。进而可解释电子为何不落入原子核内(若 Δx 从 10^{-10} m 减小到 10^{-15} m，则$(\bar{E}_{\mathrm{k}})_{\min}=?$)的根源是外界无法提供电子落入原子核内时所需的巨大能量；利用 $\Delta t\Delta E\geqslant\hbar/2$ 可解释谱线的自然宽度(若能级寿命 $\Delta t=10^{-8}$ s，则 $\Delta E=?$)等问题。

量子力学有五大公设(详见图 9.1)，图 5.3 只介绍波函数公设和微观粒子的动力学公设(薛定谔方程)。如图 5.3 中的橘黄色分支所示，波函数公设认为，微观粒子的量子态可由波函数 $\Psi(\boldsymbol{r},t)$描述。例如，自由粒子可由平面波函数描述如下：

$$\psi=\psi_0\mathrm{e}^{\mathrm{i}(\boldsymbol{k}\cdot\boldsymbol{r}-\omega t)}\tag{5.3.7}$$

$|\Psi(\boldsymbol{r},t)|^2\mathrm{d}x\mathrm{d}y\mathrm{d}z$ 代表在给定时刻 t、在 $\boldsymbol{r}$ 处的体积元 $\mathrm{d}x\mathrm{d}y\mathrm{d}z$ 内发现粒子的概率(概率的意义是什么?)。因为粒子在任何地方出现的概率必须是唯一的、有确定值的和无突变的，这就要求波函数必须是单值的、有限的、连续的。

为了说明波函数的特性，如图 5.3 青色分支中的图所示，可以考查电子的杨氏双缝干涉实验结果。实验发现，当只有一个缝被打开时，电子数的分布分别为 $n_1(x)$和 $n_2(x)$；当双缝同时被打开时，不管入射电子束多么微弱，即使电子一个个通过双缝，电子也会给出干涉图像($n_{12}(x)\neq n_1(x)+n_2(x)$)。假如在双缝后设置一个探测光源 p 和两个光探测器(D_1 和 D_2)记录电子如何通过双缝，这时干涉图像消失了，电子数的分布 $n_3(x)=n_1(x)+n_2(x)$。这是经典理论无法解释的，只有借助量子力学的基本原理——态的叠加原理才能解释干涉实验的结果。

在微观世界中，一个事件发生的概率 P 等于波函数的绝对值的平方，即 $P=|\psi|^2$，ψ 又称为概率幅。为了明确起见，采用下列符号：假如“发生某事件”泛用“从初态到末态的跃迁”来表示，则 $w_{if}=|\langle f|i\rangle|^2$ 用来表示发生这种跃迁的概率，$\langle f|i\rangle$即表示从 i 态跃迁到 f 态的概率幅。如图 5.3 绿色分支中的图所示，概率论告诉我们，$\langle f|i\rangle$应服从以下规则：①$\langle f|i\rangle=\sum\limits_n\langle f|i\rangle_n$，即总跃迁概率幅应是各种可能发生的跃迁概率幅之和；②$|\langle f|i\rangle|^2=\sum\limits_n|\langle f|i\rangle_n|^2$，即跃迁概率等于到达各种可能彼此独立、互不关联末态的跃迁概率之和；③$\langle f|i\rangle=\langle f|v\rangle\langle v|i\rangle$，即总跃迁概率幅等于分段跃迁概率幅之乘积；④$\langle fF|iI\rangle=\langle f|i\rangle\langle F|I\rangle$，即两个独立粒子组成的体系，体系的跃迁概率幅等于单个粒子的跃迁概率幅之积。

运用上述概率论的规则可解释干涉实验在无干扰和有干扰两种情形下的结果。对于无干扰情形，单独打开缝1，电子在 x 处被记录的概率 $I_1(x)$ 为

$$I_1(x)=|\langle x \mid s\rangle_1|^2=|\langle x \mid 1\rangle\langle 1 \mid s\rangle|^2 \tag{5.3.8}$$

类比可知，单独打开缝2，电子在 x 处被记录的概率 $I_2(x)$ 为

$$I_2(x)=|\langle x \mid s\rangle_2|^2=|\langle x \mid 2\rangle\langle 2 \mid s\rangle|^2 \tag{5.3.9}$$

两缝同时打开时，电子在 x 处被记录的概率 $I_{12}(x)$ 为

$$I_{12}(x)=|\langle x \mid s\rangle|^2=|\langle x \mid 1\rangle\langle 1 \mid s\rangle+\langle x \mid 2\rangle\langle 2 \mid s\rangle|^2 \tag{5.3.10}$$

可见，$I_{12}(x)\neq I_1(x)+I_2(x)$。对于有干扰的情形，电子在 x 处被记录及光子无论在哪个探测器被记录的概率为

$$|\langle x \mid s\rangle|^2=|\langle xD_1 \mid sp\rangle|^2+|\langle xD_2 \mid sp\rangle|^2\text{（规则②）} \tag{5.3.11}$$

其中 $\langle xD_1|sp\rangle=\langle xD_1|sp\rangle_1+\langle xD_1|sp\rangle_2$，它代表在 x 处记录电子及利用 D_1 同时记录光子的概率幅。类似地，可写出 $\langle xD_2|sp\rangle$ 的表达式，通过讨论多种条件下 $|\langle x|s\rangle|^2$ 的形式（$|\langle x|s\rangle|^2=?$），可以解释相关实验结果。

如图5.3中的蓝色分支所示，微观粒子的动力学公设认为，一个微观粒子体系的状态波函数满足薛定谔方程：

$$\left[-\frac{\hbar^2}{2m}\nabla^2+V(\boldsymbol{r})\right]\Psi(\boldsymbol{r},t)=i\hbar\frac{\partial}{\partial t}\Psi(\boldsymbol{r},t) \tag{5.3.12}$$

将经典表达式 $E=\dfrac{p^2}{2m}+V(\boldsymbol{r})$ 作如下变换：$E\rightarrow i\hbar\dfrac{\partial}{\partial t}$ 和 $p\rightarrow -i\hbar\nabla$，再作用在波函数 $\Psi(\boldsymbol{r},t)$ 上即可构建出薛定谔方程，详见图9.2。当势场 $V(\boldsymbol{r})$ 不显含时间 t 时，令 $\Psi(\boldsymbol{r},t)=\psi(\boldsymbol{r})T(t)$，运用分离变量法，可得

$$T=T_0\mathrm{e}^{-\mathrm{i}Et/\hbar} \tag{5.3.13}$$

和定态薛定谔方程

$$\left[-\frac{\hbar^2}{2m}\nabla^2+V(\boldsymbol{r})\right]\psi=E\psi \tag{5.3.14}$$

本质上，解定态薛定谔方程属于解本征方程 $\hat{O}f=\lambda f$ 的问题，解出本征值和相应的本征函数即可。

如图5.3中的紫色分支所示，使用定态薛定谔方程可以研究一维无限深势阱、一维有限深势阱、隧道效应和氢原子中粒子的波函数及其概率。在研究隧道效应时给出粒子隧穿势垒的概率为

$$p=\mathrm{e}^{-\frac{2}{\hbar}\sqrt{2m(V_0-E)}D} \tag{5.3.15}$$

这不仅有助于人们了解扫描隧道显微镜（STM）工作的基本原理，它还为揭示 α 衰变的根源提供了理论基础，见图5.7。使用分离变量法求解中心力场的薛定谔方程：

$$-\frac{\hbar^2}{2m_\mu}\left[\frac{1}{r^2}\frac{\partial}{\partial r}r^2\frac{\partial\psi}{\partial r}\right]-\frac{\hbar^2}{2m_\mu r^2}\left[\frac{1}{\sin\theta}\frac{\partial}{\partial\theta}\left(\sin\theta\frac{\partial\psi}{\partial\theta}\right)+\frac{1}{\sin^2\theta}\frac{\partial^2\psi}{\partial\varphi^2}\right]+V\psi=E\psi \tag{5.3.16}$$

再考虑电子在库仑场中的运动，可以研究氢原子的波动力学。研究表明，如果不考虑自旋影响，要确定氢原子中电子的量子态需要三个量子数（n，l 和 m）和以下三个本征方程：

$$\begin{cases}\hat{H}\ \psi_{nlm}=-\left(\dfrac{Z}{n}\right)^2 E_{11}\psi_{nlm}\\ \hat{L}_z\ \psi_{nlm}=m\ \hbar\psi_{nlm}\\ \hat{L}^2\ \psi_{nlm}=l(l+1)\ \hbar^2\psi_{nlm}\end{cases} \tag{5.3.17}$$

其中，主量子数 $n=1,2,3,\cdots$；角量子数 $l=0,1,\cdots,n-1$；磁量子数 $m=-l,-l+1,\cdots,0,\cdots,l$；$E_{11}=\dfrac{1}{2}m_\mu(\alpha c)^2\approx 13.6\ \mathrm{eV}$ 为玻尔基态能量。薛定谔方程对氢原子的描述取得了很大的成功，从而很快得到了人们的重视和认可。具体的内容会在第 9 章量子力学的思维导图中给出相关的展示，在此不再赘述。

请构建自己的思维导图。

5.4 原子的精细结构的思维导图

图 5.4 展示了原子的精细结构的思维导图。它将首先阐明产生原子精细结构的主因源于由电子的自旋引起的磁相互作用，然后依次介绍电子的轨道磁矩、施特恩-格拉赫实验和电子自旋的假说，最后给出碱金属双光谱线和塞曼效应产生的原因。

在原子中电子绕原子核旋转时必定有一磁矩，称为电子的轨道磁矩。如图 5.4 中的橘黄色分支所示，对于电子的轨道磁矩，存在经典理论和量子理论两种描述方式。经典理论认为，在半径为 r 的圆形轨道上运动的电子会产生等效电流 i，可证明其磁矩为

$$\boldsymbol{\mu}=i\boldsymbol{S}=-\gamma\boldsymbol{L} \tag{5.4.1}$$

其中，$\boldsymbol{S}=S\boldsymbol{e}_n$；$\gamma=\dfrac{e}{2m_e}$，称为旋磁比；$\boldsymbol{L}$ 为电子的轨道角动量。倘若磁矩处于均匀外磁场 $\boldsymbol{B}$ 中，则磁矩会绕磁场作拉莫尔进动，如图 5.4 中橘黄色分支左上角的图所示。这是因为在力矩 $\boldsymbol{\tau}=\boldsymbol{\mu}\times\boldsymbol{B}$ 的作用下，磁矩的角动量发生变化，即

$$\frac{\mathrm{d}\boldsymbol{L}}{\mathrm{d}t}=\boldsymbol{\tau}=\boldsymbol{\mu}\times\boldsymbol{B} \tag{5.4.2}$$

与 $\boldsymbol{\mu}=-\gamma\boldsymbol{L}$ 结合可得

$$\frac{\mathrm{d}\boldsymbol{\mu}}{\mathrm{d}t}=\boldsymbol{\omega}\times\boldsymbol{\mu} \tag{5.4.3}$$

其中 $\boldsymbol{\omega}=\gamma\boldsymbol{B}$，称为拉莫尔进动的角速度公式。量子理论则认为，轨道角动量 $\boldsymbol{L}$ 及其 z 分量的大小 $\boldsymbol{L}_z$ 是量子化的，当角动量量子数为 l 时，角动量在空间有 $2l+1$ 个取向，例如，图 5.4 中橘黄色分支右侧的示意图给出了 $l=1$ 时，有 3 个 L_z 的情形。量子的磁矩表达式为

$$\mu_l=-\gamma L \tag{5.4.4}$$

其中，角动量 L 的大小应为 $L=\sqrt{l(l+1)}\hbar$。定义玻尔磁子 $\mu_B=\dfrac{e\hbar}{2m_e}$，可得

$$\mu_l=-\sqrt{l(l+1)}\mu_B \tag{5.4.5}$$

其中，角量子数 $l=0,1,2,\cdots$。磁矩在 z 方向的投影为

$$\mu_{lz}=-m_l\mu_B \tag{5.4.6}$$

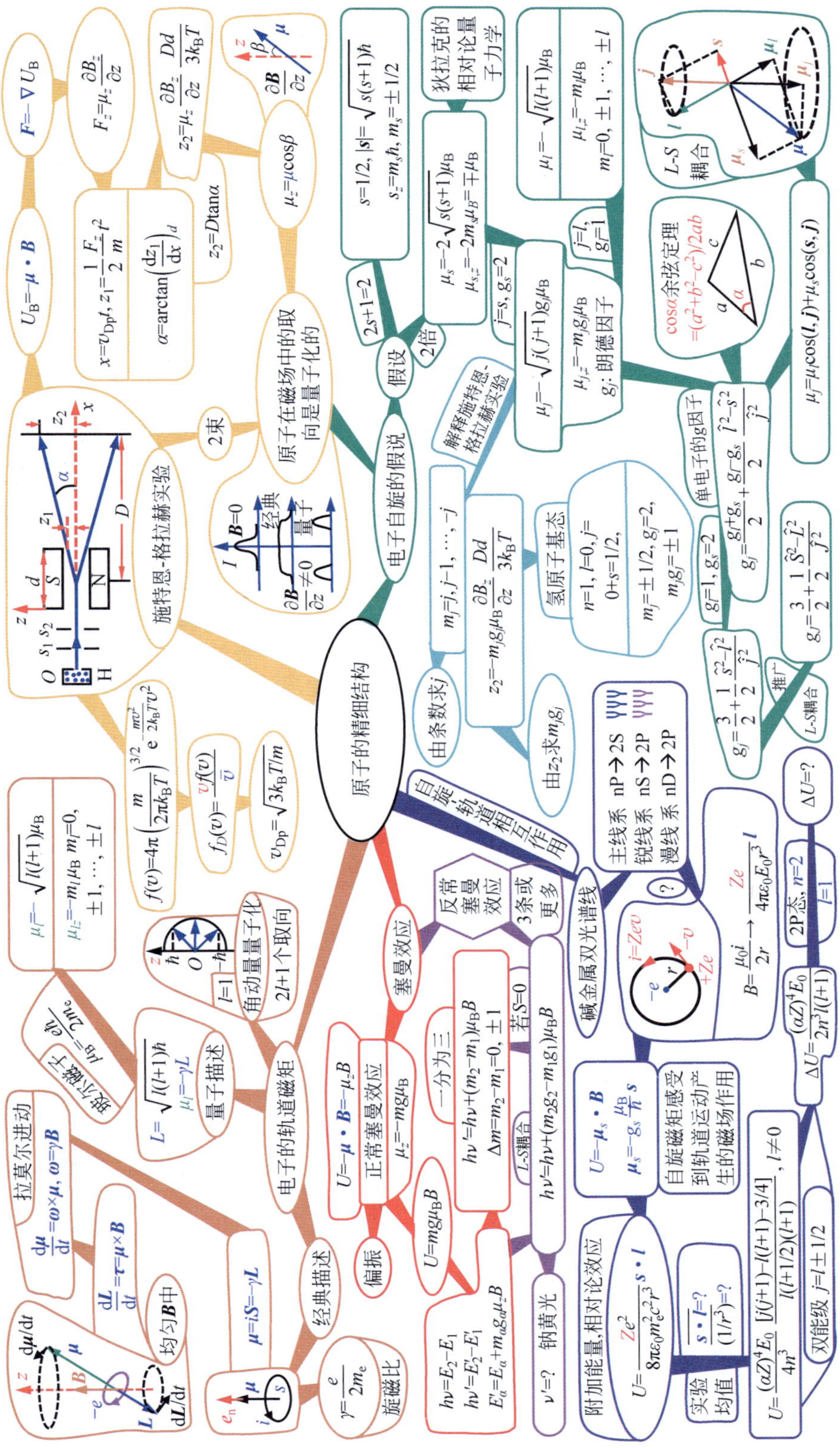

图5.4　原子的精细结构的思维导图

其中，磁量子数 $m_l=0,\pm1,\cdots,\pm l$，共有 $2l+1$ 个。这表明，不但原子中的电子轨道、形状和电子运动的角动量、原子内部的能量都是量子化的，而且在外场中角动量的取向也是量子化的。

施特恩-格拉赫实验首次观测到原子在外磁场中的取向是量子化的。如图 5.4 中黄色分支上方的图所示，该实验根据原子束经过非均匀磁场后原子飞行的轨迹是分立的事实证实了原子的磁矩是量子化的。由图 2.3 中的热学知识可知，粒子源中的粒子满足麦克斯韦速率分布律：

$$f(v)=4\pi\left(\frac{m}{2\pi k_B T}\right)^{3/2}\mathrm{e}^{-\frac{mv^2}{2k_B T}}v^2 \tag{5.4.7}$$

从粒子源倾泻而出的原子束应满足分子射线速率分布函数：

$$f_D(v)=\frac{vf(v)}{\bar{v}} \tag{5.4.8}$$

其最概然速率为

$$v_{Dp}=\sqrt{3k_B T/m} \tag{5.4.9}$$

因此可认为，原子束中所有的原子都近似地以速率 v_{Dp} 沿 x 轴正方向向前飞行。磁矩为 $\boldsymbol{\mu}$ 的粒子处于磁场 $\boldsymbol{B}$ 中的能量为 $U_B=-\boldsymbol{\mu}\cdot\boldsymbol{B}$，它所受的力为 $\boldsymbol{F}=-\nabla U_B$，因磁场只在 z 方向有梯度，故有

$$F_z=\mu_z\frac{\partial B_z}{\partial z} \tag{5.4.10}$$

原子束在磁场区内将作抛物线运动，运动方程为 $x=v_{Dp}t$，$z_1=\frac{1}{2}\frac{F_z}{m}t^2$。原子束飞出磁场区时与 x 轴的偏角为

$$\alpha=\arctan\left(\frac{\mathrm{d}z_1}{\mathrm{d}x}\right)_d=\arctan\left(\frac{F_z x}{mv_{Dp}^2}\right)_d \tag{5.4.11}$$

然后它沿直线运动。那么，利用 $z_2=D\tan\alpha$ 可得原子束在屏幕上的落点到 x 轴的距离为

$$z_2=\mu_z\frac{\partial B_z}{\partial z}\frac{Dd}{3k_B T} \tag{5.4.12}$$

其中 $\mu_z=\mu\cos\beta$。实验结果表明，氢原子束会分成两束，这证实了原子在磁场中的取向是量子化的（$\beta=0,\pi$）。但是这种量子化无法由轨道量子化来解释，为此乌伦贝克与古兹密特提出电子自旋假说来对其进行解释。

如图 5.4 中的绿色分支所示，电子自旋假说认为，电子不是点电荷，它除了具有轨道动量外，还存在自旋运动，它具有的固有的自旋角动量 $\boldsymbol{s}$ 为

$$|\boldsymbol{s}|=\sqrt{s(s+1)}\,\hbar \tag{5.4.13}$$

其中，自旋量子数 $s=1/2$（实验结果表明，氢原子束会分成两束，仿照 l 确定时共有 $2l+1$ 个轨道磁矩，令 $2s+1=2$，自然有 $s=1/2$）。自旋角动量 $\boldsymbol{s}$ 在 z 方向的分量为

$$s_z=m_s\hbar \tag{5.4.14}$$

其中，自旋量子数在 z 方向的分量 $m_s=\pm1/2$。该假说假设自旋磁矩为一个玻尔磁子，即为经典数值的 2 倍（$\mu_s=-2\sqrt{s(s+1)}\mu_B$，$\mu_{s,z}=-2m_s\mu_B$，$s=1/2$），则自旋磁矩及其在 z 方

向的分量分别为 $\mu_s=-\sqrt{3}\mu_B$，$\mu_{s,z}=\mp\mu_B$。这种假设得到各种实验的支持，也可由狄拉克相对论量子力学严格导出。然而，轨道角动量 $\boldsymbol{l}$ 所对应的轨道磁矩 μ_l 与自旋磁矩 μ_s 的形式不同，它及它在 z 方向的分量分别为

$$\begin{cases}\mu_l=-\sqrt{l(l+1)}\mu_B\\ \mu_{l,z}=-m_l\mu_B\end{cases}\tag{5.4.15}$$

其中，$m_l=0,\pm1,\cdots,\pm l$。为了统一描述，可引入朗德因子 g_j，使得对于任意角动量 j 所对应的磁矩 μ_j 以及它们在 z 方向的分量 $\mu_{j,z}$ 分别表示为

$$\begin{cases}\mu_j=-\sqrt{j(j+1)}g_j\mu_B\\ \mu_{j,z}=-m_jg_j\mu_B\end{cases}\tag{5.4.16}$$

当 $j=s$ 时，$g_s=2$；当 $j=l$ 时，$g_l=1$。

原子中的电子一般既有轨道角动量，又有自旋角动量，它们相应的磁矩会结合形成电子的总磁矩。此时，单电子的朗德因子又有什么形式呢？图 5.4 的右下角给出了 L-S 耦合的示意图，电子的等效总磁矩为$\boldsymbol{\mu}_j$，其大小为

$$\mu_j=\mu_l\cos(\boldsymbol{l},\boldsymbol{j})+\mu_s\cos(\boldsymbol{s},\boldsymbol{j})\tag{5.4.17}$$

其中，$(\boldsymbol{l},\boldsymbol{j})$和$(\boldsymbol{s},\boldsymbol{j})$分别代表$\boldsymbol{\mu}_l$ 和$\boldsymbol{\mu}_j$ 之间的夹角以及$\boldsymbol{\mu}_s$ 和$\boldsymbol{\mu}_j$ 之间的夹角。将 $\mu_l=-\sqrt{l(l+1)}\mu_B$ 和 $\mu_s=-\sqrt{3}\mu_B$ 代入式(5.4.17)，并利用三角形的余弦定理($\cos\alpha=(a^2+b^2-c^2)/2ab$)，可得

$$\mu_j=(-g_l\hat{l}\mu_B)\frac{\hat{j}^2+\hat{l}^2-\hat{s}^2}{2\hat{j}\hat{l}}+(-g_s\hat{s}\mu_B)\frac{\hat{j}^2+\hat{s}^2-\hat{l}^2}{2\hat{j}\hat{s}}\tag{5.4.18}$$

它应等于$-g_j\hat{j}\mu_B$。式中，$\hat{j}$ 是$\sqrt{j(j+1)}$的缩写，其他雷同，则可得单电子的 g 因子的形式为

$$g_j=\frac{g_l+g_s}{2}+\frac{g_l-g_s}{2}\,\frac{\hat{l}^2-\hat{s}^2}{\hat{j}^2}\tag{5.4.19}$$

将 $g_l=1$，$g_s=2$ 代入式(5.4.19)可得

$$g_j=\frac{3}{2}+\frac{1}{2}\,\frac{\hat{s}^2-\hat{l}^2}{\hat{j}^2}\tag{5.4.20}$$

当对原子的总角动量有贡献的电子数目不止一个时，在大多数情况下，只需把式(5.4.20)中的 s，l 和 j 改为 S，L 和 J，即

$$g_J=\frac{3}{2}+\frac{1}{2}\,\frac{\hat{S}^2-\hat{L}^2}{\hat{J}^2}\tag{5.4.21}$$

其中，S 和 L 为各个有贡献的电子耦合成的总自旋角动量及总的轨道角动量所对应的量子数；J 是 L 和 S 耦合成的总角动量所对应的量子数。

基于以上认识，沿着图 5.4 中青色分支所给的思路，就可以解释施特恩-格拉赫实验的结果。将原子偏移距离公式(5.4.12)中的 μ_z 用 $\mu_{j,z}=-m_jg_j\mu_B$ 代替，则可得

$$z_2=-m_jg_j\mu_B\frac{\partial B_z}{\partial z}\,\frac{Dd}{3k_BT}\tag{5.4.22}$$

其中，$m_j=j,j-1,\cdots,-j$，共有 $2j+1$ 个数值，故相应地，就有 $2j+1$ 个分立 z_2 的数值。

据此可确定 j 和 g：一方面，由感光黑线的条数可求出 j；另一方面，若已知 z_2 的数值，可求出 $m_j g_j$，进而可从实验上确定 g 因子。对于处于基态的氢原子来说，$n=1, l=0, j=0+s=1/2, m_j=\pm 1/2$，则 $g_j=2$，故 $m_j g_j=\pm 1$，于是有

$$z_2=\pm\mu_B \frac{\partial B_z}{\partial z}\frac{Dd}{3k_B T} \tag{5.4.23}$$

代入相应的实验参量计算出的 z_2 与实验结果符合得很好，因此，施特恩-格拉赫实验便证实了空间量子化的事实、电子自旋假设和电子自旋磁矩数值的正确性。

如图 5.4 中的紫色分支所示，考虑自旋-轨道相互作用能够解释碱金属原子光谱的双线现象。人们利用高分辨率光谱仪发现碱金属原子光谱的主线系（nP→2S）和锐线系（nS→2P）都有双线结构。定性分析可知，$l=1$ 的能级产生分裂，$l=0$ 的能级不产生分裂。由图 3.6 中载流圆环产生的磁场可知，在以电子为静止的坐标系上，核电荷 Ze 绕电子转动，电子所感受到的磁场为

$$B=\frac{\mu_{0i}}{2r} \tag{5.4.24}$$

其中，核电荷 Ze 产生的电流为 $i=Ze\nu=\dfrac{Zev}{2\pi r}$。以矢量式表示，则

$$\boldsymbol{B}=\frac{Ze}{4\pi\varepsilon_0 E_0 r^3}\boldsymbol{l} \tag{5.4.25}$$

其中，$\boldsymbol{l}=m_e\boldsymbol{r}\times\boldsymbol{v}$ 是电子的轨道角动量；$E_0=m_e c^2$ 是电子的静止能量。自旋磁矩感受到轨道运动产生的磁场作用，所具有的势能为

$$U=-\boldsymbol{\mu}_s\cdot\boldsymbol{B} \tag{5.4.26}$$

其中，$\boldsymbol{\mu}_s=-g_s\dfrac{\mu_B}{\hbar}\boldsymbol{s}$。考虑到相对论效应后，式(5.4.26)应变为

$$U=\frac{Ze^2}{8\pi\varepsilon_0 m_e^2 c^2 r^3}\boldsymbol{s}\cdot\boldsymbol{l} \tag{5.4.27}$$

由于实验测量值为平均值，需计算出平均值$\overline{\boldsymbol{s}\cdot\boldsymbol{l}}$ 和 $\overline{1/r^3}$，最终计算得到

$$U=\frac{(\alpha Z)^4 E_0}{4n^3}\frac{[j(j+1)-l(l+1)-3/4]}{l(l+1/2)(l+1)},\quad l\neq 0 \tag{5.4.28}$$

式中，α 为精细结构常数。那么，$j=l\pm 1/2$ 的双能级之差满足以下表达式：

$$\Delta U=\frac{(\alpha Z)^4 E_0}{2n^3 l(l+1)} \tag{5.4.29}$$

将 2P 态的量子数（$n=2, l=1$）代入式(5.4.29)可计算出的具体数值（$\Delta U=?$），其值与实验吻合得很好，这说明能级的精细结构主要来源于自旋-轨道相互作用。

当把光源放在磁场内时，光源发出的谱线受磁场影响会发生分裂的现象，称为塞曼效应。塞曼效应又可分为正常塞曼效应和反常塞曼效应。如图 5.4 中的红色分支所示，具有磁矩为$\boldsymbol{\mu}$ 的体系，在外磁场 $\boldsymbol{B}$ 中具有的势能为

$$U=-\boldsymbol{\mu}\cdot\boldsymbol{B}=-\mu_z B \tag{5.4.30}$$

其中 $\mu_z=-mg\mu_B$，故 $U=mg\mu_B B$。假若在无外场时，两能级间跃迁的能量为

$$h\nu=E_2-E_1$$

在外场 $\boldsymbol{B}$ 中，跃迁能量变为

$$h\nu' = E'_2 - E'_1$$

其中，$E'_\alpha = E_\alpha + m_\alpha g_\alpha \mu_z B$，$\alpha = 1,2$，那么 $h\nu' = h\nu + (m_2 g_2 - m_1 g_1)\mu_B B$。假如体系的总自旋角动量为零（若 $S=0$），$g_2 = g_1 = 1$，则 $h\nu' = h\nu + (m_2 - m_1)\mu_B B$。由电偶极跃迁的选择定则（相关内容见图 9.6）：由 $\Delta m = m_2 - m_1 = 0, \pm 1$ 可得，$h\nu'$ 只有三条谱线。一条谱线（$h\nu$）在外磁场作用下一分为三（$h\nu'$），且彼此间间隔相等，间隔值均为 $\mu_B B$，这种现象被称为正常塞曼效应。

在磁场中谱线并非分裂成 3 条，而有 3 条或更多，彼此间间隔也并非完全相等的现象，称为反常塞曼效应。它对电子自旋的发现起了重要作用。只有考虑 L-S 耦合后，再利用 $h\nu' = h\nu + (m_2 g_2 - m_1 g_1)\mu_B B$，才能解释相关现象，如钠黄光（$\nu' = ?$）的分裂等。由于绘图空间限制，相关思维导图不再展开，请读者自己扩展相关内容。

请构建自己的思维导图。

5.5　多电子原子的思维导图

图 5.5 展示了多电子原子的思维导图。它将首先讨论具有两个电子（或两个价电子）的原子（如氦原子），并给出对多电子原子运动规律起主要作用的泡利原理；然后从泡利原理出发，说明核外电子组态的周期性，从而使化学元素周期表的概念物理化。

如图 5.5 中的红色分支所示，相对于氢原子的光谱和能级，氦原子的光谱和能级要复杂得多。氦原子的能级图有以下特点：有两套能级结构，它们不交叉，且无 1^3S_1 态；存在亚稳态（如 2^1S_0 和 2^3S_1）；氦的电离能是所有元素中最大的，为 24.58 eV。

为了解释氦原子的能级结构，可先从两电子耦合出发。氦原子中两电子的轨道运动和自旋运动可由四个量子数 l_1、s_1、l_2、s_2 来描述。这四种运动会产生六种相互作用：$G_1(s_1 s_2)$、$G_2(l_1 l_2)$、$G_3(l_1 s_1)$、$G_4(l_2 s_2)$、$G_5(l_1 s_2)$、$G_6(l_2 s_1)$。一般来说，G_5 和 G_6 相对较弱。遵循抓住主要因素而忽略次要因素的科学研究方法，显然可以采取以下做法：若 G_1 和 G_2 占优势，采用 L-S 耦合，反之，若 G_3 和 G_4 占优势，则采用 j-j 耦合，如图 5.5 中的棕色分支和黄色分支所示。

对于 L-S 耦合，$\boldsymbol{l}_1 + \boldsymbol{l}_2 = \boldsymbol{L}$，$\boldsymbol{s}_1 + \boldsymbol{s}_2 = \boldsymbol{S}$，然后轨道总角动量 $\boldsymbol{L}$ 再和自旋总角动量 $\boldsymbol{S}$ 合成总角动量 $\boldsymbol{J}$，即

$$\boldsymbol{L} + \boldsymbol{S} = \boldsymbol{J} \tag{5.5.1}$$

对于 j-j 耦合，$\boldsymbol{l}_1 + \boldsymbol{s}_1 = \boldsymbol{j}_1$，$\boldsymbol{l}_2 + \boldsymbol{s}_2 = \boldsymbol{j}_2$，然后两个电子的总角动量 $\boldsymbol{j}_1$ 和 $\boldsymbol{j}_2$ 再合成原子的总角动量，即

$$\boldsymbol{j}_1 + \boldsymbol{j}_2 = \boldsymbol{J} \tag{5.5.2}$$

这两种耦合都可推广至多电子情况，L-S 耦合可记为

$$(s_1, s_2, \cdots)(l_1, l_2, \cdots) = (S, L) = J \tag{5.5.3}$$

j-j 耦合可记为

$$(s_1, l_1)(s_2, l_2)\cdots = (j_1, j_2, \cdots) = J \tag{5.5.4}$$

在具有多电子的原子中，状态的电偶极辐射跃迁也具有选择性。除了要求遵循初态与末态的宇称必须相反这一条普遍的选择规则外，两种耦合类型还给出两套选择定则：对于 L-S 耦合，$\Delta S = 0$，$\Delta L = 0, \pm 1$，$\Delta J = 0, \pm 1$（$J = 0 \to J' = 0$ 除外）；对于 j-j 耦合，$\Delta j = 0, \pm 1$，$\Delta J =$

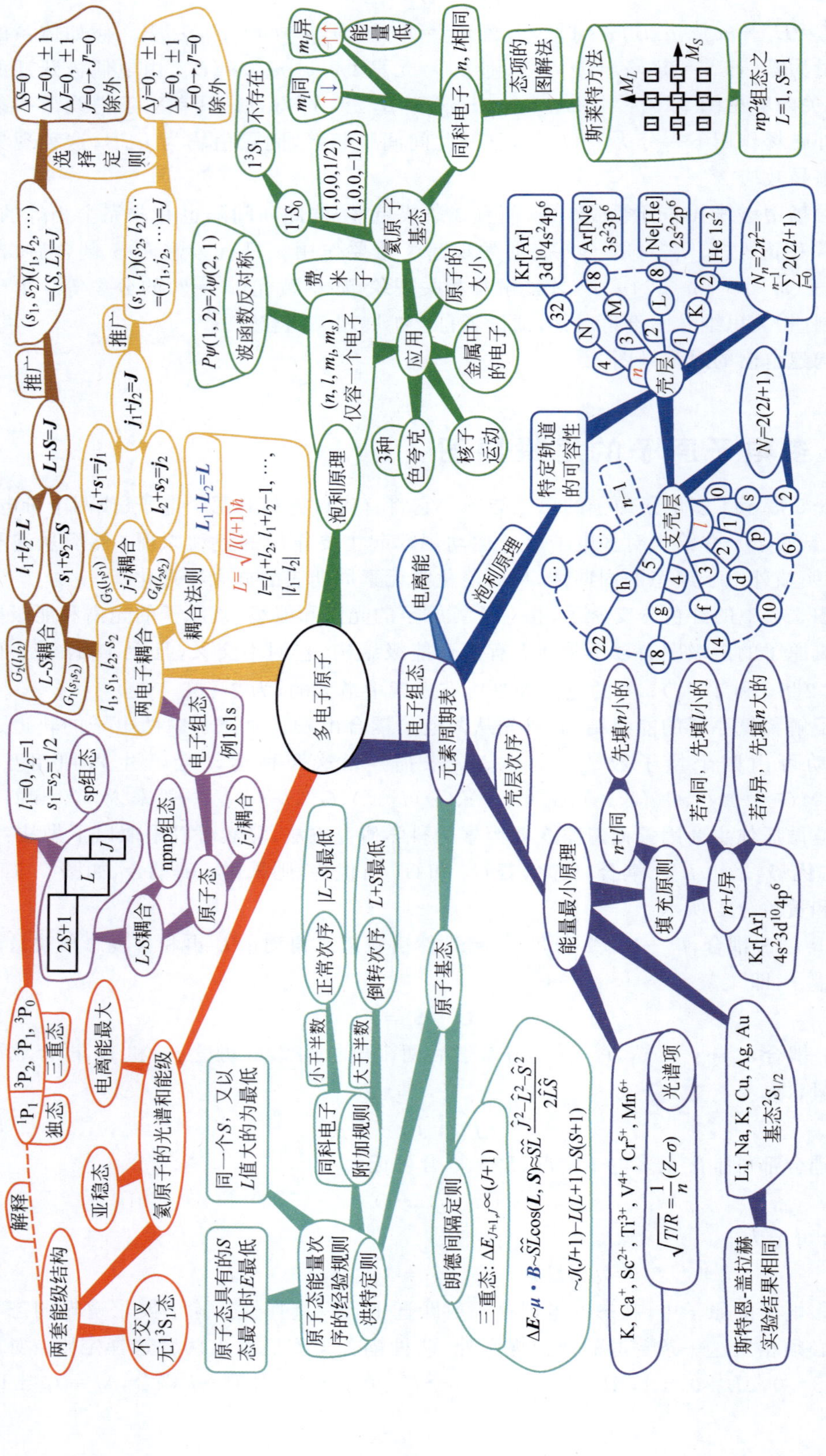

图 5.5 多电子原子的思维导图

0,±1($J=0\to J'=0$ 除外)。此外,两角动量的耦合($\boldsymbol{L}_1+\boldsymbol{L}_2=\boldsymbol{L}$)应遵循以下的一般法则:$\boldsymbol{L}_1$ 和 $\boldsymbol{L}_2$ 分别表示是以 l_1 和 l_2 为量子数的角动量,它们的数值分别是

$$L_1=\sqrt{l_1(l_1+1)}\,\hbar \tag{5.5.5}$$

$$L_2=\sqrt{l_2(l_2+1)}\,\hbar \tag{5.5.6}$$

则总角动量 $\boldsymbol{L}$ 的数值应满足

$$L=\sqrt{l(l+1)}\,\hbar \tag{5.5.7}$$

而 l 只能有下列数值:$l=l_1+l_2,l_1+l_2-1,\cdots,|l_1-l_2|$。

如图 5.5 中的玫红色分支所示,弄明白了电子之间耦合的类型,就可以考虑如何从电子组态(如 1s1s)合成原子态。对原子态的描述也会给出两种记法,在此仅回顾 L-S 耦合给出的原子态符号:$^{2S+1}\mathrm{L}_J$。当 $l=0,1,2,3$ 时,$^{2S+1}\mathrm{L}_J$ 中的 L 应分别由字母 S、P、D、F 替代。例如,sp 组态(一个电子处在 $l=0$ 态,另一个电子处在 $l=1$ 态,即 $l_1=0,l_2=1,s_1=s_2=1/2$)通过 L-S 耦合会给出独态($^1\mathrm{P}_1$)和三重态($^3\mathrm{P}_2$,$^3\mathrm{P}_1$,$^3\mathrm{P}_0$)两种类型的原子态,这就可以解释为什么氦原子光谱中会存在两套结构:独态和三重态的氦原子形成两套能级结构,仅能在各自内部的能级之间跃迁。

为了解释为什么氦光谱中没有发现 1s1s 组态对应的 $1^3\mathrm{S}_1$ 状态,必须使用泡利不相容原理。如图 5.5 中的绿色分支所示,泡利不相容原理指出,原子中的每一个状态只能容纳一个电子,即(n,l,m_l,m_s)仅容纳一个电子。该原理还可推广至所有的费米子(自旋为$\hbar/2$ 奇数倍的微观粒子),即在费米子组成的系统中,不能有两个或更多的粒子处于完全相同的状态中。全同性原理要求交换两个费米子的运动状态($P\psi(1,2)=\lambda\psi(2,1)$)不会出现新的微观态,这要求描述全同费米子系统的波函数是反对称的(具体原因见图 9.8 中的玫红色分支)。应用泡利不相容原理可以解释许多现象,如为什么不同元素的原子大小几乎相等?金属中的电子是如何分布的?原子核内核子为何可相对自由地运动?为何要引入 3 种色夸克来研究核子呢?为何氦原子基态是 1^1S_0 态,而不存在 1^3S_1 态?量子数 n,l 相同的电子称为同科电子。泡利不相容原理要求:若 m_l 相同,则两同科电子的自旋取向必须相反;若 m_l 不同(异),则两同科电子的自旋取向倾向于相同,因为此时体系的能量更低。在 M_S-M_L 平面内,同科电子合成的态项使用态项的图解法——斯莱特方法来确定。图 5.5 绿色分支中的示意图给出了 $n\mathrm{p}^2$ 组态之 $L=1,S=1$ 的图解。

泡利不相容原理能够帮助人们更深刻地理解元素周期表。元素的周期性是电子组态的周期性的反映,而电子组态的周期性则与特定轨道的可容性和能量最小原理相联系。这样,化学性质的周期性就可用原子结构的物理图像给出解释。在原子内的电子的状态由量子数(n,l,m_l,m_s)确定。如图 5.5 中的蓝色分支所示,具有相同主量子数 n 的电子称为同一壳层的电子。对于 $n=1,2,3,4,\cdots$ 的壳层,分别称为 K 壳层、L 壳层、M 壳层、N 壳层……在同一壳层中,角量子数 $l=0,1,2,3,4,5,\cdots,(n-1)$,它可将壳层分成 n 个支壳层,这些支壳层依次使用 s,p,d,f,g,h 等符号来表示。因为同一支壳层中有 $N_l=2(2l+1)$个量子态,所以支壳层所能填充的最多电子数依次是 2,6,10,14,18,22 等。那么,第 n 个壳层中有 $N_n=2n^2=\sum\limits_{l=0}^{n-1}2(2l+1)$ 个量子态。K、L、M、N 壳层所能填充的最多电子数依次是 2,8,18,32,当这些壳层被电子完全填充满时,会依次得到惰性气体的原子基态所对应的电

子组态，即 He：$1s^2$，Ne：[He]$2s^2 2p^6$，Ar：[Ne]$3s^2 3p^6$，Kr：[Ar]$3d^{10} 4s^2 4p^6$。

电子依照什么样的次序"住进"壳层呢？如图 5.5 中的紫色分支所示，能量最小原理决定了电子填充壳层的次序。填充壳层的具体原则是：当 $n+l$ 相同时，先填充 n 较小的壳层；当 $n+l$ 不相同(异)时，若 n 相同，先填充 l 较小的壳层；若 n 不相同(异)，先填充 n 较大的壳层。如 Kr：[Ar] $4s^2 3d^{10} 4p^6$，先填入 4s 壳层，再填入 3d 壳层。按照以上填充规则可知：Li，Na，K，Cu，Ag，Au 的基态原子态都是 $^2S_{1/2}$，所以它们的施特恩-格拉赫实验结果相同。通过考查具有相同电子的不同原子实 K，Ca^+，Sc^{2+}，Ti^{3+}，V^{4+}，Cr^{5+}，Mn^{6+} 的光谱项 T，由 $\sqrt{T/R}=\dfrac{1}{n}(Z-\sigma)$ 和莫塞莱图解可知，4^2S 和 3^2D 出现交叠的原因，其中 R 为里德伯常量。

有了电子组态，如何确定原子的基态呢？如图 5.5 中的青色分支所示，洪特定则给出了一个关于原子态能量次序的经验规则：对于一个给定的电子组态形成的一组原子态，当某原子态具有的 S 最大时，它处的能级 E 最低；对同一个 S，又以 L 值大的能级为最低。针对同科电子，又提出了附加规则：关于同一 l 值而 J 值不同的诸能级的次序，当同科电子数小于或等于闭壳层占有数的一半时，遵循正常次序，即具有最小 J 值(即 $|L-S|$)的能级处在最低；当同科电子数大于闭壳层占有数的一半时，遵循倒转次序，即具有最大 J 值(即 $L+S$)的能级为最低。朗德间隔定则给出了能级间隔遵循的定则：在三重态中，一对相邻的能级之间的间隔与两个 J 值中较大的那个值成正比，即对于三重态，$\Delta E_{J+1,J}\propto(J+1)$。在无外场的情况下，能级的分裂纯粹是由原子的内部作用造成的，即是由轨道运动产生的磁场同由自旋产生的磁矩发生相互作用而引起的。某一能级引起的位移为

$$\Delta E\sim\boldsymbol{\mu}\cdot\boldsymbol{B}\sim\hat{S}\hat{L}\cos(\boldsymbol{L},\boldsymbol{S})\approx\hat{S}\hat{L}\frac{\hat{J}^2-\hat{L}^2-\hat{S}^2}{2\hat{L}\hat{S}}\sim J(J+1)-L(L+1)-S(S+1) \tag{5.5.8}$$

进而可得 $J+1$ 能级与 J 能级之间距正比于 $2(J+1)$，这就是朗德间隔定则。

请构建自己的思维导图。

5.6 X 射线的思维导图

1895 年，伦琴使用阴极射线管发现了 X 射线，他通过将阴极热发射的电子在电场加速下轰击阳极靶产生 X 射线。图 5.6 给出了 X 射线的思维导图，它将从 X 射线的波粒二象性、产生机制和吸收等三个方面介绍 X 射线的特性。

X 射线作为高能电磁波，也呈现出波粒二象性。如图 5.6 中的红色分支所示，X 射线的波动性可由其偏振和衍射得到证实。电磁波是横波，即它是电磁振动方向与波的传播方向 $\boldsymbol{k}$ 相互垂直的波。偏振描述电矢量 $\boldsymbol{E}$ 随时间变化的规律。图 4.7 中的光学知识表明偏振包括线偏振、圆偏振、椭圆偏振、自然偏振和部分偏振五种偏振态。巴克拉使用一个产生偏振的双散射实验展示了 X 射线的偏振，首次证实了 X 射线的横波特性。此外，当 X 射线打在晶体(如 NaCl 晶盐)上时会产生衍射现象。当 θ 满足布拉格公式时，即当 $2d\sin\theta=n\lambda$，$n=1,2,\cdots$ 时，从 θ 方向射出的 X 射线衍射即得到加强。假如已知晶格间距 d，根据布拉格

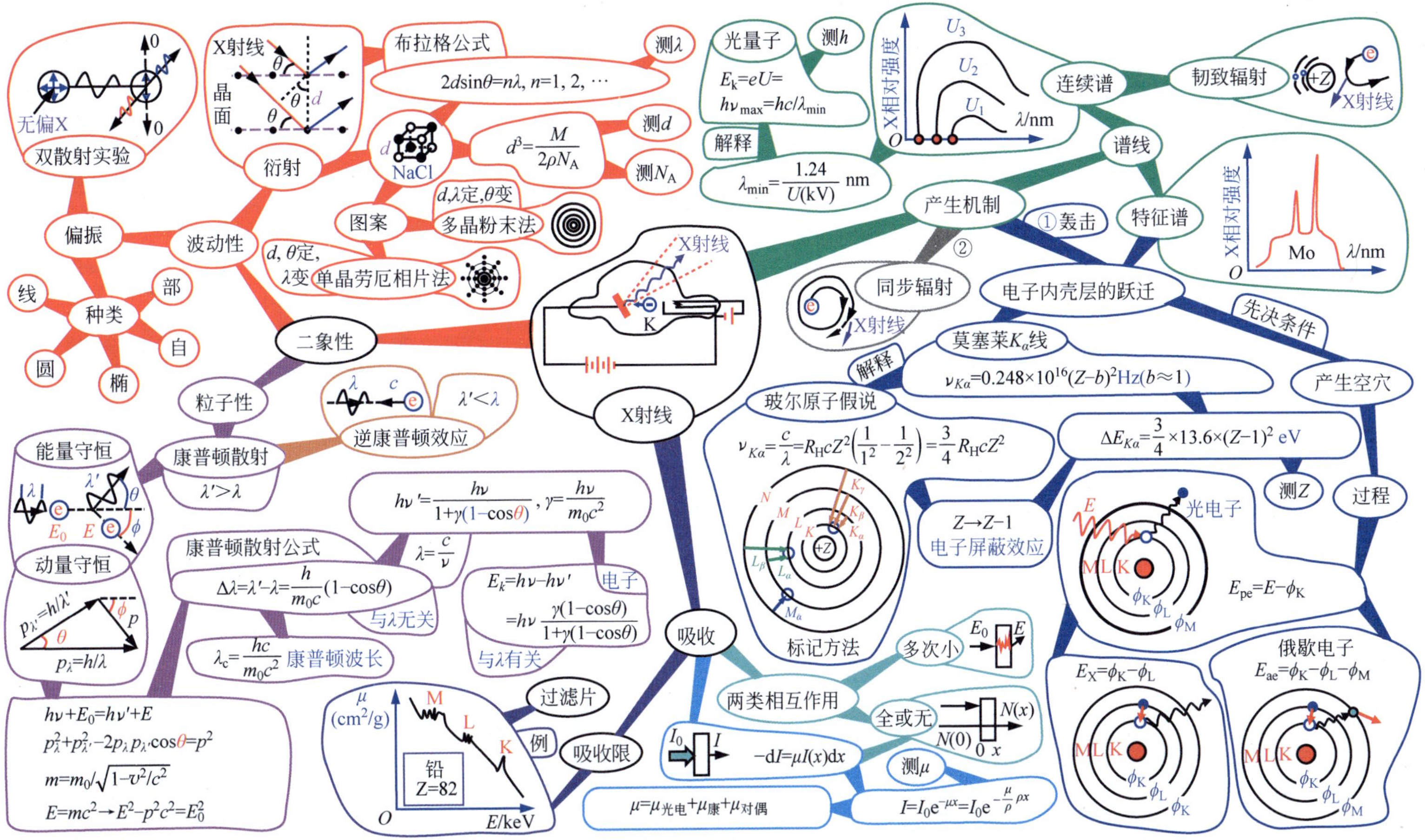

图 5.6 X 射线的思维导图

公式可测量 X 射线的波长 λ。反之，亦然。若已知阿伏伽德罗常量 N_A，可通过下式测量 NaCl 的晶格间距 d

$$d^3=\frac{M}{2\rho N_A} \tag{5.6.1}$$

反之，可测量 N_A。X 射线经晶体衍射后会形成美丽的衍射图案。单晶劳厄相片法是在 d 和 θ 确定时，利用连续谱的 X 射线（λ 变）照射在单晶上，会给出对称的劳厄斑点，每个斑点对应于一组晶面，斑点的位置反映了对应晶面的方向，可用于确定晶轴方向。与此不同的是，多晶粉末法通过利用单色的 X 射线（d 和 λ 确定）照射在取向无规则的晶粒上（θ 变），会给出同心圆图案，每一个同心圆对应一组晶面，不同的圆环代表不同的晶面阵，可用于确定晶格常数 d。

X 射线的粒子性则被康普顿散射（$\lambda'>\lambda$ 表明，散射后会出现波长变长的现象）实验所证实。如图 5.6 玫红色分支中的图所示，假定 X 射线由光子组成，波长为 λ 的光子与原子中质量为 m_0 的自由静止电子碰撞。碰撞后，在与入射方向成 θ 角的方向测到波长为 λ' 的散射波；电子与光子碰撞后以能量 E 在与入射波的方向成 ϕ 角的方向上射出。由能量守恒定律和动量守恒定律可知

$$h\nu+E_0=h\nu'+E \tag{5.6.2}$$

$$p_\lambda^2+p_{\lambda'}^2-2p_\lambda p_{\lambda'}\cos\theta=p^2 \tag{5.6.3}$$

再考虑相对论效应，因 $m=m_0/\sqrt{1-v^2/c^2}$，$E=mc^2$，故得

$$E^2-p^2c^2=E_0^2 \tag{5.6.4}$$

将它们代入式(5.6.2)和式(5.6.3)，计算可得康普顿散射公式：

$$\Delta\lambda=\lambda'-\lambda=\frac{h}{m_0c}(1-\cos\theta) \tag{5.6.5}$$

它与实验结果符合得很好。显然，$\Delta\lambda$ 只取决于 θ，而与 λ 无关。定义 $\lambda_c=\frac{hc}{m_0c^2}$ 为康普顿波长，因 $\lambda=\frac{c}{\nu}$，康普顿散射公式可改写为

$$h\nu'=\frac{h\nu}{1+\gamma(1-\cos\theta)} \tag{5.6.6}$$

其中 $\gamma=\frac{h\nu}{m_0c^2}$。那么，电子散射后的动能为

$$E_k=h\nu-h\nu'=h\nu\frac{\gamma(1-\cos\theta)}{1+\gamma(1-\cos\theta)} \tag{5.6.7}$$

它则与 λ 密切相关。与康普顿效应相反，实验上竟然发现了逆康普顿效应，即高能相对论电子和低能光子碰撞后，会将一部分能量交给光子，从而出现使其波长变短的现象（$\lambda'<\lambda$）。这启示我们逆向思维在科研创新过程中也发挥着重要的作用。

X 射线的产生机制是什么呢？这要先从其谱线说起，如图 5.6 绿色分支中的图所示，X 射线的发射谱由连续谱和特征谱两部分构成。连续谱是由韧致辐射产生的，因为带电粒子的速度在靶核的库仑场作用下连续变化，所以伴随辐射的 X 射线就具有连续谱的性质。连续谱存在一个最小波长 λ_{min}（或最高频率 ν_{max}），它仅与外加电压有关，即

$$\lambda_{\min}=\frac{1.24}{U(\mathrm{kV})}\ \mathrm{nm} \tag{5.6.8}$$

这是经典物理无法解释的，如利用光的量子说，将运动电子的动能完全转化为发射光子的能量，即

$$E_{\mathrm{k}}=eU=h\nu_{\max}=hc/\lambda_{\min} \tag{5.6.9}$$

则能够很好地解释实验结果。另外，因 U 和 $\lambda_{\min}$ 可被实验精确测量，所以可据此精确地测量普朗克常量 h。因 X 射线特征谱的峰值所对应的波长位置完全取决于靶材本身，所以特征谱也称为标识谱。它是由电子壳层内的跃迁产生的，因为实验中不同元素的标识谱不显示周期性变化，而且它与元素的化合状态基本无关。

泡利原理要求产生标识辐射的先决条件是原子壳层内存在空穴。实验上可使用电子束、质子束、离子束或 X 射线轰击原子的方式产生空穴。产生的具体过程可通过光电相互作用在 K 层产生一个空穴这个例子来认识(如图 5.6 右下角蓝色分支中的三个图所示)。设 K、L、M 层的电子结合能分别为 ϕ_{K}、ϕ_{L}、ϕ_{M}，被轰击逸出的光电子的能量为 $E_{\mathrm{pe}}=E-\phi_{\mathrm{K}}$。倘如电子从 L 层跃迁至 K 层，则辐射出的 X 射线为 K_α 特征谱线，其能量为 $E_{\mathrm{X}}=\phi_{\mathrm{K}}-\phi_{\mathrm{L}}$。在原子壳层中产生空穴后，除了辐射 X 射线外，还可通过发射俄歇电子释放能量。如 M 层发出的俄歇电子的动能为

$$E_{\mathrm{ae}}=\phi_{\mathrm{K}}-\phi_{\mathrm{L}}-\phi_{\mathrm{M}} \tag{5.6.10}$$

对于 K_α 特征谱线，莫塞莱得到如下的经验公式：

$$\nu_{K_\alpha}=0.248\times10^{16}(Z-b)^2(\mathrm{Hz}) \tag{5.6.11}$$

式中，$b\approx1$。结合玻尔原子假说可以解释该经验公式。对于类氢离子，玻尔理论可导出以下公式：

$$\nu_{K_\alpha}=\frac{c}{\lambda}=R_{\mathrm{H}}cZ^2\left(\frac{1}{1^2}-\frac{1}{2^2}\right)=\frac{3}{4}R_{\mathrm{H}}cZ^2\approx0.246\times10^{16}Z^2(\mathrm{Hz}) \tag{5.6.12}$$

再考虑电子屏蔽效应，将 Z 换成 $Z-1$(即 $Z\rightarrow Z-1$)，则可得 K_α 线的能量为

$$\Delta E_{K_\alpha}=\frac{3}{4}\times13.6\times(Z-1)^2(\mathrm{eV}) \tag{5.6.13}$$

这说明，K-X 射线正是电子从 $n=2,3,\cdots$各层跃迁到 $n=1$ 层所辐射出来的。图 5.6 中蓝色分支左侧的示意图给出了 K-X 射线、L-X 射线和 M-X 射线等谱线的标记方法。莫塞莱实验首次提供了精确测量 Z 的方法。

除了使用轰击打靶的方式产生 X 射线外，利用同步辐射也能产生 X 射线，如图 5.6 灰色分支中的图所示。当电子在同步回旋加速器(或其他圆形加速器)中做圆周运动时产生的辐射，统称为同步辐射。

X 射线与物质相互作用后会被吸收。如图 5.6 中的青色分支所示，粒子束与物质存在两类相互作用：多次小相互作用和全或无相互作用。重带电粒子与物质的相互作用属于前者，而光电效应则属于后者。对于后者，如图 5.6 浅蓝色分支中的图所示，假如一束粒子的强度为 I_0，通过厚度为 $\mathrm{d}x$ 的吸收体后，粒子流的强度 I 的减少量为

$$-\mathrm{d}I=\mu I(x)\mathrm{d}x \tag{5.6.14}$$

对上式积分可得朗伯-比尔定律：

$$I=I_0\mathrm{e}^{-\mu x}=I_0\mathrm{e}^{-\frac{\mu}{\rho}\rho x} \tag{5.6.15}$$

其中，μ 和 x 分别称为吸收系数和吸收长度；$\frac{\mu}{\rho}$ 和 ρx 分别称为质量吸收系数和质量厚度。根据朗伯-比尔定律，可测量物质的吸收系数 μ。光子与物质的相互作用基本上隶属“全或无相互作用”，其吸收系数将包括三部分，即

$$\mu=\mu_{光电}+\mu_{康}+\mu_{对}$$

其中，$\mu_{光电}$、$\mu_{康}$ 和 $\mu_{对}$ 分别代表光电效应系数、康普顿效应系数和电子对效应系数。

低能光子所组成的 X 射线在物质中的吸收规律遵循朗伯-比尔定律。如图 5.6 紫色分支中的图所示，实验发现，吸收系数 μ 随能量 E 的变化规律是，随着 X 射线的光子的能量增加吸收系数反而下降，并存在 K 吸收限、L 吸收限、M 吸收限三个吸收限。吸收限源于 1S、2S 和 3S 上电子被光子电离，从而引起原子的共振吸收。吸收限的出现，再次证实了原子中电子壳层结构的实在性。吸收限的存在也为实际测量和应用带来了很大的好处，例如，使用同种元素制成的过滤片可以让该种元素产生的 X 射线容易通过，而吸收掉其他杂散的射线。

请构建自己的思维导图。

5.7 原子核物理概论的思维导图

图 5.7 展示了原子核物理概论的思维导图。它将简要介绍原子核的质量、核力、核矩、核模型和原子核的放射性衰变。

原子是由原子核和电子组成的，原子核则是由质子和中子组成的。如图 5.7 中红色分支的上半部分所示，任何一个原子核都可用符号 ${}_Z^A X_N$ 来表示，其中，N 为核内中子数，Z 为质子数，$A(A=N+Z)$ 为核内的核子数，又称质量数；X 代表与 Z 相联系的元素符号。实验所给出的核素图表明，稳定核素几乎都落在核素的稳定区，在稳定区 $N \geqslant Z$。原子核质量遵循“$1+1\neq 2$”的规律，独立核子组成原子核后质量会亏损，其释放的能量由爱因斯坦质能方程给出（$\Delta E=\Delta mc^2$）。原子核的结合能 E_B 可由如下表达式求出：

$$M_A=ZM_H+Nm_n-E_B/c^2 \tag{5.7.1}$$

其中，M_A 和 M_H 分别是质量数为 A 的原子的质量和氢原子的质量；m_n 为中子的质量。原子核中每个核子对结合能的贡献，一般用平均结合能 E_B/A 来表示。图 5.7 红色分支右侧的示意图显示，平均结合能曲线的两头低、中间高。这就给出了两种获取核能的途径：重核裂变和轻核聚变。

如图 5.7 中红色分支的下半部分所示，原子核内的核子（质子和中子）靠核力结合在一起。核力有以下性质：核力是短程性强相互作用，具有饱和性，核力与电荷无关（$F_{pp}=F_{pn}=F_{nn}$ 表示质子与质子、质子与中子、中子与中子之间的核力相等），但与自旋有关，在极短程内存在斥力。汤川秀树将核力和电磁力进行类比，提出了核力的介子理论。他认为，核力也是一种交换力，核子间通过交换某种媒介粒子而发生相互作用。费曼图表明，两个带电粒子（如两电子）通过交换“虚光子”产生电磁相互作用，而两个核子则由 π 介子（π^0、π^+、π^-）作为传播子产生核力。由测不准原理可知，根据核力的力程 Δx 可估算传播子的质量 m（因 $\Delta E=\frac{\hbar}{\Delta t}=\frac{\hbar}{\Delta x/c}=\frac{\hbar c}{\Delta x}$，$\Delta E=mc^2$，则 $m=\frac{\hbar}{\Delta xc}$）。由此可见，类比法也是一种重要

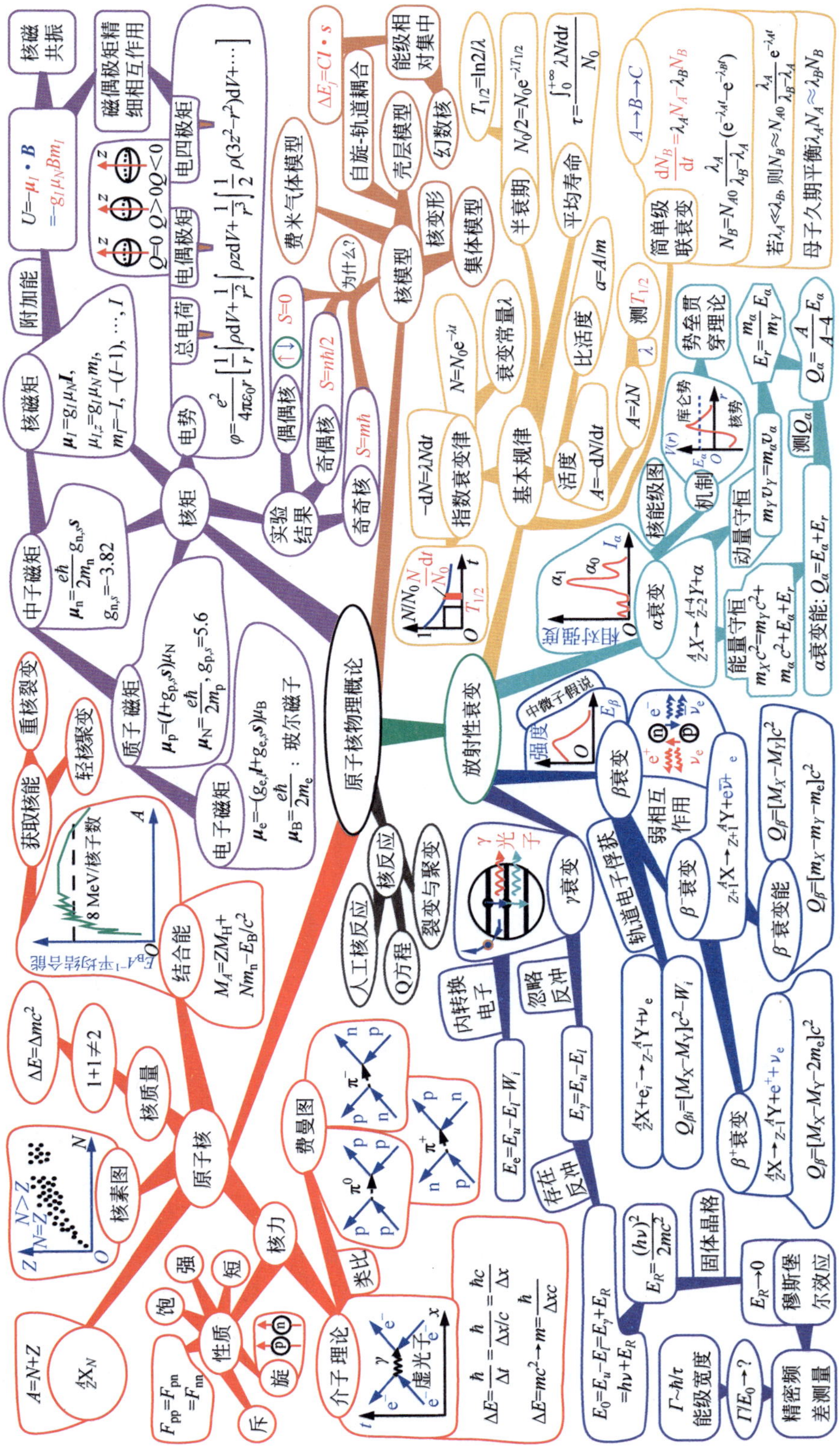

图 5.7　原子核物理概论的思维导图

的科学研究方法。

如图5.7中的玫红色分支所示，除了核质量外，核磁矩也是描述核的基态特征的一个重要物理量。电子磁矩的表达式为

$$\boldsymbol{\mu}_{\mathrm{e}}=-(g_{\mathrm{e},l}\boldsymbol{l}+g_{\mathrm{e},s}\boldsymbol{s})\mu_{\mathrm{B}} \tag{5.7.2}$$

其中，$g_{\mathrm{e},l}=1$；$g_{\mathrm{e},s}=2$；$\mu_{\mathrm{B}}=\dfrac{e\hbar}{2m_{\mathrm{e}}}$为玻尔磁子。质子磁矩的表达式为

$$\boldsymbol{\mu}_{\mathrm{p}}=(\boldsymbol{l}+g_{\mathrm{p},s}\boldsymbol{s})\mu_{\mathrm{N}} \tag{5.7.3}$$

其中，$\mu_{\mathrm{N}}=\dfrac{e\hbar}{2m_{\mathrm{p}}}$为核磁子；$g_{\mathrm{p},s}=5.6$。中子磁矩的表达式为

$$\boldsymbol{\mu}_{\mathrm{n}}=\frac{e\hbar}{2m_{\mathrm{n}}}g_{\mathrm{n,s}}s \tag{5.7.4}$$

其中 $g_{\mathrm{n},s}=-3.82$。质子和中子的磁矩表明，质子和中子是有内部结构的粒子。任何关于质子和中子结构的正确理论，都应该能解释它们的磁矩的实验测量结果。核磁矩$\boldsymbol{\mu}_I$ 和核自旋角动量 $\boldsymbol{I}$ 成正比，即

$$\boldsymbol{\mu}_I=g_I\mu_N\boldsymbol{I} \tag{5.7.5}$$

其中，g_I 为原子核的 g 因子。$\boldsymbol{\mu}_I$ 在 z 方向的投影为

$$\mu_{I,z}=g_I\mu_N m_I,\quad m_I=-I,-(I-1),\cdots,I \tag{5.7.6}$$

显然，在外场 $\boldsymbol{B}$ 中，核磁矩与外场相互作用所产生的附加能为

$$U=-\boldsymbol{\mu}_I\cdot\boldsymbol{B}=-g_I\mu_N Bm_I \tag{5.7.7}$$

进而会产生核塞曼能级的分裂现象。相邻两条分裂能级间的能量差为 $\Delta U=g_I\mu_N B$，与这种核塞曼能级间的跃迁相对应的磁共振现象称核磁共振。

附加能的表达式同时也是讨论磁偶极矩精细相互作用的理论基础。原子核所带电荷的对称性可由其电四极矩的实验值体现出来。对于任意的带电体系，它在 r 处产生的电势的一般表达式为

$$\varphi=\frac{e^2}{4\pi\varepsilon_0 r}\left[\frac{1}{r}\int\rho\mathrm{d}V+\frac{1}{r^2}\int\rho z\mathrm{d}V+\frac{1}{r^3}\int\frac{1}{2}\rho(3z^2-r^2)\mathrm{d}V+\cdots\right] \tag{5.7.8}$$

式中，前三项分别代表总电荷、电偶极矩和电四极矩对电势的贡献，相关理论见图8.2。实验表明，原子核的电偶极矩恒等于零，其电四极矩 Q 的取值与原子核的形状有关，如图5.7玫红色分支中的图所示。

对于原子核基态的自旋，实验结果表明：所有的偶偶核的自旋都是零($S=0$)；所有的奇偶核的自旋都是$\hbar$的半整数倍($S=n\hbar/2$)；所有的奇奇核的自旋都是$\hbar$的整数倍($S=m\hbar$)。为什么呢？这要由原子核的模型给出答案。

如图5.7中的橘黄色分支所示，核模型有很多，如液滴模型、费米气体模型、壳层模型和集体模型等。费米气体模型将中子和质子看作没有相互作用的费米子，它们都处于各自的方势阱中，原子核被视为费米气体。通过计算原子核的总平均动能取最小值的条件可知，对于 A 相同的原子核，当 $N=Z$ 时，原子核的能量最小。实验发现，自然界存在一系列幻数核，当 N 或 Z 等于下列数：2、8、20、28、50、82、126 其中之一时，原子核特别稳定。通过在势阱中加入自旋-轨道耦合($\Delta E_j=C\boldsymbol{l}\cdot\boldsymbol{s}$)，核的壳层模型给出能级相对集中的结果，成功解释了幻数核。但是，壳层模型对电四极矩的预言与实验值相差很大，为了解释该问题和核

变形的事实，人们提出了集体模型。

实验发现，绝大多数核素都会发生放射性衰变。放射性衰变有很多模式，这里只总结回顾 α 衰变、β 衰变和 γ 衰变，它们都遵循一些基本规律。如图 5.7 中的黄色分支所示，在 dt 时间内发生的核衰变数目为

$$-\mathrm{d}N=\lambda N\mathrm{d}t \tag{5.7.9}$$

对上式积分后可知放射性衰变服从指数衰变律：

$$N=N_0\mathrm{e}^{-\lambda t} \tag{5.7.10}$$

其中，衰变常量 λ 代表一个原子核在单位时间内发生衰变的概率。除了 λ，半衰期 $T_{1/2}$ 和平均寿命 τ 也可作为描述放射性核素的特征量。$T_{1/2}$ 可由 $N_0/2=N_0\mathrm{e}^{-\lambda T_{1/2}}$ 解出，即 $T_{1/2}=\ln 2/\lambda$，它代表放射性核素衰变其原有核数一半所需要的时间。平均寿命 τ 由 $\tau=\dfrac{\int_0^{+\infty}\lambda Nt\,\mathrm{d}t}{N_0}$ 给出，即 $\tau=1.44T_{1/2}$。定义放射性活度 $A=-\mathrm{d}N/\mathrm{d}t$，则 $A=\lambda N$。通过测量 A 和 N 可计算 λ，进而可测定长半衰期 $T_{1/2}$。此外，还通过引入比活度 $a=A/m$ 来反映放射性物质的纯度。

许多放射性核素会发生级联衰变。对于简单的级联衰变（如 $A\rightarrow B\rightarrow C$），有

$$\frac{\mathrm{d}N_B}{\mathrm{d}t}=\lambda_A N_A-\lambda_B N_B \tag{5.7.11}$$

若考虑 $N_A=N_{A0}\mathrm{e}^{-\lambda_A t}$，则

$$N_B=N_{A0}\frac{\lambda_A}{\lambda_B-\lambda_A}(\mathrm{e}^{-\lambda_A t}-\mathrm{e}^{-\lambda_B t}) \tag{5.7.12}$$

若子核的寿命远小于母核的寿命（若 $\lambda_A\ll\lambda_B$），当 $\lambda_B t\gg 1$ 时，则有

$$N_B\approx N_{A0}\frac{\lambda_A}{\lambda_B-\lambda_A}\mathrm{e}^{-\lambda_A t} \tag{5.7.13}$$

即出现母子久期平衡：

$$\lambda_A N_A\approx\lambda_B N_B \tag{5.7.14}$$

这表明，母体的放射性活度与子体相等，两者处于平衡状态。单位时间内子核衰变掉的核数等于它从从母体的衰变中补充得到的核数，它不仅给出了通过母子混存可以保持短寿命核素的方法，还提供了一个利用下式测量短寿命半衰期的方法：

$$T_{1/2B}=N_B T_{1/2A}/N_A$$

如图 5.7 中的青色分支所示，原子核的 α 衰变可以一般地表示为：${}_Z^A\mathrm{X}\rightarrow{}_{Z-2}^{A-4}\mathrm{Y}+\alpha$。衰变过程中应满足能量守恒定律和动量守恒定律。假如衰变前母核静止，则有

$$m_\mathrm{X}c^2=m_\mathrm{Y}c^2+m_\alpha c^2+E_\alpha+E_r \tag{5.7.15}$$

$$m_\mathrm{Y}v_\mathrm{Y}=m_\alpha v_\alpha \tag{5.7.16}$$

利用式(5.7.16)和子核的反冲动能 $E_r=\dfrac{1}{2}m_\mathrm{Y}v_\mathrm{Y}^2$，定义 α 衰变能为

$$Q_\alpha=E_\alpha+E_r=[m_\mathrm{X}-m_\mathrm{Y}-m_\alpha]c^2 \tag{5.7.17}$$

则得

$$Q_\alpha = \frac{A}{A-4} E_\alpha \tag{5.7.18}$$

这表明，通过测量 α 粒子的动能 E_α，可测量 Q_α。α 粒子能谱具有分立的、不连续的特征，这表明子核具有分立的能量状态，据此可画出核的能级图。如图 5.7 青色分支右侧的图所示，经典理论认为，处于核势和库仑势所形成的势垒中的 α 粒子不可能跑出原子核，但是，α 衰变的机制可用量子力学的势垒贯穿理论给出合理的解释，见图 9.2。

如图 5.7 中的蓝色分支所示，β 衰变是核电荷数改变而核子数不变的核衰变，它主要包括 β^- 衰变、β^+ 衰变和轨道电子俘获三种情况。连续的 β^- 能谱和分立的 α 粒子能谱形成鲜明对比。原子核是个量子体系，它具有的能量必然是分立的。而核衰变则是不同的原子核能态间的跃迁，由此释放的能量也必然是分立的。α 衰变证实了这一点，那么，β^- 能谱为什么是连续的呢？不确定关系不允许核内有电子(原因见图 5.3)，那么 β^- 衰变放出的电子是从何而来呢？为了回答第一个问题，泡利提出了中微子假说。如图 5.7 蓝色分支中第二个示意图所示，费米将电子和中微子在 β 衰变中产生的过程与光子在原子发生跃迁过程中产生的过程类比，提出了弱相互作用的 β 衰变理论，认为中子和质子之间的转变相当于一个量子态到另一个量子态的跃迁，成功回答了第二个问题。β^- 衰变可以一般地表示为

$${}^A_Z\mathrm{X} \rightarrow {}^{A}_{Z+1}\mathrm{Y} + \mathrm{e}^- + \bar{\nu}_\mathrm{e} \tag{5.7.19}$$

β^- 衰变的本质是核内一个中子变为质子，同时释放一个电子 e^- 和一个反中微子 $\bar{\nu}_\mathrm{e}$。β^+ 衰变可以一般地表示为

$${}^A_Z\mathrm{X} \rightarrow {}^{A}_{Z-1}\mathrm{Y} + \mathrm{e}^+ + \nu_\mathrm{e} \tag{5.7.20}$$

β^+ 衰变的本质是核内一个质子变为中子，同时释放一个正电子 e^+ 和一个中微子 ν_e。轨道电子俘获过程是指母核俘获核外轨道上的一个电子，使母核中的一个质子转变为中子，从而变成子核并且放出一个中微子(吸星大法嘛？神奇！)。轨道电子俘获一般可表示为

$${}^A_Z\mathrm{X} + \mathrm{e}_i^- \rightarrow {}^{A}_{Z-1}\mathrm{Y} + \nu_\mathrm{e} \tag{5.7.21}$$

仿照 α 衰变，β^- 衰变能可写成

$$Q_\beta = [m_\mathrm{X} - m_\mathrm{Y} - m_\mathrm{e}]c^2 \tag{5.7.22}$$

即

$$Q_\beta = [M_\mathrm{X} - M_\mathrm{Y}]c^2 \tag{5.7.23}$$

其中，M_X 和 M_Y 分别为 X 和 Y 的原子质量；m_e 是电子的质量。因 $m_\mathrm{X} = M_\mathrm{X} - Zm_\mathrm{e}$，$m_\mathrm{Y} = M_\mathrm{Y} - (Z+1)m_\mathrm{e}$，于是，产生 β^- 衰变的条件为 $M_\mathrm{X} > M_\mathrm{Y}$。同理，$\beta^+$ 衰变能为

$$Q_\beta = [M_\mathrm{X} - M_\mathrm{Y} - 2m_\mathrm{e}]c^2 \tag{5.7.24}$$

于是，产生 β^+ 衰变的条件为 $M_\mathrm{X} > M_\mathrm{Y} + 2m_\mathrm{e}$。同理，轨道电子俘获过程从第 i 层俘获电子的衰变能为

$$Q_{\beta i} = [M_\mathrm{X} - M_\mathrm{Y}]c^2 - W_i \tag{5.7.25}$$

其中，W_i 为第 i 层电子在原子中的结合能。发生轨道电子俘获的条件是 $M_\mathrm{X} - M_\mathrm{Y} > W_i/c^2$

如图 5.7 紫色分支中的图所示，处于激发态 E_u 的原子核是不稳定的，它要向低能状态 E_l 跃迁，同时往往放出 γ 光子，该现象称为 γ 衰变。有时核跃迁并不一定放出光子，而是把这部分能量直接交给核外电子，使电子离开原子，这种现象称为内转换(IC)，释放的电子称为内转换电子。内转换电子的能量为

$$E_e = E_u - E_l - W_i \tag{5.7.26}$$

假如忽略了原子核的反冲能 E_R，则光子的能量为 $E_\gamma = E_u - E_l$。否则存在反冲，应有

$$E_0 = E_u - E_l = E_\gamma + E_R = h\nu + E_R \tag{5.7.27}$$

其中，原子核的反冲能 $E_R = \frac{(h\nu)^2}{2mc^2}$。当放射性核素处于固体晶格中时，遭受反冲的就不是单个原子核，而是整块晶体(若 $m \to \infty$，则 $E_R \to 0$)。这种无反冲过程的 γ 衰变，称为穆斯堡尔效应。依照不确定关系，寿命为 τ 的激发态的能级宽度为 $\Gamma \sim \hbar/\tau$。为了实现 γ 共振吸收，就必须要求 $E_R < \Gamma$。Γ/E_0 的大小($\Gamma/E_0 \to ?$)决定了测量的精确度，无反冲 γ 发射的穆斯堡尔效应会给出高精度的 Γ/E_0。因此，穆斯堡尔效应被广泛应用到各种精密频差测量中，其中最著名的一个例子就是利用穆斯堡尔效应测定重力红移。

核反应实际上研究两个问题：一是反应运动学，二是反应动力学。人工核反应在核反应的研究中发挥着非常重要的作用，它主要研究利用具有一定能量的粒子轰击核素后其性质的变化规律。Q 方程是研究核反应运动学的一个中心。核的裂变与聚变一直是研究利用原子能的重要课题。感兴趣的读者，自己可以试着扩展相关的思维导图。

请构建自己的思维导图。

第6章 理论力学的思维导图范例

6.1 质点力学的思维导图

物理学专业的理论力学与工科专业的理论力学不同。前者偏重理论框架的搭建，为学习量子力学等课程做准备；后者偏重常见模型的应用，为学习流体力学和弹性力学等课程夯实基础。物理学专业的理论力学主要讲述质点力学、质点系力学、刚体力学、转动参考系和分析力学。图 6.1 给出了质点力学的思维导图，从运动学、动力学、动量、能量和角动量等多个角度构建质点力学的知识结构体系。

从运动学的角度来看，因为运动是相对的，所以描述物体的运动离不开参照物，参照物的抽象形式就是参考系。如图 6.1 中的红色分支所示，按照静坐标系和动坐标系相对运动的方式不同(相对平动或相对转动)，参考系可分为平动参考系和转动参考系。平动参考系又可分为惯性参考系和非惯性参考系，而转动参考系是一种特殊的非惯性参考系。参考系的选取原则是使得观察方便和对运动的描述尽可能简单。所有惯性参考系都等价，假设两惯性参考系以恒定的牵连速度$\boldsymbol{v}_0$ 做匀速相对运动，在非相对论情况下，它们满足伽利略变换，即

$$\begin{cases}\boldsymbol{v}=\boldsymbol{v}_0+\boldsymbol{v}' \\ \boldsymbol{a}=\boldsymbol{a}'\end{cases} \tag{6.1.1}$$

相对惯性参考系以牵连加速度 $\boldsymbol{a}_0$ 做匀加速运动的参考系为非惯性参考系，非惯性参考系中质点的绝对加速度为

$$\boldsymbol{a}=\boldsymbol{a}_0+\boldsymbol{a}' \tag{6.1.2}$$

其中，$\boldsymbol{a}'$为相对加速度。惯性参考系满足牛顿运动定律，而非惯性参考系则不满足。因此，可通过在非惯性系中引入惯性力 $\boldsymbol{F}^*=-m\boldsymbol{a}_0$，与相互作用力一起运用牛顿第二定律类似的形式，研究物体的动力学问题。为了在数值上精确地描述物体的运动状态，需要在参考系中建立坐标系。

如图 6.1 中的橘黄色分支所示，在描述质点的运动学问题时，常用的坐标系有直角坐标系(x,y,z)、平面极坐标系(r,θ)和自然坐标系 s。质点的运动学方程就是质点的位置矢量 $\boldsymbol{r}$ 随时间的变化规律，即 $\boldsymbol{r}=\boldsymbol{r}(t)$。在具体坐标系中，将 $\boldsymbol{r}=\boldsymbol{r}(t)$写成分量形式，再消去时间 t，可得质点的轨迹方程，如直角坐标系中的 $z=z(x,y)$和极坐标系中的 $r=r(\theta)$。

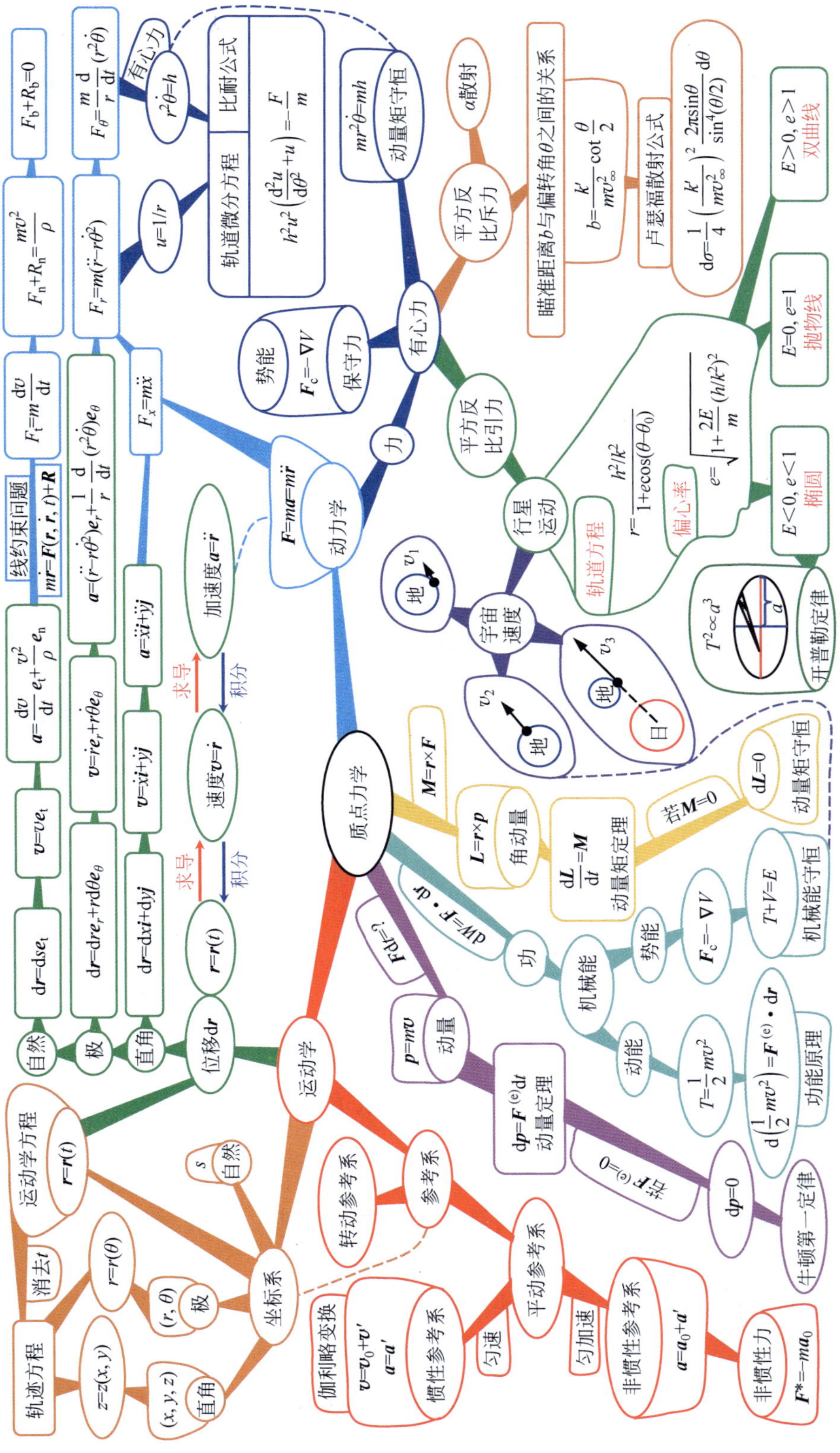

图 6.1 质点力学的思维导图

如图 6.1 以运动学为中心的绿色分支所示，除了位置矢量外，还需要引入位移 d$\boldsymbol{r}$、速度$\boldsymbol{v}=\dot{\boldsymbol{r}}$ 和加速度 $\boldsymbol{a}=\ddot{\boldsymbol{r}}$ 来描述质点的运动状态。通过将 $\boldsymbol{r}$、$\boldsymbol{v}$ 和 $\boldsymbol{a}$ 对时间求导或积分的运算，可以分别获取 $\boldsymbol{r}$、$\boldsymbol{v}$ 和 $\boldsymbol{a}$ 随时间变化的信息，具体细节可参考图 1.3。以描述质点在平面内的运动为例，在直角坐标系、极坐标系和自然坐标系中，d$\boldsymbol{r}$、$\boldsymbol{v}$ 和 $\boldsymbol{a}$ 的具体形式分别为

$$\begin{cases} \mathrm{d}\boldsymbol{r}=\mathrm{d}x\boldsymbol{i}+\mathrm{d}y\boldsymbol{j} \\ \boldsymbol{v}=\dot{x}\boldsymbol{i}+\dot{y}\boldsymbol{j} \\ \boldsymbol{a}=\ddot{x}\boldsymbol{i}+\ddot{y}\boldsymbol{j} \end{cases} \tag{6.1.3}$$

$$\begin{cases} \mathrm{d}\boldsymbol{r}=\mathrm{d}r\boldsymbol{e}_r+r\mathrm{d}\theta\boldsymbol{e}_\theta \\ \boldsymbol{v}=\dot{r}\boldsymbol{e}_r+r\dot{\theta}\boldsymbol{e}_\theta \\ \boldsymbol{a}=(\ddot{r}-r\dot{\theta}^2)\boldsymbol{e}_r+\dfrac{1}{r}\dfrac{\mathrm{d}}{\mathrm{d}t}(r^2\dot{\theta})\boldsymbol{e}_\theta \end{cases} \tag{6.1.4}$$

$$\begin{cases} \mathrm{d}\boldsymbol{r}=\mathrm{d}s\boldsymbol{e}_\mathrm{t} \\ \boldsymbol{v}=v\boldsymbol{e}_\mathrm{t} \\ \boldsymbol{a}=\dfrac{\mathrm{d}v}{\mathrm{d}t}\boldsymbol{e}_\mathrm{t}+\dfrac{v^2}{\rho}\boldsymbol{e}_\mathrm{n} \end{cases} \tag{6.1.5}$$

如图 6.1 中的浅蓝色分支所示，在经典理论中质点的动力学遵循牛顿第二定律，即

$$\boldsymbol{F}=m\boldsymbol{a}=m\ddot{\boldsymbol{r}} \tag{6.1.6}$$

倘若能通过受力分析获得加速度 $\boldsymbol{a}$，就可与质点运动学接轨。在直角坐标系、平面极坐标系和自然坐标系中，合外力分力的具体形式分别为

$$F_x=m\ddot{x},\quad F_y=m\ddot{y} \tag{6.1.7}$$

$$F_r=m(\ddot{r}-r\dot{\theta}^2),\quad F_\theta=\frac{m}{r}\frac{\mathrm{d}}{\mathrm{d}t}(r^2\dot{\theta}) \tag{6.1.8}$$

解线约束问题时，有以下表达式：

$$F_\mathrm{t}=m\frac{\mathrm{d}v}{\mathrm{d}t},\quad F_\mathrm{n}+R_\mathrm{n}=\frac{mv^2}{\rho},\quad F_\mathrm{b}+R_\mathrm{b}=0 \tag{6.1.9}$$

这是因为质点做约束运动时的运动微分方程为

$$m\ddot{\boldsymbol{r}}=\boldsymbol{F}(\boldsymbol{r},\dot{\boldsymbol{r}},t)+\boldsymbol{R} \tag{6.1.10}$$

将其投影到切线方向 $\boldsymbol{e}_\mathrm{t}$、主法线方向 $\boldsymbol{e}_\mathrm{n}$ 及副法线方向 $\boldsymbol{e}_\mathrm{b}$ 上，可得前面所给的分量形式(6.1.9)。

如图 6.1 中的蓝色分支所示，如果物体所受的某个力的方向始终通过某一固定点(力心)，则称该力为有心力。若有心力 $\boldsymbol{F}$ 为保守力，可引入势能 V，则有

$$\boldsymbol{F}_\mathrm{c}=-\nabla V \tag{6.1.11}$$

若质点只在有心力作用下，则其相对力心满足动量矩守恒定律：

$$mr^2\dot{\theta}=mh \tag{6.1.12}$$

将 $r^2\dot{\theta}=h$ 应用到极坐标系，再令 $u=1/r$，求出 $\dot{r},\ddot{r},\dot{\theta}$，并代入 $F_r=m(\ddot{r}-r\dot{\theta}^2)$ 可得轨道微分方程(比耐公式)：

$$h^2u^2\left(\frac{d^2u}{d\theta^2}+u\right)=-\frac{F}{m} \tag{6.1.13}$$

在平方反比引力(如 $F=-\frac{Gm_sm}{r^2}=-\frac{k^2m}{r^2}=-mk^2u^2$)和平方反比斥力(如 $F=\frac{2Ze^2}{4\pi\varepsilon_0r^2}=\frac{k'}{r^2}=k'u^2$)两种有心力的作用下,求解比耐公式可分别研究行星运动和 α 粒子散射问题。

如图 6.1 以有心力为中心的绿色分支所示,以平方反比引力为例,可得轨道方程为

$$r=\frac{h^2/k^2}{1+e\cos(\theta-\theta_0)} \tag{6.1.14}$$

其中,偏心率 $e=\sqrt{1+\frac{2E}{m}(h/k^2)^2}$,质点的总能量 $E=\frac{1}{2}m(\dot{r}^2+r^2\dot{\theta}^2)+V(r)$。将总能量 E 作为轨道类别的判据,可知质点在有心力场中可能有三种轨道:若 $E<0$,则 $e<1$,轨道为椭圆;若 $E=0$,则 $e=1$,轨道为抛物线;若 $E>0$,则 $e>1$,轨道为双曲线。行星的公转属于第一种情形,同时它还遵循开普勒定律($T^2\propto a^3$),读者可依据所画简图进行回顾,重点掌握 $T=2\pi a^{3/2}/k$ 即可。如图 6.1 以有心力为中心的橘黄色分支所示,α 粒子散射属于第三种情形,仅需用 k' 替代 $-k^2m$,即可得到 α 粒子散射的轨道方程。不过,人们更关心 α 粒子散射中瞄准距离 b 与偏转角 θ 之间的关系:

$$b=\frac{k'}{mv_\infty^2}\cot\frac{\theta}{2} \tag{6.1.15}$$

为了能进行实验验证,用 dN 表示单位时间内在 $\theta\sim\theta+d\theta$ 角度内所散射的粒子数,n 代表在单位时间内通过垂直于粒子束的单位截面积的粒子数,通过引入散射截面 $d\sigma=\frac{dN}{n}$ 的概念,导出了卢瑟福散射公式:

$$d\sigma=\frac{1}{4}\left(\frac{k'}{mv_\infty^2}\right)^2\frac{2\pi\sin\theta}{\sin^4(\theta/2)}d\theta \tag{6.1.16}$$

读者可验证该结果和图 5.1 所给结果是否一致。值得注意的是,散射公式中的 θ 代表散射角,而不是极坐标系中的坐标。

如图 6.1 中的紫色分支所示,因发射人造天体的需求,人们提出第一宇宙速度 v_1、第二宇宙速度 v_2 和第三宇宙速度 v_3,它们分别代表人造卫星或运载飞行器绕地球做圆周运动的最大速度或从地面发射所需的最低速度、脱离地球引力作用的最低速度和脱离太阳(日)系的最低发射速度。依照示意图,可以从圆周运动和机械能守恒定律的角度分别导出它们的表达式。

如图 6.1 中的玫红色分支所示,质点所受合外力对时间的累积($\boldsymbol{F}dt=?$)会引起其动量($\boldsymbol{p}=m\boldsymbol{v}$)的变化。动量定理的微分形式为

$$d\boldsymbol{p}=\boldsymbol{F}^{(e)}dt \tag{6.1.17}$$

当所受合外力 $\boldsymbol{F}^{(e)}$ 为零时,质点的动量保持不变(简记为若 $\boldsymbol{F}^{(e)}=0$,则 $d\boldsymbol{p}=0$),实质上这就是牛顿第一定律。如图 6.1 中的青色分支所示,质点所受外力对位移的累积(元功 $d\boldsymbol{W}=\boldsymbol{F}\cdot d\boldsymbol{r}$)会引起质点机械能的改变。机械能包括动能$\left(T=\frac{1}{2}mv^2\right)$和势能 V,即 $T+V=E$,

质点所受的保守力为 $\boldsymbol{F}_c=-\nabla V$。功能原理 $\mathrm{d}\left(\frac{1}{2}mv^2\right)=\boldsymbol{F}^{(e)}\cdot\mathrm{d}\boldsymbol{r}$ 表明合外力所做的功等于质点动能的改变量。当质点只受保守力作用时，质点的动能和势能可相互转化，但总机械能保持不变，这就是机械能守恒定律。如图 6.1 中的黄色分支所示，在力矩 $\boldsymbol{M}=\boldsymbol{r}\times\boldsymbol{F}$ 作用下，质点相对同一参考点的角动量(或动量矩) $\boldsymbol{L}=\boldsymbol{r}\times\boldsymbol{p}$ 会发生改变，其变化规律遵循动量矩定理：

$$\frac{\mathrm{d}\boldsymbol{L}}{\mathrm{d}t}=\boldsymbol{M} \tag{6.1.18}$$

倘若质点所受合外力矩为零，则质点的运动满足动量矩守恒定律(简记为若 $\boldsymbol{M}=0$，则 $\mathrm{d}\boldsymbol{L}=0$)。

请构建自己的思维导图。

6.2 质点系力学的思维导图

图 6.2 给出了质点系力学的思维导图。它首先将质点力学的研究方法推广到质点系，从动量、动量矩(角动量)和能量等多个角度探讨质点系的运动规律，然后研究两体问题，最后讨论变质量物体的运动问题。

如图 6.2 红色分支中的图所示，将质点系作为研究对象时，因为对质点系所产生的效果不同，相互作用力又可分为外力和内力。质点系内的质点之间的相互作用力称为内力(如 $\boldsymbol{f}_{ij}$ 代表质点系内第 i 个质点受到第 j 个质点的作用力)；质点系内的质点受到的质点系外物体的所有相互作用力称为外力(如 $\boldsymbol{F}_i^{(e)}$ 代表质点系内第 i 个质点所受的外力)。在描述质点系整体运动情况时，质心扮演着重要的角色。对于分立质点组成的质点系和连续质点组成的质点系来说，它们的质心位置坐标可分别由下式给出：

$$\boldsymbol{r}_C=\frac{\sum m_i\boldsymbol{r}_i}{\sum m_i} \tag{6.2.1}$$

对质量连续分布的物体有

$$\boldsymbol{r}_C=\frac{\int\boldsymbol{r}\,\mathrm{d}m}{\int\mathrm{d}m} \tag{6.2.2}$$

如图 6.2 中的玫红色分支所示，质点系的总动量等于质点系内所有质点的动量的矢量和，即

$$\boldsymbol{p}=\sum_{i=1}^{n}m_i\boldsymbol{v}_i \tag{6.2.3}$$

其所受合外力等于每个质点所受外力的矢量和，即 $\boldsymbol{F}^{(e)}=\sum_{i=1}^{n}\boldsymbol{F}_i^{(e)}$。将质点动量定理应用到质点系，可得质点系动量定理：

$$\frac{\mathrm{d}\boldsymbol{p}}{\mathrm{d}t}=\boldsymbol{F}^{(e)} \tag{6.2.4}$$

或

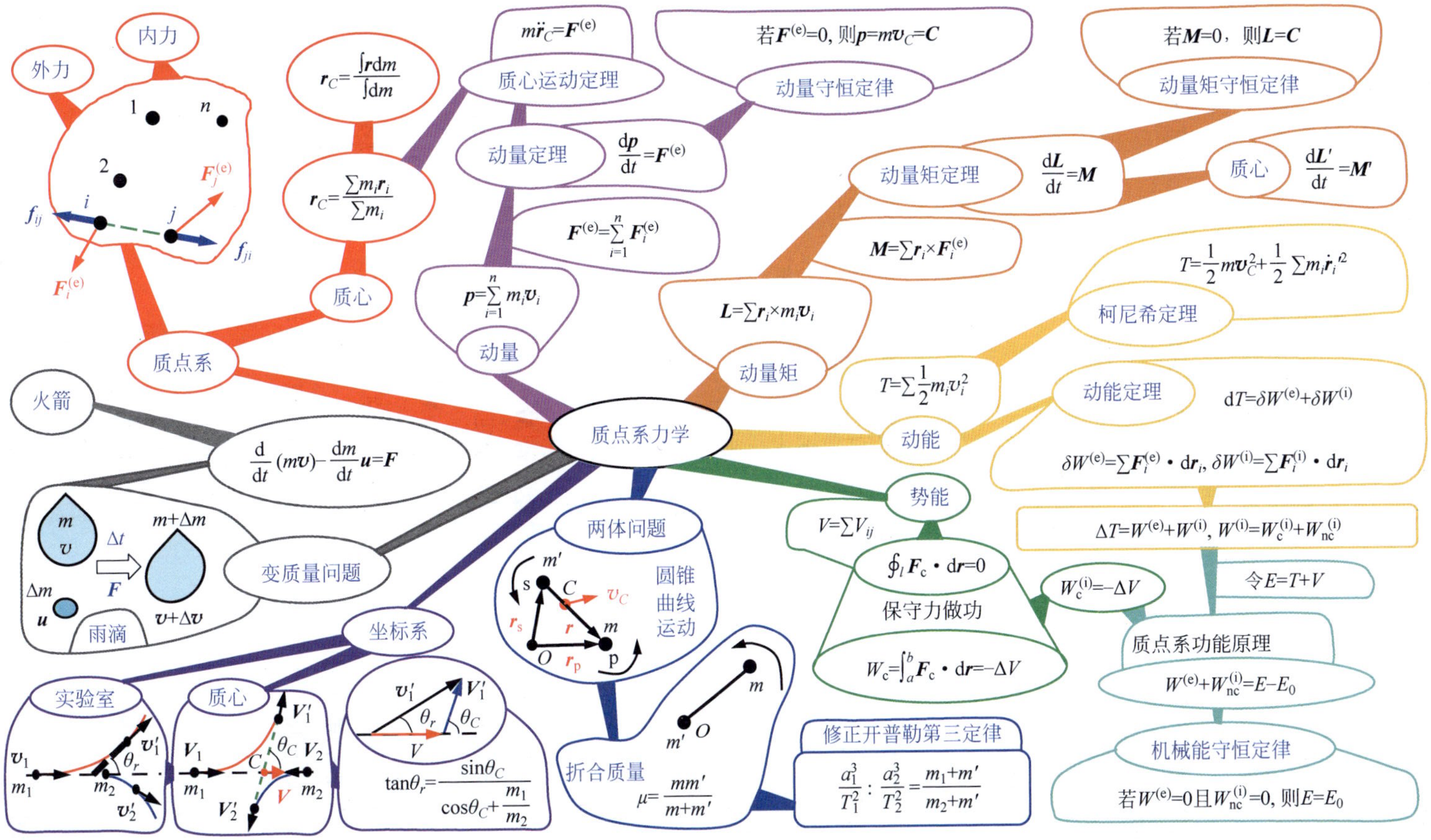

图 6.2　质点系力学的思维导图

$$\mathrm{d}\boldsymbol{p}=\boldsymbol{F}^{(\mathrm{e})}\mathrm{d}t \tag{6.2.5}$$

这表明,质点系动量的变化量只取决于合外力的冲量,而与内力无关。将式(6.2.1)对时间求二阶导数再变形可得

$$m\ddot{\boldsymbol{r}}_C=\frac{\mathrm{d}\left(\sum m_i\boldsymbol{v}_i\right)}{\mathrm{d}t} \tag{6.2.6}$$

与式(6.2.4)比较,可得质心运动定理:

$$m\ddot{\boldsymbol{r}}_C=\boldsymbol{F}^{(\mathrm{e})} \tag{6.2.7}$$

倘若质点系所受外力为零,则质点系的动量守恒,这就是动量守恒定律,简记为"若 $\boldsymbol{F}^{(\mathrm{e})}=0$,则 $\boldsymbol{p}=m\boldsymbol{v}_C=\boldsymbol{C}$"。

如图 6.2 中的橘黄色分支所示,定义质点系对固定点 O 的动量矩为

$$\boldsymbol{L}=\sum\boldsymbol{r}_i\times m_i\boldsymbol{v}_i \tag{6.2.8}$$

在质点系中一个质点的动力学方程为

$$m_i\frac{\mathrm{d}^2\boldsymbol{r}_i}{\mathrm{d}t^2}=\boldsymbol{F}_i^{(\mathrm{i})}+\boldsymbol{F}_i^{(\mathrm{e})} \tag{6.2.9}$$

其中,$\boldsymbol{F}_i^{(\mathrm{i})}$ 和 $\boldsymbol{F}_i^{(\mathrm{e})}$ 分别代表第 i 个质点所受的内力和外力。在动力学方程(6.2.9)两侧矢乘 $\boldsymbol{r}_i$,并对 i 求和,且由于成对出现的内力相对任何参考点的合力矩为零,则可得

$$\frac{\mathrm{d}\left(\sum\boldsymbol{r}_i\times m_i\boldsymbol{v}\right)}{\mathrm{d}t}=\sum\boldsymbol{r}_i\times\boldsymbol{F}_i^{(\mathrm{e})} \tag{6.2.10}$$

将质点系相对固定点 O 所受外力产生的力矩记为

$$\boldsymbol{M}=\sum\boldsymbol{r}_i\times\boldsymbol{F}_i^{(\mathrm{e})} \tag{6.2.11}$$

则式(6.2.10)可改写为

$$\frac{\mathrm{d}\boldsymbol{L}}{\mathrm{d}t}=\boldsymbol{M} \tag{6.2.12}$$

这就是质点系对固定点 O 的动量矩定理。若 $\boldsymbol{M}=0$,则 $\boldsymbol{L}=\boldsymbol{C}$,这就是动量矩守恒定律。对质心使用类似的方法可得对质心 C 的动量矩定理:

$$\frac{\mathrm{d}\boldsymbol{L}'}{\mathrm{d}t}=\boldsymbol{M}' \tag{6.2.13}$$

若 $\boldsymbol{M}'=0$,则 $\boldsymbol{L}'=\boldsymbol{C}'$,这表明当质点系相对其质心所受的外力矩 $\boldsymbol{M}'$ 为零时,则质点系相对其质心的角动量 $\boldsymbol{L}'$ 是守恒的。

如图 6.2 中的黄色分支和绿色分支所示,质点系的动能 T 和势能 V 分别定义为

$$T=\sum\frac{1}{2}m_iv_i^2 \tag{6.2.14}$$

$$V=\sum V_{ij} \tag{6.2.15}$$

将 $\boldsymbol{v}_i=\boldsymbol{v}_C+\boldsymbol{v}_i'$ 代入式(6.2.14)可得柯尼希定理:

$$T=\frac{1}{2}m\boldsymbol{v}_C^2+\frac{1}{2}\sum m_i\dot{\boldsymbol{r}}_i'^2 \tag{6.2.16}$$

它说明质点系的动能可看作质心的动能和所有质点相对质心运动的动能之和。动能定理 $\mathrm{d}T=\delta W^{(\mathrm{e})}+\delta W^{(\mathrm{i})}$ 说明质点系的动能变化来自两方面:外力做功 $\delta W^{(\mathrm{e})}=\sum\boldsymbol{F}_i^{(\mathrm{e})}\cdot\mathrm{d}\boldsymbol{r}_i$ 和

内力做功 $\delta W^{(\mathrm{i})}=\sum \boldsymbol{F}_i^{(\mathrm{i})}\cdot \mathrm{d}\boldsymbol{r}_i$，这一点与动量定理完全不同。对于有限过程，动能定理的形式为

$$\Delta T=W^{(\mathrm{e})}+W^{(\mathrm{i})} \tag{6.2.17}$$

其中，内力做功又可分为保守内力做功 $W_{\mathrm{c}}^{(\mathrm{i})}$ 和非保守内力做功 $W_{\mathrm{nc}}^{(\mathrm{i})}$，即 $W^{(\mathrm{i})}=W_{\mathrm{c}}^{(\mathrm{i})}+W_{\mathrm{nc}}^{(\mathrm{i})}$。因保守力 $\boldsymbol{F}_{\mathrm{c}}$ 做功与路径无关$\left(\oint_l \boldsymbol{F}_{\mathrm{c}}\cdot \mathrm{d}\boldsymbol{r}=0\right)$，故可引入势能并获取保守力做功与势能的改变量的关系：

$$W_{\mathrm{c}}=\int_a^b \boldsymbol{F}_{\mathrm{c}}\cdot \mathrm{d}\boldsymbol{r}=-\Delta V \tag{6.2.18}$$

将保守内力做功的特点 $W_{\mathrm{c}}^{(\mathrm{i})}=-\Delta V$ 应用到动能定理，并引入机械能 E（令 $E=T+V$），可得质点系的功能原理：

$$W^{(\mathrm{e})}+W_{\mathrm{nc}}^{(\mathrm{i})}=E-E_0 \tag{6.2.19}$$

显然，若 $W^{(\mathrm{e})}=0$ 且 $W_{\mathrm{nc}}^{(\mathrm{i})}=0$，则 $E=E_0$，这就是机械能守恒定律。

两体问题是最简单的质点系问题，它在研究行星运动和两体碰撞中发挥着重要的作用。如图 6.2 蓝色分支中的图所示，以行星 m 和太阳 m' 组成的二体系统(p,s)为例，写出它们仅在万有引力作用下的动力学方程：

$$m\ddot{\boldsymbol{r}}_{\mathrm{p}}=-\frac{Gm'm}{r^2}\boldsymbol{e}_r \tag{6.2.20}$$

$$m'\ddot{\boldsymbol{r}}_{\mathrm{s}}=\frac{Gm'm}{r^2}\boldsymbol{e}_r \tag{6.2.21}$$

将上述两式相加，再考虑质心位置坐标

$$\boldsymbol{r}_C=\frac{m'\boldsymbol{r}_{\mathrm{s}}+m\boldsymbol{r}_{\mathrm{p}}}{m'+m} \tag{6.2.22}$$

可导出

$$(m'+m)\ddot{\boldsymbol{r}}_C=0 \tag{6.2.23}$$

这表明，行星和太阳组成的系统的质心 C 将按惯性运动，而行星和太阳将绕着它们的质心做圆锥曲线运动。将式(6.2.20)和式(6.2.21)分别与 m' 和 m 相乘后再相减，可求出行星对太阳的相对运动方程：

$$\mu\ddot{\boldsymbol{r}}=-\frac{k^2m}{r^2}\boldsymbol{e}_r \tag{6.2.24}$$

其中，$\mu=\dfrac{mm'}{m+m'}$为折合质量；$k^2=Gm'$。那么，相对运动方程(6.2.24)可变形为

$$m\ddot{\boldsymbol{r}}=-\frac{k'^2m}{r^2}\boldsymbol{e}_r \tag{6.2.25}$$

其中，$k'^2=G(m'+m)$。此时开普勒第三定律 $T=2\pi a^{3/2}/k$ 中的 k 应修改为 k'，对于不同的行星 m_1 和 m_2，修正开普勒第三定律可得

$$\frac{a_1^3}{T_1^2}:\frac{a_2^3}{T_2^2}=\frac{m_1+m'}{m_2+m'} \tag{6.2.26}$$

显然，当 m_1 和 m_2 远小于 m' 时，$\dfrac{a_1^3}{T_1^2}:\dfrac{a_2^3}{T_2^2}=1$，故开普勒第三定律只具有近似性，但是其近

似程度却是相当高的。事实上,太阳系中的行星都满足这一条件。

散射和碰撞问题,都属于两体问题。如图 6.2 紫色分支中的图所示,观测者在静止坐标系中和随着质心运动的坐标系中观测散射过程时,所采用的坐标系分别为实验室坐标系和质心坐标系。在两种坐标系中所测量的散射角分别记为 θ_r 和 θ_C,从相对运动关系 $\boldsymbol{v}_1'=\boldsymbol{V}+\boldsymbol{V}'_1$ 出发,写出两个分量式的方程再相除可得

$$\tan\theta_r=\frac{\sin\theta_C}{\cos\theta_C+\frac{m_1}{m_2}} \tag{6.2.27}$$

讨论$\frac{m_1}{m_2}$不同的取值,不仅能够研究卢瑟福散射(α 粒子轰击金箔)和中子-质子散射等不同实验现象,还能为寻找理想的反应堆减速剂提供理论指导。

前面讨论了物体质量保持不变时的运动规律,本节简要讨论一下变质量物体的运动问题。如图 6.2 灰色分支中的图所示,将动量定理运用到质量为 m、速度为$\boldsymbol{v}$ 的物体和以速度 $\boldsymbol{u}$ 运动的微元质量 Δm 合并的问题,可得

$$(m+\Delta m)(\boldsymbol{v}+\Delta\boldsymbol{v})-(m\boldsymbol{v}+\Delta m\boldsymbol{u})=\boldsymbol{F}\Delta t \tag{6.2.28}$$

将方程(6.2.28)两边同时除以 Δt,取极限 $\Delta t\to 0$ 并略去高阶小量,可得变质量物体的运动学方程:

$$\frac{\mathrm{d}}{\mathrm{d}t}(m\boldsymbol{v})-\frac{\mathrm{d}m}{\mathrm{d}t}\boldsymbol{u}=\boldsymbol{F}$$

其中,$\boldsymbol{F}$ 为系统所受的合外力。使用该方程可以研究雨滴下落和火箭发射等变质量物体的运动规律。

请构建自己的思维导图。

6.3 刚体力学的思维导图

图 6.3 给出了刚体力学的思维导图。刚体的运动可分为平动、定轴转动、平面平行运动(点平动+过点定轴转动)、定点转动和一般运动(质心平动+过质心定点转动)。

如图 6.3 橘黄色分支中的图所示,刚体作为质点间距离不变的特殊质点系,作用在刚体上的力系,可简化为通过质心的一个单力 $\boldsymbol{F}$ 及一力偶矩为 $\boldsymbol{M}$ 的力偶。将质点系的质心运动定理和相对于质心的动量矩定理应用到刚体上,可得刚体运动的微分方程:

$$m\ddot{\boldsymbol{r}}_C=\sum_{i=1}^{n}\boldsymbol{F}_i^{(\mathrm{e})}=\boldsymbol{F} \tag{6.3.1}$$

$$\frac{\mathrm{d}\boldsymbol{L}}{\mathrm{d}t}=\boldsymbol{M} \tag{6.3.2}$$

刚体达到平衡时,必须满足平衡方程:$\boldsymbol{F}=0$ 且 $\boldsymbol{M}=0$。因刚体内力所做元功之和为零,故刚体所遵循的动能定理为

$$\mathrm{d}T=\sum\boldsymbol{F}_i^{(\mathrm{e})}\cdot\mathrm{d}\boldsymbol{r}_i \tag{6.3.3}$$

将这些定理应用到定轴转动、平面平行运动和定点转动后,它们的具体形式有所不同。

如图 6.3 中的绿色分支所示,刚体做定轴转动的转动惯量为

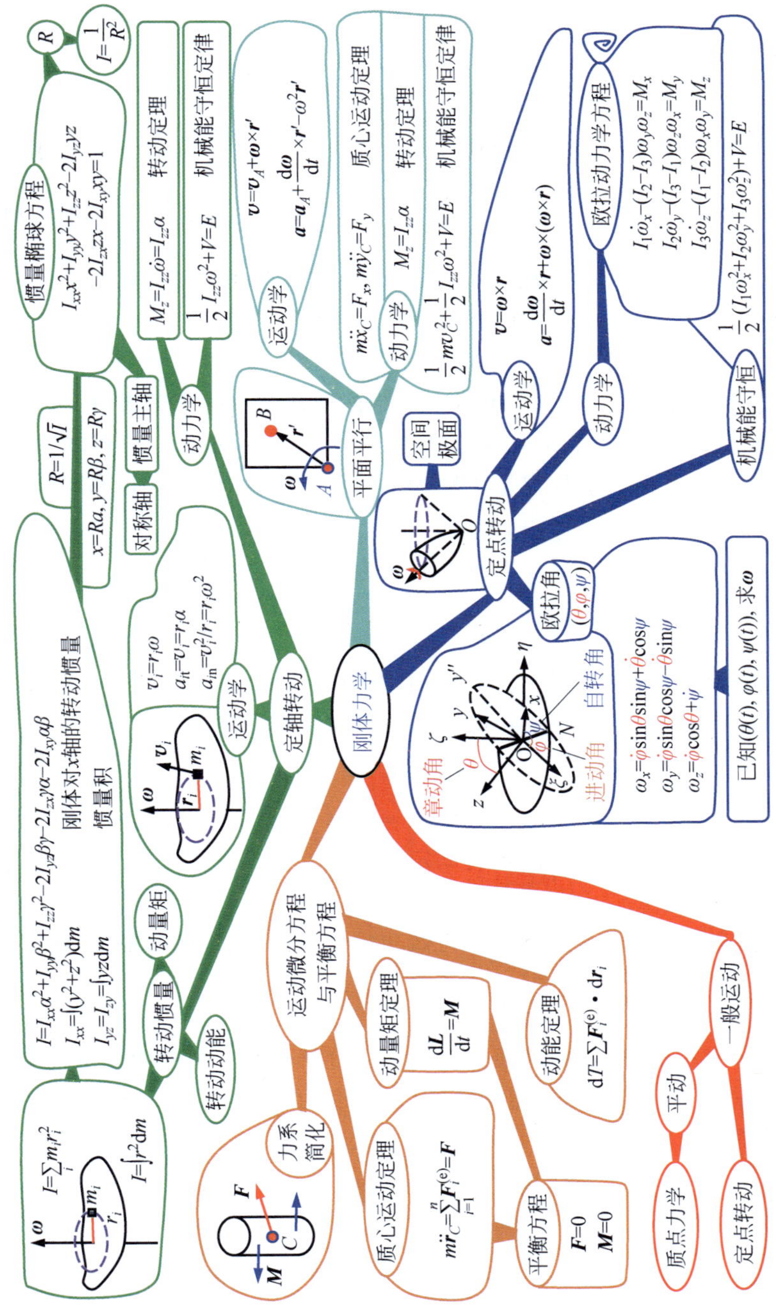

图 6.3 刚体力学的思维导图

$$I=\sum_i m_i r_i^2 \tag{6.3.4}$$

对质量连续分布的物体有

$$I=\int r^2 \mathrm{d}m \tag{6.3.5}$$

在研究刚体的转动动能时，可得

$$I=I_{xx}\alpha^2+I_{yy}\beta^2+I_{zz}\gamma^2-2I_{yz}\beta\gamma-2I_{zx}\gamma\alpha-2I_{xy}\alpha\beta \tag{6.3.6}$$

其中，α,β,γ 为任一转动瞬轴相对坐标轴的方向余弦；$I_{xx}=\int(y^2+z^2)\mathrm{d}m$ 为刚体对 x 轴的轴转动惯量；$I_{yz}=I_{zy}=\int yz\,\mathrm{d}m$ 为惯量积；其余类似量可类比写出。为了消去惯量积并求出 I，可在转轴上选一点 Q，并使得 $OQ=R=1/\sqrt{I}$，I 为刚体绕该轴的转动惯量。假若点 Q 的坐标为 $x=R\alpha$，$y=R\beta$，$z=R\gamma$，则可得惯量椭球方程：

$$I_{xx}x^2+I_{yy}y^2+I_{zz}z^2-2I_{yz}yz-2I_{zx}zx-2I_{xy}xy=1 \tag{6.3.7}$$

求出某轴上的径矢 R，进而由 $I=1/R^2$ 可得刚体绕该轴转动时的转动惯量。通常选取惯量椭球主轴为坐标轴，则惯量积全部等于零，这些轴称为惯量主轴。均匀刚体的对称轴就是惯量主轴。以定点 O 或质心 C 上的惯量主轴为坐标轴时，刚体的动量矩和转动动能分别简化为

$$\boldsymbol{L}=L_x\boldsymbol{i}+L_y\boldsymbol{j}+L_z\boldsymbol{k}=I_1\omega_x\boldsymbol{i}+I_2\omega_y\boldsymbol{j}+I_3\omega_z\boldsymbol{k} \tag{6.3.8}$$

$$T=\frac{1}{2}(I_1\omega_x^2+I_2\omega_y^2+I_3\omega_z^2) \tag{6.3.9}$$

一方面，刚体定轴转动的运动学只需弄明白刚体中任一质元 m_i 的运动状态，当转动角速度为 ω 时，m_i 的运动线速度 $v_i=r_i\omega$，切向和法向加速度分别为

$$a_{i\mathrm{t}}=\dot{v}_i=r_i\alpha \tag{6.3.10}$$

$$a_{i\mathrm{n}}=v_i^2/r_i=r_i\omega^2 \tag{6.3.11}$$

另一方面，刚体定轴转动的动力学要满足转动定理，即

$$M_z=I_{zz}\dot{\omega}=I_{zz}\alpha \tag{6.3.12}$$

此外，含有刚体的系统在满足外力仅有保守力做功的情况下，仍遵循机械能守恒定律，则得

$$\frac{1}{2}I_{zz}\omega^2+V=E \tag{6.3.13}$$

如图 6.3 青色分支中的图所示，平面平行运动可分解为某一平面内任意一基点 A 的平动及绕通过此点且垂直于固定平面的定轴转动(角速度为$\boldsymbol{\omega}$)。其运动学给出某一平面内任意一点 B 的运动速度为

$$\boldsymbol{v}=\boldsymbol{v}_A+\boldsymbol{\omega}\times\boldsymbol{r}' \tag{6.3.14}$$

由 $\boldsymbol{a}=\mathrm{d}\boldsymbol{v}/\mathrm{d}t$ 可得，加速度为

$$\boldsymbol{a}=\boldsymbol{a}_A+\frac{\mathrm{d}\boldsymbol{\omega}}{\mathrm{d}t}\times\boldsymbol{r}'-\omega^2\boldsymbol{r}' \tag{6.3.15}$$

但是，其动力学中通常都选取质心 C 为基点，以便利用质点系的质心运动定理和相对质心的转动定理写出平面平行运动的动力学方程。两个定理的表达式分别为

$$m\ddot{x}_C=F_x$$

$$m\ddot{y}_C = F_y \tag{6.3.16}$$

$$M_z = I_{zz}\alpha \tag{6.3.17}$$

因刚体做平面平行运动的动能为

$$T = \frac{1}{2}mv_C^2 + \frac{1}{2}I_{zz}\omega^2 \tag{6.3.18}$$

如果作用于刚体的外力只有保守力做功，则此种情形下机械能守恒定律变为

$$\frac{1}{2}mv_C^2 + \frac{1}{2}I_{zz}\omega^2 + V = E \tag{6.3.19}$$

刚体做定点转动时，瞬时角速度矢量$\boldsymbol{\omega}$总是沿着通过定点O的转动瞬轴。转动瞬轴在空间内描绘出一个顶点在O的锥面，该锥面被称为空间极面，如图6.3蓝色分支中右侧的图所示。其运动学给出瞬时刚体内任一点的线速度为$\boldsymbol{v} = \boldsymbol{\omega} \times \boldsymbol{r}$，加速度为$\boldsymbol{a} = \frac{\mathrm{d}\boldsymbol{\omega}}{\mathrm{d}t} \times \boldsymbol{r} + \boldsymbol{\omega} \times (\boldsymbol{\omega} \times \boldsymbol{r})$。刚体绕定点$O$以角速度$\boldsymbol{\omega}$转动时，其运动方程就是

$$\frac{\mathrm{d}\boldsymbol{L}}{\mathrm{d}t} = \boldsymbol{M} \tag{6.3.20}$$

将$\boldsymbol{L}$、$\boldsymbol{\omega}$和$\boldsymbol{M}$的分量式代入$\frac{\mathrm{d}\boldsymbol{L}}{\mathrm{d}t} = \dot{L}_x\boldsymbol{i} + \dot{L}_y\boldsymbol{j} + \dot{L}_z\boldsymbol{k} + \boldsymbol{\omega} \times \boldsymbol{L}$，并在三个方向上写成分量形式，可知定点转动的动力学遵循欧拉动力学方程：

$$\begin{cases} I_1\dot{\omega}_x - (I_2 - I_3)\omega_y\omega_z = M_x \\ I_2\dot{\omega}_y - (I_3 - I_1)\omega_z\omega_x = M_y \\ I_3\dot{\omega}_z - (I_1 - I_2)\omega_x\omega_y = M_z \end{cases} \tag{6.3.21}$$

因刚体做定点转动的动能为$T = \frac{1}{2}(I_1\omega_x^2 + I_2\omega_y^2 + I_3\omega_z^2)$，若作用于刚体的外力只有保守力做功，则由机械能守恒定律可知

$$\frac{1}{2}(I_1\omega_x^2 + I_2\omega_y^2 + I_3\omega_z^2) + V = E \tag{6.3.22}$$

如何才能确定刚体做定点转动时瞬时转动的角速度$\boldsymbol{\omega}$呢？如图6.3蓝色分支中左侧的图所示，以定点O为原点，构建一组坐标系$O\xi\eta\zeta$固定在空间中不动，而另一组坐标系$Oxyz$则固定在刚体上，随着刚体一起转动，并设z轴为动坐标系的瞬时转动轴。使用欧拉角(θ, φ, ψ)确定转动轴在空间的取向和刚体绕该轴线所转过的角度，θ、φ和ψ分别被称为章动角、进动角和自转角。一方面，在活动坐标系$Oxyz$中，角速度$\omega = \omega_x\boldsymbol{i} + \omega_y\boldsymbol{j} + \omega_z\boldsymbol{k}$；另一方面，$\boldsymbol{\omega}$又是绕轴$O\zeta$的角速度$\dot{\varphi}$、绕轴$ON$的角速度$\dot{\theta}$及绕轴$Oz$的角速度$\dot{\psi}$三者的矢量和，对比两种表示方法在$x$，$y$，$z$轴上的各个分量，可得欧拉运动学方程：

$$\begin{cases} \omega_x = \dot{\varphi}\sin\theta\sin\psi + \dot{\theta}\cos\psi \\ \omega_y = \dot{\varphi}\sin\theta\cos\psi - \dot{\theta}\sin\psi \\ \omega_z = \dot{\varphi}\cos\theta + \dot{\psi} \end{cases} \tag{6.3.23}$$

如已知$(\theta(t), \varphi(t), \psi(t))$，将它们代入欧拉运动学方程(6.3.23)，可求出$\boldsymbol{\omega}$在活动坐标轴x，y，z上的三个分量。

请构建自己的思维导图。

6.4 转动参考系的思维导图

地球在不停地进行自转，那么，如何研究地球上物体的动力学呢？在开展相关的研究工作时采用转动参考系比采用平动参考系更加简便。图 6.4 给出了转动参考系的思维导图。按参考系相对静止坐标系（静系）的转动角速度矢量方向是否变化，转动参考系又可分为平面转动参考系和空间转动参考系。弄清转动参考系中的动力学问题，就可以研究地球自转所产生的影响。

如图 6.4 红色分支中的图所示，平面转动参考系 $S'(Oxy)$ 相对静止参考系 $S(O\xi\eta z)$ 以角速度$\boldsymbol{\omega}$ 绕 z 轴转动。设 P 为在 Oxy 平面上运动的一个质点，则 P 的位矢为

$$\boldsymbol{r}=x\boldsymbol{i}+y\boldsymbol{j} \tag{6.4.1}$$

其中，单位矢量 $\boldsymbol{i}$、$\boldsymbol{j}$ 固定在 x 轴和 y 轴上。将式(6.4.1)代入定义式$\boldsymbol{v}=\mathrm{d}\boldsymbol{r}/\mathrm{d}t$，并使用$\dfrac{\mathrm{d}\boldsymbol{i}}{\mathrm{d}t}=\omega\boldsymbol{j}$ 和$\dfrac{\mathrm{d}\boldsymbol{j}}{\mathrm{d}t}=-\omega\boldsymbol{i}$，可得

$$\boldsymbol{v}=(\dot{x}\boldsymbol{i}+\dot{y}\boldsymbol{j})+(-\omega y\boldsymbol{i}+\omega x\boldsymbol{j}) \tag{6.4.2}$$

其中，相对速度 $\boldsymbol{v}'=\dot{x}\boldsymbol{i}+\dot{y}\boldsymbol{j}$，牵连速度 $v_{牵}=-\omega y\boldsymbol{i}+\omega x\boldsymbol{j}=\boldsymbol{\omega}\times\boldsymbol{r}$，则

$$\boldsymbol{v}=\boldsymbol{v}'+\boldsymbol{\omega}\times\boldsymbol{r} \tag{6.4.3}$$

亦即绝对速度等于相对速度与牵连速度的矢量和。再将式(6.4.3)代入加速度的定义式 $\boldsymbol{a}=\dfrac{\mathrm{d}\,\boldsymbol{v}}{\mathrm{d}t}$，可得

$$\boldsymbol{a}=\boldsymbol{a}'+\dot{\boldsymbol{\omega}}\times\boldsymbol{r}-\omega^2\boldsymbol{r}+2\boldsymbol{\omega}\times\boldsymbol{v}' \tag{6.4.4}$$

即绝对加速度等于相对加速度 $\boldsymbol{a}'$、牵连加速度 $\boldsymbol{a}_{\mathrm{t}}(\boldsymbol{a}_{\mathrm{t}}=\dot{\boldsymbol{\omega}}\times\boldsymbol{r}-\omega^2\boldsymbol{r})$和科里奥利加速度 $\boldsymbol{a}_{\mathrm{c}}(\boldsymbol{a}_{\mathrm{c}}=2\boldsymbol{\omega}\times\boldsymbol{v}')$的矢量和。

如图 6.4 橘黄色分支始端的图所示，空间转动参考系 $S'(Oxyz)$ 相对静止坐标系 $S(O\xi\eta\zeta)$以恒通过 O 点的角速度$\boldsymbol{\omega}$ 转动。在静止坐标系 S 中，任一矢量表示为

$$\boldsymbol{G}=G_x\boldsymbol{i}+G_y\boldsymbol{j}+G_z\boldsymbol{k} \tag{6.4.5}$$

其中，$\boldsymbol{i}$、$\boldsymbol{j}$、$\boldsymbol{k}$ 分别为固定在 x 轴、y 轴、z 轴上的单位矢量。仿照$\boldsymbol{v}=\dfrac{\mathrm{d}\boldsymbol{r}}{\mathrm{d}t}=\boldsymbol{\omega}\times\boldsymbol{r}$ 可得

$$\begin{cases}\mathrm{d}\boldsymbol{i}/\mathrm{d}t=\boldsymbol{\omega}\times\boldsymbol{i}\\ \mathrm{d}\boldsymbol{j}/\mathrm{d}t=\boldsymbol{\omega}\times\boldsymbol{j}\\ \mathrm{d}\boldsymbol{k}/\mathrm{d}t=\boldsymbol{\omega}\times\boldsymbol{k}\end{cases} \tag{6.4.6}$$

继而可得 $\boldsymbol{G}$ 对时间的变化率为

$$\frac{\mathrm{d}\boldsymbol{G}}{\mathrm{d}t}=\frac{\mathrm{d}^*\boldsymbol{G}}{\mathrm{d}t}+\boldsymbol{\omega}\times\boldsymbol{G} \tag{6.4.7}$$

其中，$\dfrac{\mathrm{d}^*\boldsymbol{G}}{\mathrm{d}t}=\dfrac{\mathrm{d}G_x}{\mathrm{d}t}\boldsymbol{i}+\dfrac{\mathrm{d}G_y}{\mathrm{d}t}\boldsymbol{j}+\dfrac{\mathrm{d}G_z}{\mathrm{d}t}\boldsymbol{k}$ 和 $\boldsymbol{\omega}\times\boldsymbol{G}$ 分别为相对变化率和牵连变化率。倘若将 $\boldsymbol{G}$ 分别改写为$\boldsymbol{v}$ 和 $\boldsymbol{a}$ 的形式，则有

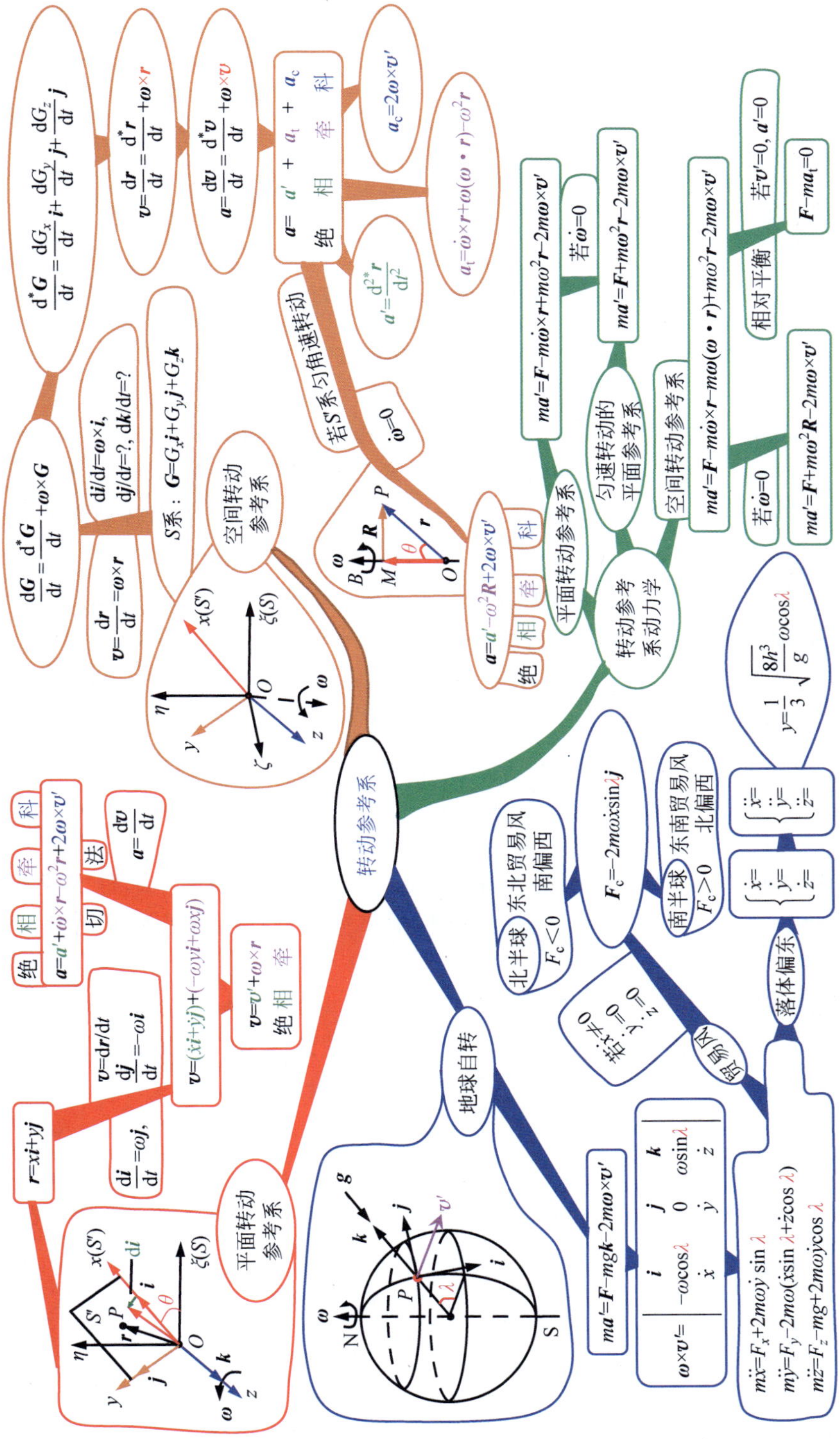

图 6.4 转动参考系的思维导图

$$\boldsymbol{v}=\frac{\mathrm{d}\boldsymbol{r}}{\mathrm{d}t}=\frac{\mathrm{d}^*\boldsymbol{r}}{\mathrm{d}t}+\boldsymbol{\omega}\times\boldsymbol{r} \tag{6.4.8}$$

$$\boldsymbol{a}=\frac{\mathrm{d}\boldsymbol{v}}{\mathrm{d}t}=\frac{\mathrm{d}^*\boldsymbol{v}}{\mathrm{d}t}+\boldsymbol{\omega}\times\boldsymbol{v} \tag{6.4.9}$$

将式(6.4.8)代入式(6.4.9)可得

$$\boldsymbol{a}=\boldsymbol{a}'+\boldsymbol{a}_{\mathrm{t}}+\boldsymbol{a}_{\mathrm{c}} \tag{6.4.10}$$

亦即绝对加速度等于相对加速度 $\boldsymbol{a}'\left(\boldsymbol{a}'=\frac{\mathrm{d}^{2*}\boldsymbol{r}}{\mathrm{d}t^2}\right)$、牵连加速度 $\boldsymbol{a}_{\mathrm{t}}\left(\boldsymbol{a}_{\mathrm{t}}=\frac{\mathrm{d}\boldsymbol{\omega}}{\mathrm{d}t}\times\boldsymbol{r}+\boldsymbol{\omega}(\boldsymbol{\omega}\cdot\boldsymbol{r})-\boldsymbol{\omega}^2\boldsymbol{r}\right)$ 和科里奥利加速度 $\boldsymbol{a}_{\mathrm{c}}$($\boldsymbol{a}_{\mathrm{c}}=2\boldsymbol{\omega}\times\boldsymbol{v}'$)的矢量和。如图 6.4 橘黄色分支末端的图所示,倘若 S' 系以匀角速度转动(即 $\dot{\boldsymbol{\omega}}=0$),则加速度简化为

$$\boldsymbol{a}=\boldsymbol{a}'-\omega^2\boldsymbol{R}+2\boldsymbol{\omega}\times\boldsymbol{v}' \tag{6.4.11}$$

其中,$\boldsymbol{a}_{\mathrm{t}}=\boldsymbol{\omega}(\omega r\cos\theta)-\boldsymbol{r}\omega^2=\overrightarrow{OM}\omega^2-(\overrightarrow{OM}+\overrightarrow{MP})\omega^2=-\omega^2\boldsymbol{R}$。

如图 6.4 中的绿色分支所示,从上述运动学所得结果中解出相对加速度 $\boldsymbol{a}'$ 的表达式,并将其应用到质点 m 上,可获取转动参考系的动力学信息。对于平面转动参考系 S' 而言,

$$m\boldsymbol{a}'=\boldsymbol{F}-m\dot{\boldsymbol{\omega}}\times\boldsymbol{r}+m\omega^2\boldsymbol{r}-2m\boldsymbol{\omega}\times\boldsymbol{v}' \tag{6.4.12}$$

即如果添上三种惯性力:$-m\dot{\boldsymbol{\omega}}\times\boldsymbol{r}$,惯性离心力 $m\omega^2\boldsymbol{r}$ 和科里奥利力 $-2m\boldsymbol{\omega}\times\boldsymbol{v}'$,则牛顿运动定律对 S' 系就"仍然"可以成立。对于匀速转动的平面参考系而言(若 $\dot{\boldsymbol{\omega}}=0$),

$$m\boldsymbol{a}'=\boldsymbol{F}+m\omega^2\boldsymbol{r}-2m\boldsymbol{\omega}\times\boldsymbol{v}' \tag{6.4.13}$$

对于空间转动参考系 S' 而言,

$$m\boldsymbol{a}'=\boldsymbol{F}-m\dot{\boldsymbol{\omega}}\times\boldsymbol{r}-m\boldsymbol{\omega}(\boldsymbol{\omega}\cdot\boldsymbol{r})+m\omega^2\boldsymbol{r}-2m\boldsymbol{\omega}\times\boldsymbol{v}' \tag{6.4.14}$$

如 S' 系以恒定角速度 $\boldsymbol{\omega}$ 转动(若 $\dot{\boldsymbol{\omega}}=0$),则

$$m\boldsymbol{a}'=\boldsymbol{F}+m\omega^2\boldsymbol{R}-2m\boldsymbol{\omega}\times\boldsymbol{v}' \tag{6.4.15}$$

如果质点固定在非惯性参考系中不动(若 $\boldsymbol{v}'=0,\boldsymbol{a}'=0$),则 $\boldsymbol{F}-m\boldsymbol{a}_{\mathrm{t}}=0$,即当质点在非惯性系中处于平衡状态时,主动力、约束反作用力和由牵连运动而引起的惯性力的矢量和等于零,这种平衡称为相对平衡。

根据上述知识,可以研究地球自转所产生的影响。如图 6.4 蓝色分支中的图所示,一质点在北半球的某点 P 上以速度 $\boldsymbol{v}'$ 相对地球运动,P 点的纬度为 λ,地球自转角速度 $\boldsymbol{\omega}$ 沿地轴方向。质点的动力学方程为

$$m\boldsymbol{a}'=\boldsymbol{F}-mg\boldsymbol{k}-2m\boldsymbol{\omega}\times\boldsymbol{v}' \tag{6.4.16}$$

其中,$\boldsymbol{\omega}\times\boldsymbol{v}'=\begin{vmatrix}\boldsymbol{i} & \boldsymbol{j} & \boldsymbol{k}\\ -\omega\cos\lambda & 0 & \omega\sin\lambda\\ \dot{x} & \dot{y} & \dot{z}\end{vmatrix}$。质点 P 在 x,y,z 轴三个方向上的运动微分方程为

$$\begin{cases}m\ddot{x}=F_x+2m\omega\dot{y}\sin\lambda\\ m\ddot{y}=F_y-2m\omega(\dot{x}\sin\lambda+\dot{z}\cos\lambda)\\ m\ddot{z}=F_z-mg+2m\omega\dot{y}\cos\lambda\end{cases} \tag{6.4.17}$$

据此可定性解释信风现象。因地面附近气流从两极向赤道附近推进,即气流的速度为 $\dot{x}$(若 $\dot{x}\neq0,\dot{y}=0,\dot{z}=0$),则其所受到科里奥利力为

$$\boldsymbol{F}_{\mathrm{c}}=-2m\omega\dot{x}\sin\lambda\boldsymbol{j} \tag{6.4.18}$$

故在低空大气中，北半球地面附近自北向南的气流，有朝西的偏向（因 $F_{\mathrm{c}}<0$），形成东北信风（也称贸易风）；而在南半球地面附近自南向北的气流，也有朝西的偏向（因 $F_{\mathrm{c}}>0$），形成东南贸易风。对于落体偏东问题，若初始条件 $t=0,\dot{x}=\dot{y}=\dot{z}=0,x=y=0,z=h$，先后求出的 $\dot{x}$、$\dot{y}$、$\dot{z}$ 和 $\ddot{x}$、$\ddot{y}$、$\ddot{z}$ 的表达式，再积分两次，可得质点自高度为 h 的地方开始自由下落，当它抵达地面（$z=0$）时，其偏东的数值为

$$y=\frac{1}{3}\sqrt{\frac{8h^3}{g}}\omega\cos\lambda \tag{6.4.19}$$

请构建自己的思维导图。

6.5 分析力学的思维导图之一

分析力学是理论力学的一个分支，它以广义坐标为描述质点系的变数，以牛顿运动定律为基础，运用数学分析的方法，研究宏观现象中的力学问题。因内容较多，将使用三张导图绘制分析力学的知识框架。图 6.5 给出了分析力学的思维导图之一，它将依次介绍约束的类型、广义坐标、虚功原理和拉格朗日方程。

分析力学的研究对象是质点系。如图 6.5 中的红色分支所示，工程上的力学问题大多数是约束的质点系，由于约束方程的类型不同，就形成了不同的力学系统。约束方程的类型按照标准不同，可分为多种：根据约束是否为含时的函数，可分为稳定约束 $f(x,y,z)=0$ 和不稳定约束 $f(x,y,z,t)=0$；按照质点是否能脱离约束，可分为不可解约束（如 $f(x,y,z)=0$ 和 $f(x,y,z,t)=0$）和可解约束（$f(x,y,z)\leqslant C$）；按照质点的空间位置和速度分量所受约束的不同，又可分为几何（完整）约束（如 $f(x,y,z)=0$ 或 $f(x,y,z,t)=0$）和运动（微分）约束（如 $f(x,y,z;\ \dot{x},\dot{y},\dot{z};\ t)=0$）。当微分约束可积时，它可化为完整约束；当不可积时，它是一种不完整约束。另外，可解约束是另一种不完整约束。凡只受完整约束的力学体系称为完整系，否则称为不完整系。

如图 6.5 中的橘黄色分支所示，对于由 n 个质点所形成的力学体系，如果有 k 个几何约束，则力学体系的自由度 $s=3n-k$，可引入 s 个广义坐标 $q_1,q_2,\cdots,q_s(s<3n)$ 和时间 t 来描述每个质点的位矢，即

$$\boldsymbol{r}_i=\boldsymbol{r}_i(q_1,q_2,\cdots,q_s,t),\quad i=1,2,\cdots,n \tag{6.5.1}$$

如图 6.5 中的绿色分支所示，在无限小的时间 $\mathrm{d}t(\mathrm{d}t\neq 0)$ 内，质点由于运动实际上所发生的位移 $\mathrm{d}\boldsymbol{r}$，称为实位移。在某一时刻 $t(\delta t=0)$，质点在约束许可的情况下，想象中所发生的位移 $\delta\boldsymbol{r}_i$，称为虚位移。因 $\boldsymbol{r}_i=\boldsymbol{r}_i(q_1,q_2,\cdots,q_s,t)$，则

$$\delta\boldsymbol{r}_i=\sum_{\alpha}^{s}\frac{\partial\boldsymbol{r}_i}{\partial q_\alpha}\cdot\delta q_\alpha \tag{6.5.2}$$

作用在质点 P_i 上的力 $\boldsymbol{F}_{P_i}$（$\boldsymbol{F}_{P_i}=\boldsymbol{F}_i+\boldsymbol{F}_{\mathrm{r}i}$，其中 $\boldsymbol{F}_i$ 为主动力的合力和 $\boldsymbol{F}_{\mathrm{r}i}$ 为约束反力的合力）在任意虚位移中所做的功，叫作虚功。为了消去约束反力，可引入理想约束：

$$\sum_{i}^{n}\boldsymbol{F}_{\mathrm{r}i}\cdot\delta\boldsymbol{r}_i=0 \tag{6.5.3}$$

亦即作用在一力学体系上诸约束反力在任意虚位移中所做的虚功之和为零。假设受 k 个几

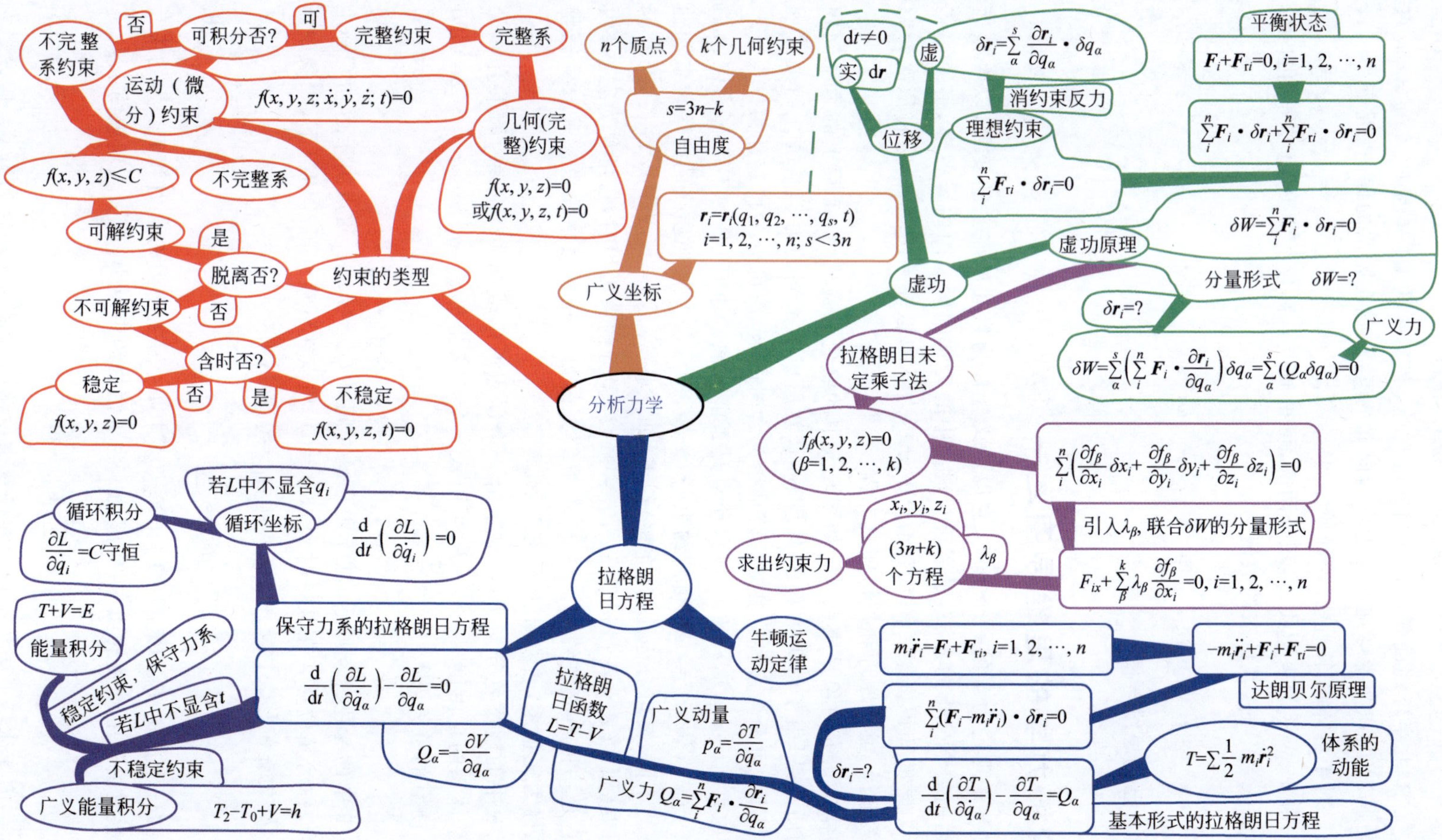

图 6.5 分析力学的思维导图之一

何约束的某力学体系处于平衡态，则体系中任意质点 P_i 必受力平衡，则有

$$\boldsymbol{F}_i+\boldsymbol{F}_{\mathrm{r}i}=0,\quad i=1,2,\cdots,n \tag{6.5.4}$$

在虚位移 $\delta\boldsymbol{r}_i$ 中所做的虚功之和为

$$\sum_i^n\boldsymbol{F}_i\cdot\delta\boldsymbol{r}_i+\sum_i^n\boldsymbol{F}_{\mathrm{r}i}\cdot\delta\boldsymbol{r}_i=0 \tag{6.5.5}$$

倘若体系所受约束为理想约束，则有平衡条件

$$\delta W=\sum_i^n\boldsymbol{F}_i\cdot\delta\boldsymbol{r}_i=0 \tag{6.5.6}$$

这就是虚功原理，其分量形式为

$$\delta W=\sum_i^n(F_{ix}\delta x_i+F_{iy}\delta y_i+F_{iz}\delta z_i)=0 \tag{6.5.7}$$

如果将式(6.5.2)代入式(6.5.6)，可得广义坐标系下的平衡方程为

$$\delta W=\sum_\alpha^s\left(\sum_i^n\boldsymbol{F}_i\cdot\frac{\partial\boldsymbol{r}_i}{\partial q_\alpha}\right)\delta q_\alpha=\sum_\alpha^s(Q_\alpha\delta q_\alpha)=0 \tag{6.5.8}$$

亦即 $Q_\alpha=0$，其中 $Q_\alpha=\sum_i^n\boldsymbol{F}_i\cdot\dfrac{\partial\boldsymbol{r}_i}{\partial q_\alpha}$ 称为广义力。

利用平衡方程可以很方便地求出理想约束力学体系在广义坐标系下的平衡条件，但却无法求出约束力。如图 6.5 中的玫红色分支所示，拉格朗日未定乘子法则可以同时求出平衡位置和约束力。假设 n 个质点组成的力学体系有 k 个完整约束 $f_\beta(x,y,z)=0,\beta=1,2,\cdots,k$，则力学体系中各点坐标的虚位移应当满足以下关系：

$$\sum_i^n\left(\frac{\partial f_\beta}{\partial x_i}\delta x_i+\frac{\partial f_\beta}{\partial y_i}\delta y_i+\frac{\partial f_\beta}{\partial z_i}\delta z_i\right)=0 \tag{6.5.9}$$

引入拉格朗日未定乘子 λ_β，与上式相乘，再联合 δW 的分量形式(6.5.7)可得

$$F_{ix}+\sum_\beta^k\lambda_\beta\frac{\partial f_\beta}{\partial x_i}=0,\quad i=1,2,\cdots,n \tag{6.5.10}$$

另外两个分量形式只需将上式中的 x 替换为 y,z 即可。将 n 个质点的三个分量形式和 k 个约束方程联合，就有一组$(3n+k)$个方程，可用来确定$(3n+k)$个量：$x_i,y_i,z_i(i=1,2,\cdots,n)$及 $\lambda_\beta(\beta=1,2,\cdots,k)$。最后，再由 $\boldsymbol{F}_r=\lambda\nabla f$ 求出面约束反作用力，或由 $\boldsymbol{F}_{r1}=\lambda_1\nabla f_1$ 和 $\boldsymbol{F}_{r2}=\lambda_2\nabla f_2$ 求出线约束反作用力。

如图 6.5 中的蓝色分支所示，从牛顿运动定律出发，可求出用广义坐标表示的完整系的动力学方程——拉格朗日方程。对于由 n 个质点所组成的力学体系，牛顿运动定律的表达式可写为

$$m_i\ddot{\boldsymbol{r}}_i=\boldsymbol{F}_i+\boldsymbol{F}_{\mathrm{r}i},\quad i=1,2,\cdots,n \tag{6.5.11}$$

或

$$-m_i\ddot{\boldsymbol{r}}_i+\boldsymbol{F}_i+\boldsymbol{F}_{\mathrm{r}i}=0 \tag{6.5.12}$$

式(6.5.12)是一个力学体系的平衡方程，代表主动力($\boldsymbol{F}_i$)、约束力($\boldsymbol{F}_{\mathrm{r}i}$)和质点因有加速度而产生的有效力(惯性力$-m_i\ddot{\boldsymbol{r}}_i$)的平衡，通常称为达朗贝尔原理。若将虚位移 $\delta\boldsymbol{r}_i$ 与平衡方程相点乘，并对 i 求和，在理想约束的条件下，可得

$$\sum_{i}^{n}(\boldsymbol{F}_i - m_i\ddot{\boldsymbol{r}}_i)\cdot\delta\boldsymbol{r}_i = 0 \tag{6.5.13}$$

将该式中的 $\delta\boldsymbol{r}_i$，$\boldsymbol{F}_i$，$\ddot{\boldsymbol{r}}_i$ 用广义坐标及其微商等表示出来，可得基本形式的拉格朗日方程：

$$\frac{\mathrm{d}}{\mathrm{d}t}\left(\frac{\partial T}{\partial \dot{q}_\alpha}\right) - \frac{\partial T}{\partial q_\alpha} = Q_\alpha,\quad \alpha = 1,2,\cdots,s \tag{6.5.14}$$

其中，$T=\sum \frac{1}{2}m_i\dot{\boldsymbol{r}}_i^2$ 代表体系的动能。因保守力系中必存在势能 V，通过引入拉格朗日函数 $L(L=T-V)$、广义动量 $p_\alpha\left(p_\alpha=\frac{\partial T}{\partial \dot{q}_\alpha}\right)$、广义力 $Q_\alpha\left(Q_\alpha=\sum_i^n \boldsymbol{F}_i\cdot\frac{\partial \boldsymbol{r}_i}{\partial q_\alpha}\right)$，再利用 $Q_\alpha=-\frac{\partial V}{\partial q_\alpha}$，可得保守力系的拉格朗日方程：

$$\frac{\mathrm{d}}{\mathrm{d}t}\left(\frac{\partial L}{\partial \dot{q}_\alpha}\right) - \frac{\partial L}{\partial q_\alpha} = 0,\quad \alpha = 1,2,\cdots,s \tag{6.5.15}$$

如图 6.5 中的紫色分支所示，拉格朗日方程是 s 个二阶微分方程组，在某些特殊情况下，某部分的第一积分甚易获得。这些第一积分有循环积分和能量积分。若 L 中不显含某一坐标 q_i（q_i 常称为循环坐标或可遗坐标），则得 $\frac{\partial L}{\partial q_i}=0$，故有

$$\frac{\mathrm{d}}{\mathrm{d}t}\left(\frac{\partial L}{\partial \dot{q}_i}\right) = 0 \tag{6.5.16}$$

即

$$\frac{\partial L}{\partial \dot{q}_i} = \mathrm{C} \tag{6.5.17}$$

它就是 q_i 对应的积分，称为循环积分。例如，处于平方反比引力场中的质点，因 $L=T-V=\frac{1}{2}m(\dot{r}^2+r^2\dot{\theta}^2)+k^2m/r$，极角 θ 就是一个循环坐标，故质点相对于力心的动量矩 $\frac{\partial L}{\partial \dot{\theta}}=mr^2\dot{\theta}$ 为一常数，这也意味着，质点相对于力心的动量矩守恒。倘若拉格朗日函数 L 中不显含时间 t，则稳定约束在保守力系作用下，可由拉格朗日方程导出能量积分：

$$T+V=E \tag{6.5.18}$$

这与质点系力学中的能量守恒定律有异曲同工之妙；但在不稳定约束情况下，则只能得到广义能量积分：

$$T_2 - T_0 + V = h \tag{6.5.19}$$

请构建自己的思维导图。

6.6 分析力学的思维导图之二

图 6.6 给出了分析力学的思维导图之二。它首先简要讨论多自由度力学体系的小振动问题；其次，使用保守力系的拉格朗日方程导出哈密顿正则方程；最后，介绍泊松括号的性质和用法。

多自由度力学体系的小振动问题，在物理学很多领域里都会遇到，譬如，分子物理中的

分子光谱、固体物理中的晶格振动以及电磁学中的耦合系统等。如图 6.6 中的红色分支所示，由广义坐标下的平衡方程 $\delta W=\sum_{\alpha}^{s} Q_{\alpha}\delta q_{\alpha}=0$ 可知，广义坐标系中的平衡方程要求所有的广义力都等于零，即

$$Q_{\alpha}=0,\quad \alpha=1,2,\cdots,s \tag{6.6.1}$$

对于保守力系来说，有

$$Q_{\alpha}=-\frac{\partial V}{\partial q_{\alpha}}=0 \tag{6.6.2}$$

故保守力系达到平衡的条件是势能取极值。当势能取极小值 $V_{\min}$ 时，平衡是稳定的；当势能取极大值 $V_{\max}$ 时，平衡是不稳定的。

一方面，如图 6.6 中的橘黄色分支所示，对于小振动来说，为了求出振动方程，首先需要获取力学体系的势能和动能在平衡位形区域内的泰勒展开式，因此势能可表示为

$$V=V_0+\sum_{\alpha}^{s}\left(\frac{\partial V}{\partial q_{\alpha}}\right)_0 q_{\alpha}+\frac{1}{2}\sum_{\alpha,\beta}^{s}\left(\frac{\partial^2 V}{\partial q_{\alpha}\partial q_{\beta}}\right)_0 q_{\alpha}q_{\beta}+O(q) \tag{6.6.3}$$

动能可表示为

$$T=\frac{1}{2}\sum_{\alpha,\beta}^{s} a_{\alpha\beta}\dot{q}_{\alpha}\dot{q}_{\beta} \tag{6.6.4}$$

其中，$a_{\alpha\beta}=(a_{\alpha\beta})_0+\sum_{r}^{s}\left(\frac{\partial a_{\alpha\beta}}{\partial q_r}\right)_0 q_r+O(\xi)$。取 $V_0=0$，因 $\left(\frac{\partial V}{\partial q_{\alpha}}\right)_0=0$，再忽略高阶项，则得

$$V=\frac{1}{2}\sum_{\alpha,\beta}^{s}\left(\frac{\partial^2 V}{\partial q_{\alpha}\partial q_{\beta}}\right)_0 q_{\alpha}q_{\beta} \tag{6.6.5}$$

$$T=\frac{1}{2}\sum_{\alpha,\beta}^{s} a_{\alpha\beta}\dot{q}_{\alpha}\dot{q}_{\beta} \tag{6.6.6}$$

其中，记 $a_{\alpha\beta}=(a_{\alpha\beta})_0$。将 V 和 T 的表达式（式(6.6.5)和式(6.6.6)）代入基本形式的拉格朗日方程 $\frac{\mathrm{d}}{\mathrm{d}t}\left(\frac{\partial T}{\partial \dot{q}_{\alpha}}\right)-\frac{\partial T}{\partial q_{\alpha}}=-\frac{\partial V}{\partial q_{\alpha}}$，可得力学体系在平衡位置附近的动力学方程为

$$\sum_{\beta}^{s}(a_{\alpha\beta}\ddot{q}_{\beta}+c_{\alpha\beta}q_{\beta})=0 \tag{6.6.7}$$

其实数解为

$$q_{\beta}=\sum_{l}^{s} c^{(l)}\Delta_{1\beta}(-\nu_l^2)\cos(\nu_l t+\varepsilon_l),\quad \beta=1,2,\cdots,s \tag{6.6.8}$$

其中，ν_l 称为简正频率；它的数目共有 s 个，这与力学体系的自由度数相等。

另一方面，因 V 和 T 中含有交叉项 $q_{\alpha}q_{\beta}$ 和 $\dot{q}_{\alpha}\dot{q}_{\beta}$，致使多自由度体系的小振动问题变得比较复杂。如图 6.6 中的绿色分支所示，倘若引入简正坐标 ξ_l，作线性变换，令 $q_{\beta}=\sum_{l}^{s} g_{\beta l}\xi_l$，可使 V 和 T 同时变成正则形式，即

$$V=\frac{1}{2}\sum_{l}^{s} c_l^0\xi_l^2 \tag{6.6.9}$$

$$T=\frac{1}{2}\sum_{l}^{s} a_l^0\dot{\xi}_l^2 \tag{6.6.10}$$

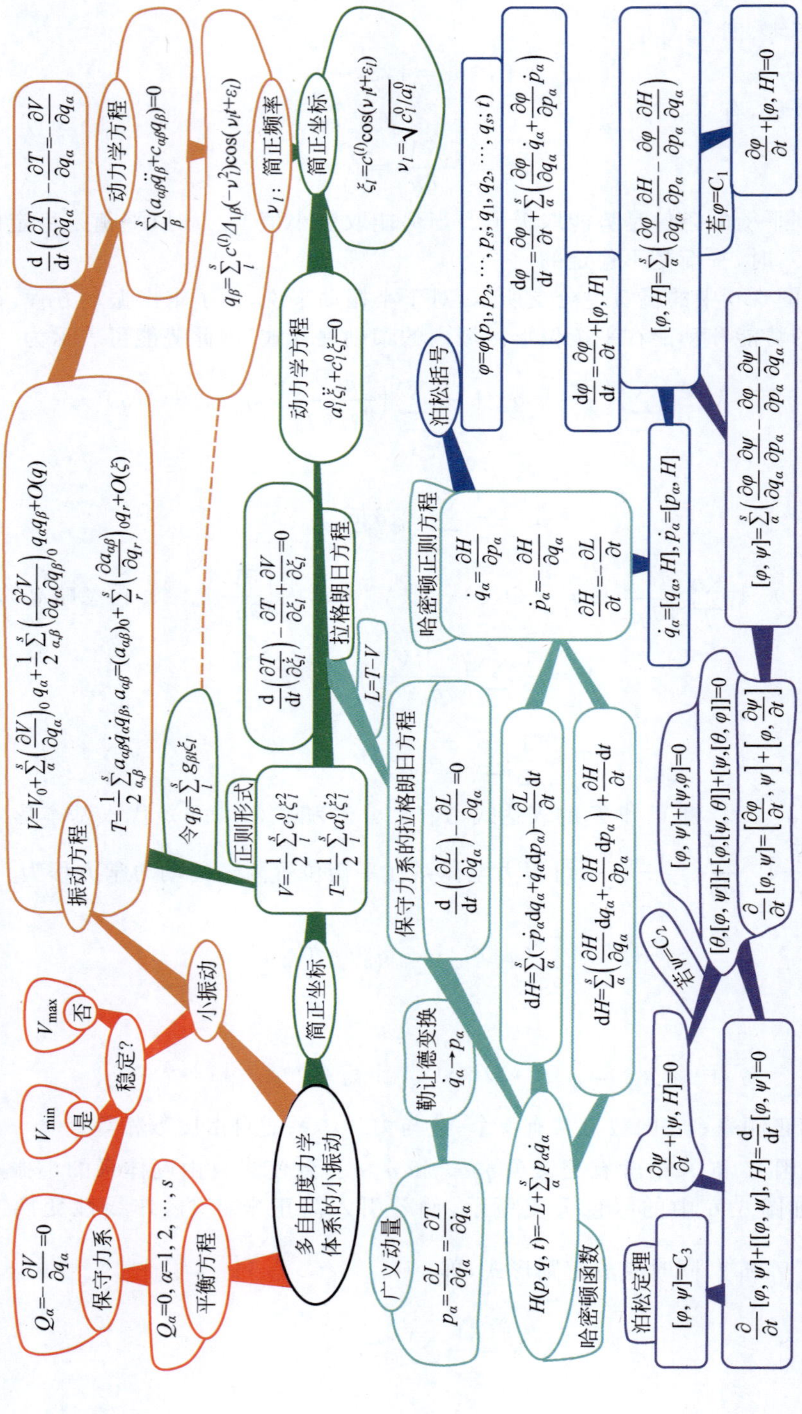

图 6.6 分析力学的思维导图之二

将 V 和 T 的表达式(式(6.6.9)和式(6.6.10))代入拉格朗日方程 $\frac{\mathrm{d}}{\mathrm{d}t}\left(\frac{\partial T}{\partial \dot{\xi}_l}\right)-\frac{\partial T}{\partial \xi_l}+\frac{\partial V}{\partial \xi_l}=0$，可得动力学方程：

$$a_l^0\ddot{\xi}_l+c_l^0\xi_l=0,\quad l=1,2,\cdots,s \tag{6.6.11}$$

再将这些方程积分，得到简正坐标：

$$\xi_l=c^{(l)}\cos(\nu_l t+\varepsilon_l) \tag{6.6.12}$$

式中，$\nu_l=\sqrt{c_l^0/a_l^0}$ 就是简正频率。这说明，每一简正坐标都将做(具有自己的)固有频率 ν_l 的谐振动，而其他 q 坐标将是由 s 个谐振动叠加而成的复杂振动。这部分内容将在固体物理中研究晶格振动时大显身手(图 10.3)。

如图 6.6 中的青色分支所示，通过引入拉格朗日函数 $L=T-V$，可得保守力系的拉格朗日方程：

$$\frac{\mathrm{d}}{\mathrm{d}t}\left(\frac{\partial L}{\partial \dot{q}_\alpha}\right)-\frac{\partial L}{\partial q_\alpha}=0 \tag{6.6.13}$$

但是拉格朗日方程是二阶常微分方程组。如果把 L 中的广义速度换成广义动量($\dot{q}_\alpha\rightarrow p_\alpha$)，可将 s 个二阶方程降阶为 $2s$ 个一阶方程，这种变换称为勒让德变换。令广义动量 $p_\alpha=\frac{\partial L}{\partial \dot{q}_\alpha}=\frac{\partial T}{\partial \dot{q}_\alpha}$，引入哈密顿函数 $H(p,q,t)=-L+\sum\limits_\alpha^s p_\alpha\dot{q}_\alpha$，两边取微分，并使用 $\mathrm{d}L=\sum\limits_\alpha^s\left(\frac{\partial L}{\partial q_\alpha}\mathrm{d}q_\alpha+\frac{\partial L}{\partial \dot{q}_\alpha}\mathrm{d}\dot{q}_\alpha\right)+\frac{\partial L}{\partial t}\mathrm{d}t$(即 $L=L(q_\alpha,\dot{q}_\alpha,t)$ 的全微分)，可得

$$\mathrm{d}H=\sum_\alpha^s(-\dot{p}_\alpha\mathrm{d}q_\alpha+\dot{q}_\alpha\mathrm{d}p_\alpha)-\frac{\partial L}{\partial t}\mathrm{d}t \tag{6.6.14}$$

将其与 $\mathrm{d}H=\sum\limits_\alpha^s\left(\frac{\partial H}{\partial q_\alpha}\mathrm{d}q_\alpha+\frac{\partial H}{\partial p_\alpha}\mathrm{d}p_\alpha\right)+\frac{\partial H}{\partial t}\mathrm{d}t$(即 $H=H(q_\alpha,p_\alpha,t)$ 的全微分)进行对比，可得哈密顿正则方程：

$$\begin{cases}\dot{q}_\alpha=\dfrac{\partial H}{\partial p_\alpha},\quad \alpha=1,2,\cdots,s\\ \dot{p}_\alpha=-\dfrac{\partial H}{\partial q_\alpha},\quad \alpha=1,2,\cdots,s\\ \dfrac{\partial H}{\partial t}=-\dfrac{\partial L}{\partial t}\end{cases} \tag{6.6.15}$$

如图 6.6 中的蓝色分支所示，正则方程也可用泊松括号表示，即

$$\begin{cases}\dot{q}_\alpha=[q_\alpha,H]\\ \dot{p}_\alpha=[p_\alpha,H]\end{cases} \tag{6.6.16}$$

它们经常在量子力学中用到。而泊松括号的定义要从 $\varphi=\varphi(p_1,p_2,\cdots p_s;q_1,q_2,\cdots q_s;t)$ 对时间 t 的微分谈起，因

$$\frac{\mathrm{d}\varphi}{\mathrm{d}t}=\frac{\partial\varphi}{\partial t}+\sum_\alpha^s\left(\frac{\partial\varphi}{\partial q_\alpha}\dot{q}_\alpha+\frac{\partial\varphi}{\partial p_\alpha}\dot{p}_\alpha\right) \tag{6.6.17}$$

将正则方程代入上式，可得

$$\frac{\mathrm{d}\varphi}{\mathrm{d}t}=\frac{\partial\varphi}{\partial t}+[\varphi,H] \tag{6.6.18}$$

其中，$[\varphi,H]=\sum_{\alpha}^{s}\left(\frac{\partial\varphi}{\partial q_{\alpha}}\frac{\partial H}{\partial p_{\alpha}}-\frac{\partial\varphi}{\partial p_{\alpha}}\frac{\partial H}{\partial q_{\alpha}}\right)$称为泊松括号。若 φ 是正则方程的一个积分(若 $\varphi=C_1$)，则必有

$$\frac{\partial\varphi}{\partial t}+[\varphi,H]=0 \tag{6.6.19}$$

类似地，如图 6.6 中的紫色分支所示，可定义泊松括号为

$$[\varphi,\psi]=\sum_{\alpha}^{s}\left(\frac{\partial\varphi}{\partial q_{\alpha}}\frac{\partial \psi}{\partial p_{\alpha}}-\frac{\partial\varphi}{\partial p_{\alpha}}\frac{\partial \psi}{\partial q_{\alpha}}\right) \tag{6.6.20}$$

那么，泊松括号具有以下特性：

$$[\varphi,\psi]+[\psi,\varphi]=0 \tag{6.6.21}$$

$$[\theta,[\varphi,\psi]]+[\varphi,[\psi,\theta]]+[\psi,[\theta,\varphi]]=0 \tag{6.6.22}$$

$$\frac{\partial}{\partial t}[\varphi,\psi]=\left[\frac{\partial\varphi}{\partial t},\psi\right]+\left[\varphi,\frac{\partial \psi}{\partial t}\right] \tag{6.6.23}$$

若 ψ 也是正则方程的一个积分(若 $\psi=C_2$)，则必有

$$\frac{\partial \psi}{\partial t}+[\psi,H]=0 \tag{6.6.24}$$

将式(6.6.22)中 θ 替换为 H，依次使用式(6.6.19)、式(6.6.24)、式(6.6.21)、式(6.6.23)和式(6.6.18)可得

$$\frac{\partial}{\partial t}[\varphi,\psi]+[[\varphi,\psi],H]=\frac{\mathrm{d}}{\mathrm{d}t}[\varphi,\psi]=0 \tag{6.6.25}$$

故 $[\varphi,\psi]=C_3$ 也是正则方程的一个积分，这个关系称为泊松定理。另外，

$$[q_{\alpha},p_{\beta}]=\delta_{\alpha\beta}=\begin{cases}1, & \alpha=\beta\\0, & \alpha\neq\beta\end{cases}$$

因为泊松括号的性质和对易子所具备的性质一模一样，这为经典理论和量子理论的结合搭建了桥梁。

请构建自己的思维导图。

6.7 分析力学的思维导图之三

图 6.7 给出了分析力学的思维导图之三，主要介绍力学变分原理和正则变换。

凡在力学原理须用到变分运算的，都称为力学变分原理。力学变分原理有微分形式，也有积分形式。虚功原理是其微分形式，而哈密顿原理则是其积分形式。变分运算中的变分符号用 δ 表示。有些变分运算法则和微分相同，如

$$\begin{cases}\delta(A+B)=\delta A+\delta B\\\delta(AB)=A\delta B+B\delta A\\\delta(A/B)=(B\delta A-A\delta B)/B^2\end{cases} \tag{6.7.1}$$

如图 6.7 绿色分支中的图所示，假定 C 是 s 维空间中质点真实的运动轨道，C' 为邻近 C 的一条虚拟轨道，相差甚微的两条轨道曲线之间的差异称为变分。C 和 C' 的起始点 P_1($t=$

t_1)和终点 $P_2(t=t_2)$相同,$P(q_\alpha)$和 $P'(q_\alpha+\delta q_\alpha)$、$Q(q_\alpha+\mathrm{d}q_\alpha)$和 $Q'(?)$分别为 C 和 C'两条轨道在相同时刻的对应点,对应点之间的差异用变分表示。而相同轨道上的两点之间的差异要用微分表示。通过 $PP'Q'$和 PQQ'两条路径求 Q'的坐标,可得

$$\delta(\mathrm{d}q_\alpha)=\mathrm{d}(\delta q_\alpha) \tag{6.7.2}$$

可见,d 与 δ 的先后次序可以对易。但由于

$$\delta\left(\frac{\mathrm{d}q_\alpha}{\mathrm{d}t}\right)=\frac{\mathrm{d}(\delta q_\alpha)}{\mathrm{d}t}-\frac{\mathrm{d}q_\alpha\,\mathrm{d}(\delta t)}{\mathrm{d}t^2} \tag{6.7.3}$$

故 δ 与 $\frac{\mathrm{d}}{\mathrm{d}t}$ 的先后次序,一般来讲不能对易。若 $\delta t=0$,则 δ 与 $\frac{\mathrm{d}}{\mathrm{d}t}$ 的先后次序也可对易,即

$$\delta\left(\frac{\mathrm{d}q_\alpha}{\mathrm{d}t}\right)=\frac{\mathrm{d}(\delta q_\alpha)}{\mathrm{d}t} \tag{6.7.4}$$

这种变分称为等时变分。若 $\delta t\neq 0$,则 δ 与 $\frac{\mathrm{d}}{\mathrm{d}t}$ 的先后次序不能对易,这种变分称为不等时变分。

如图 6.7 中的青色分支所示,将保守力系的拉格朗日方程 $\frac{\mathrm{d}}{\mathrm{d}t}\left(\frac{\partial L}{\partial \dot{q}_\alpha}\right)-\frac{\partial L}{\partial q_\alpha}=0$ 中的各项乘以 δq_α,对 α 求和,然后沿着 s 维空间一条曲线自两曲线共同端点 $P_1(t=t_1)$至 $P_2(t=t_2)$对 t 积分,可得

$$\int_{t_1}^{t_2}\sum_{\alpha}^{s}\left\{\left[\frac{\mathrm{d}}{\mathrm{d}t}\left(\frac{\partial L}{\partial \dot{q}_\alpha}\right)-\frac{\partial L}{\partial q_\alpha}\right]\delta q_\alpha\right\}\mathrm{d}t=0 \tag{6.7.5}$$

再利用变分运算的法则,可以导出哈密顿原理(保守力系适用):

$$\delta\int_{t_1}^{t_2}L\,\mathrm{d}t=0 \tag{6.7.6}$$

其中,$\int_{t_1}^{t_2}L\,\mathrm{d}t$ 称为作用函数。它表示为端点时间和位置的函数时 $\left(\text{即 } S=\int_{t_1}^{t_2}L\,\mathrm{d}t\right)$,也称为主函数。哈密顿原理是用变分法求稳定值的方法,从一些约束所许可的轨道中挑选出真实轨道,进而求出运动规律。即对真实轨道来讲,它的主函数 S 具有稳定值。

如前文所述,仍从保守力系的拉格朗日方程 $\frac{\mathrm{d}}{\mathrm{d}t}\left(\frac{\partial L}{\partial \dot{q}_\alpha}\right)-\frac{\partial L}{\partial q_\alpha}=0$ 出发,通过引入哈密顿函数 H,利用勒让德变换,可得正则方程:

$$\begin{cases}\dot{q}_\alpha=\dfrac{\partial H}{\partial p_\alpha}\\[2ex]\dot{p}_\alpha=-\dfrac{\partial H}{\partial q_\alpha}\end{cases} \tag{6.7.7}$$

如何求解正则方程呢?如图 6.7 中的蓝色分支所示,正则变换为求解正则方程提供了一种方法。在正则变换中,当变量由 p,q 变为 P,Q 时($(p_\alpha,q_\alpha)\to(P_\alpha,Q_\alpha)$),$H$ 变为 H^*($H\to H^*$)。正则变换的目的是希望通过变量变换,使得 H^* 中有更多循环坐标,进而达到简化问题的目的。假设原正则变量和新正则变量之间的变换关系是

$$P_\alpha=P_\alpha(p_1,p_2,\cdots p_s;\ q_1,q_2,\cdots q_s;\ t) \tag{6.7.8}$$

$$Q_\alpha=Q_\alpha(p_1,p_2,\cdots p_s;\ q_1,q_2,\cdots q_s;\ t) \tag{6.7.9}$$

则正则变换的条件是

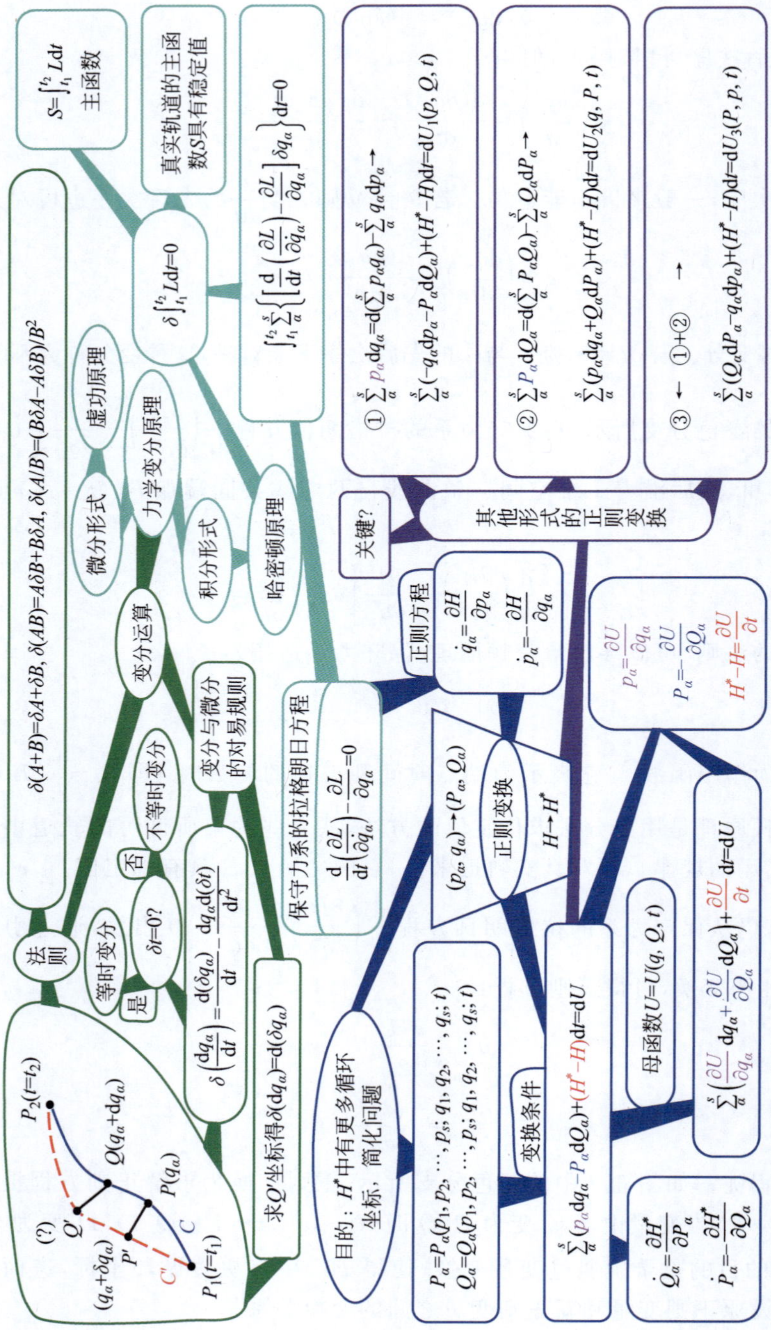

图 6.7 分析力学的思维导图之三

$$\sum_{\alpha}^{s}(p_{\alpha}\mathrm{d}q_{\alpha}-P_{\alpha}\mathrm{d}Q_{\alpha})+(H^{*}-H)\mathrm{d}t=\mathrm{d}U \tag{6.7.10}$$

证明请参见理论力学教材。当变量由 p,q 变为 P,Q 时，H 变为 H^{*}，如能使式(6.7.10)成立，即 $\mathrm{d}U(q,Q,t)$ 为一恰当微分，这时正则方程的形式不变，即

$$\dot{Q}_{\alpha}=\frac{\partial H^{*}}{\partial P_{\alpha}} \tag{6.7.11}$$

$$\dot{P}_{\alpha}=-\frac{\partial H^{*}}{\partial Q_{\alpha}} \tag{6.7.12}$$

这种变换称为正则变换。式中，H^{*} 为用新变量 P,Q,t 所表示的“哈密顿函数”，而 $U=U(q,Q,t)$ 则称为母函数。由复合函数全微分的性质可知，

$$\sum_{\alpha}^{s}\left(\frac{\partial U}{\partial q_{\alpha}}\mathrm{d}q_{\alpha}+\frac{\partial U}{\partial Q_{\alpha}}\mathrm{d}Q_{\alpha}\right)+\frac{\partial U}{\partial t}\mathrm{d}t=\mathrm{d}U \tag{6.7.13}$$

将其与变换条件对比可知

$$p_{\alpha}=\frac{\partial U}{\partial q_{\alpha}} \tag{6.7.14}$$

$$P_{\alpha}=-\frac{\partial U}{\partial Q_{\alpha}} \tag{6.7.15}$$

$$H^{*}-H=\frac{\partial U}{\partial t} \tag{6.7.16}$$

倘若变换后，H^{*} 中有很多循环坐标，力学体系运动微分方程的积分问题就可大为简化。

如图 6.7 中的紫色分支所示，除了上述正则变换外，如果母函数中的独立变量规定的不同，还可给出三种其他形式的正则变换：①将变换条件中的 $\sum_{\alpha}^{s}p_{\alpha}\mathrm{d}q_{\alpha}$ 用 $\sum_{\alpha}^{s}p_{\alpha}\mathrm{d}q_{\alpha}=\mathrm{d}\left(\sum_{\alpha}^{s}p_{\alpha}q_{\alpha}\right)-\sum_{\alpha}^{s}q_{\alpha}\mathrm{d}p_{\alpha}$ 替代，可得

$$\sum_{\alpha}^{s}(-q_{\alpha}\mathrm{d}p_{\alpha}-P_{\alpha}\mathrm{d}Q_{\alpha})+(H^{*}-H)\mathrm{d}t=\mathrm{d}U_{1}(p,Q,t) \tag{6.7.17}$$

其中，$q_{\alpha}=-\dfrac{\partial U_{1}}{\partial p_{\alpha}}$；$P_{\alpha}=-\dfrac{\partial U_{1}}{\partial Q_{\alpha}}$；$H^{*}-H=\dfrac{\partial U_{1}}{\partial t}$。②将变换条件中的 $\sum_{\alpha}^{s}P_{\alpha}\mathrm{d}Q_{\alpha}$ 用 $\sum_{\alpha}^{s}P_{\alpha}\mathrm{d}Q_{\alpha}=\mathrm{d}\left(\sum_{\alpha}^{s}P_{\alpha}Q_{\alpha}\right)-\sum_{\alpha}^{s}Q_{\alpha}\mathrm{d}P_{\alpha}$ 替代，可得

$$\sum_{\alpha}^{s}(p_{\alpha}\mathrm{d}q_{\alpha}+Q_{\alpha}\mathrm{d}P_{\alpha})+(H^{*}-H)\mathrm{d}t=\mathrm{d}U_{2}(q,P,t) \tag{6.7.18}$$

其中，$p_{\alpha}=\dfrac{\partial U_{2}}{\partial q_{\alpha}}$，$Q_{\alpha}=\dfrac{\partial U_{2}}{\partial P_{\alpha}}$，$H^{*}-H=\dfrac{\partial U_{2}}{\partial t}$。③如果变换条件中同时变换 $\sum_{\alpha}^{s}p_{\alpha}\mathrm{d}q_{\alpha}$ 和 $\sum_{\alpha}^{s}P_{\alpha}\mathrm{d}Q_{\alpha}$，则可得

$$\sum_{\alpha}^{s}(Q_{\alpha}\mathrm{d}P_{\alpha}-q_{\alpha}\mathrm{d}p_{\alpha})+(H^{*}-H)\mathrm{d}t=\mathrm{d}U_{3}(P,p,t) \tag{6.7.19}$$

其中，$Q_\alpha=\dfrac{\partial U_3}{\partial P_\alpha}$；$q_\alpha=-\dfrac{\partial U_3}{\partial p_\alpha}$；$H^*-H=\dfrac{\partial U_3}{\partial t}$。

正则变换的关键是寻找合适的母函数，假如变换后新的哈密顿量 $H^*=H^*(P_1, P_2,\cdots P_s;t)$，由 $\dot{P}_\alpha=-\dfrac{\partial H^*}{\partial Q_\alpha}$ 可知，$\dot{P}_\alpha=0(\alpha=1,2\cdots,s)$，因此得到力学体系的 s 个积分 $P_\alpha=$（常数）。再利用 $\dot{Q}_\alpha=\dfrac{\partial H^*}{\partial P_\alpha}$，对时间积分得到 Q_α，即

$$Q_\alpha=\int\frac{\partial H^*}{\partial P_\alpha}\mathrm{d}t \tag{6.7.20}$$

最后就完全解决了力学体系的运动问题。

请构建自己的思维导图。

第7章
热力学与统计物理的思维导图范例

7.1 热力学与统计物理知识框架的思维导图

热学的任务是研究热运动的规律，研究与热运动有关的物性及宏观物质系统的演化。依据研究方法的不同，热学包括热力学和统计物理学两个部分，二者相辅相成，互为补充。图 7.1 展示了热力学与统计物理学知识框架的思维导图。

如图 7.1 中的青色分支所示，热力学是热运动的宏观理论。通过对热现象的观测、实验和分析，人们总结出热现象的基本规律：热力学第零定律、热力学第一定律、热力学第二定律和热力学第三定律。热力学第零定律给出测量温度 T 的依据，发现处于热平衡的物体具有相同的特征，即它们具有相同的温度，即

$$T_1 = T_2 = \cdots = T_n \tag{7.1.1}$$

等式代表处于热平衡的 n 个物体的温度相同。热力学第一定律给出了能量守恒定律在热力学领域的具体表现形式，提出了内能(U)的概念，将内能(U)和热量(Q)的内涵彻底分开。热力学第一定律指出在一个过程中系统内能的增量 ΔU，一部分来自系统从外界吸收的热量 Q，另一部分来自外界对系统所做的功 W^{ex}，即

$$\Delta U = Q + W^{\mathrm{ex}} \tag{7.1.2}$$

其微分形式为

$$\mathrm{d}U = \delta Q + \delta W^{\mathrm{ex}} \tag{7.1.3}$$

热力学第二定律指出一切与热现象有关的实际过程都有其自发进行的方向，是不可逆的，所有不可逆过程的不可逆性都是等价的。热力学第二定律的一个重要贡献就是提出了新的描述系统状态的物理量——熵(S)。热力学第二定律指出在一个微元过程中，温度为 T 的系统的熵变 $\mathrm{d}S$ 与吸收热量 δQ 的关系满足以下关系：

$$T\mathrm{d}S \geqslant \delta Q \tag{7.1.4}$$

热力学第三定律指出凝聚系的熵在等温过程中的改变随热力学温度趋于零，即

$$\lim_{T\to 0}(\Delta S)_T = 0 \tag{7.1.5}$$

热力学第三定律的另一表述方式为：在热力学温度趋于零时，完美晶体的熵也趋于零，即

$$\lim_{T\to 0} S = 0 \tag{7.1.6}$$

在热力学基本定律的基础上，通过数学演绎和逻辑推导研究均匀物质的热力学性质、单元系的相变、多元系的复相平衡和化学平衡等问题，进而逐步形成了热力学的基本理论体系。

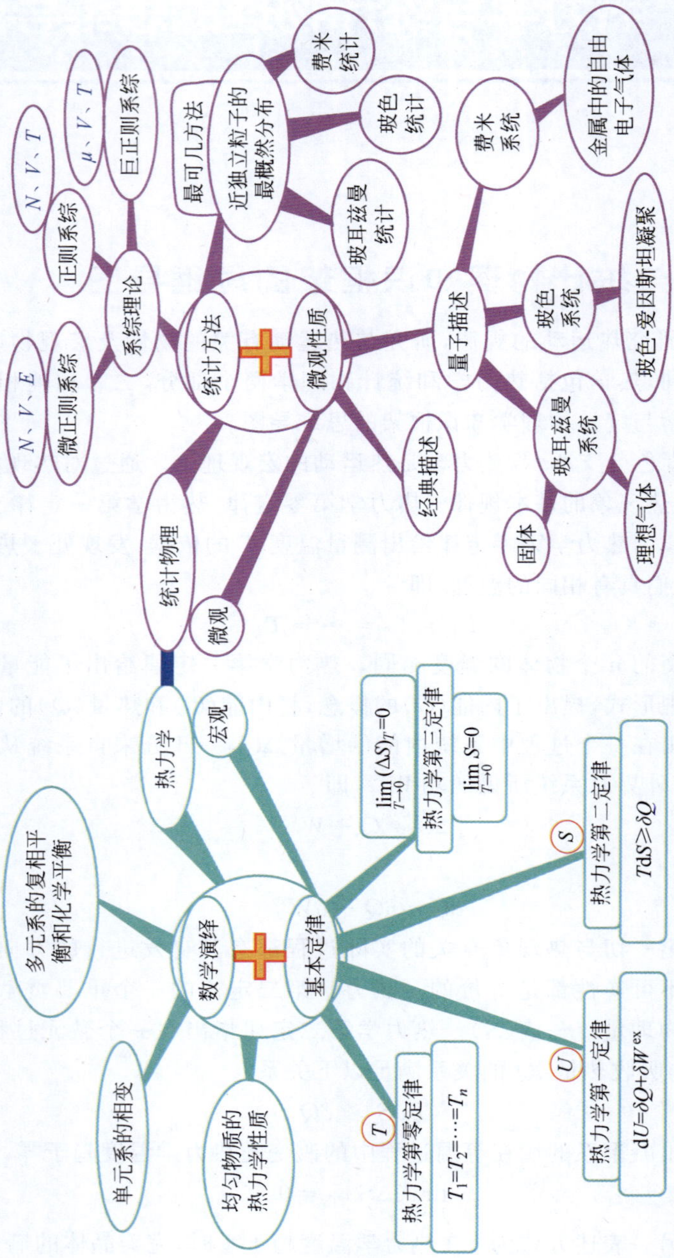

图 7.1 热力学与统计物理学知识框架的思维导图

如图 7.1 中的玫红色分支所示，统计物理学是热运动的微观理论。它从组成物质的大量分子或原子等微观粒子的微观性质出发，运用统计方法，把宏观性质看作热运动的微观粒子微观性质的集体表现，宏观物理量是相应微观物理量的统计平均值，由此找到微观量与宏观量之间的关系，构建起丰富多彩的统计物理知识结构体系。对微观性质的描述方法可分为经典描述和量子描述。在经典描述中，粒子遵从经典力学的运动规律（即牛顿运动定律），而在量子描述中，粒子遵从量子力学的运动规律（即薛定谔方程）。在量子统计中，按照系统中微观粒子的特点不同，可以将系统分为玻耳兹曼系统、玻色系统和费米系统。研究理想气体的性质和固体的热容是玻耳兹曼系统中的典型问题，玻色-爱因斯坦凝聚现象是玻色系统中一个特有的现象，金属中的自由电子气体是费米系统中的研究对象之一，这些都是统计物理学的重要研究内容。

针对系统中分子的相互作用不同，可将平衡态统计方法分为最可几方法和系综理论方法。使用拉格朗日乘子法可得近独立粒子系统的最概然（最可几）分布，玻耳兹曼系统、玻色系统和费米系统分别遵从玻耳兹曼统计、玻色统计和费米统计。在系综理论中，针对系统的宏观性质不同，可采用微正则系综、正则系综、巨正则系综分别研究孤立系统（N、E、V 确定）、闭合系统（N、T、V 确定）和开放系统（μ、T、V 确定）的统计性质。最可几方法的核心思想认为宏观物理量是微观物理量在最概然分布下的统计平均，只能用于研究近独立粒子系统的统计性质。而系综理论的核心思想认为宏观量是它所对应的微观量在给定宏观条件下的一切可能微观态上的平均值，它不仅能够用于研究近独立粒子系统，还可以用于研究有相互作用粒子系统的统计性质。

请构建自己的思维导图。

7.2　热力学的基本规律的思维导图

依据研究方法和角度的不同，研究热力学系统的学科可分为热力学和统计物理学两部分。热力学的基本定律是热力学理论最重要的基石。图 7.2 给出了热力学的基本规律的思维导图，将依次介绍物态方程和热力学的四个基本定律。

如图 7.2 中的玫红色分支所示，要描述物质的热力学性质需要知道其物态方程，简单系统的物态方程的一般形式为

$$f(p,V,T)=0 \tag{7.2.1}$$

一方面，在理论上，若已知物态方程，通过求导分别可得物质的等压体胀系数、等温压缩系数和等体压强系数。三种系数的定义式分别为

$$\alpha_p=\frac{1}{V}\left(\frac{\partial V}{\partial T}\right)_p \tag{7.2.2}$$

$$\kappa_T=-\frac{1}{V}\left(\frac{\partial V}{\partial p}\right)_T \tag{7.2.3}$$

$$\beta_V=\frac{1}{p}\left(\frac{\partial p}{\partial T}\right)_V \tag{7.2.4}$$

由 $f(p,V,T)=0$ 和全微分的性质，易得三轮换关系：

$$\left(\frac{\partial V}{\partial T}\right)_p\left(\frac{\partial T}{\partial p}\right)_V\left(\frac{\partial p}{\partial V}\right)_T=-1 \tag{7.2.5}$$

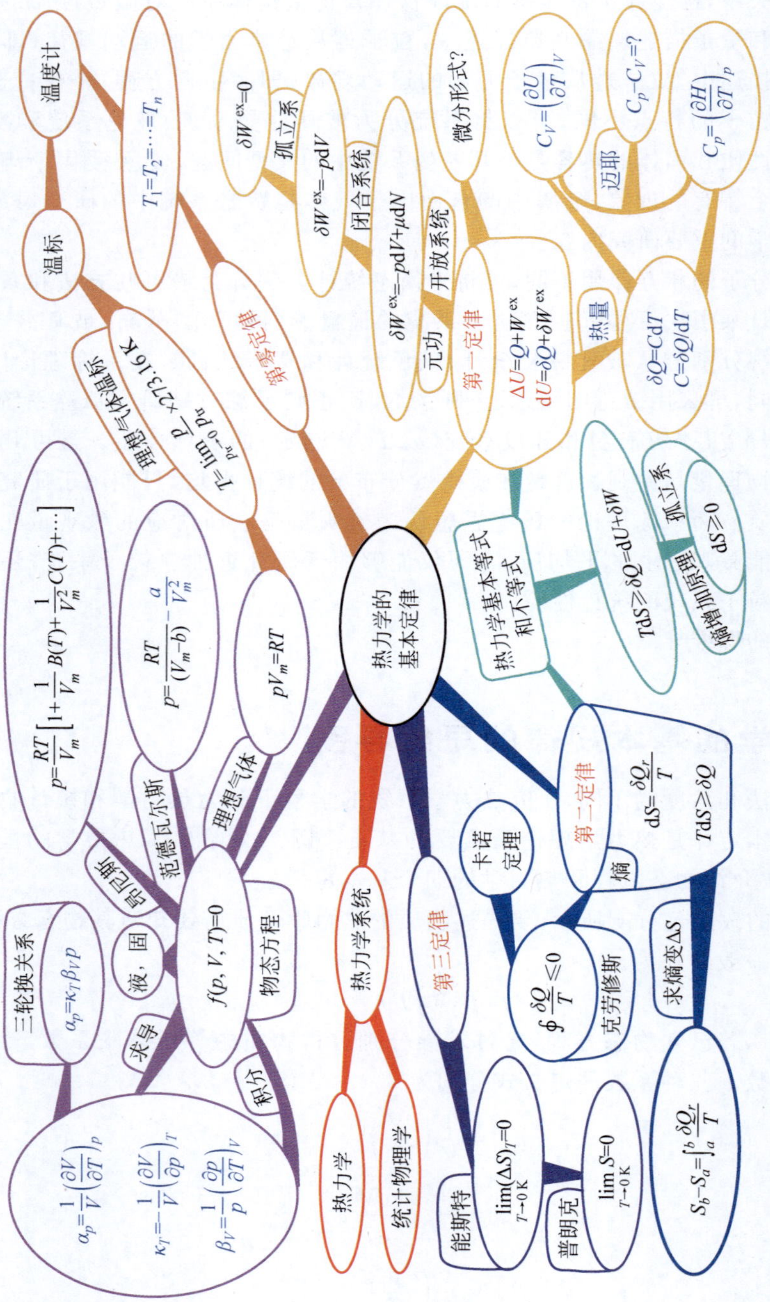

图 7.2 热力学的基本规律的思维导图

结合前述三种系数的定义式(7.2.2)～式(7.2.4)可知

$$\alpha_p = \kappa_T \beta_V p \tag{7.2.6}$$

显然，若已知其中两个系数，即可得到第三个未知系数。另一方面，α_p 和 κ_T 易由实验测得，而 β_V 则由式(7.2.6)导出，再使用全微分的性质，通过积分可获取系统的物态方程。对于气体系统，常用的物态方程有理想气体的物态方程、范德瓦耳斯方程和昂尼斯方程，它们的表达式分别如下：

$$pV_m = RT \tag{7.2.7}$$

$$p = \frac{RT}{(V_m - b)} - \frac{a}{V_m^2} \tag{7.2.8}$$

$$p = \frac{RT}{V_m}\left[1 + \frac{1}{V_m}B(T) + \frac{1}{V_m^2}C(T) + \cdots\right] \tag{7.2.9}$$

对于简单的液体和固体，通过对 $\frac{\mathrm{d}V}{V} = \alpha \mathrm{d}T - \kappa_T \mathrm{d}p$ 积分，若将 α 和 κ_T 视为常量，并使用 $\mathrm{e}^x \approx 1 + x\ (x \ll 1)$，可得到它们的物态方程：

$$V(T,p) = V_0(T_0,0)[1 + \alpha(T - T_0) - \kappa_T p] \tag{7.2.10}$$

如图 7.2 中的橘黄色分支所示，热力学第零定律指出，如果物体 1 和物体 2 分别与处于同一状态的物体 3 达到热平衡，则令 1 和 2 进行热接触，它们也将处于热平衡。这说明处于热平衡的物体具有相同的特征，它们具有相同的温度，即

$$T_1 = T_2 = \cdots = T_n \tag{7.2.11}$$

热力学第零定律不仅给出温度的概念，还给出能够使用温度计测量温度的依据。温标是定量确定温度数值的标尺。不同的经验温标对相同冷热程度的物体会给出不同的数值，而利用理想气体的性质可约定理想气体温标作为标准，给出不依赖于测温物质和温标的标准数值。例如，等容气体温度计确定理想气体温标的公式为

$$T = \lim_{p_{\mathrm{tr}} \to 0} \frac{p}{p_{\mathrm{tr}}} \times 273.16(\mathrm{K}) \tag{7.2.12}$$

其中，p 和 p_{tr} 分别代表气体在温度 T 和 $T_{\mathrm{tr}} = 273.16\ \mathrm{K}$(水的三相点温度)时的压强。

如图 7.2 中的黄色分支所示，热力学第一定律表明，系统的内能增量等于系统从外界吸收的热量和外界对系统所做的功，即

$$\Delta U = Q + W^{\mathrm{ex}} \tag{7.2.13}$$

在微元过程中，可改写为

$$\mathrm{d}U = \delta Q + \delta W^{\mathrm{ex}}$$

其中，δQ 和 δW^{ex} 分别代表在微元过程中系统从外界吸收的热量和外界对系统所做的元功。一方面，元功 δW^{ex} 的表达式会因系统的不同而不同。对于开放系统来说，

$$\delta W^{\mathrm{ex}} = -p\mathrm{d}V + \mu \mathrm{d}N \tag{7.2.14}$$

其中，μ 代表单元系中粒子的化学势，$\mathrm{d}N$ 代表系统与外界交换的粒子数；对于闭合系统来说，$\delta W^{\mathrm{ex}} = -p\mathrm{d}V$；对于孤立系统来说，$\delta W^{\mathrm{ex}} = 0$。另一方面，热量 δQ 可通过物质的热容来计算，在微元过程中 $\delta Q = C\mathrm{d}T$，将其变形可定义热容为

$$C = \delta Q / \mathrm{d}T \tag{7.2.15}$$

热容 C 代表每升高单位温度时物质所能容纳热量的能力，常见的热容有等容热容 C_V 和等

压热容 C_p，结合热容的定义、热力学第一定律和焓的定义（$H=U+pV$）可以证明，它们的表达式分别如下：

$$C_V=\left(\frac{\partial U}{\partial T}\right)_V \tag{7.2.16}$$

$$C_p=\left(\frac{\partial H}{\partial T}\right)_p \tag{7.2.17}$$

此时迈耶公式给出的 C_p-C_V 为何值（$C_p-C_V=?$）呢？热力学基本方程的微分形式又有哪些呢？这些都是图 7.3 要展示的重要内容。

如图 7.2 中的蓝色分支所示，由卡诺定理$\left(\eta=1-\dfrac{Q_2}{Q_1}\leqslant 1-\dfrac{T_2}{T_1}\right)$可知

$$\frac{Q_1}{T_1}-\frac{Q_2}{T_2}\leqslant 0 \tag{7.2.18}$$

再把上式中的 Q_2 重新定义为热机在 T_2 热源吸收的热量，则可得克劳修斯等式和不等式：

$$\frac{Q_1}{T_1}+\frac{Q_2}{T_2}\leqslant 0 \tag{7.2.19}$$

将其推广到更普遍的循环过程有

$$\oint\frac{\delta Q}{T}\leqslant 0 \tag{7.2.20}$$

据此分别讨论可逆过程和不可逆过程，可得热力学第二定律的数学表达式为

$$T\mathrm{d}S\geqslant \delta Q \tag{7.2.21}$$

热力学第二定律的文字表述请参考 2.6 节的相关内容。热力学第二定律最重要的贡献是提出熵的概念。对于可逆微元过程，有

$$\mathrm{d}S=\frac{\delta Q_r}{T} \tag{7.2.22}$$

在有限过程中，系统从状态 a 变化到状态 b 后，系统的熵变为

$$S_b-S_a=\int_a^b\frac{\delta Q_r}{T} \tag{7.2.23}$$

如图 7.2 中的青色分支所示，将热力学第一定律和热力学第二定律结合可得热力学基本等式和不等式：

$$T\mathrm{d}S\geqslant \delta Q=\mathrm{d}U+\delta W \tag{7.2.24}$$

对于孤立系来说，因 $\delta Q=0$，则 $\mathrm{d}S\geqslant 0$，这就是所谓的熵增加原理。熵增加原理为判定孤立系中不可逆过程的演化指明了方向。

如图 7.2 中的紫色分支所示，热力学第三定律指出，凝聚系的熵在等温过程中的改变随热力学温度趋于零也趋于零，即

$$\lim_{T\to 0}(\Delta S)_T=0 \tag{7.2.25}$$

这也称为能斯特定理。另外，普朗克给出了热力学第三定律的另一种表述：完美晶体的熵在热力学温度趋于零也趋于零，即

$$\lim_{T\to 0}S=0 \tag{7.2.26}$$

这将与图 7.8 中的玻耳兹曼关系 $S=k_B\ln\Omega$ 完美对接。

请构建自己的思维导图。

7.3　均匀物质的热力学性质的思维导图

图 7.3 给出了均匀物质的热力学性质的思维导图。它首先通过引入热力学函数，将热力学第一定律和热力学第二定律应用到闭合系统，得到热力学基本等式和不等式的其他形式，重点关注适用于闭合系统中可逆过程的热力学基本方程；其次，再结合热力学函数的全微分性质，得到麦克斯韦关系、能态关系和焓态关系；最后，运用这些关系研究表面系统、磁介质系统和热辐射系统的热力学性质。

如图 7.3 中的红色分支所示，将热力学第一定律 $dU=\delta Q+\delta W^{ex}$ 和热力学第二定律 $TdS\geqslant\delta Q$ 结合应用到闭合系统，可得

$$dU\leqslant TdS-pdV \tag{7.3.1}$$

再通过引入热力学态函数：焓$(H=U+pV)$、自由能$(F=U-TS)$和吉布斯函数$(G=H-TS)$，可得热力学基本等式和不等式的其他形式：

$$dH\leqslant TdS+Vdp \tag{7.3.2}$$

$$dF\leqslant -SdT-pdV \tag{7.3.3}$$

$$dG\leqslant -SdT+Vdp \tag{7.3.4}$$

这些等式和不等式是判定系统是否达到热动平衡的依据，可依据不同条件选择合适的判据研究均匀物质的热学性质。如在等温等压条件下的系统，采用吉布斯判据 $dG\leqslant 0$ 最为方便。

如图 7.3 中的玫红色分支所示，对于闭合系统的可逆过程，热力学基本方程有以下四种形式：

$$dU=TdS-pdV \tag{7.3.5}$$

$$dH=TdS+Vdp \tag{7.3.6}$$

$$dF=-SdT-pdV \tag{7.3.7}$$

$$dG=-SdT+Vdp \tag{7.3.8}$$

如图 7.3 中的橘黄色分支所示，利用全微分的性质，二次偏导数的变量次序交换等价，如 $\frac{\partial^2 F}{\partial V\partial T}=\frac{\partial^2 F}{\partial T\partial V}$，可得

$$\left(\frac{\partial S}{\partial V}\right)_T=\left(\frac{\partial p}{\partial T}\right)_V \tag{7.3.9}$$

它是麦克斯韦关系之一，采用类似方法可得其余的麦克斯韦关系。

为了方便记忆热力学基本方程的微分形式和麦克斯韦关系，如图 7.3 中的浅蓝色分支所示，我们引入“爱情魔方”高效利用图表辅助记忆，方便教学与研究使用。对于简单气体系统，“爱情魔方”不仅可通过一句诙谐的爱情誓言“Helen，U are the most beautiful Girl Friend all over the world. If I can't obtain your love，俺死不屈服($SpTV$ 的谐音)”永印脑海，还能帮助使用者准确快速地得到热力学关系，利用类比方法可将其用于不同系统的热力学性质的研究。Helen 是引发十年特洛伊战争的“世上最漂亮的女人”，大家很自然地能够

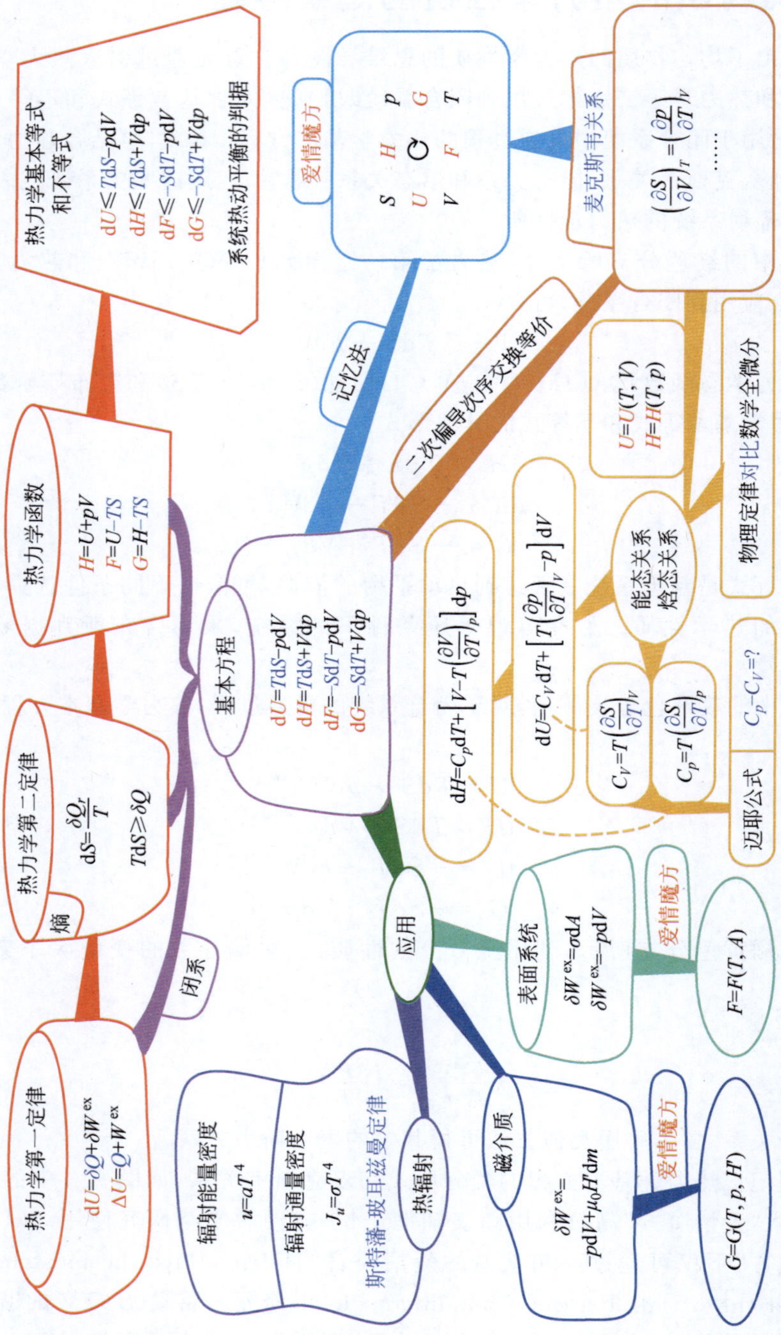

图 7.3 均匀物质的热力学性质的思维导图

记住这句中英文混搭的誓言，并按以下顺序画出“爱情魔方”：四个特性函数 H, U, G, F（焓、内能、吉布斯函数、自由能）按照从上到下、从左到右的顺序依次写在“爱情魔方”四条边的中心位置，S, p, T, V（熵、压强、温度、体积）按顺时针方向（“爱情魔方”中心的带箭头圆圈所示方向）分别写在“爱情魔方”的四个顶角位置。“爱情魔方”中特性函数 H, U, G 和 F 近邻的两个变量为其各自的自然变量。对于闭合系统来说，图 7.4(a)中每个特征函数的微分等于其自然变量的微分分别与该变量对角变量乘积的代数和（例如，S 和 T，p 和 V 互为对角变量），乘积项应先写对角变量再写自然变量的微分，且乘积项的正负应满足以下规则：对角变量自下而上指向自然变量时，乘积项取正，反之，乘积项取负。

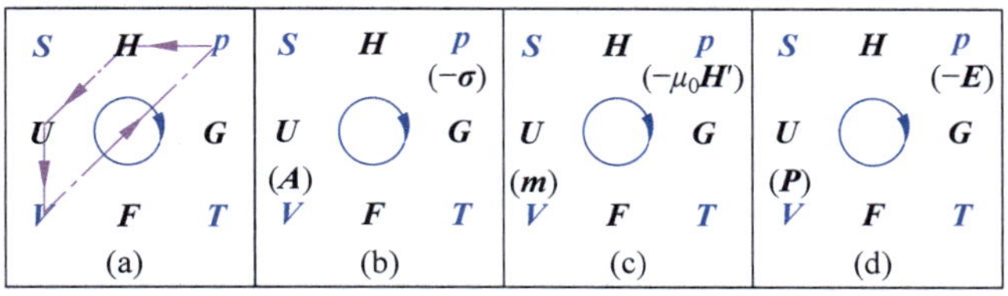

图 7.4　不同系统的爱情魔方

(a) 气体系统；(b) 液体表面系统；(c) 磁介质系统；(d) 电介质系统

对于麦克斯韦关系，将 $SpTV$ 按顺时针分别填入 $\left(\frac{\partial}{\partial}\right)_{[\,]} = \left(\frac{\partial}{\partial}\right)_{[\,]}$ 中的“∂”符号之后再写上角标可得

$$\left(\frac{\partial S}{\partial V}\right)_T = \left(\frac{\partial p}{\partial T}\right)_V$$

从图 7.4(a)所示位置 $SpTV$ 同时按顺时针每转动一格对麦克斯韦关系贡献一个“-1”，例如转动一格可得 $\left(\frac{\partial V}{\partial T}\right)_p = -\left(\frac{\partial S}{\partial p}\right)_T$，转动两格可得 $\left(\frac{\partial T}{\partial p}\right)_S = \left(\frac{\partial V}{\partial S}\right)_p$，转动三格可得 $\left(\frac{\partial p}{\partial S}\right)_V = -\left(\frac{\partial T}{\partial V}\right)_s$。

如图 7.3 中的黄色分支所示，将内能 U 看作 T, V 的函数，焓 H 看作 T, p 的函数，即 $U=U(T,V)$，$H=H(T,p)$，对比物理定律的要求和数学全微分的要求，再利用麦克斯韦关系，可得能态关系和焓态关系：

$$\left(\frac{\partial U}{\partial V}\right)_T = T\left(\frac{\partial p}{\partial T}\right)_V - p \tag{7.3.10}$$

$$\left(\frac{\partial H}{\partial p}\right)_T = -T\left(\frac{\partial V}{\partial T}\right)_p + V \tag{7.3.11}$$

同时还可得

$$C_V = T\left(\frac{\partial S}{\partial T}\right)_V \tag{7.3.12}$$

$$C_p = T\left(\frac{\partial S}{\partial T}\right)_p \tag{7.3.13}$$

若已知物态方程 $p=p(T,V)$ 和 C_V，根据 $\mathrm{d}U = C_V \mathrm{d}T + \left[T\left(\frac{\partial p}{\partial T}\right)_V - p\right]\mathrm{d}V$，积分可求得系统的内能 U 和熵 S。若已知物态方程 $V=V(T,p)$ 和 C_p，根据 $\mathrm{d}H = C_p \mathrm{d}T +$

$\left[V-T\left(\frac{\partial V}{\partial T}\right)_p\right]\mathrm{d}p$，积分可求得系统的焓 H、熵 S 和内能 U。由函数关系 $S(T,p)=S(T,V(T,p))$ 可得

$$\left(\frac{\partial S}{\partial T}\right)_p=\left(\frac{\partial S}{\partial T}\right)_V+\left(\frac{\partial S}{\partial V}\right)_T\left(\frac{\partial V}{\partial T}\right)_p \tag{7.3.14}$$

因此导出迈耶公式：

$$C_p-C_V=T\left(\frac{\partial S}{\partial V}\right)_T\left(\frac{\partial V}{\partial T}\right)_p=T\left(\frac{\partial p}{\partial T}\right)_V\left(\frac{\partial V}{\partial T}\right)_p \tag{7.3.15}$$

上式中的最后一个等号使用了麦克斯韦关系：

$$\left(\frac{\partial S}{\partial V}\right)_T=\left(\frac{\partial p}{\partial T}\right)_V$$

利用类比思想，可用热力学基本方程研究表面系统、磁介质系统和热辐射的热力学理论。如图 7.3 中的青色分支所示，对于气体系统来说，在微元过程中外界对其所做体积功的表达式为 $\delta W^{\mathrm{ex}}=-p\mathrm{d}V$，而表面系统中的元功为 $\delta W^{\mathrm{ex}}=\sigma\mathrm{d}A$。因为体积 V 和表面积 A 为广延量，压强 p 和表面张力系数 σ 为强度量，因此通过类比可知：A 与 V 对应，$-\sigma$ 与 p 对应，相应的“爱情魔方”可变为图 7.4(b)所示的形式。又因 σ 仅是温度 T 的函数，即 $\sigma=\sigma(T)$，故只能选择以 A 和 T 为自然变量的函数自由能 $F=F(T,A)$ 来研究表面系统的热力学性质。根据使用规则，由图 7.4(b)可自然写出以下的微分方程：

$$\mathrm{d}F=-S\mathrm{d}T+\sigma\mathrm{d}A \tag{7.3.16}$$

在此基础上再利用自由能 F 全微分的性质可对表面系统的热力学性质进行分析。

如图 7.3 中的蓝色分支所示，对于磁介质系统来说，外界在微元过程中对系统磁化所做功的表达式为

$$\delta W^{\mathrm{ex}}=\mu_0 H'\mathrm{d}m \tag{7.3.17}$$

与 $\delta W^{\mathrm{ex}}=-p\mathrm{d}V$ 进行类比可知：磁矩 m 与 V 对应，$-\mu_0 H'$ 与 p 对应，相应的“爱情魔方”可变为图 7.4(c)所示的形式。因为磁介质系统的熵 S 和磁矩 m 的改变量在实验上不易被直接测量，所以选择吉布斯函数 $G=G(T,p,H')$ 作为特征函数用于研究磁介质系统的热力学性质最为方便。根据使用规则，利用图 7.4(c)可容易得到磁介质系统的微分方程为

$$\mathrm{d}G=-S\mathrm{d}T+V\mathrm{d}p-\mu_0 m\mathrm{d}H' \tag{7.3.18}$$

在此基础上，结合吉布斯函数 G 的全微分性质可对磁介质系统的热力学性质进行研究，进而可得磁致伸缩效应和压磁效应的关系。类似地，使用相同方法可以研究电介质系统的热力学性质。

如图 7.3 中的紫色分支所示，利用辐射压强 p 与辐射能量密度 u 之间的关系 $p=u/3$（具体证明见图 7.9 的光子气体部分），再利用能态关系式(7.3.10)，可得 u 所满足的微分方程，求解方程最终得到辐射能量密度为

$$u=aT^4 \tag{7.3.19}$$

若引入辐射通量密度 J_u，其表示单位时间内通过单位面积的辐射能量，则由 $J_u=\frac{1}{4}cu$ 可得斯特藩-玻耳兹曼定律：

$$J_u=\sigma T^4 \tag{7.3.20}$$

值得注意的是，统计物理能够给出式(7.3.19)和式(7.3.20)中系数 a 和 σ 的具体表达式，而热力学却对此无能为力，详见 7.8 节。

请构建自己的思维导图。

7.4 单元系的相变的思维导图

图 7.5 展示了单元系的相变的思维导图。它首先简要介绍热动平衡的判据和开放单元系的热力学基本方程，并在此基础上讨论单元系的复相平衡条件；其次了解相图和相变的基本概念，从理论角度使用范德瓦耳斯方程解释气液相变曲线；最后探讨液滴形成的条件。

当均匀系统与外界达到平衡时，系统的热力学参量必须满足一定的条件，称为系统的平衡条件。热动平衡的判据给出如何利用一些热力学函数作为平衡判据来判定一个系统是否处于平衡状态。如图 7.5 中的玫红色分支所示，常见的判据有：熵判据、自由能判据和吉布斯函数判据，它们分别根植于热力学的基本等式和不等式，分别为

$$T\mathrm{d}S \geqslant \mathrm{d}U + p\mathrm{d}V \tag{7.4.1}$$

$$\mathrm{d}F \leqslant -S\mathrm{d}T - p\mathrm{d}V \tag{7.4.2}$$

$$\mathrm{d}G \leqslant -S\mathrm{d}T + V\mathrm{d}p \tag{7.4.3}$$

对于孤立系统来说，$\mathrm{d}U=0$，$\mathrm{d}V=0$，则 $\mathrm{d}S\geqslant 0$，这表明孤立系统处于稳定平衡状态时的熵要取极大值，这也意味着，系统处在稳定平衡态时，任何虚变动引起的熵变 $\Delta S<0$，这是孤立系统处在稳定平衡态的充要条件。将 ΔS 作泰勒展开，并取二级近似，则有

$$\Delta S \approx \delta S + \frac{1}{2}\delta^2 S \tag{7.4.4}$$

熵函数有极大值，要求 $\delta S=0$（平衡条件），$\delta^2 S<0$（稳定性条件），这就是熵判据。同样可得，适用于等温等容（$\mathrm{d}T=0$，$\mathrm{d}V=0$）系统的自由能判据：$\delta F=0$（平衡条件），$\delta^2 F>0$（稳定性条件）；适用于等温等压（$\mathrm{d}T=0$，$\mathrm{d}p=0$）系统的吉布斯函数判据：$\delta G=0$（平衡条件），$\delta^2 G>0$（稳定性条件）。

如图 7.5 玫红色分支中的图所示，将熵判据应用到一个孤立的均匀系统，将系统分成 i 和 e 两部分，计算 δS 和 $\delta^2 S$。$\delta S=0$ 会给出 $T_\mathrm{i}=T_\mathrm{e}$，$p_\mathrm{i}=p_\mathrm{e}$；$\delta^2 S<0$ 将给出 $C_V>0$，$\left(\frac{\partial p}{\partial V}\right)_T<0$。前者说明，处于平衡态的孤立均匀系统的温度和压强处处相同。后者说明，系统在等容过程中吸收热量，温度上升；在等温过程中增大体积，压强减小。反之亦然，否则，系统不可能达到稳定平衡。

考虑单元系的相变现象时需要将单元二相系中的任何一相看作开放系统，如图 7.5 中的紫色分支所示，使用“爱情魔方”，只需在闭合系统的热力学基本方程的后面加上 $\mu\mathrm{d}n$，即可得到开放单元系的热力学基本方程：

$$\mathrm{d}H = T\mathrm{d}S + V\mathrm{d}p + \mu\mathrm{d}n \tag{7.4.5}$$

$$\mathrm{d}U = T\mathrm{d}S - p\mathrm{d}V + \mu\mathrm{d}n \tag{7.4.6}$$

$$\mathrm{d}G = -S\mathrm{d}T + V\mathrm{d}p + \mu\mathrm{d}n \tag{7.4.7}$$

$$\mathrm{d}F = -S\mathrm{d}T - p\mathrm{d}V + \mu\mathrm{d}n \tag{7.4.8}$$

式中，μ 为化学势，它等于等温等压下系统的摩尔吉布斯函数，即 $G_m=\mu$。那么，

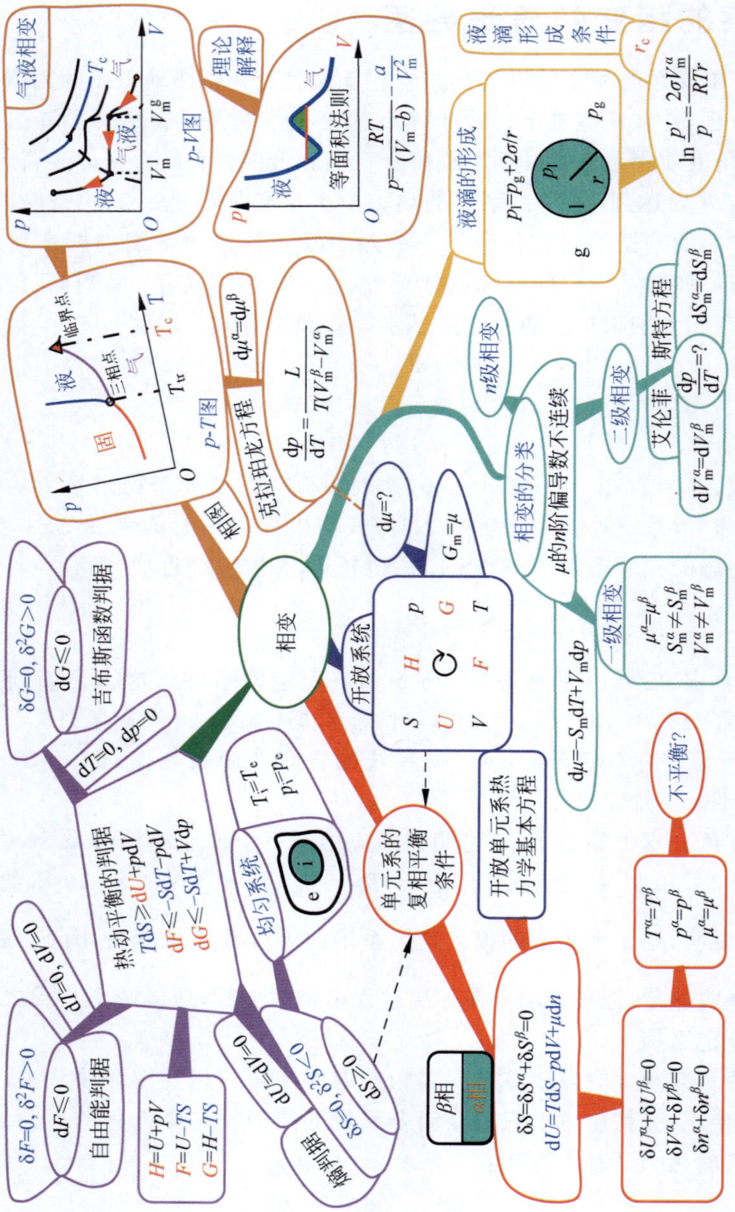

图 7.5 单元系的相变的思维导图

$$d\mu = dG_m = -S_m dT + V_m dp \tag{7.4.9}$$

上式将在推导克拉珀龙方程中发挥重要的作用。

如图7.5中的红色分支所示，将熵判据 $\delta S = \delta S^\alpha + \delta S^\beta = 0$ 和热力学基本方程 $dU = TdS - pdV + \mu dn$ 应用到孤立的单元二相系，可给出单元系的复相平衡条件。因整个系统为孤立系，孤立系条件要求它的总内能、总体积和总物质的量应是恒定的，故在虚变动中 α 相和 β 相应满足如下约束条件：

$$\delta U^\alpha + \delta U^\beta = 0 \tag{7.4.10}$$

$$\delta V^\alpha + \delta V^\beta = 0 \tag{7.4.11}$$

$$\delta n^\alpha + \delta n^\beta = 0 \tag{7.4.12}$$

因为

$$\delta S^\alpha = \frac{\delta U^\alpha + p^\alpha \delta V^\alpha - \mu^\alpha \delta n^\alpha}{T^\alpha} \tag{7.4.13}$$

$$\delta S^\beta = \frac{\delta U^\beta + p^\beta \delta V^\beta - \mu^\beta \delta n^\beta}{T^\beta} \tag{7.4.14}$$

在这些约束条件下，令 $\delta S = \delta S^\alpha + \delta S^\beta = 0$，可知

$$\delta S = \delta U^\alpha \left(\frac{1}{T^\alpha} - \frac{1}{T^\beta}\right) + \delta V^\alpha \left(\frac{p^\alpha}{T^\alpha} - \frac{p^\beta}{T^\beta}\right) - \delta n^\alpha \left(\frac{\mu^\alpha}{T^\alpha} - \frac{\mu^\beta}{T^\beta}\right) = 0 \tag{7.4.15}$$

故单元系达到复相平衡所要满足的平衡条件为 $T^\alpha = T^\beta$（热平衡条件），$p^\alpha = p^\beta$（力学平衡条件），$\mu^\alpha = \mu^\beta$（相变平衡条件）。如果平衡条件未能满足，复相系将发生变化，变化将朝着系统的熵增加的方向进行。依据 $\delta S > 0$ 可以分析热平衡条件、力学平衡条件和相变平衡条件不满足时（不平衡？），系统的演化趋向。仅有相变平衡条件不满足时，系统将会发生相变，系统中化学势较高的一相将会向化学势较低的另一相转变。

如图7.5中的橘黄色分支所示，通过实验可以获得描述物质相变的相图，即 p-T 图。相之间的转变过程，简称为相变。具体来说，它是指物质在压强、温度等外界条件不变的情况下，从一个相转变为另一个相的过程且伴随物理性质发生突变的现象。常见的固相、液相和气相之间的转变为一级相变。一级相变中存在摩尔潜热 L（$L = H_m^\beta - H_m^\alpha$）和摩尔体积的突变（$V_m^\beta - V_m^\alpha \neq 0$）。一般物质的固、液和气三相图由"三线两点"组成，"三线"分别代表汽化凝结曲线、升华凝华曲线和熔化凝固曲线三条相平衡曲线，"两点"分别代表三相点和临界点两个特殊点。

理论上，虽然不能直接给出物质的相平衡曲线，不过，根据热力学理论可以求出两相平衡曲线的斜率。对于一级相变来说，使用相变时两相的化学势连续的性质，即 $d\mu^\alpha = d\mu^\beta$ 以及 $d\mu = -S_m dT + V_m dp$，可以得到两相平衡曲线的斜率满足克拉珀龙方程，即

$$\frac{dp}{dT} = \frac{L}{T(V_m^\beta - V_m^\alpha)} \tag{7.4.16}$$

其中，摩尔潜热 $L = T(S_m^\beta - S_m^\alpha)$。如图7.5中橘黄色分支右上角的图所示，对于气液相变来说，在 p-V 图中，当温度较低时，等温线随着压强的增大可以分为气相、气液两相共存和液相三段；在临界温度 T_c 下，气液两相共存现象消失；当温度高于临界温度时，在等温条件下无论如何改变压强也不会出现气液相变。如图7.5橘黄色分支右下角的图所示，在理

论上可以使用范德瓦耳斯方程 $p=\dfrac{RT}{(V_{\mathrm{m}}-b)}-\dfrac{a}{V_{\mathrm{m}}^2}$ 来解释气液相变曲线，由两相的化学势连续的性质 $\mu^{\alpha}=\mu^{\beta}$，可得麦克斯韦等面积法则，据此可以理解过饱和蒸气和过热液体为何处于亚稳态。同时，使用数学上拐点的性质（$\left(\dfrac{\partial p}{\partial V_{\mathrm{m}}}\right)_T=0$ 且 $\left(\dfrac{\partial^2 p}{\partial V_{\mathrm{m}}^2}\right)_T=0$）可以研究临界点的温度和压强。

如图 7.5 中的青色分支所示，根据化学势在相变点处的性质，可对相变进行分类。如果在相变点两相的化学势和化学势的 1 阶、2 阶、…、$n-1$ 阶的偏导数连续，但化学势的 n 阶偏导数存在突变（即 μ 的 n 阶偏导数不连续），则称该相变为 n 级相变。因 $\mathrm{d}\mu=-S_{\mathrm{m}}\mathrm{d}T+V_{\mathrm{m}}\mathrm{d}p$，对于一级相变来说，$\mu^{\alpha}=\mu^{\beta}$，$S_{\mathrm{m}}^{\alpha}\neq S_{\mathrm{m}}^{\beta}$，$V_{\mathrm{m}}^{\alpha}\neq V_{\mathrm{m}}^{\beta}$，所以可使用 $\mathrm{d}\mu^{\alpha}=\mathrm{d}\mu^{\beta}$，得到一级相变两相平衡曲线的斜率满足克拉珀龙方程。对于二级相变来说，$S_{\mathrm{m}}^{\alpha}=S_{\mathrm{m}}^{\beta}$，$V_{\mathrm{m}}^{\alpha}=V_{\mathrm{m}}^{\beta}$，克拉珀龙方程不再适用于描述二级相变相平衡曲线的性质，类比推导克拉珀龙方程的方法，可使用 $\mathrm{d}S_{\mathrm{m}}^{\alpha}=\mathrm{d}S_{\mathrm{m}}^{\beta}$ 或 $\mathrm{d}V_{\mathrm{m}}^{\alpha}=\mathrm{d}V_{\mathrm{m}}^{\beta}$，导出二级相变曲线压强随温度变化的斜率公式（艾伦菲斯特方程）：

$$\frac{\mathrm{d}p}{\mathrm{d}T}=\frac{\alpha^{\beta}-\alpha^{\alpha}}{\kappa_T^{\beta}-\kappa_T^{\alpha}}=\frac{C_{p,\mathrm{m}}^{\beta}-C_{p,\mathrm{m}}^{\alpha}}{TV_{\mathrm{m}}^{\alpha}(\alpha^{\beta}-\alpha^{\alpha})} \tag{7.4.17}$$

其中，α^{α}，κ_T^{α}，$C_{p,\mathrm{m}}^{\alpha}$ 分别代表 α 相的等压体胀系数、等温压缩系数和等压摩尔热容。

如图 7.5 中的黄色分支所示，作为一级相变典型的例子，液滴的形成问题需要考虑曲面液膜所带来的附加压强对相平衡条件的修正。当液面为平面时，相变平衡条件 $\mu^{\alpha}(T,p)=\mu^{\beta}(T,p)$ 给出了饱和蒸气压 p 与温度 T 的关系。当液面为曲面时，一方面，相平衡条件 $\mu^{\alpha}\left(T,p'+\dfrac{2\sigma}{r}\right)=\mu^{\beta}(T,p')$ 给出了平衡蒸气压强 p' 与温度 T 及曲面半径 r 的关系，再将液滴的化学势按压强展开可得

$$\mu^{\alpha}\left(T,p'+\frac{2\sigma}{r}\right)=\mu^{\alpha}(T,p)+\left(p'+\frac{2\sigma}{r}-p\right)V_{\mathrm{m}}^{\alpha} \tag{7.4.18}$$

另一方面，由蒸气的化学势的表达式 $\mu^{\beta}(T,p)=RT(\varphi+\ln p)$ 可知

$$\mu^{\beta}(T,p')=\mu^{\beta}(T,p)+RT\ln\frac{p'}{p} \tag{7.4.19}$$

两方面结合并对比式(7.4.18)和式(7.4.19)可得

$$\left(p'-p+\frac{2\sigma}{r}\right)V_{\mathrm{m}}^{\alpha}=RT\ln\frac{p'}{p}$$

在 $p'-p\ll\dfrac{2\sigma}{r}$ 的情形下，近似可得

$$\ln\frac{p'}{p}=\frac{2\sigma V_{\mathrm{m}}^{\alpha}}{RTr}$$

进而可确定中肯半径 r_{c}，并将其用于研究不同大小液滴的“前途命运”。

请构建自己的思维导图。

7.5 多元系的复相平衡和化学平衡的思维导图

多元系的复相平衡和化学平衡问题是热力学中重要的研究对象，图 7.6 给出了多元系的复相平衡和化学平衡的思维导图。

如图 7.6 中的红色分支所示，将体积、内能和熵分别看作状态参量 $T, p, n_1, n_2, \cdots, n_k$ ($n_1, n_2, \cdots, n_k$ 为全部组元的物质的量)的函数，即

$$V = V(T, p, n_1, \cdots, n_k) \tag{7.5.1}$$

$$U = U(T, p, n_1, \cdots, n_k) \tag{7.5.2}$$

$$S = S(T, p, n_1, \cdots, n_k) \tag{7.5.3}$$

由于 V、U 和 S 是广延量，因此将广延量的性质(例如 $V(T, p, \lambda n_1, \lambda n_2, \cdots, \lambda n_k) = \lambda V(T, p, n_1, n_2, \cdots, n_k)$)和数学上齐次函数所满足的欧拉定理(假如 $f(\lambda x_1, \cdots, \lambda x_k) = \lambda^m f(x_1, x_2, \cdots, x_k)$，则有 $\sum_i x_i \dfrac{\partial f}{\partial x_i} = mf$)相结合，可以定义偏摩尔体积、偏摩尔内能、偏摩尔熵和偏摩尔吉布斯函数，它们的表达式分别为

$$\begin{cases} v_i = \left(\dfrac{\partial V}{\partial n_i}\right)_{T, p, n_j} \\ u_i = \left(\dfrac{\partial U}{\partial n_i}\right)_{T, p, n_j} \\ s_i = \left(\dfrac{\partial S}{\partial n_i}\right)_{T, p, n_j} \\ \mu_i = \left(\dfrac{\partial G}{\partial n_i}\right)_{T, p, n_j} \end{cases} \tag{7.5.4}$$

式中，μ_i 也称为 i 组元的化学势。由此可知，

$$\begin{cases} V = \sum_i n_i v_i \\ U = \sum_i n_i u_i \\ S = \sum_i n_i s_i \\ G = \sum_i n_i \mu_i \end{cases} \tag{7.5.5}$$

如图 7.6 中的橘黄色分支所示，使用“爱情魔方”，在闭合系统的热力学基本方程的后面加上 $\sum_i \mu_i \mathrm{d}n_i$，能够快速写出多元开放系统的热力学基本方程，分别为

$$\begin{cases} \mathrm{d}G = -S\mathrm{d}T + V\mathrm{d}p + \sum_i \mu_i \mathrm{d}n_i \\ \mathrm{d}H = T\mathrm{d}S + V\mathrm{d}p + \sum_i \mu_i \mathrm{d}n_i \\ \mathrm{d}U = T\mathrm{d}S - p\mathrm{d}V + \sum_i \mu_i \mathrm{d}n_i \\ \mathrm{d}F = -S\mathrm{d}T - p\mathrm{d}V + \sum_i \mu_i \mathrm{d}n_i \end{cases} \tag{7.5.6}$$

如图 7.6 中的青色分支所示，根据式(7.5.6)，应用吉布斯函数判据($\delta G = \delta G^\alpha + \delta G^\beta$)讨论多元两相系在热平衡条件和力学平衡条件已经满足情况下的相变平衡条件，可知 $\mu_i^\alpha = \mu_i^\beta$。相变平衡条件指出当整个系统达到平衡时，两相中各个组元的化学势必须分别相等，倘若相

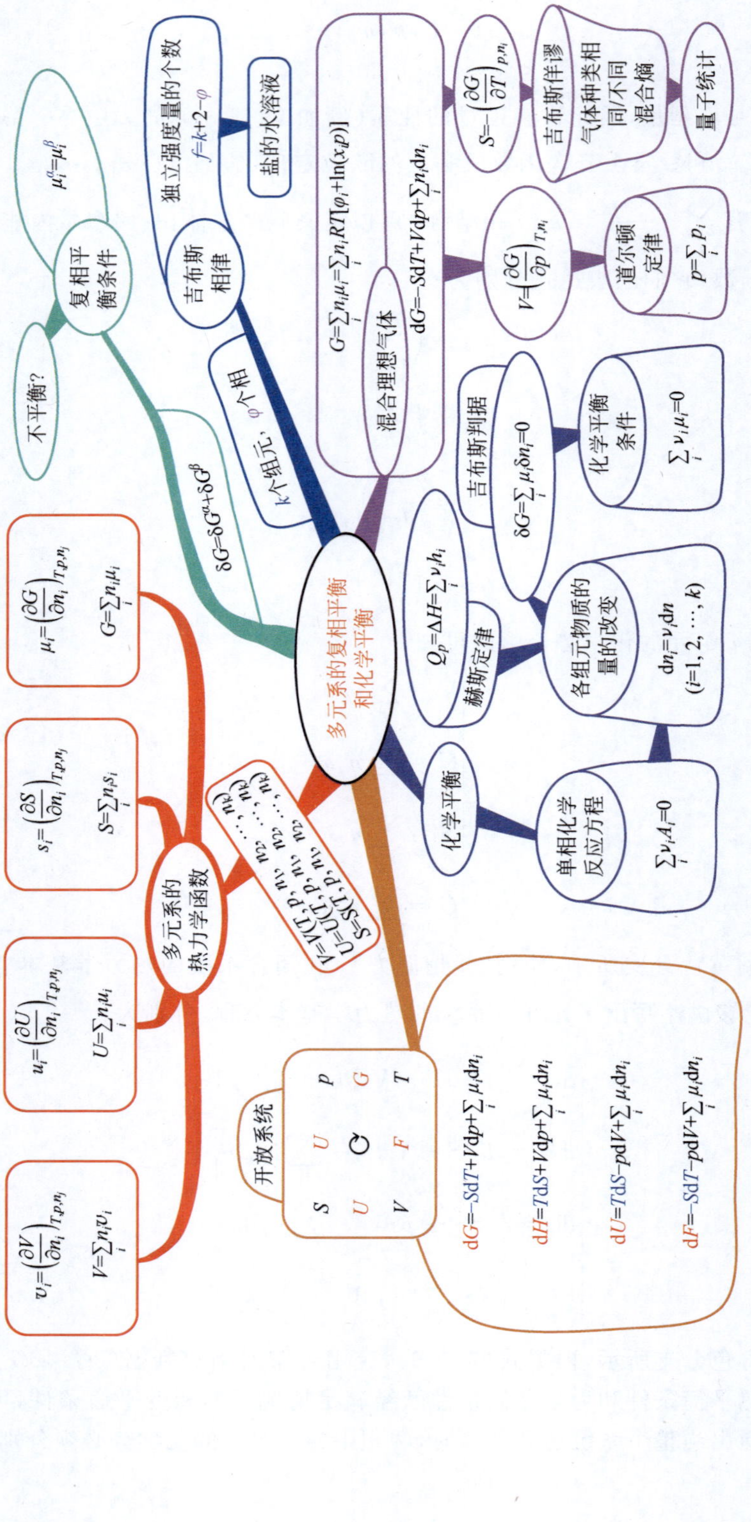

图 7.6 多元系的复相平衡和化学平衡的思维导图

变平衡条件不满足(不平衡?),系统将发生相变,相变朝着使 $\delta G=\sum_i^k(\mu_i^\alpha-\mu_i^\beta)\delta n_i^\alpha<0$ 的方向进行,由 $(\mu_i^\alpha-\mu_i^\beta)\delta n_i^\alpha<0$,可进一步判定系统中相变的演化方向。

如图 7.6 中的蓝色分支所示,吉布斯相律给出了由 k 个组元、φ 个相所组成的多元复相系的自由度数,即 $f=k+2-\varphi$,其中 f 是多元复相系可以独立改变的强度量变量的个数。吉布斯相律可通过考虑总数为 $(k+1)\varphi$ 个强度量的变量受三种平衡条件(共有 $(k+2)(\varphi-1)$ 个方程)的约束得出。使用吉布斯相律可以对相图进行简要的分析和研究,也可分析多元系(如盐的水溶液)所处的状态。

如图 7.6 中的玫红色分支所示,将吉布斯函数 G 看作特征函数可以研究混合理想气体的热力学性质。一方面,可以证明

$$G=\sum_i n_i\mu_i=\sum_i n_iRT[\varphi_i+\ln(x_ip)] \tag{7.5.7}$$

另一方面,多元开放系统的热力学基本方程给出

$$\mathrm{d}G=-S\mathrm{d}T+V\mathrm{d}p+\sum_i\mu_i\mathrm{d}n_i \tag{7.5.8}$$

由全微分的性质可知

$$V=\left(\frac{\partial G}{\partial p}\right)_{T,n_i} \tag{7.5.9}$$

$$S=-\left(\frac{\partial G}{\partial T}\right)_{p,n_i} \tag{7.5.10}$$

联立式(7.5.7)~式(7.5.9)将给出道尔顿分压定律:

$$p=\sum_i p_i \tag{7.5.11}$$

联立式(7.5.7)~式(7.5.10)可给出混合理想气体的熵为

$$S=\sum_i n_i\left[\int c_{pi}\frac{\mathrm{d}T}{T}-R\ln(x_ip)+s_{i0}\right] \tag{7.5.12}$$

将其变形可得

$$S=\sum_i n_i\left[\int c_{pi}\frac{\mathrm{d}T}{T}-R\ln p+s_{i0}\right]+C \tag{7.5.13}$$

其中,$C=-R\sum_i n_i\ln x_i$ 是混合气体各组元在等温等压混合后的熵增。考虑气体种类相同/不同的混合熵会发现,由性质任意接近的两种气体过渡到同种气体,熵增会由 $2nR\ln 2$ 突变为零,这称为吉布斯佯谬。吉布斯佯谬是经典统计物理所不能解释的,在量子统计物理中才能得到透彻的解释,因为微观粒子的全同性和不可分辨性对混合熵的数值有着决定性的影响。

化学平衡条件给出多元系中各组元发生化学反应时系统达到平衡所要满足的条件。如图 7.6 中的紫色分支所示,单相化学反应方程的一般形式为

$$\sum_i\nu_iA_i=0 \tag{7.5.14}$$

式中,A_i 是 i 组元的分子式,ν_i 是在反应方程中 i 组元的系数。对于单相化学反应,各组元物质的量的改变 $\mathrm{d}n_i$ 必满足以下关系:

$$\mathrm{d}n_i=\nu_i\mathrm{d}n,\quad i=1,2,\cdots,k \tag{7.5.15}$$

其中，$\mathrm{d}n>0$ 代表反应沿正向进行；$\mathrm{d}n<0$ 代表反应沿逆向进行。化学反应的等压反应热 $Q_p=\Delta H=\sum_i \nu_i h_i$，因焓是态函数，且赫斯定律告诉人们，如果一个反应可以通过不同的两组中间过程达到，两组过程的反应热应当相等。因此，使用赫斯定律能够计算实验上不能测得的反应热。在等温等压下使用吉布斯函数判据（$\delta G=\sum_i \mu_i \delta n_i=0$），再考虑 $\delta n_i=\nu_i \delta n$，可知单相化学反应的化学平衡条件为

$$\sum_i \nu_i \mu_i=0 \tag{7.5.16}$$

如果不满足化学平衡条件，并且反应物均不为零，反应就要进行。由于反应是朝着使吉布斯函数减小的方向进行，故可根据 $\delta G<0$ 进一步判定反应是沿正向进行还是沿逆向进行。

请构建自己的思维导图。

7.6 近独立粒子的最概然分布的思维导图

统计物理学从宏观物质系统是由大量微观粒子组成这一事实出发，认为物质的宏观特性是大量微观粒子行为的集体表现，宏观物理量是相应微观物理量的统计平均值。要运用统计物理来研究系统的热学性质，首先要清楚如何描述微观粒子的运动状态和系统的状态。按照描述方式（经典力学或量子力学）的不同，对粒子运动状态的描述可分为经典描述和量子描述。相应地，对系统的状态的描述也可分为经典描述和量子描述。在经典力学基础上建立的统计物理称为经典统计物理，在量子力学基础上建立的统计物理称为量子统计物理。统计物理也是遵循从简单到复杂的一般研究方法，首先考虑近独立粒子组成的系统满足的统计规律，然后考虑有相互作用的粒子组成的系统满足的统计规律。图 7.7 给出了近独立粒子的最概然分布的思维导图。

图 7.7 中的红色分支给出了对粒子运动状态进行经典描述的基本概念和微观粒子的经典模型。假若粒子的自由度为 r，在 μ 空间中对粒子运动状态进行经典描述较为方便。所谓 μ 空间，是指由粒子的 r 个广义坐标和 r 个广义动量所张开的 $2r$ 维相空间。μ 空间中的一点（$q_1,q_2,\cdots,q_r$；$p_1,p_2,\cdots,p_r$）代表粒子的一个运动状态。通过引入相体积 $\Sigma(\varepsilon)=\int\cdots\int_{H\leqslant\varepsilon}\mathrm{d}q_i\,\mathrm{d}p_i$ 可以计算微观粒子的态密度（将 $\mathrm{d}q_1\mathrm{d}q_2\cdots\mathrm{d}q_r\mathrm{d}p_1\mathrm{d}p_2\cdots\mathrm{d}p_r$ 简记为 $\mathrm{d}q_i\,\mathrm{d}p_i$）。计算态密度的表达式为

$$D(\varepsilon)=\frac{1}{h^r}\frac{\mathrm{d}\Sigma(\varepsilon)}{\mathrm{d}\varepsilon} \tag{7.6.1}$$

$D(\varepsilon)$ 将在固体物理的研究中发挥重要的作用（图 10.5）。微观粒子的常见经典模型有自由粒子、一维经典谐振子和经典转子，它们的能量的表达式分别为

$$\varepsilon=\frac{p^2}{2m} \tag{7.6.2}$$

$$\varepsilon=\frac{p^2}{2m}+\frac{1}{2}Ax^2 \tag{7.6.3}$$

$$\varepsilon=\left(p_\theta^2+\frac{p_\varphi^2}{\sin^2\theta}\right)/2I \tag{7.6.4}$$

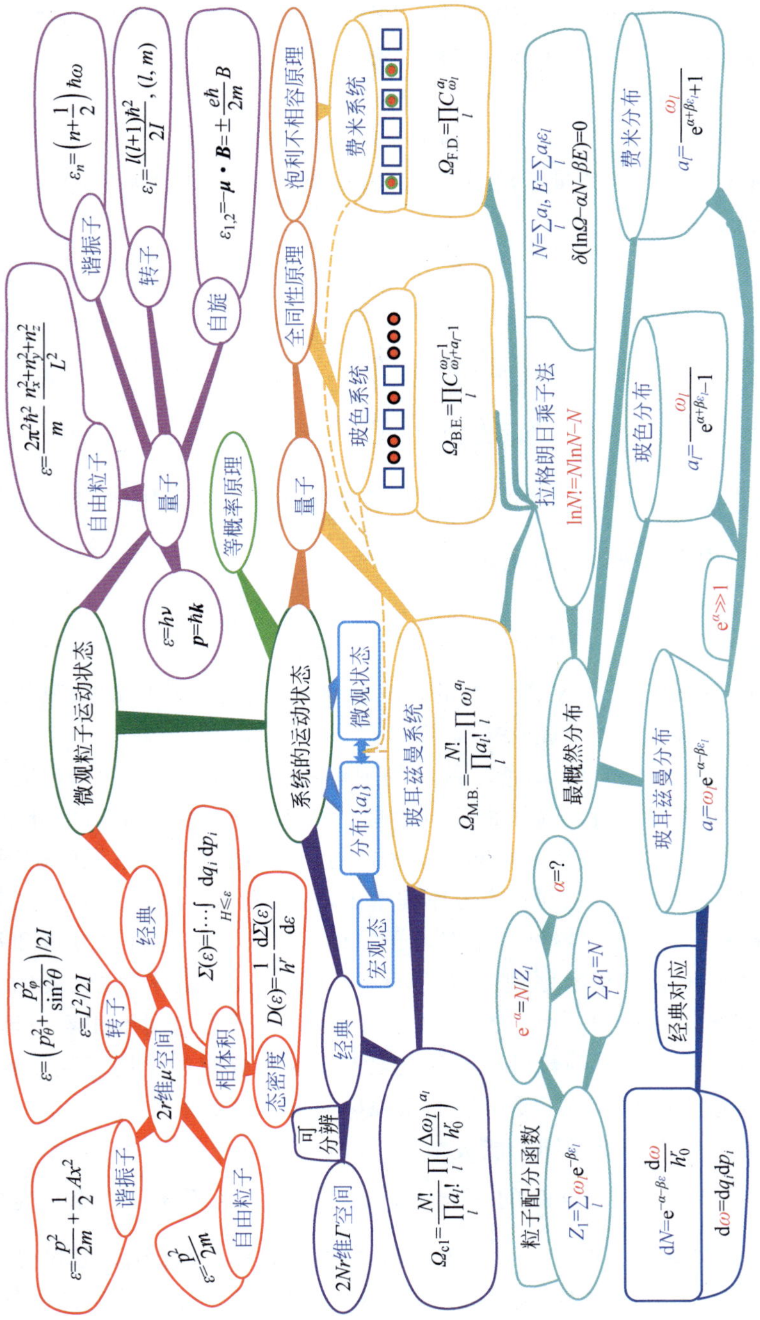

图 7.7　近独立粒子的最概然分布的思维导图

而平面转子作为经典转子的特例，它的能量的表达式可简化为

$$\varepsilon = L^2/2I \tag{7.6.5}$$

它们在量子力学中都有新的对应。

严格来说，所有微观粒子都应该遵守量子力学描述，图 7.7 中的玫红色分支给出了量子力学对微观粒子的描述。微观粒子具有波粒二象性，满足德布罗意关系：

$$\varepsilon = h\nu \tag{7.6.6}$$

$$\boldsymbol{p} = \hbar \boldsymbol{k} \tag{7.6.7}$$

在量子力学中，常见微观粒子的量子模型有：自由粒子、一维量子谐振子、量子平面转子，它们的能量的表达式分别为

$$\varepsilon = \frac{2\pi^2 \hbar^2}{m} \frac{n_x^2 + n_y^2 + n_z^2}{L^2} \tag{7.6.8}$$

$$\varepsilon_n = \left(n + \frac{1}{2}\right)\hbar \omega \tag{7.6.9}$$

$$\varepsilon_l = \frac{l(l+1)\hbar^2}{2I} \tag{7.6.10}$$

转子的状态由量子数(l, m)来确定；自旋，没有经典理论的描述与其相对应，自旋量子数为$\frac{1}{2}$的电子在磁场 $\boldsymbol{B}$ 中有两种能量的表达式，即

$$\varepsilon_{1,2} = -\boldsymbol{\mu} \cdot \boldsymbol{B} = \pm \frac{e\hbar}{2m} B \tag{7.6.11}$$

等概率原理认为，对于处于平衡状态的孤立系统，系统各个可能的微观状态出现的概率是均等的。它是平衡态统计物理的基础。

如图 7.7 中的橘黄色分支所示，量子统计物理对系统的运动状态的描述需要考虑全同性原理和泡利不相容原理。微观粒子的全同性原理表明，全同粒子是不可分辨的，在含有多个全同粒子的系统中，将任何两个全同粒子加以对换，不改变整个系统的微观运动状态，或者说不会给出新的微观态。泡利不相容原理指出，在含有多个全同近独立的费米子的系统中，一个个体量子态最多只能容纳一个费米子。根据微观粒子是否可分辨和每一个量子态容纳粒子数是否受泡利不相容原理的限制，可以将系统分为费米系统、玻色系统和玻耳兹曼系统。全同费米子和全同玻色子是不可分辨的，费米子受泡利不相容原理的限制，而玻色子在占据每一个量子态时的数目则不受其限制。由可分辨的全同近独立粒子组成，且处在一个个体量子态上的粒子数不受限制的系统称为玻耳兹曼系统。

全同近独立粒子具有完全相同的能级结构$(\varepsilon_l, \omega_l)$。对于具有确定的 N、E、V 的系统来说，满足 $\sum_l a_l = N$，$\sum_l a_l \varepsilon_l = E$ 的一个分布$\{a_l\}$会给出了系统的一个可能的宏观态。给定一个分布$\{a_l\}$，只确定了在每一个能级 ε_l 上的粒子数 a_l，并未确定系统处于哪一个微观状态. 与一个分布$\{a_l\}$相应的系统的微观状态数会因系统的不同而迥然不同，下面将分别讨论玻色系统、费米系统和玻耳兹曼系统在给定一个分布$\{a_l\}$时相应的微观状态数。

对于玻色系统和费米系统，如图 7.7 黄色分支中的图所示，使用蓝色方框代表量子态，红色圆点代表粒子，则 a_l 个全同粒子占据简并度为 ω_l 的第 l 个能级 ε_l 的方式可使用不同

的示意图表示出来。显然，玻色系统和费米系统的占据方式数目分别为 $C_{\omega_l+a_l-1}^{\omega_l-1}$ 和 $C_{\omega_l}^{a_l}$，将所有能级上粒子占据方式的数目相乘，可知两个系统与分布 $\{a_l\}$ 对应的微观状态数分别为

$$\Omega_{\text{B. E.}}=\prod_l C_{\omega_l+a_l-1}^{\omega_l-1} \tag{7.6.12}$$

$$\Omega_{\text{F. D.}}=\prod_l C_{\omega_l}^{a_l} \tag{7.6.13}$$

对于玻耳兹曼系统，a_l 个可分辨粒子占据简并度为 ω_l 个量子态的方式数目为 $\omega_l^{a_l}$，所有粒子分布完成后的微观状态数为 $\prod\limits_l \omega_l^{a_l}$，再考虑 N 个粒子全排列方式数目扣除相同能级中交换粒子不给出新的微观态的情况，玻耳兹曼系统的微观状态数为

$$\Omega_{\text{M. B.}}=\frac{N!}{\prod\limits_l a_l!}\prod_l \omega_l^{a_l} \tag{7.6.14}$$

由对应关系 $\dfrac{\Delta\omega_l}{h_0^r}\leftrightarrow\omega_l$，参考玻耳兹曼系统的 $\Omega_{\text{M. B.}}$，可直接写出 N 个可分辨粒子的经典统计与分布对应的微观状态数为

$$\Omega_{\text{cl}}=\frac{N!}{\prod\limits_l a_l!}\prod_l\left(\frac{\Delta\omega_l}{h_0^r}\right)^{a_l} \tag{7.6.15}$$

某一时刻 N 个可分辨粒子的运动状态也可用 $2Nr$ 维 Γ 空间中的一个点来描述，这个点代表经典系统的一个可能的运动状态。

原则上，满足 $\sum\limits_l a_l=N$ 和 $\sum\limits_l a_l\varepsilon_l=E$ 的所有分布都应被考虑在统计范围内，不过，理论研究表明，全同近独立系统中的粒子存在最概然分布，最概然分布对应的微观态数取极大值，其他分布对应的微观态数与之相比可忽略不计。根据等概率原理，处于平衡状态的孤立系统，系统各个可能的微观状态出现的概率是均等。因此只考虑最概然分布下近独立粒子系统的统计性质所引起的误差也可忽略，这正是最可几方法的核心思想，它认为宏观物理量是相应微观物理量在最概然分布下的统计平均的原因。

如何得到近独立粒子的最概然分布呢？如图 7.7 中的青色分支所示，在粒子数($N=\sum\limits_l a_l$)和能量($E=\sum\limits_l a_l\varepsilon_l$)保持不变的约束下，使用斯特林公式 $\ln N!=N\ln N-N$，并运用拉格朗日乘子法，令 $\delta(\ln\Omega-\alpha N-\beta E)=0$，可得近独立粒子的最概然分布：玻耳兹曼分布、玻色分布和费米分布，它们的表达式分别为

$$a_l=\omega_l \mathrm{e}^{-\alpha-\beta\varepsilon_l} \tag{7.6.16}$$

$$a_l=\frac{\omega_l}{\mathrm{e}^{\alpha+\beta\varepsilon_l}-1} \tag{7.6.17}$$

$$a_l=\frac{\omega_l}{\mathrm{e}^{\alpha+\beta\varepsilon_l}+1} \tag{7.6.18}$$

前者可看作是后两者在热力学极限条件 $\mathrm{e}^{\alpha}\gg1$ 下的结果。由 $\sum\limits_l a_l=N$ 条件，通过引入粒子

配分函数($Z_1=\sum_l \omega_l \mathrm{e}^{-\beta\varepsilon_l}$),可由 $\mathrm{e}^{-\alpha}=\dfrac{N}{Z_1}$ 确定拉格朗日乘子 α,即

$$\alpha=\ln\left(\frac{Z_1}{N}\right) \tag{7.6.19}$$

仍由对应关系$\dfrac{\Delta\omega_l}{h_0^r}\leftrightarrow\omega_l$,可得经典统计中 μ 空间中相体积元 $\mathrm{d}\omega=\mathrm{d}q_i\mathrm{d}p_i$ 内的最概然分子数为

$$\mathrm{d}N=\mathrm{e}^{-\alpha-\beta\varepsilon}\frac{\mathrm{d}\omega}{h_0^r} \tag{7.6.20}$$

依据以上结果,可以分别研究不同系统满足三种统计情况下的热力学统计规律,具体内容将在 7.7 节和 7.8 节中给出。

请构建自己的思维导图。

7.7 玻耳兹曼统计的思维导图

图 7.8 给出了玻耳兹曼统计的思维导图。它首先从玻耳兹曼分布出发,分别导出能量均分定理和麦克斯韦分子速率分布率;其次,通过引入粒子配分函数,导出热力学量的统计表达式;最后,应用玻耳兹曼统计研究若干玻耳兹曼系统的热力学性质,例如单原子分子理想气体和双原子分子的理想气体的内能和热容、固体的热容和顺磁性固体等。

根据 7.6 节的讨论,图 7.8 中的黑色分支给出,定域系统和满足经典极限条件的玻色(费米)系统都应遵从的玻耳兹曼分布:

$$a_l=\omega_l\mathrm{e}^{-\alpha-\beta\varepsilon_l} \tag{7.7.1}$$

通过引入粒子配分函数 $Z_1=\sum_l\omega_l\mathrm{e}^{-\beta\varepsilon_l}$ 或 $Z_1=\int\mathrm{e}^{-\beta\varepsilon}\dfrac{\mathrm{d}\omega}{h^r}$,可以由 $\sum_l a_l=N$ 确定拉格朗日乘子 α。在经典统计中粒子配分函数为

$$Z_1=\int\mathrm{e}^{-\beta\varepsilon}\frac{\mathrm{d}\omega}{h_0^r} \tag{7.7.2}$$

当 $h_0\to h$ 时,经典统计和量子统计接轨。如图 7.8 中的红色分支所示,考虑分子的平均能量($\bar{\varepsilon}=?$),计算粒子能量中某一个独立的平方项的平均值,可以证明对于处在温度为 T 的平衡态的经典系统,粒子能量中每一个平方项的平均值等于$\dfrac{1}{2}k_BT$,这就是能量均分定理。因此,分子的平均能量的表达式为

$$\bar{\varepsilon}=(t+r+2s)\frac{1}{2}k_BT \tag{7.7.3}$$

其中,t、r 和 s 分别代表分子的平动、转动和振动的自由度数。将分子的不同自由度数代入分子的平均能量的公式,可知单原子分子、刚性双原子、非刚性双原子分子和刚性多原子分子的平均能量分别为$\dfrac{3}{2}k_BT$、$\dfrac{5}{2}k_BT$、$\dfrac{7}{2}k_BT$ 和 $3k_BT$,进而可讨论由它们所组成理想气体的内能和热容。

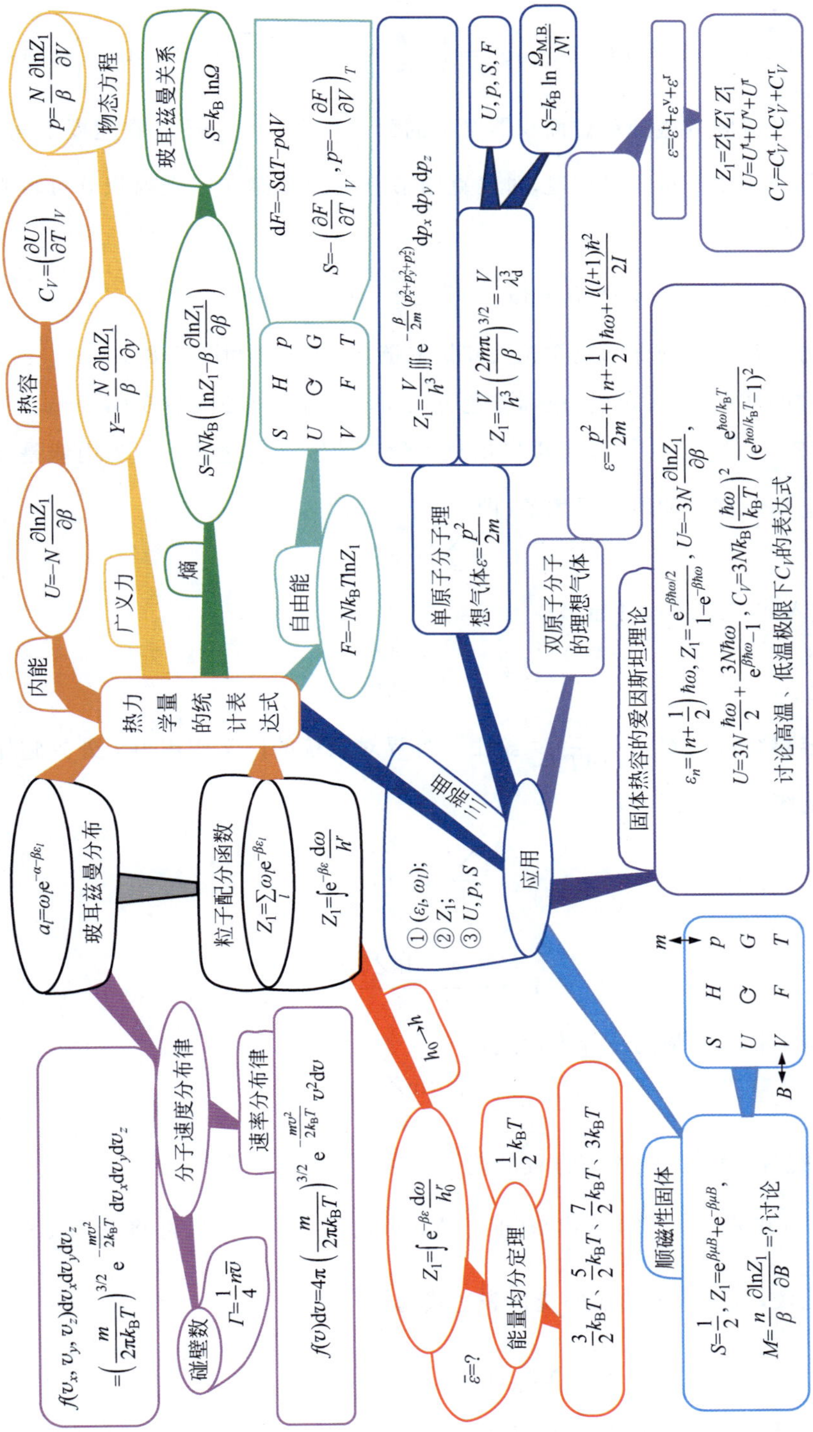

图 7.8　玻耳兹曼统计的思维导图

如图 7.8 中的玫红色分支所示，根据玻耳兹曼分布研究气体分子质心的平移运动，可导出气体分子的麦克斯韦速度分布律：

$$f(v_x, v_y, v_z)\mathrm{d}v_x\mathrm{d}v_y\mathrm{d}v_z = \left(\frac{m}{2\pi k_B T}\right)^{3/2} \mathrm{e}^{-\frac{mv^2}{2k_B T}} \mathrm{d}v_x\mathrm{d}v_y\mathrm{d}v_z \tag{7.7.4}$$

据此可计算在单位时间内碰到单位面积器壁上的分子数为 $\Gamma = \frac{1}{4}n\bar{v}$。在速度空间考虑 $v\sim v+\mathrm{d}v$ 球壳内分子速度分布的对称性，对麦克斯韦速度分布律在球壳内积分可得麦克斯韦分子速率分布律：

$$f(v)\mathrm{d}v = 4\pi\left(\frac{m}{2\pi k_B T}\right)^{3/2} \mathrm{e}^{-\frac{mv^2}{2k_B T}} v^2\mathrm{d}v \tag{7.7.5}$$

这就完成了热力学与统计物理和热学相关知识的链接（图 2.3 和图 7.8）。

如图 7.8 中的橘黄色、黄色、绿色和青色分支所示，由玻耳兹曼分布（$a_l = \omega_l \mathrm{e}^{-\alpha-\beta\varepsilon_l}$）和粒子配分函数（$Z_1 = \sum_l \omega_l \mathrm{e}^{-\beta\varepsilon_l}$），可以导出热力学量的统计表达式。因为内能是系统中近独立粒子无规运动总能量的统计平均值，即

$$U = \sum_l a_l \varepsilon_l \tag{7.7.6}$$

将式(7.7.1)代入式(7.7.6)，可导出

$$U = -N\frac{\partial \ln Z_1}{\partial \beta} \tag{7.7.7}$$

所以系统的等容热容可由 $C_V = \left(\frac{\partial U}{\partial T}\right)_V$ 给出。外界对系统的广义作用力为外界施加在每一个粒子上的力的统计平均值，即

$$Y = \sum_l a_l \frac{\partial \varepsilon_l}{\partial y} \tag{7.7.8}$$

可导出

$$Y = -\frac{N}{\beta}\frac{\partial \ln Z_1}{\partial y} \tag{7.7.9}$$

它的一个重要例子就是压强的统计表达式：

$$p = \frac{N}{\beta}\frac{\partial \ln Z_1}{\partial V} \tag{7.7.10}$$

这也给出了一种获得简单系统物态方程的统计方法。

由式(7.7.7)和式(7.7.9)导出 $\beta(\mathrm{d}U - Y\mathrm{d}y)$ 的统计表达式，再将其与 $\mathrm{d}S = \frac{\delta Q_r}{T} = \frac{1}{T}(\mathrm{d}U - Y\mathrm{d}y)$ 比较，可得系统的熵的统计表达式为

$$S = Nk_B\left(\ln Z_1 - \beta\frac{\partial \ln Z_1}{\partial \beta}\right) \tag{7.7.11}$$

同时，结合理想气体的物态方程或理想气体的等容热容，可定出另外一个拉格朗日乘子 β 为

$$\beta = 1/(k_B T) \tag{7.7.12}$$

对于定域系统，再考虑 $\Omega_{\mathrm{M.B.}}=\dfrac{N!}{\prod_l a_l!}\prod_l \omega_l^{a_l}$ 和 $\ln Z_1=\ln N+\alpha$，可得到玻耳兹曼关系：

$$S=k_{\mathrm{B}}\ln\Omega \tag{7.7.13}$$

其中，Ω 代表一个宏观态所对应的微观态的数目。对于满足经典极限条件的玻色（费米）系统，因全同性原理的限制，它们的微观状态数为 $\Omega_{\mathrm{M.B.}}/N!$，若使玻耳兹曼关系仍然成立，熵的表达式应改为

$$S=Nk_{\mathrm{B}}\left(\ln Z_1-\beta\frac{\partial\ln Z_1}{\partial\beta}\right)-k_{\mathrm{B}}\ln N! \tag{7.7.14}$$

$$S=k_{\mathrm{B}}\ln(\Omega_{\mathrm{M.B.}}/N!) \tag{7.7.15}$$

此时熵函数才能满足其为广延量的要求。由 $F=U-TS$，可得系统自由能的表达式为

$$F=-Nk_{\mathrm{B}}T\ln Z_1 \tag{7.7.16}$$

或

$$F=-Nk_{\mathrm{B}}T\ln Z_1+k_{\mathrm{B}}T\ln N! \tag{7.7.17}$$

另外，结合“爱情魔方”，选择自由能 F 作为特性函数，可写出

$$\mathrm{d}F=-S\mathrm{d}T-p\mathrm{d}V \tag{7.7.18}$$

利用全微分的性质，也可由 $S=-\left(\dfrac{\partial F}{\partial T}\right)_V$ 和 $p=-\left(\dfrac{\partial F}{\partial V}\right)_T$ 获取热力学量的统计表达式。

如图 7.8 中的蓝色分支所示，运用玻耳兹曼统计研究问题的一般步骤可总结并简称为“三部曲”。首先，获取单粒子的能级结构(ε_l,ω_l)；其次，计算粒子配分函数 Z_1；最后，使用热力学量的统计表达式研究系统的内能 U、物态方程 p 和熵 S 等热力学量（简记为①(ε_l,ω_l)；②Z_1；③U,p,S）。下面将运用玻耳兹曼统计方法依次研究单原子分子理想气体、双原子分子的理想气体、固体的热容和顺磁性固体的热力学性质。

如图 7.8 中的深蓝色分支所示，对于单原子分子理想气体来说，粒子的能量 $\varepsilon=\dfrac{p^2}{2m}$ 是连续的，则

$$Z_1=\frac{V}{h^3}\iiint \mathrm{e}^{-\frac{\beta}{2m}(p_x^2+p_y^2+p_z^2)}\mathrm{d}p_x\mathrm{d}p_y\mathrm{d}p_z \tag{7.7.19}$$

积分可得

$$Z_1=\frac{V}{h^3}\left(\frac{2m\pi}{\beta}\right)^{3/2}=\frac{V}{\lambda_{\mathrm{d}}^3} \tag{7.7.20}$$

其中，λ_{d} 为德布罗意波长。将其代入热力学量的统计表达式，即可获取单原子分子理想气体的内能 U、压强 p、熵 S 和自由能 F。值得注意的是，系统的熵只有使用 $S=k_{\mathrm{B}}\ln\dfrac{\Omega_{\mathrm{M.B.}}}{N!}$ 时，方能保证 S 的广延性。这是因为理想气体为非定域系统，气体中的单原子分子是全同粒子，它们是不可分辨的。

对于双原子分子的理想气体，如图 7.8 中的浅紫色分支所示，分子的能量包括平动动能、振动动能和转动动能三部分，即

$$\varepsilon=\frac{p^2}{2m}+\left(n+\frac{1}{2}\right)\hbar\omega+\frac{l(l+1)\hbar^2}{2I} \tag{7.7.21}$$

简记为

$$\varepsilon = \varepsilon^{t} + \varepsilon^{v} + \varepsilon^{r} \tag{7.7.22}$$

它的粒子配分函数有以下形式：

$$Z_1 = Z_1^{t} Z_1^{v} Z_1^{r} \tag{7.7.23}$$

将其代入式(7.7.7)，可知内能包括三部分，即

$$U = U^{t} + U^{v} + U^{r} \tag{7.7.24}$$

再由 $C_V = \left(\dfrac{\partial U}{\partial T}\right)_V$ 可知，双原子分子理想气体的等容热容也包括三部分，即

$$C_V = C_V^{t} + C_V^{v} + C_V^{r} \tag{7.7.25}$$

通过计算 C_V^{t}、C_V^{v} 和 C_V^{r} 的统计表达式可分别讨论分子的平动、振动和转动对系统热容的贡献，解释相关实验结果。

如图 7.8 中的紫色分支所示，为了解决能量均分定理所给固体热容与低温下固体热容不符的矛盾，爱因斯坦将晶体中 N 个原子看成 $3N$ 个频率相同的一维量子线性谐振子，每个谐振子的能量为

$$\varepsilon_n = \left(n + \frac{1}{2}\right)\hbar\omega \tag{7.7.26}$$

其中，$n=0,1,2,\cdots$。由 $Z_1 = \sum_l \omega_n \mathrm{e}^{-\beta\varepsilon_n}$、$U = -3N\dfrac{\partial \ln Z_1}{\partial \beta}$ 和 $C_V = \left(\dfrac{\partial U}{\partial T}\right)_V$ 依次计算 Z_1、U 和 C_V，得到

$$Z_1 = \frac{\mathrm{e}^{-\beta\hbar\omega/2}}{1-\mathrm{e}^{-\beta\hbar\omega}} \tag{7.7.27}$$

$$U = 3N\frac{\hbar\omega}{2} + \frac{3N\hbar\omega}{\mathrm{e}^{\beta\hbar\omega}-1} \tag{7.7.28}$$

$$C_V = 3Nk_B\left(\frac{\hbar\omega}{k_B T}\right)^2 \frac{\mathrm{e}^{\hbar\omega/k_B T}}{(\mathrm{e}^{\hbar\omega/k_B T}-1)^2} \tag{7.7.29}$$

通过讨论高温和低温极限下 C_V 的表达式，成功解释了固体热容随温度降低而降低的实验结果。

如图 7.8 中的浅蓝色分支所示，将顺磁性固体看作由定域近独立的自旋 $S=\dfrac{1}{2}$ 的磁性离子组成的系统，在外磁场 $\boldsymbol{B}$ 中磁性离子的粒子配分函数为

$$Z_1 = \mathrm{e}^{\beta\mu B} + \mathrm{e}^{-\beta\mu B} \tag{7.7.30}$$

使用“爱情魔方”，对比 $\delta W^{ex} = -m\mathrm{d}B$ 与 $\delta W^{ex} = -p\mathrm{d}V$ 可知，磁矩 m 与 p 对应，B 与 V 对应。由压强公式(7.7.10)类比可得磁矩的公式，即

$$m = \frac{N}{\beta}\frac{\partial \ln Z_1}{\partial B} \tag{7.7.31}$$

又因为磁化强度 $M=m/V$，故磁化强度为

$$M = \frac{n}{\beta}\frac{\partial \ln Z_1}{\partial B} \tag{7.7.32}$$

其中，$n=N/V$，表示磁性离子的数密度。将式(7.7.30)代入式(7.7.32)，可得

$$M = n\mu \tanh\left(\frac{\mu B}{k_B T}\right) \tag{7.7.33}$$

进而可以研究系统的磁化强度、内能和熵在不同极限条件下的性质。

请构建自己的思维导图。

7.8　玻色统计和费米统计的思维导图

图 7.9 绘制了玻色统计和费米统计的思维导图。它首先简要介绍可以使用拉格朗日乘子法和巨正则系综理论两种方法导出玻色分布和费米分布；其次使用玻色统计方法研究玻色-爱因斯坦凝聚和光子气体；最后使用费米统计方法讨论自由电子气体的热力学性质。

如图 7.7 中的青色分支和图 7.9 中的绿色分支所示，在孤立系条件（$\delta N=0$ 且 $\delta E=0$，其中 $N=\sum_l a_l$，$E=\sum_l a_l\varepsilon_l$）下使用拉格朗日乘子法，可导出近独立玻色系统和费米系统的最概然分布分别为

$$a_l = \frac{\omega_l}{e^{\alpha+\beta\varepsilon_l}-1} \tag{7.8.1}$$

$$a_l = \frac{\omega_l}{e^{\alpha+\beta\varepsilon_l}+1} \tag{7.8.2}$$

但这一推导存在严重缺陷，需要假设 $a_l \gg 1$，$\omega_l \gg 1$，$\omega_l - a_l \gg 1$。使用巨正则系综理论则能严格给出近独立粒子在其能级上的平均分布 $\bar{a}_l$，其表达式和最概然分布完全相同。巨正则系综理论给出巨正则分布和巨配分函数分别为

$$\rho_{N,s} = \frac{1}{\Xi} e^{-\alpha N - \beta E_s} \tag{7.8.3}$$

$$\Xi = \sum_N \sum_s e^{-\alpha N - \beta E_s} \tag{7.8.4}$$

见图 7.10 中的青色分支。

如图 7.9 中的紫色分支所示，对于近独立粒子系统来说，将 $N=\sum_l a_l$，$E=\sum_l a_l\varepsilon_l$ 代入 Ξ 的表达式(7.8.4)，再取对数，可得

$$\ln\Xi = \pm \sum_l \omega_l \ln(1 \pm e^{-\alpha-\beta\varepsilon_l}) \tag{7.8.5}$$

其中，“+”和“−”分别适用于费米系统和玻色系统，简记为“+”费米子，“−”玻色子。再由 $\bar{a}_l = \frac{1}{\Xi}\sum_N \sum_s a_l e^{-\alpha N-\beta E_s}$ 导出

$$\bar{a}_l = -\frac{\partial \ln \Xi_l}{\partial \alpha} \tag{7.8.6}$$

其中，$\Xi_l = \sum_l e^{-(\alpha+\beta\varepsilon_l)a_l}$ 和 $\Xi = \prod_l \Xi_l$。最终导出

$$\bar{a}_l = \frac{\omega_l}{e^{\alpha+\beta\varepsilon_l} \pm 1} \tag{7.8.7}$$

这正是玻色分布和费米分布。巨正则系综理论的热力学公式包括平均粒子数、内能、压强和

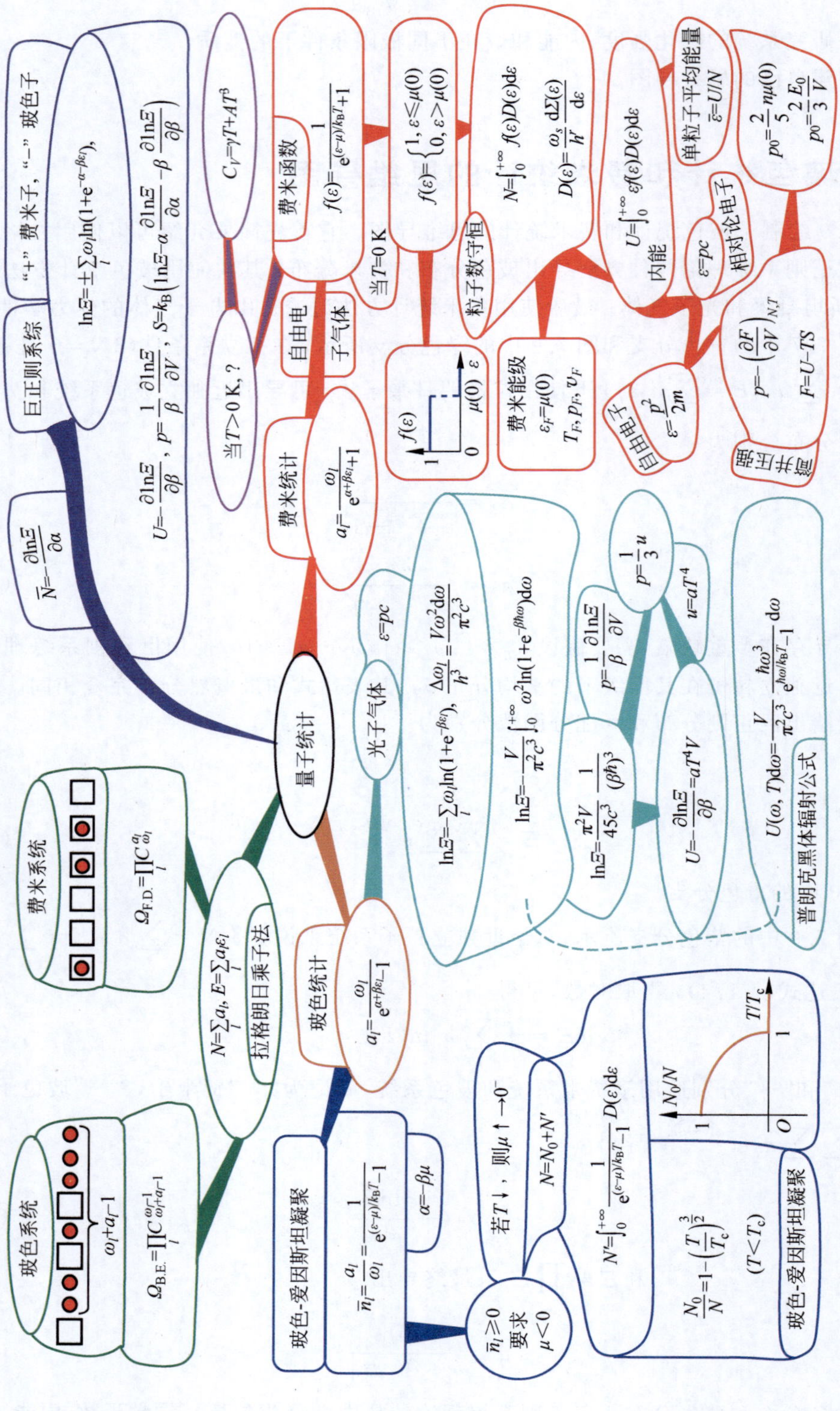

图 7.9 玻色统计和费米统计的思维导图

熵的表达式，它们分别为

$$\overline{N}=-\frac{\partial\ln\Xi}{\partial\alpha} \tag{7.8.8}$$

$$U=-\frac{\partial\ln\Xi}{\partial\beta} \tag{7.8.9}$$

$$p=\frac{1}{\beta}\frac{\partial\ln\Xi}{\partial V} \tag{7.8.10}$$

$$S=k_{\mathrm{B}}\left(\ln\Xi-\alpha\frac{\partial\ln\Xi}{\partial\alpha}-\beta\frac{\partial\ln\Xi}{\partial\beta}\right) \tag{7.8.11}$$

其中，$\beta=1/(k_{\mathrm{B}}T)$和$\alpha=-\beta\mu$。由此可研究玻色系统和费米系统的热力学性质。

作为玻色统计的典型例子，在此只简要回顾玻色-爱因斯坦凝聚和光子气体。如图7.9中的蓝色分支所示，探讨玻色-爱因斯坦凝聚问题要先从玻色分布$a_l=\dfrac{\omega_l}{\mathrm{e}^{\alpha+\beta\varepsilon_l}-1}$出发，将$\alpha=-\beta\mu$代入玻色分布，则$\varepsilon_l$能级上的平均粒子数为

$$\bar{n}_l=\frac{a_l}{\omega_l}=\frac{1}{\mathrm{e}^{(\varepsilon-\mu)/k_{\mathrm{B}}T}-1} \tag{7.8.12}$$

显然，平均粒子数不可能小于零。为了保证$\bar{n}_l\geqslant 0$对于ε_l取任何非负值（如$\varepsilon_0=0$）都始终成立，这要求$\mu<0$。在分子总数（$N=\sum\limits_l a_l$）给定的条件下可以推断出理想玻色气体的化学势随温度的降低而升高到0^-的结果（简记为若$T\downarrow$，则$\mu\uparrow\rightarrow 0^-$）。分子总数$N$应包括处在能级$\varepsilon=0$的粒子数$N_0$和处在激发态能级$\varepsilon>0$的粒子数$N'$，即

$$N=N_0+N' \tag{7.8.13}$$

其中，$N'=\int_0^{+\infty}\dfrac{1}{\mathrm{e}^{(\varepsilon-\mu)/k_{\mathrm{B}}T}-1}D(\varepsilon)\mathrm{d}\varepsilon$。当$T\rightarrow T_{\mathrm{c}}$时，$\mu\rightarrow 0^-$，由$N=\int_0^{+\infty}\dfrac{1}{\mathrm{e}^{\varepsilon/k_{\mathrm{B}}T_{\mathrm{c}}}-1}D(\varepsilon)\mathrm{d}\varepsilon$可以确定临界温度$T_{\mathrm{c}}$。当$T\rightarrow 0\ K$时，$\mu\rightarrow 0$，$\mathrm{e}^{-\mu/k_{\mathrm{B}}T}\approx 1$，积分可得

$$N'=2.612\omega_s V\left(\frac{2\pi mk_{\mathrm{B}}T}{h^2}\right)^{3/2} \tag{7.8.14}$$

$$N=2.612\omega_s V\left(\frac{2\pi mk_{\mathrm{B}}T_{\mathrm{c}}}{h^2}\right)^{3/2} \tag{7.8.15}$$

再由$\dfrac{N_0}{N}=1-\dfrac{N'}{N}$，可得

$$\frac{N_0}{N}=1-\left(\frac{T}{T_{\mathrm{c}}}\right)^{\frac{3}{2}},\quad T<T_{\mathrm{c}} \tag{7.8.16}$$

$\dfrac{N_0}{N}$随温度的变化曲线如图7.9蓝色分支中的图所示，这表明，在$T<T_{\mathrm{c}}$时就有宏观量级的粒子在能级$\varepsilon=0$聚集，这一现象称为玻色-爱因斯坦凝聚。这种凝聚是粒子在动量空间中原点附近的凝聚，它和气液相变中在坐标空间中的凝聚完全不同。

光子（$\varepsilon=pc$）是玻色子，光子气体在空窖中达到平衡遵从玻色分布，图7.9中的青色分支给出了导出普朗克黑体辐射公式的思路。因光子气体的化学势为零，即$\alpha=0$。从$\ln\Xi=$

$-\sum_l \omega_l \ln(1+\mathrm{e}^{-\beta\varepsilon_l})$ 出发，依据 $D(\varepsilon)=\frac{1}{h^r}\frac{\mathrm{d}\Sigma(\varepsilon)}{\mathrm{d}\varepsilon}$ 求态密度可知，相体积元 $\Delta\omega_l$ 内的微观状态数为

$$\frac{\Delta\omega_l}{h^3}=\frac{V\omega^2\mathrm{d}\omega}{\pi^2c^3} \tag{7.8.17}$$

再由对应关系 $\omega_l \leftrightarrow \frac{\Delta\omega_l}{h^3}$，可将 $\ln\Xi$ 的求和化为积分形式，即

$$\ln\Xi=-\frac{V}{\pi^2c^3}\int_0^{+\infty}\omega^2\ln(1+\mathrm{e}^{-\beta\hbar\omega})\mathrm{d}\omega \tag{7.8.18}$$

积分可得

$$\ln\Xi=\frac{\pi^2V}{45c^3}\frac{1}{(\beta\hbar)^3} \tag{7.8.19}$$

将上式代入式(7.8.9)和式(7.8.10)，可分别得到

$$U=aT^4V \tag{7.8.20}$$

$$p=\frac{1}{3}aT^4 \tag{7.8.21}$$

其中，$a=\frac{\pi^2k_\mathrm{B}^4}{15c^3\hbar^3}$。显然，光子气体产生的辐射压强为

$$p=\frac{1}{3}u$$

其中，$u=aT^4$ 为辐射能量密度。这些统计结果与热力学理论结果完全相同，见图 7.3。倘若将 $\ln\Xi$ 的积分表达式(7.8.18)代入式(7.8.9)，可得

$$U=\int_0^{+\infty}U(\omega,T)\mathrm{d}\omega \tag{7.8.22}$$

其中，$U(\omega,T)=\frac{V}{\pi^2c^3}\frac{\hbar\omega^3}{\mathrm{e}^{\hbar\omega/k_\mathrm{B}T}-1}$，这就是普朗克黑体辐射公式，它给出辐射场内能按频率的分布规律。据此，普朗克成功解释了黑体辐射的实验结果，这也为学习原子物理学和量子力学的相关内容提供了理论支撑(分别见图 5.2、图 9.1 和图 9.6)。

作为费米统计的典型例子，图 7.9 的红色分支只简要概括了金属中的自由电子气体在 $T=0$ K 时的分布特点。电子是费米子，金属中的自由电子气体遵从费米分布：

$$a_l=\frac{\omega_l}{\mathrm{e}^{\alpha+\beta\varepsilon_l}+1} \tag{7.8.23}$$

通过求单个量子态上的平均粒子数 a_l/ω_l，引入费米函数 $f(\varepsilon)=\frac{1}{\mathrm{e}^{(\varepsilon-\mu)/k_\mathrm{B}T}+1}$。当 $T=0$ K 时，

$$f(\varepsilon)=\begin{cases}1, & \varepsilon\leqslant\mu(0)\\ 0, & \varepsilon>\mu(0)\end{cases} \tag{7.8.24}$$

如图 7.9 红色分支中的图所示。结合能量最小原理和泡利不相容原理，可以这样理解以上分布：在 0 K 时，能量最小原理要求电子尽可能占据能量最低的状态，但泡利不相容原理则

要求电子只能从 $\varepsilon=0$ 的状态开始填充并依次填充至 $\mu(0)$ 的状态。

显然，$\mu(0)$ 是 $T=0$ K 时电子的最大动能，它可由以下的粒子数守恒确定：

$$N=\int_0^{+\infty} f(\varepsilon)D(\varepsilon)\mathrm{d}\varepsilon=\int_0^{\mu(0)} D(\varepsilon)\mathrm{d}\varepsilon$$

其中，$D(\varepsilon)=\dfrac{\omega_s}{h^r}\dfrac{\mathrm{d}\Sigma(\varepsilon)}{\mathrm{d}\varepsilon}$。这是对图 7.7 所示态密度公式的进一步深化，这里又考虑了自旋简并因子 ω_s 的影响。倘若定义费米能级 $\varepsilon_F=\mu(0)$，进而可以定义费米温度 $T_F=\varepsilon_F/k_B$，费米动量 $p_F=\sqrt{2m\varepsilon_F}$ 和费米速度 $v_F=p_F/m$。那么，$T=0$ K 时电子气体的内能可由 $U=\int_0^{+\infty}\varepsilon f(\varepsilon)D(\varepsilon)\mathrm{d}\varepsilon$ 给出，进而可以讨论单粒子的平均能量 $\bar{\varepsilon}=U/N$。感兴趣的读者，可以针对自由电子 $\left(\varepsilon=\dfrac{p^2}{2m}\right)$ 和相对论电子（$\varepsilon=pc$）计算它们各自的态密度，代入 $U=\int_0^{+\infty}\varepsilon f(\varepsilon)D(\varepsilon)\mathrm{d}\varepsilon$ 并积分，探讨 0 K 时电子的平均能量和 $\mu(0)$ 的关系。同时，使用 $p=-\left(\dfrac{\partial F}{\partial V}\right)_{N,T}$ 和 $F=U-TS$ 可获取电子气体在 $T=0$ K 时的简并压强，则得 $p_0=\dfrac{2}{5}n\mu(0)$ 或 $p_0=\dfrac{2}{3}\dfrac{E_0}{V}$。

如图 7.9 中的玫红色分支所示，当 $T>0$ K 时，自由电子气体的费米函数如何变化？其内能的表达式是什么呢？同时，考虑自由电子运动和离子振动时，如何得到低温下金属的等容热容有 $C_V=\gamma T+AT^3$ 的形式呢？读者可以参考图 10.4 相关内容，试着扩充相关的思维导图。

请构建自己的思维导图。

7.9 系综理论的思维导图

作为平衡态统计物理的普遍理论——系综理论，它可以克服最可几方法只能处理近独立粒子系统的缺陷，用于研究有相互作用的粒子所组成系统的统计性质。最可几方法的核心思想认为，宏观物理量是微观物理量在最概然分布下的统计平均，仅能处理近独立粒子系统。因为近独立全同粒子具有相同的确定的能级结构(ε_l,ω_l)，其与粒子的具体分布无关，相应的热力学公式可由粒子配分函数 Z_1（$Z_1=\sum\limits_l\omega_l\mathrm{e}^{-\beta\varepsilon_l}$）表示出来。而系综理论的核心思想认为，宏观量是它所对应的微观量在给定宏观条件下的一切可能微观态上的平均值，例如

$$U=\langle u\rangle\equiv\frac{\int\cdots\int u\rho\mathrm{d}\Gamma}{\int\cdots\int\rho\mathrm{d}\Gamma}$$

其中，$\rho(q,p)$ 为概率分布密度函数；$\mathrm{d}\Gamma=\mathrm{d}q_1\cdots\mathrm{d}q_{Nr}\mathrm{d}p_1\cdots\mathrm{d}p_{Nr}$ 为 Γ 空间中的一个相体积元。图 7.10 展示了系综理论的思维导图，主要给出了微正则系综、正则系综和巨正则系综的理论框架。

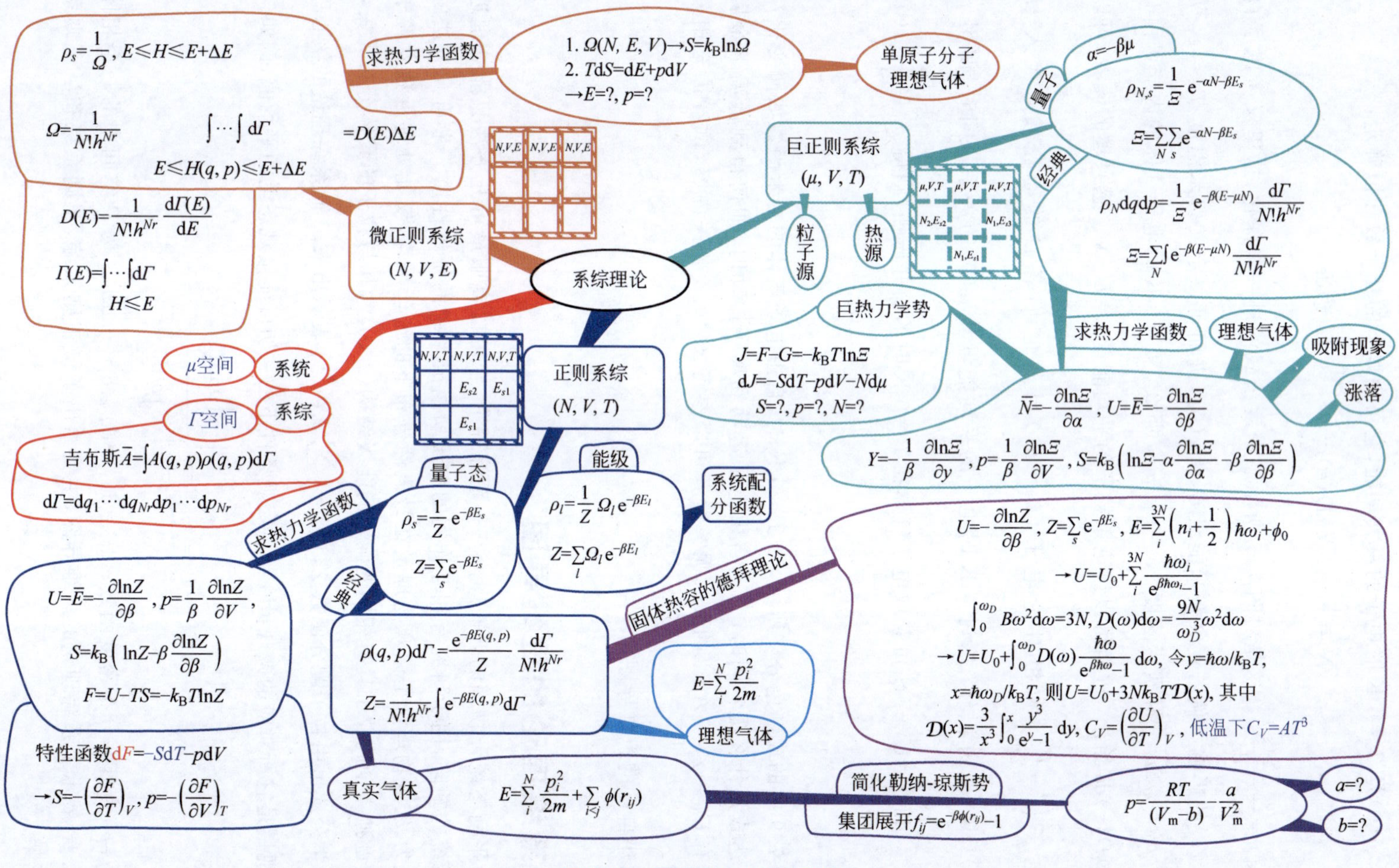

图 7.10　系综理论的思维导图

在此之前，我们需要分清系统和系综的概念。所谓系统，是指由大量微观粒子所组成的热力学研究对象。而所谓的系综，是为了统计研究方便，人为构建出来的具有相同宏观性质而微观态不同的系统所组成的抽象集合。根据系统和外界之间物质和能量交换方式的不同，其常分为孤立系统、闭合系统和开放系统。而根据系综所包含的给定宏观条件下的系统不同，其常分为微正则系综、正则系综和巨正则系综，如图7.10中三个九宫格示意图所示。人们可使用μ空间和Γ空间分别来研究系统中的粒子的分布和系综中的系统的分布，因为μ空间和Γ空间中的一点分别代表一个粒子和一个系统的微观运动状态。统计物理学研究的是物质系统在一定宏观条件下多次观测的平均效果，可以证明吉布斯统计平均值$\bar{A}=\int A(q,p)\rho(q,p)\mathrm{d}\Gamma$（对系综的统计平均）和玻耳兹曼统计平均值$\bar{A}=\frac{1}{\tau}\int_t^{t+\tau}\mathrm{d}t'A(q(t'),p(t'))$（对时间的统计平均）是等价的。

图7.10中的橘黄色分支简要给出了微正则系综的理论框架。微正则系综是由大量的具有确定N、V、E值的系统（孤立系统）组成的集合，由等概率原理可知，微正则分布为

$$\rho_s=1/\Omega,\quad E\leqslant H\leqslant E+\Delta E \tag{7.9.1}$$

其中，Ω代表在$E\sim E+\Delta E$的能量范围内系统所有可能的微观状态数，其表达式为

$$\Omega=\frac{1}{N!h^{Nr}}\underset{E\leqslant H(q,p)\leqslant E+\Delta E}{\int\cdots\int\mathrm{d}\Gamma}=D(E)\Delta E \tag{7.9.2}$$

其中，$\mathrm{d}\Gamma=\mathrm{d}q_1\cdots\mathrm{d}q_{Nr}\mathrm{d}p_1\cdots\mathrm{d}p_{Nr}$代表$\Gamma$空间中的一个相体积元。由于每个状态出现的概率都相等，所以每个状态出现的概率是$1/\Omega$。系统的态密度定义为

$$D(E)=\frac{1}{N!h^{Nr}}\frac{\mathrm{d}\Gamma(E)}{\mathrm{d}E} \tag{7.9.3}$$

其中，等能面E内的相体积为$\Gamma(E)=\underset{H\leqslant E}{\int\cdots\int}\mathrm{d}\Gamma$。运用微正则分布求热力学函数的一般步骤如下：①首先求出$\Omega(N,E,V)$，再由$S=k_B\ln\Omega$求出系统的熵；②利用$T\mathrm{d}S=\mathrm{d}E+p\mathrm{d}V$和全微分的性质，由$T=\left(\frac{\partial E}{\partial S}\right)_{V,N}$和$p=-\left(\frac{\partial E}{\partial V}\right)_{S,N}$求出系统的内能和物态方程等（简记为①$\Omega(N,E,V)\rightarrow S=k_B\ln\Omega$；②$T\mathrm{d}S=\mathrm{d}E+p\mathrm{d}V\rightarrow E=?,p=?$）。作为例子，可用微正则系综理论导出单原子分子理想气体的热力学函数。

图7.10中的蓝色分支简要给出了正则系综的理论框架。正则系综是由大量的具有确定N、V、T值的系统（闭合系统）组成的集合。将系统和热源组成的复合系统看作一个孤立系统，并讨论$\ln\Omega_r(E^{(0)}-E_s)$按E_s展开的幂级数多项式，可以导出正则分布：

$$\rho_s=\frac{1}{Z}\mathrm{e}^{-\beta E_s} \tag{7.9.4}$$

它代表系统处在微观状态s上的概率，其中系统配分函数$Z=\sum_s\mathrm{e}^{-\beta E_s}$。倘若从能级的角度来看，正则分布可变为

$$\rho_l=\frac{1}{Z}\Omega_l\mathrm{e}^{-\beta E_l} \tag{7.9.5}$$

它表示系统处在能级E_l上的概率，其中系统配分函数变为$Z=\sum_l\Omega_l\mathrm{e}^{-\beta E_l}$，$\Omega_l$代表能级$E_l$的简并度。对$s$和$l$的求和分别代表对系统的微观态和能级的求和。

一方面，通过系统配分函数 Z 这座桥梁，可求出系统的热力学函数：内能 $\left(U=\bar{E}=-\frac{\partial \ln Z}{\partial \beta}\right)$、压强 $\left(p=\frac{1}{\beta}\frac{\partial \ln Z}{\partial V}\right)$、熵 $\left(S=k_{\mathrm{B}}\left(\ln Z-\beta\frac{\partial \ln Z}{\partial \beta}\right)\right)$ 和自由能($F=U-TS=-k_{\mathrm{B}}T\ln Z$)。另一方面，从 $F=-k_{\mathrm{B}}T\ln Z$ 出发，将自由能 F 看作特性函数，运用 $\mathrm{d}F=-S\mathrm{d}T-p\mathrm{d}V$ 和全微分的性质，可得 $S=-\left(\frac{\partial F}{\partial T}\right)_V$，$p=-\left(\frac{\partial F}{\partial V}\right)_T$，进而也可得到其他热力学函数的表达式。将按微观状态写出的正则分布对应到经典统计中，其形式变为

$$\rho(q,p)\mathrm{d}\Gamma=\frac{\mathrm{e}^{-\beta E(q,p)}}{Z}\frac{\mathrm{d}\Gamma}{N!h^{Nr}} \tag{7.9.6}$$

其中，配分函数 $Z=\frac{1}{N!h^{Nr}}\int \mathrm{e}^{-\beta E(q,p)}\mathrm{d}\Gamma$。

正则系综理论可用于进一步讨论固体的热容理论、理想气体和真实气体的物态方程。如图 7.10 中的玫红色分支所示，固体热容的德拜理论将固体看作连续弹性介质，在 $3N$ 个简正振动的限制条件下引入德拜截止频率 ω_D，使用 $U=-\frac{\partial \ln Z}{\partial \beta}$ 得到

$$U=U_0+3Nk_{\mathrm{B}}T\,\mathcal{D}(x) \tag{7.9.7}$$

最后使用 $C_V=\left(\frac{\partial U}{\partial T}\right)_V$ 讨论固体热容随温度变化的规律。低温下德拜理论给出 $C_V=AT^3$ 的规律与实验结果符合得很好。不过，对于金属来说，极低温下还需考虑自由电子对热容的贡献才能更准确地描述金属的热容，这需要到固体物理学去寻找答案，见图 10.4。作为特例，将理想气体的能量表达式 $E=\sum_i^N\frac{p_i^2}{2m}$ 代入系统配分函数 $Z=\frac{1}{N!h^{Nr}}\int \mathrm{e}^{-\beta E(q,p)}\mathrm{d}\Gamma$，再利用正则系综理论的热力学公式，可以完整给出理想气体的内能、物态方程和熵的表达式，将其与热力学中所学内容进行比较，可以理解系综理论的强大。如图 7.10 中的紫色分支所示，将实际气体的能量表达式 $E=\sum_i^N\frac{p_i^2}{2m}+\sum_{i<j}\phi(r_{ij})$ 代入系统配分函数 $Z=\frac{1}{N!h^{Nr}}\int \mathrm{e}^{-\beta E(q,p)}\mathrm{d}\Gamma$，再通过引入 $f_{ij}=\mathrm{e}^{-\beta\phi(r_{ij})}-1$ 进行级数展开，并采用简化勒纳-琼斯势描述两分子间的相互作用势能，可以导出范德瓦耳斯气体方程

$$p=\frac{RT}{(V_{\mathrm{m}}-b)}-\frac{a}{V_{\mathrm{m}}^2} \tag{7.9.8}$$

同时给出 a 和 b 的统计表达式：

$$a=\frac{2\pi}{3}N_{\mathrm{A}}^2\phi_0 r_0^3 \tag{7.9.9}$$

$$b=\frac{2\pi}{3}N_{\mathrm{A}}r_0^3 \tag{7.9.10}$$

这是热力学宏观理论无法给出的结果。

图 7.10 中的青色分支简要给出了巨正则系综的理论框架。巨正则系综是由大量的具有确定 μ、V、T 值的系统(开放系统)组成的集合。将系统与热源和粒子源组成的复合系统看作一个孤立系统，讨论 $\ln\Omega_r(N^{(0)}-N,E^{(0)}-E_s)$ 在 $(N^{(0)},E^{(0)})$ 附近按幂级数的展开

式，可以导出巨正则分布：

$$\rho_{N,s}=\frac{1}{\Xi}\mathrm{e}^{-\alpha N-\beta E_s} \tag{7.9.11}$$

它给出具有确定 μ、V、T 的系统处在粒子数为 N、能量为 E_s 的微观状态 s 上的概率，其中巨配分函数 $\Xi=\sum\limits_N\sum\limits_s\mathrm{e}^{-\alpha N-\beta E_s}$。对应到经典统计中，巨正则分布和巨配分函数分别变为

$$\rho_N\mathrm{d}q\,\mathrm{d}p=\frac{1}{\Xi}\mathrm{e}^{-\beta(E-\mu N)}\frac{\mathrm{d}\Gamma}{N!h^{Nr}} \tag{7.9.12}$$

$$\Xi=\sum_N\int\mathrm{e}^{-\beta(E-\mu N)}\frac{\mathrm{d}\Gamma}{N!h^{Nr}} \tag{7.9.13}$$

一方面，以巨配分函数为桥梁，可求出系统热力学函数的统计表达式，例如：平均粒子数 $\left(\bar{N}=-\frac{\partial\ln\Xi}{\partial\alpha}\right)$、内能 $\left(U=\bar{E}=-\frac{\partial\ln\Xi}{\partial\beta}\right)$、广义力 $\left(Y=-\frac{1}{\beta}\frac{\partial\ln\Xi}{\partial y}\right)$、压强 $\left(p=\frac{1}{\beta}\frac{\partial\ln\Xi}{\partial V}\right)$ 和熵 $\left(S=k_{\mathrm{B}}\left(\ln\Xi-\alpha\frac{\partial\ln\Xi}{\partial\alpha}-\beta\frac{\partial\ln\Xi}{\partial\beta}\right)\right)$。另一方面，假如引入巨热力学势 $J\equiv F-G=-k_{\mathrm{B}}T\ln\Xi$ 作为特性函数，运用 $\mathrm{d}J=-S\mathrm{d}T-p\mathrm{d}V-N\mathrm{d}\mu$ 和全微分的性质，也可导出巨正则系综的热力学公式 $\left(S=-\left(\frac{\partial J}{\partial T}\right)_{V,\mu},p=-\left(\frac{\partial J}{\partial V}\right)_{T,\mu},N=-\left(\frac{\partial J}{\partial\mu}\right)_{T,V}\right)$。作为应用实例，运用巨正则系综理论可以分别研究理想气体、吸附现象和涨落等问题。

请构建自己的思维导图。

第8章 电动力学的思维导图范例

8.1 电磁现象的普遍规律的思维导图

电动力学的研究对象是电磁场的基本属性、运动规律及其与带电物质之间的相互作用。图 8.1 给出了电磁现象的普遍规律的思维导图。它首先将通过回顾静电场和静磁场各种实验定律，总结电磁现象的普遍规律；其次，给出麦克斯韦方程组和洛伦兹力公式；最后，讨论介质的电磁性质和在电磁场运动中的能量守恒定律。

静止电荷会产生静电场。如图 8.1 中的红色分支所示，库仑定律给出，真空中静止电荷 q_1 对另一静止电荷 q_2 的相互作用力为

$$\boldsymbol{F}_{12}=\frac{1}{4\pi\varepsilon_0}\frac{q_1 q_2}{r^2}\boldsymbol{e}_{12} \tag{8.1.1}$$

电荷受力的叠加性决定了静电场的电场强度具有叠加性，因此，电荷体密度为 $\rho(\boldsymbol{x}')$ 的带电体所产生的电场强度为

$$\boldsymbol{E}=\int\frac{\rho(\boldsymbol{x}')\boldsymbol{r}}{4\pi\varepsilon_0 r^3}\mathrm{d}V' \tag{8.1.2}$$

由库仑定律可导出关于电场强度通量的高斯定理：

$$\oint_S \boldsymbol{E}\cdot\mathrm{d}\boldsymbol{S}=\frac{\sum\limits_i q_i}{\varepsilon_0} \tag{8.1.3}$$

由散度的定义式 $\operatorname{div}\boldsymbol{f}=\lim\limits_{\Delta V\to 0}\dfrac{\oint_S \boldsymbol{f}\cdot\mathrm{d}\boldsymbol{S}}{\Delta V}$ 可得，静电场的散度为

$$\nabla\cdot\boldsymbol{E}=\frac{\rho}{\varepsilon_0} \tag{8.1.4}$$

使用库仑定律同样可证明任意静止点电荷所激发的电场强度对任一闭合回路的环量为零，即

$$\oint_c \boldsymbol{E}\cdot\mathrm{d}\boldsymbol{l}=0 \tag{8.1.5}$$

由旋度的定义式 $(\operatorname{rot}\boldsymbol{f})_n=\lim\limits_{\Delta S\to 0}\dfrac{\oint_c \boldsymbol{f}\cdot\mathrm{d}\boldsymbol{l}}{\Delta S}$，可得静电场的旋度为

$$\nabla\times\boldsymbol{E}=0 \tag{8.1.6}$$

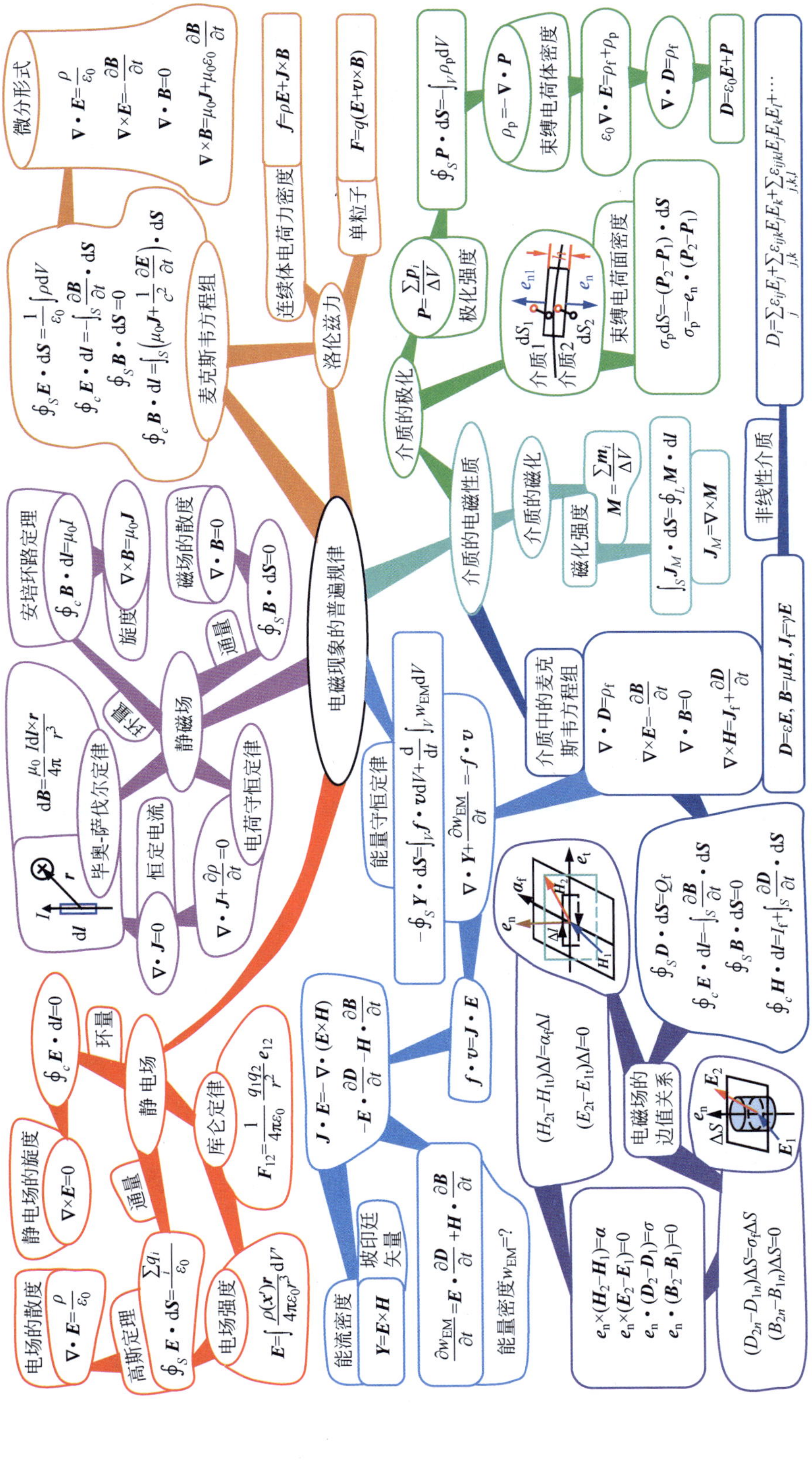

图 8.1　电磁现象的普遍规律的思维导图

这说明，静电场是有源无旋场。

如图 8.1 中的玫红色分支所示，电荷守恒定律的积分形式$\oint_S \boldsymbol{J}\cdot \mathrm{d}\boldsymbol{S}=-\int_V \frac{\partial \rho}{\partial t}\mathrm{d}V$表明流出某一体积元 V 界面的总电流等于其内部的电荷减小率，其微分形式为

$$\nabla\cdot \boldsymbol{J}+\frac{\partial \rho}{\partial t}=0 \tag{8.1.7}$$

当$\frac{\partial \rho}{\partial t}=0$时，$\nabla\cdot \boldsymbol{J}=0$，这表示恒定电流是连续的。恒定电流会产生静磁场。载流导线所产生的磁感应强度满足毕奥-萨伐尔定律：

$$\boldsymbol{B}=\frac{\mu_0}{4\pi}\int \frac{I\mathrm{d}\boldsymbol{l}\times \boldsymbol{r}}{r^3} \tag{8.1.8}$$

由毕奥-萨伐尔定律可导出，关于磁感应强度环量的安培环路定理：

$$\oint_c \boldsymbol{B}\cdot \mathrm{d}\boldsymbol{l}=\mu_0 I \tag{8.1.9}$$

由旋度的定义式可知，静磁场的旋度为

$$\nabla\times \boldsymbol{B}=\mu_0 \boldsymbol{J} \tag{8.1.10}$$

静磁场对任一闭合曲面的通量为

$$\oint_S \boldsymbol{B}\cdot \mathrm{d}\boldsymbol{S}=0 \tag{8.1.11}$$

则磁场的散度为零，即

$$\nabla\cdot \boldsymbol{B}=0 \tag{8.1.12}$$

这表明，静磁场是有旋无源场。

麦克斯韦方程组和洛伦兹力公式，正确地反映了电磁场的运动规律及其与带电物质的相互作用规律，它们是电动力学的理论基础。在总结前人成果的基础上，麦克斯韦引入位移电流假说，麦克斯韦方程组将电场和磁场统一为电磁场。如图 8.1 中的橘黄色分支所示，麦克斯韦方程组的积分形式为

$$\begin{cases}\oint_S \boldsymbol{E}\cdot \mathrm{d}\boldsymbol{S}=\frac{1}{\varepsilon_0}\int \rho \mathrm{d}V \\ \oint_c \boldsymbol{E}\cdot \mathrm{d}\boldsymbol{l}=-\int_S \frac{\partial \boldsymbol{B}}{\partial t}\cdot \mathrm{d}\boldsymbol{S} \\ \oint_S \boldsymbol{B}\cdot \mathrm{d}\boldsymbol{S}=0 \\ \oint_c \boldsymbol{B}\cdot \mathrm{d}\boldsymbol{l}=\int_S \left(\mu_0 \boldsymbol{J}+\frac{1}{c^2}\frac{\partial \boldsymbol{E}}{\partial t}\right)\cdot \mathrm{d}\boldsymbol{S}\end{cases} \tag{8.1.13}$$

其相应的微分形式为

$$\begin{cases}\nabla\cdot \boldsymbol{E}=\frac{\rho}{\varepsilon_0} \\ \nabla\times \boldsymbol{E}=-\frac{\partial \boldsymbol{B}}{\partial t} \\ \nabla\cdot \boldsymbol{B}=0 \\ \nabla\times \boldsymbol{B}=\mu_0 \boldsymbol{J}+\mu_0\varepsilon_0 \frac{\partial \boldsymbol{E}}{\partial t}\end{cases} \tag{8.1.14}$$

它们反映了一般情况下,电荷电流激发电磁场以及电磁场内部运动的规律。在 ρ 和 $\boldsymbol{J}$ 为零的区域,电场和磁场通过本身的相互激发而运动传播,从而形成电磁波。洛伦兹力公式则反映了电磁场和带电物质的相互作用规律。洛伦兹假设:对于连续分布的电荷系统来说,其密度为 ρ,则电荷系统单位体积所受的力密度为

$$\boldsymbol{f}=\rho\boldsymbol{E}+\boldsymbol{J}\times\boldsymbol{B} \tag{8.1.15}$$

上式称为洛伦兹力密度公式。若将电磁作用力公式应用到单粒子上,就会得到洛伦兹力公式:

$$\boldsymbol{F}=q(\boldsymbol{E}+\boldsymbol{v}\times\boldsymbol{B}) \tag{8.1.16}$$

洛伦兹假设的正确性得到了实践的充分验证。

介质的电磁性质讨论介质存在时电磁场和介质内部的电荷电流相互作用问题。介质在电场和磁场的作用下会分别发生介质的极化和介质的磁化两类现象。因为介质是由分子组成的,介质的极化可用电场作用下介质内分子电偶极矩呈现有序的宏观分布来认识,宏观电偶极矩的分布可由极化强度矢量 $\boldsymbol{P}=\dfrac{\sum\boldsymbol{p}_i}{\Delta V}$ 来描述。由于介质是电中性的,穿出闭合面 S 的正电荷通量应等于闭合面体积 V 内净余的极化负电荷通量,即

$$\oint_S\boldsymbol{P}\cdot\mathrm{d}\boldsymbol{S}=-\int_V\rho_{\mathrm{p}}\mathrm{d}V \tag{8.1.17}$$

那么,束缚电荷的体密度为

$$\rho_{\mathrm{p}}=-\nabla\cdot\boldsymbol{P} \tag{8.1.18}$$

由静电场的高斯定理可知

$$\varepsilon_0\nabla\cdot\boldsymbol{E}=\rho_{\mathrm{f}}+\rho_{\mathrm{p}} \tag{8.1.19}$$

将 $\rho_{\mathrm{p}}=-\nabla\cdot\boldsymbol{P}$ 代入上式,则得到有介质时的基本方程:

$$\nabla\cdot\boldsymbol{D}=\rho_{\mathrm{f}} \tag{8.1.20}$$

其中,$D=\varepsilon_0\boldsymbol{E}+\boldsymbol{P}$ 称为电位移矢量。如图 8.1 绿色分支中的示意图所示,在两介质界面附近做一小圆柱体,其内的束缚电荷 $\sigma_{\mathrm{p}}\mathrm{d}S=-(\boldsymbol{P}_2-\boldsymbol{P}_1)\cdot\mathrm{d}\boldsymbol{S}$,则束缚电荷面密度为

$$\sigma_{\mathrm{p}}=-\boldsymbol{e}_{\mathrm{n}}\cdot(\boldsymbol{P}_2-\boldsymbol{P}_1) \tag{8.1.21}$$

类似地,如图 8.1 中的青色分支所示,人们引入磁化强度用于描述介质的磁化,其定义为

$$\boldsymbol{M}=\frac{\sum\boldsymbol{m}_i}{\Delta V} \tag{8.1.22}$$

在磁介质中作一闭合曲线 L,计算被 L 链环的分子电流的大小,可得总磁化电流为

$$I_{\mathrm{M}}=\int_S\boldsymbol{J}_{\mathrm{M}}\cdot\mathrm{d}\boldsymbol{S}=\oint_L\boldsymbol{M}\cdot\mathrm{d}\boldsymbol{l} \tag{8.1.23}$$

再由旋度的定义,可知磁化电流密度为

$$\boldsymbol{J}_{\mathrm{M}}=\nabla\times\boldsymbol{M} \tag{8.1.24}$$

除了磁化电流,当电场变化时,介质中还会产生极化电流。极化电流密度定义为

$$\boldsymbol{J}_{\mathrm{p}}=\partial\boldsymbol{P}/\partial t \tag{8.1.25}$$

若用 $\boldsymbol{J}_{\mathrm{f}}+\boldsymbol{J}_{\mathrm{M}}+\boldsymbol{J}_{\mathrm{p}}$ 替代 $\boldsymbol{J}$,则

$$\nabla\times\boldsymbol{B}=\mu_0\boldsymbol{J}+\mu_0\varepsilon_0\frac{\partial\boldsymbol{E}}{\partial t} \tag{8.1.26}$$

在介质中仍然成立。引入磁场强度 $\boldsymbol{H}=\boldsymbol{B}/\mu_0-\boldsymbol{M}$,则有

$$\nabla\times\boldsymbol{H}=\boldsymbol{J}_{\mathrm{f}}+\frac{\partial\boldsymbol{D}}{\partial t} \tag{8.1.27}$$

综上所述,如图 8.1 中的蓝色分支所示,可得介质中的麦克斯韦方程组的微分形式如下:

$$\begin{cases}\nabla\cdot\boldsymbol{D}=\rho_{\mathrm{f}}\\ \nabla\times\boldsymbol{E}=-\dfrac{\partial\boldsymbol{B}}{\partial t}\\ \nabla\cdot\boldsymbol{B}=0\\ \nabla\times\boldsymbol{H}=\boldsymbol{J}_{\mathrm{f}}+\dfrac{\partial\boldsymbol{D}}{\partial t}\end{cases} \tag{8.1.28}$$

相应的积分形式为

$$\begin{cases}\oint_S\boldsymbol{D}\cdot\mathrm{d}\boldsymbol{S}=Q_{\mathrm{f}}\\ \oint_c\boldsymbol{E}\cdot\mathrm{d}\boldsymbol{l}=-\int_S\dfrac{\partial\boldsymbol{B}}{\partial t}\cdot\mathrm{d}\boldsymbol{S}\\ \oint_S\boldsymbol{B}\cdot\mathrm{d}\boldsymbol{S}=0\\ \oint_c\boldsymbol{H}\cdot\mathrm{d}\boldsymbol{l}=I_{\mathrm{f}}+\int_S\dfrac{\partial\boldsymbol{D}}{\partial t}\cdot\mathrm{d}\boldsymbol{S}\end{cases} \tag{8.1.29}$$

解决实际问题时,还需要知道介质的电磁性质方程。对于各向同性线性介质来说,这些方程为 $\boldsymbol{D}=\varepsilon\boldsymbol{E}$,$\boldsymbol{B}=\mu\boldsymbol{H}$,$\boldsymbol{J}_{\mathrm{f}}=\gamma\boldsymbol{E}$(欧姆定律)。在非线性介质中,$\boldsymbol{D}$ 和 $\boldsymbol{E}$ 的一般关系为

$$D_i=\sum_j\varepsilon_{ij}E_j+\sum_{j,k}\varepsilon_{ijk}E_jE_k+\sum_{j,k,l}\varepsilon_{ijkl}E_jE_kE_l+\cdots \tag{8.1.30}$$

该式在非线性光学中有着重要的应用。此外,铁磁质中 $\boldsymbol{B}$ 和 $\boldsymbol{H}$ 的关系也是非线性的。

根据图 8.1 紫色分支中的两个示意图,将介质中的麦克斯韦方程组的积分形式应用到两种介质的界面,可得电磁场的边值关系。将两个有关环量的方程应用到穿越界面的回路上,可得

$$\begin{cases}(H_{2\mathrm{t}}-H_{1\mathrm{t}})\Delta l=\alpha_f\Delta l\\ (E_{2\mathrm{t}}-E_{1\mathrm{t}})\Delta l=0\end{cases} \tag{8.1.31}$$

将两个有关通量的方程应用到穿越界面的扁平圆柱体上,可得

$$\begin{cases}(D_{2\mathrm{n}}-D_{1\mathrm{n}})\Delta S=\sigma_{\mathrm{f}}\Delta S\\ (B_{2\mathrm{n}}-B_{1\mathrm{n}})\Delta S=0\end{cases} \tag{8.1.32}$$

使用矢量形式总结可得电磁场的边值关系:

$$\begin{cases}\boldsymbol{e}_{\mathrm{n}}\times(\boldsymbol{E}_2-\boldsymbol{E}_1)=0\\ \boldsymbol{e}_{\mathrm{n}}\times(\boldsymbol{H}_2-\boldsymbol{H}_1)=\boldsymbol{\alpha}\\ \boldsymbol{e}_{\mathrm{n}}\cdot(\boldsymbol{D}_2-\boldsymbol{D}_1)=\sigma\\ \boldsymbol{e}_{\mathrm{n}}\cdot(\boldsymbol{B}_2-\boldsymbol{B}_1)=0\end{cases} \tag{8.1.33}$$

其中角标 f 被省略。这些关系将在求解电磁场的问题中起到定解的作用。

如图 8.1 中的浅蓝色分支所示,考虑空间某区域 V,其界面为 S。能量守恒定律要求,单位时间通过界面 S 流入 V 内的能量等于场对 V 内电荷做功的功率与 V 内电磁场能量增

加率之和，即

$$-\oint_S \boldsymbol{Y} \cdot \mathrm{d}\boldsymbol{S} = \int_V \boldsymbol{f} \cdot \boldsymbol{v} \mathrm{d}V + \frac{\mathrm{d}}{\mathrm{d}t}\int_V w_{\mathrm{EM}} \mathrm{d}V \tag{8.1.34}$$

相应的微分形式为

$$\nabla \cdot \boldsymbol{Y} + \frac{\partial w_{\mathrm{EM}}}{\partial t} = -\boldsymbol{f} \cdot \boldsymbol{v} \tag{8.1.35}$$

可证明其中

$$\boldsymbol{f} \cdot \boldsymbol{v} = \boldsymbol{J} \cdot \boldsymbol{E}, \quad \boldsymbol{J} \cdot \boldsymbol{E} = -\nabla \cdot (\boldsymbol{E} \times \boldsymbol{H}) - \boldsymbol{E} \cdot \frac{\partial \boldsymbol{D}}{\partial t} - \boldsymbol{H} \cdot \frac{\partial \boldsymbol{B}}{\partial t} \tag{8.1.36}$$

进而可定义能流密度为$\boldsymbol{Y}=\boldsymbol{E}\times\boldsymbol{H}$，也称为坡印廷矢量，并得到如下关系：

$$\frac{\partial w_{\mathrm{EM}}}{\partial t} = \boldsymbol{E} \cdot \frac{\partial \boldsymbol{D}}{\partial t} + \boldsymbol{H} \cdot \frac{\partial \boldsymbol{B}}{\partial t} \tag{8.1.37}$$

那么，在线性介质情形下，电磁场的能量密度为

$$w_{\mathrm{EM}} = \frac{1}{2}(\boldsymbol{E} \cdot \boldsymbol{D} + \boldsymbol{H} \cdot \boldsymbol{B}) \tag{8.1.38}$$

请构建自己的思维导图。

8.2 静电场的思维导图

图 8.2 给出了静电场的思维导图。它将电磁场的基本理论应用到静止电荷，讨论静电场问题：着重阐明静电场的基本性质和求解电场问题的一些基本方法，如分离变量法、镜像法和格林函数法。

在静止情况下，电场和磁场无关，麦克斯韦方程组的电场部分为$\nabla \cdot \boldsymbol{D}=\rho$，$\nabla\times\boldsymbol{E}=0$。这说明，静电场是有源无旋场。由静电场的无旋性的积分形式$\oint_C \boldsymbol{E}\cdot \mathrm{d}\boldsymbol{l}=0$，可引入静电场的标势。如图 8.2 中红色分支左侧的示意图所示，若闭合路径 C 由 C_1 和 C_2 组成，可得

$$\int_{C_1} \boldsymbol{E} \cdot \mathrm{d}\boldsymbol{l} = \int_{C_2} \boldsymbol{E} \cdot \mathrm{d}\boldsymbol{l} \tag{8.2.1}$$

这说明，静电场做功与路径无关。再考虑电场对正电荷做正功会引起电势降低，可规定相距为 $\mathrm{d}\boldsymbol{l}$ 的两点的电势差为

$$\mathrm{d}\varphi = -\boldsymbol{E} \cdot \mathrm{d}\boldsymbol{l} \tag{8.2.2}$$

由电势 φ 的全微分性质可知，$\mathrm{d}\varphi=\nabla\varphi\cdot\mathrm{d}\boldsymbol{l}$，故有

$$\boldsymbol{E} = -\nabla\varphi \tag{8.2.3}$$

如图 8.2 中红色分支右侧的示意图所示，由电场的叠加性可知，体积为 V、电荷密度为 $\rho(\boldsymbol{x}')$的连续带电体在空间中场点 $\boldsymbol{x}$ 处激发的电势为

$$\varphi(\boldsymbol{x}) = \int_V \frac{\rho(\boldsymbol{x}')\mathrm{d}V'}{4\pi\varepsilon_0 r} \tag{8.2.4}$$

在均匀各向同性的线性介质中，$\boldsymbol{D}=\varepsilon\boldsymbol{E}$。将 $\boldsymbol{E}=-\nabla\varphi$ 代入$\nabla\cdot\boldsymbol{D}=\rho$，可得静电场的微分方程：

$$\nabla^2\varphi = -\rho/\varepsilon \tag{8.2.5}$$

上式称为泊松方程。给定边界条件，就可以确定电势的解。

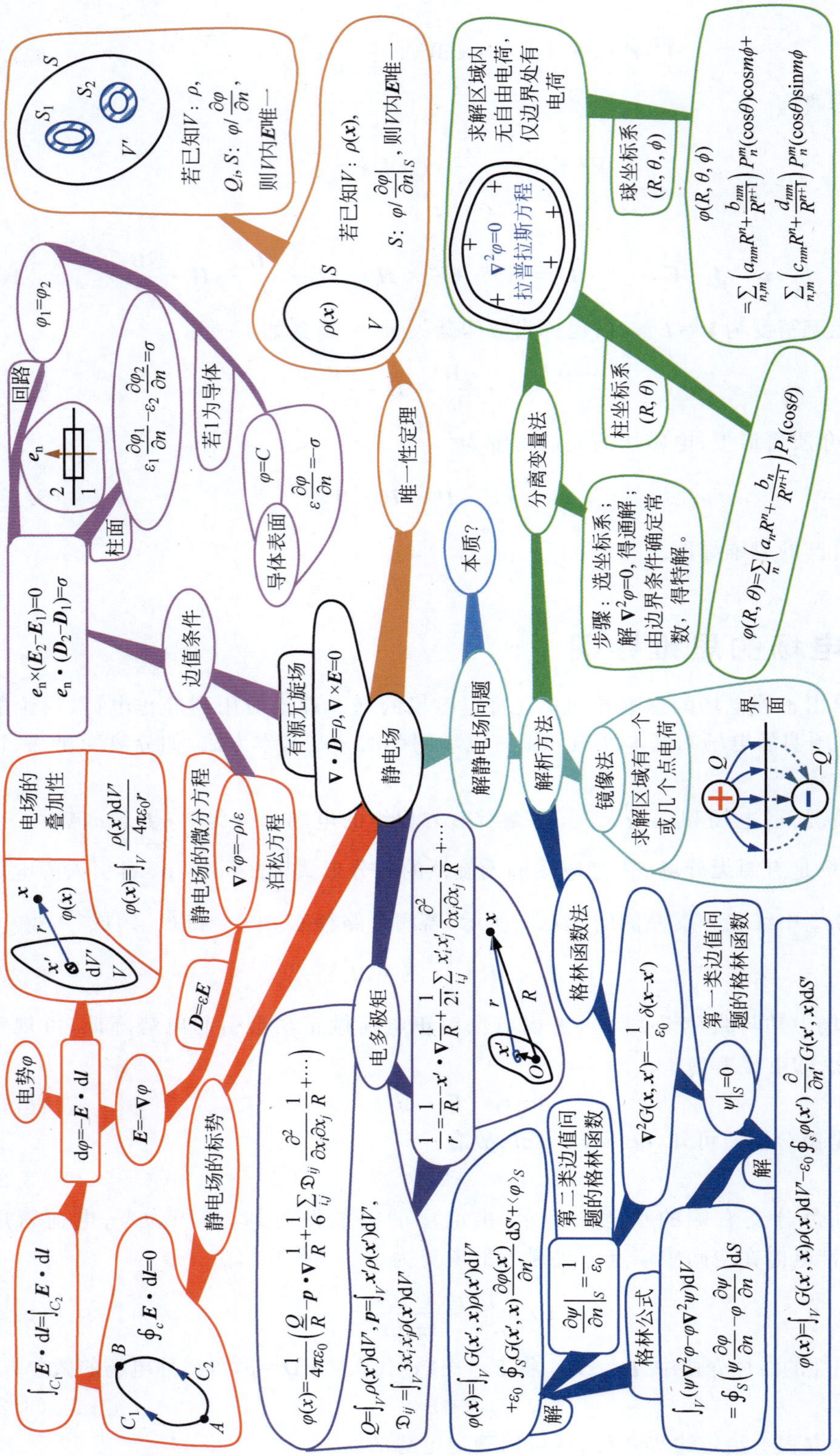

图 8.2 静电场的思维导图

如图 8.2 中的玫红色分支所示，将边值条件 $\boldsymbol{e}_n \times (\boldsymbol{E}_2 - \boldsymbol{E}_1) = 0$ 和 $\boldsymbol{e}_n \cdot (\boldsymbol{D}_2 - \boldsymbol{D}_1) = \sigma$ 应用到两个介质的界面，可得在界面上静电势所满足的边值条件。将 $\boldsymbol{e}_n \times (\boldsymbol{E}_2 - \boldsymbol{E}_1) = 0$ 与回路结合可得电势在界面处是连续的，即 $\varphi_1 = \varphi_2$。将 $\boldsymbol{e}_n \cdot (\boldsymbol{D}_2 - \boldsymbol{D}_1) = \sigma$ 应用到柱面可得

$$\varepsilon_1 \frac{\partial \varphi_1}{\partial n} - \varepsilon_2 \frac{\partial \varphi_2}{\partial n} = \sigma \tag{8.2.6}$$

倘若 1 为导体，设它外部的介质电容率为 ε，可得在导体表面静电场满足如下边值条件：

$$\varphi = C \tag{8.2.7}$$

$$\varepsilon \frac{\partial \varphi}{\partial n} = -\sigma \tag{8.2.8}$$

如图 8.2 中的橘黄色分支所示，静电场的唯一性定理给出要完全确定静电场所需的条件。唯一性定理认为：设区域 V 内给定自由电荷分布 $\rho(x)$，在 V 的边界 S 上给定电势 $\varphi|_S$ 或电势的法线方向偏导数 $\left.\frac{\partial \varphi}{\partial n}\right|_S$，则 V 内的电场 $\boldsymbol{E}$ 可以被唯一地确定（简记为：若已知 V：$\rho(x)$，S：$\varphi / \left.\frac{\partial \varphi}{\partial n}\right|_S$，则 V 内 $\boldsymbol{E}$ 唯一）。当有导体存在时，确定电场所需的条件有两种类型，它们分别给定每个导体上的电势和总电荷 Q_i。对于第一类问题，将除去导体内部以后的区域称为 V'，设区域 V' 内给定自由电荷分布 ρ，在 V' 的边界 S 和 S_i 上给定 $\varphi|_{S,S_i}$ 或 $\left.\frac{\partial \varphi}{\partial n}\right|_{S,S_i}$，则 V' 内的电场可以被唯一地确定。对于第二类问题，有导体存在时的唯一性定理表述如下：设区域 V 内有一些导体，给定导体之外的电荷分布 ρ，给定各导体上的总电荷 Q_i 以及 V 的边界上 S 的 φ 或 $\frac{\partial \varphi}{\partial n}$ 值，则 V 内的电场 $\boldsymbol{E}$ 可以被唯一地确定（简记为：若已知 V：ρ, Q_i，S：$\varphi / \frac{\partial \varphi}{\partial n}$，则 V 内 $\boldsymbol{E}$ 唯一）。

求解静电场问题的本质就是，求给定边界条件的泊松方程的解。下面介绍求解静电场问题的几种解析方法：分离变量法、镜像法和格林函数法。

如图 8.2 中的绿色分支所示，分离变量法适用于求解区域内无自由电荷，仅边界处有电荷的情况。在这样的区域内，泊松方程退化为如下的拉普拉斯方程：

$$\nabla^2 \varphi = 0 \tag{8.2.9}$$

解题的步骤如下：先根据界面形状选择适当的坐标系，使用分离变量法求解 $\nabla^2 \varphi = 0$，然后得出通解，最后由边界条件确定常数，得到特解。在球坐标系 (R, θ, ϕ) 中，拉普拉斯方程的通解形式为

$$\varphi(R, \theta, \phi) = \sum_{n,m} \left(a_{nm} R^n + \frac{b_{nm}}{R^{n+1}} \right) P_n^m(\cos\theta) \cos m\phi + \sum_{n,m} \left(c_{nm} R^n + \frac{d_{nm}}{R^{n+1}} \right) P_n^m(\cos\theta) \sin m\phi \tag{8.2.10}$$

其中，$P_n^m(\cos\theta)$ 为缔合勒让德函数。在柱坐标系 (R, θ) 中，拉普拉斯方程的通解形式为

$$\varphi(R, \theta) = \sum_n \left(a_n R^n + \frac{b_n}{R^{n+1}} \right) P_n(\cos\theta) \tag{8.2.11}$$

其中，$P_n(\cos\theta)$ 为勒让德函数。

镜像法可用于求解区域有一个或几个点电荷，区域边界是导体或介质界面的一些特殊

情形。在求解区域外,用某个或某几个假想的电荷替代界面上感应电荷对空间中电场的影响,并保证满足边界条件的情况下可使用镜像法求解电场。图 8.2 青色分支中的示意图给出了一个能够使用镜像法求解的例子。

如图 8.2 中的蓝色分支所示,在介绍格林函数法时,主要介绍如何利用格林公式借助有关点电荷的边值问题解决一般的边值问题。一个处于 $\boldsymbol{x}'$点上的单位点电荷所激发的电势ψ满足泊松方程:

$$\nabla^2 \psi = -\frac{1}{\varepsilon_0}\delta(\boldsymbol{x}-\boldsymbol{x}') \tag{8.2.12}$$

将上式中$\psi(\boldsymbol{x})$改为格林函数 $G(\boldsymbol{x},\boldsymbol{x}')$,得格林函数所满足的微分方程:

$$\nabla^2 G(\boldsymbol{x},\boldsymbol{x}') = -\frac{1}{\varepsilon_0}\delta(\boldsymbol{x}-\boldsymbol{x}') \tag{8.2.13}$$

设区域 V 内有两个函数 $\varphi(\boldsymbol{x})$和$\psi(\boldsymbol{x})$,有如下的格林公式:

$$\int_V (\psi\,\nabla^2\varphi - \varphi\,\nabla^2\psi)\,\mathrm{d}V = \oint_S \left(\psi\,\frac{\partial\varphi}{\partial n} - \varphi\,\frac{\partial\psi}{\partial n}\right)\mathrm{d}S \tag{8.2.14}$$

取 φ 满足泊松方程,则有

$$\nabla^2\varphi = -\rho/\varepsilon_0 \tag{8.2.15}$$

取ψ 为格林函数 $G(\boldsymbol{x},\boldsymbol{x}')$,它满足

$$\nabla^2 G(\boldsymbol{x},\boldsymbol{x}') = -\frac{1}{\varepsilon_0}\delta(\boldsymbol{x}-\boldsymbol{x}') \tag{8.2.16}$$

将格林公式中的积分变量 $\boldsymbol{x}$ 改为 $\boldsymbol{x}'$,G 中的 $\boldsymbol{x}$ 与 $\boldsymbol{x}'$互换,可得

$$\varphi(\boldsymbol{x}) = \int_V G(\boldsymbol{x}',\boldsymbol{x})\rho(\boldsymbol{x}')\mathrm{d}V' + \varepsilon_0\oint_S \left[G(\boldsymbol{x}',\boldsymbol{x})\,\frac{\partial\varphi(\boldsymbol{x}')}{\partial n'} - \varphi(\boldsymbol{x}')\,\frac{\partial}{\partial n'}G(\boldsymbol{x}',\boldsymbol{x})\right]\mathrm{d}S' \tag{8.2.17}$$

在第一类边值问题($\psi|_S=0$)中,格林函数满足边界条件:当 $\boldsymbol{x}'$在 S 上 $G(\boldsymbol{x}',\boldsymbol{x})=0$。那么,第一类边值问题的解为

$$\varphi(\boldsymbol{x}) = \int_V G(\boldsymbol{x}',\boldsymbol{x})\rho(\boldsymbol{x}')\mathrm{d}V' - \varepsilon_0\oint_S \varphi(\boldsymbol{x}')\,\frac{\partial}{\partial n'}G(\boldsymbol{x}',\boldsymbol{x})\mathrm{d}S' \tag{8.2.18}$$

在第二类边值问题$\left(\left.\frac{\partial\psi}{\partial n}\right|_S = \frac{1}{\varepsilon_0}\right)$中,格林函数满足如下的边界条件:

$$\left.\frac{\partial G(\boldsymbol{x}',\boldsymbol{x})}{\partial n'}\right|_{\boldsymbol{x}'\in S} = -\frac{1}{\varepsilon_0 S} \tag{8.2.19}$$

其中,S 是界面的总面积。那么,第二类边值问题的解为

$$\varphi(\boldsymbol{x}) = \int_V G(\boldsymbol{x}',\boldsymbol{x})\rho(\boldsymbol{x}')\mathrm{d}V' + \varepsilon_0\oint_S G(\boldsymbol{x}',\boldsymbol{x})\,\frac{\partial\varphi(\boldsymbol{x}')}{\partial n'}\mathrm{d}S' + \langle\varphi\rangle_S \tag{8.2.20}$$

其中,$\langle\varphi\rangle_S$ 是电势在界面 S 上的平均值。由此可见,只要求出区域 V 内的格林函数,就可解决一般边值问题。

前文给出,真空中电荷密度为 $\rho(\boldsymbol{x}')$的电荷在场点 $\boldsymbol{x}$ 处激发的电势为

$$\varphi(\boldsymbol{x}) = \int_V \frac{\rho(\boldsymbol{x}')\mathrm{d}V'}{4\pi\varepsilon_0 r} \tag{8.2.21}$$

在许多物理问题中,电荷往往只分布于一个小区域内,而需要求解的电场强度的场点 x 又距离电荷分布区域比较远,则可用$\frac{1}{r}$的展开式,引入电多极矩,得出电势 φ 的各级近似值。由

图 8.2 紫色分支中的示意图可知，$R=\sqrt{x^2+y^2+z^2}$，$r=\sqrt{(x-x')^2+(y-y')^2+(z-z')^2}$。可证明$\frac{1}{r}$对$\boldsymbol{x}'$展开，有

$$\frac{1}{r}=\frac{1}{R}-\boldsymbol{x}'\cdot\nabla\frac{1}{R}+\frac{1}{2!}\sum_{i,j}x'_i x'_j\frac{\partial^2}{\partial x_i\partial x_j}\frac{1}{R}+\cdots \tag{8.2.22}$$

将其代入 $\varphi(x)$的积分式(8.2.21)可得电荷体系激发的电势在远点处的多级展开式为

$$\varphi(\boldsymbol{x})=\frac{1}{4\pi\varepsilon_0}\left(\frac{Q}{R}-\boldsymbol{p}\cdot\nabla\frac{1}{R}+\frac{1}{6}\sum_{i,j}\mathfrak{D}_{ij}\frac{\partial^2}{\partial x_i\partial x_j}\frac{1}{R}+\cdots\right) \tag{8.2.23}$$

其中，体系的总电量 $Q=\int_V\rho(\boldsymbol{x}')\mathrm{d}V'$；体系的电偶极矩 $\boldsymbol{p}=\int_V\boldsymbol{x}'\rho(\boldsymbol{x}')\mathrm{d}V'$；体系的电四极矩$\mathfrak{D}_{ij}=\int_V 3x'_i x'_j\rho(\boldsymbol{x}')\mathrm{d}V'$。

请构建自己的思维导图。

8.3 静磁场的思维导图

图 8.3 展示了静磁场的思维导图，着重阐明静磁场的基本性质和求解磁场问题的一些基本方法，并简要介绍阿哈罗诺夫-玻姆效应和超导体的电磁性质。

在恒定电流情况下，电场和磁场无关，则麦克斯韦方程组的磁场部分为$\nabla\cdot\boldsymbol{B}=0$，$\nabla\times\boldsymbol{H}=\boldsymbol{J}$。这说明，恒定电流激发的静磁场是有旋无源场。如图 8.3 中的红色分支所示，由磁场的无源性$\nabla\cdot\boldsymbol{B}=0$，可引入矢势 $\boldsymbol{A}$ 来描述磁场。令 $\boldsymbol{B}=\nabla\times\boldsymbol{A}$，则得

$$\int_s\boldsymbol{B}\cdot\mathrm{d}\boldsymbol{S}=\int_s\nabla\times\boldsymbol{A}\cdot\mathrm{d}\boldsymbol{S}=\oint_L\boldsymbol{A}\cdot\mathrm{d}\boldsymbol{l} \tag{8.3.1}$$

其中，$\boldsymbol{A}$ 称为磁场的矢势。上式表明，通过一个曲面的磁通量只和这个曲面的边界有关，而和曲面的具体形状无关。又因为$\nabla\times(\boldsymbol{A}+\nabla\psi)=\nabla\times\boldsymbol{A}$，这说明矢势 $\boldsymbol{A}$ 是不唯一的。为了唯一确定矢势 $\boldsymbol{A}$，常采用库仑规范。令$\nabla\cdot\boldsymbol{A}=0$，使用 $\boldsymbol{B}=\nabla\times\boldsymbol{A}$，$\boldsymbol{B}=\mu\boldsymbol{H}$ 和$\nabla\times\boldsymbol{H}=\boldsymbol{J}$，计算$\nabla\times\boldsymbol{B}$，导出

$$\nabla\times\nabla\times\boldsymbol{A}=\mu\boldsymbol{J} \tag{8.3.2}$$

化简可得矢势的微分方程：

$$\nabla^2\boldsymbol{A}=-\mu\boldsymbol{J} \tag{8.3.3}$$

与图 8.1 紫色分支中讨论电磁场边界条件类似，在分界面两侧取一狭长回路，计算$\oint_L\boldsymbol{A}\cdot\mathrm{d}\boldsymbol{l}=\int_s\boldsymbol{B}\cdot\mathrm{d}\boldsymbol{S}\to 0$，可得 $A_{1\mathrm{t}}=A_{2\mathrm{t}}$。再取一薄圆柱面，应用库仑规范$\nabla\cdot\boldsymbol{A}=0$，可得 $A_{1\mathrm{n}}=A_{2\mathrm{n}}$。综上所述，磁场的矢势的边值关系为

$$\boldsymbol{A}_1=\boldsymbol{A}_2 \tag{8.3.4}$$

将矢势的微分方程写成直角分量的形式，有

$$\nabla^2 A_i=-\mu J_i,\quad i=1,2,3 \tag{8.3.5}$$

类比静电场中电势的微分方程$\nabla^2\varphi=-\rho/\varepsilon$ 及其解的形式$\varphi(\boldsymbol{x})=\frac{1}{4\pi\varepsilon}\int_V\frac{\rho(\boldsymbol{x}')\mathrm{d}V'}{r}$，可写出矢势解的形式为

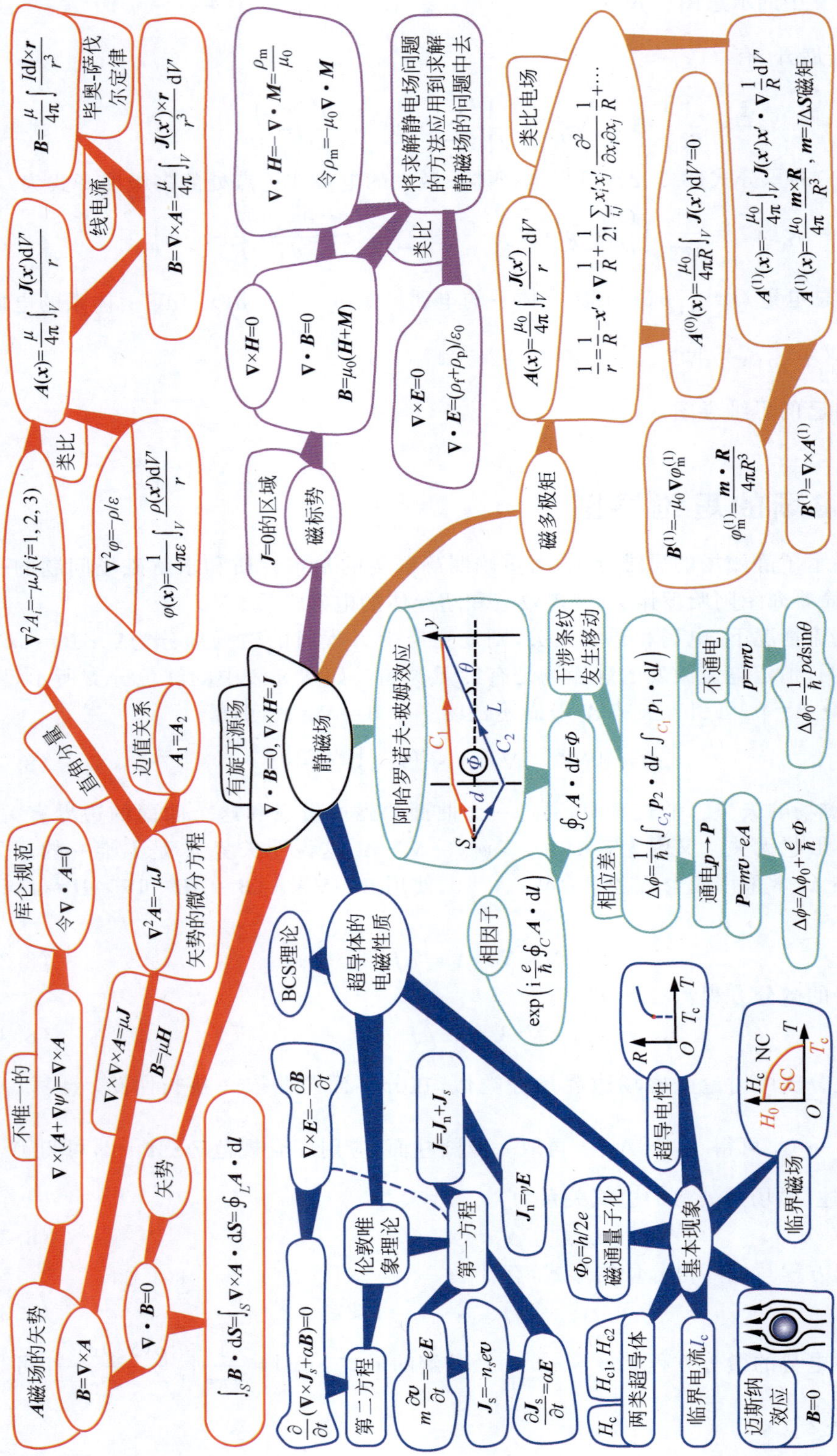

图 8.3 静磁场的思维导图

$$\boldsymbol{A}(\boldsymbol{x})=\frac{\mu}{4\pi}\int_V \frac{\boldsymbol{J}(\boldsymbol{x}')\mathrm{d}V'}{r} \tag{8.3.6}$$

进而得到磁感应强度的表达式为

$$\boldsymbol{B}=\nabla\times\boldsymbol{A}=\frac{\mu}{4\pi}\int_V \frac{\boldsymbol{J}(\boldsymbol{x}')\times\boldsymbol{r}}{r^3}\mathrm{d}V' \tag{8.3.7}$$

假如电流为线电流，那么可得毕奥-萨伐尔定律：

$$\boldsymbol{B}=\frac{\mu}{4\pi}\int \frac{I\mathrm{d}\boldsymbol{l}\times\boldsymbol{r}}{r^3} \tag{8.3.8}$$

如图 8.3 中的玫红色分支所示，在 $\boldsymbol{J}=0$ 的区域可引入磁标势来描述磁场。在 $\boldsymbol{J}=0$ 的区域内，磁场满足如下方程：

$$\begin{cases}\nabla\times\boldsymbol{H}=0 & (8.3.9\mathrm{a})\\ \nabla\cdot\boldsymbol{B}=0 & (8.3.9\mathrm{b})\\ \boldsymbol{B}=\mu_0(\boldsymbol{H}+\boldsymbol{M}) & (8.3.9\mathrm{c})\end{cases}$$

将方程(8.3.9c)两边取散度，并利用方程(8.3.9b)，可得

$$\nabla\cdot\boldsymbol{H}=-\nabla\cdot\boldsymbol{M}=\frac{\rho_{\mathrm{m}}}{\mu_0} \tag{8.3.10}$$

其中，$\rho_{\mathrm{m}}=-\mu_0\nabla\cdot\boldsymbol{M}$ 代表磁荷密度。类比静电场满足的方程 $\nabla\times\boldsymbol{E}=0$，$\nabla\cdot\boldsymbol{E}=(\rho_f+\rho_p)/\varepsilon_0$，引入电势 φ 描述静电场，电场强度为 $\boldsymbol{E}=-\nabla\varphi$。若引入磁标势 φ_{m} 描述静磁场，则磁场强度为

$$\boldsymbol{H}=-\nabla\varphi_{\mathrm{m}} \tag{8.3.11}$$

磁标势 φ_{m} 满足如下微分方程：

$$\nabla^2\varphi_{\mathrm{m}}=-\rho_{\mathrm{m}}/\mu_0 \tag{8.3.12}$$

如此可将求解静电场问题的方法应用到求解静磁场的问题中去。

如图 8.3 中的橘黄色分支所示，类比研究空间局部范围内电荷所激发的电场在远点处的展开式，与电多极矩对应，可引入磁多极矩的概念。给定电流分布在空间中激发的磁场矢势为

$$\boldsymbol{A}(\boldsymbol{x})=\frac{\mu_0}{4\pi}\int_V \frac{\boldsymbol{J}(\boldsymbol{x}')}{r}\mathrm{d}V' \tag{8.3.13}$$

类比电场中的多级展开式，将 $\frac{1}{r}$ 进行多级展开，可得

$$\frac{1}{r}=\frac{1}{R}-\boldsymbol{x}'\cdot\nabla\frac{1}{R}+\frac{1}{2!}\sum_{i,j}x'_i x'_j\frac{\partial^2}{\partial x_i\partial x_j}\frac{1}{R}+\cdots \tag{8.3.14}$$

代入 $\boldsymbol{A}(\boldsymbol{x})$ 得到其磁多极矩展开式。展开式的第一项为

$$\boldsymbol{A}^{(0)}(\boldsymbol{x})=\frac{\mu_0}{4\pi R}\int_V \boldsymbol{J}(\boldsymbol{x}')\mathrm{d}V'=\frac{\mu_0}{4\pi R}\oint_L I\mathrm{d}\boldsymbol{l}=0 \tag{8.3.15}$$

这种形式和电场情形不同，磁场展开式不含磁单极项，即不含与点电荷对应的项。展开式的第二项为

$$\boldsymbol{A}^{(1)}(\boldsymbol{x})=-\frac{\mu_0}{4\pi}\int_V \boldsymbol{J}(\boldsymbol{x}')\boldsymbol{x}'\cdot\nabla\frac{1}{R}\mathrm{d}V' \tag{8.3.16}$$

利用$\oint_L \mathrm{d}[(\boldsymbol{x}'\cdot\boldsymbol{R})\boldsymbol{x}']=0$，对于载流为$I$的线圈来说，

$$\boldsymbol{A}^{(1)}(\boldsymbol{x})=\frac{\mu_0}{4\pi}\frac{\boldsymbol{m}\times\boldsymbol{R}}{R^3} \tag{8.3.17}$$

其中，$\boldsymbol{m}=I\Delta\boldsymbol{S}$ 称为载流线圈的磁矩。由 $\boldsymbol{B}^{(1)}=\nabla\times\boldsymbol{A}^{(1)}$ 可算出磁偶极矩的磁场为

$$\boldsymbol{B}^{(1)}=-\mu_0\nabla\varphi_{\mathrm{m}}^{(1)} \tag{8.3.18}$$

其中，磁偶极势 $\varphi_{\mathrm{m}}^{(1)}=\dfrac{\boldsymbol{m}\cdot\boldsymbol{R}}{4\pi R^3}$，其形式上与电偶极势相似。一个小载流线圈可以看作由一对正负磁荷组成的磁偶极子，其磁偶极矩为 $\boldsymbol{m}=I\Delta\boldsymbol{S}$。

在经典电动力学中，场的基本物理量是电场强度 $\boldsymbol{E}$ 和磁感应强度 $\boldsymbol{B}$。势 $\boldsymbol{A}$ 和 φ 是为了数学上的方便而引入的辅助量。$\boldsymbol{A}$ 和 φ 不是唯一确定的，它们不是具有可直接观测意义的物理量。但是，在量子力学中，势 $\boldsymbol{A}$ 和 φ 具有可观测的物理效应，这种效应称为阿哈罗诺夫-玻姆效应。如图 8.3 青色分支中的示意图所示，在电子双缝衍射实验中引入载流螺线管，当螺线管内有磁通 Φ 时，电子经过的外部空间 $\boldsymbol{B}=0$，但 $\boldsymbol{A}\neq 0$，因为对包围螺线管的任一闭合路径积分有

$$\oint_C \boldsymbol{A}\cdot\mathrm{d}\boldsymbol{l}=\Phi \tag{8.3.19}$$

矢势 $\boldsymbol{A}$ 可以对电子产生相互作用，影响电子波束的相位差，从而导致干涉条纹发生移动。两电子波束的相位差为

$$\Delta\phi=\frac{1}{\hbar}\left(\int_{C_2}\boldsymbol{p}_2\cdot\mathrm{d}\boldsymbol{l}-\int_{C_1}\boldsymbol{p}_1\cdot\mathrm{d}\boldsymbol{l}\right) \tag{8.3.20}$$

当螺线管不通电时，电子的动量为 $\boldsymbol{p}=m\boldsymbol{v}$，两束电子到达屏幕上距中心为 y 的点上时，相位差为

$$\Delta\phi_0=\frac{1}{\hbar}pd\sin\theta \tag{8.3.21}$$

其中，d 为双缝的距离。当螺线管通电时，电子的正则动量变为 $\boldsymbol{P}=m\boldsymbol{v}-e\boldsymbol{A}$，将 $\Delta\phi$ 中的动量 $\boldsymbol{p}$ 换成正则动量 $\boldsymbol{P}(\boldsymbol{p}\to\boldsymbol{P})$，积分可得两束电子的相位差为

$$\Delta\phi=\Delta\phi_0+\frac{e}{\hbar}\Phi \tag{8.3.22}$$

正是相位差的改变，导致干涉条纹的移动，实验结果验证了上式。对实验的分析表明，能够完全恰当地描述磁场的物理量是相因子 $\exp\left(\mathrm{i}\,\dfrac{e}{\hbar}\oint_C \boldsymbol{A}\cdot\mathrm{d}\boldsymbol{l}\right)$。

实验发现，当温度降至某临界温度 T_{c} 以下时，一些材料的电阻 R 将减小到微不足道，这种现象称为超导电性。具有超导电性的材料称为超导体。图 8.3 的蓝色分支中给出的有关超导体的电磁性质主要回顾超导体的基本现象和伦敦唯象理论。超导体的基本现象有：①超导电性；②超导体的相曲线表明，当外加磁场强度超过临界磁场 H_{c} 时，材料将由超导态(SC)转变为正常态(NC)，失去超导电性；③迈斯纳效应是指材料在超导态时，其内部的磁场 $\boldsymbol{B}=0$，所有磁场 $\boldsymbol{B}$ 被排出超导体外的现象；④当超导体内的电流超过临界电流 I_{c} 时，超导体由超导态转变为正常态；⑤实验发现有两类超导体，第一类超导体仅有一个临界磁场 H_{c}，而第二类超导体有两个临界磁场 H_{c1}，H_{c2}，当 $H<H_{\mathrm{c1}}$ 时，材料处于超导态，当 $H_{\mathrm{c1}}<H<H_{\mathrm{c2}}$ 时，材料处于超导态和正常态的混合态，当 $H>H_{\mathrm{c2}}$ 时，材料处于正常态；

⑥实验发现，对于第一类复联通超导体以及单连通或复联通的第二类超导体，磁通量只能是量子化的，即磁通量的值只能是 $\Phi_0=h/2e$ 的整数倍。

伦敦唯象理论的基本思路是，找出超导电流与 $\boldsymbol{E}$ 和 $\boldsymbol{B}$ 的关系，对超导电性和迈斯纳效应给出唯象描写。“二流体模型”认为，总电流密度 $\boldsymbol{J}$ 包括正常电流密度 $\boldsymbol{J}_{\mathrm{n}}$ 和超导电流密度 $\boldsymbol{J}_{\mathrm{s}}$ 两部分，即

$$\boldsymbol{J}=\boldsymbol{J}_{\mathrm{n}}+\boldsymbol{J}_{\mathrm{s}} \tag{8.3.23}$$

正常传导电流满足欧姆定律 $\boldsymbol{J}_{\mathrm{n}}=\gamma\boldsymbol{E}$。而超导电子只在电场力的作用下遵循经典力学方程 $m\dfrac{\partial\boldsymbol{v}}{\partial t}=-e\boldsymbol{E}$ 运动。若超导电子密度为 n_{s}，则超导电流密度为

$$\boldsymbol{J}_{\mathrm{s}}=-n_{\mathrm{s}}e\boldsymbol{v} \tag{8.3.24}$$

将 $\boldsymbol{J}_{\mathrm{s}}$ 代入 $m\dfrac{\partial\boldsymbol{v}}{\partial t}=-e\boldsymbol{E}$，可得伦敦第一方程：

$$\frac{\partial\boldsymbol{J}_{\mathrm{s}}}{\partial t}=\alpha\boldsymbol{E} \tag{8.3.25}$$

其中，$\alpha=n_{\mathrm{s}}e^2/m$。伦敦第一方程可以解释恒定情况下 $\left(\dfrac{\partial\boldsymbol{J}_{\mathrm{s}}}{\partial t}=0\right)$ 的零电阻效应（$\boldsymbol{J}_{\mathrm{n}}=\gamma\boldsymbol{E}=0$），因为此时 $\dfrac{\partial\boldsymbol{J}_{\mathrm{s}}}{\partial t}=\alpha\boldsymbol{E}=\boldsymbol{0}$，$\boldsymbol{E}=\boldsymbol{0}$。取伦敦第一方程的旋度，并使用场方程 $\nabla\times\boldsymbol{E}=-\dfrac{\partial\boldsymbol{B}}{\partial t}$，得

$$\frac{\partial}{\partial t}(\nabla\times\boldsymbol{J}_{\mathrm{s}}+\alpha\boldsymbol{B})=0 \tag{8.3.26}$$

伦敦理论假设与时间无关的 $\nabla\times\boldsymbol{J}_{\mathrm{s}}+\alpha\boldsymbol{B}$ 等于零，可得伦敦第二方程：

$$\nabla\times\boldsymbol{J}_{\mathrm{s}}=-\alpha\boldsymbol{B} \tag{8.3.27}$$

请注意，两个伦敦方程都是基于假设而得到的。它们和麦克斯韦方程组一起，构成了超导电动力学的基础。运用它们可以解释迈斯纳效应，请读者自行扩展相关思维导图。目前，已知的超导体分为低温超导体（又称常温超导体）和高温超导体（包括铜氧化物高温超导体和铁基高温超导体两大类），两种超导体的超导机理不一样。低温超导可以用基于声子交换实现电子配对的 BCS 理论解释，但是高温超导机理至今依然还是一个谜。

请构建自己的思维导图。

8.4 电磁波传播的思维导图之一

研究电磁波的传播，重点聚焦无界空间中电磁波的性质、电磁波在介质界面上的反射和折射以及有界空间中的电磁波问题。由于内容较多，我们将使用图 8.4 和图 8.5 两张思维导图给出相关知识体系。图 8.4 展示的电磁波传播的思维导图之一，给出无界空间中平面电磁波的性质，并讨论电磁波在介质界面上的反射和折射问题。

图 8.4 中的红色分支首先讨论了无界空间中的平面电磁波。将麦克斯韦方程组 $\nabla\cdot\boldsymbol{D}=\rho$，$\nabla\times\boldsymbol{E}=-\dfrac{\partial\boldsymbol{B}}{\partial t}$，$\nabla\cdot\boldsymbol{B}=0$，$\nabla\times\boldsymbol{H}=\boldsymbol{J}+\dfrac{\partial\boldsymbol{D}}{\partial t}$ 应用到自由空间，因为自由空间中，$\rho=0$，$\boldsymbol{J}=0$，所以麦克斯韦方程组退化为齐次的麦克斯韦方程组：

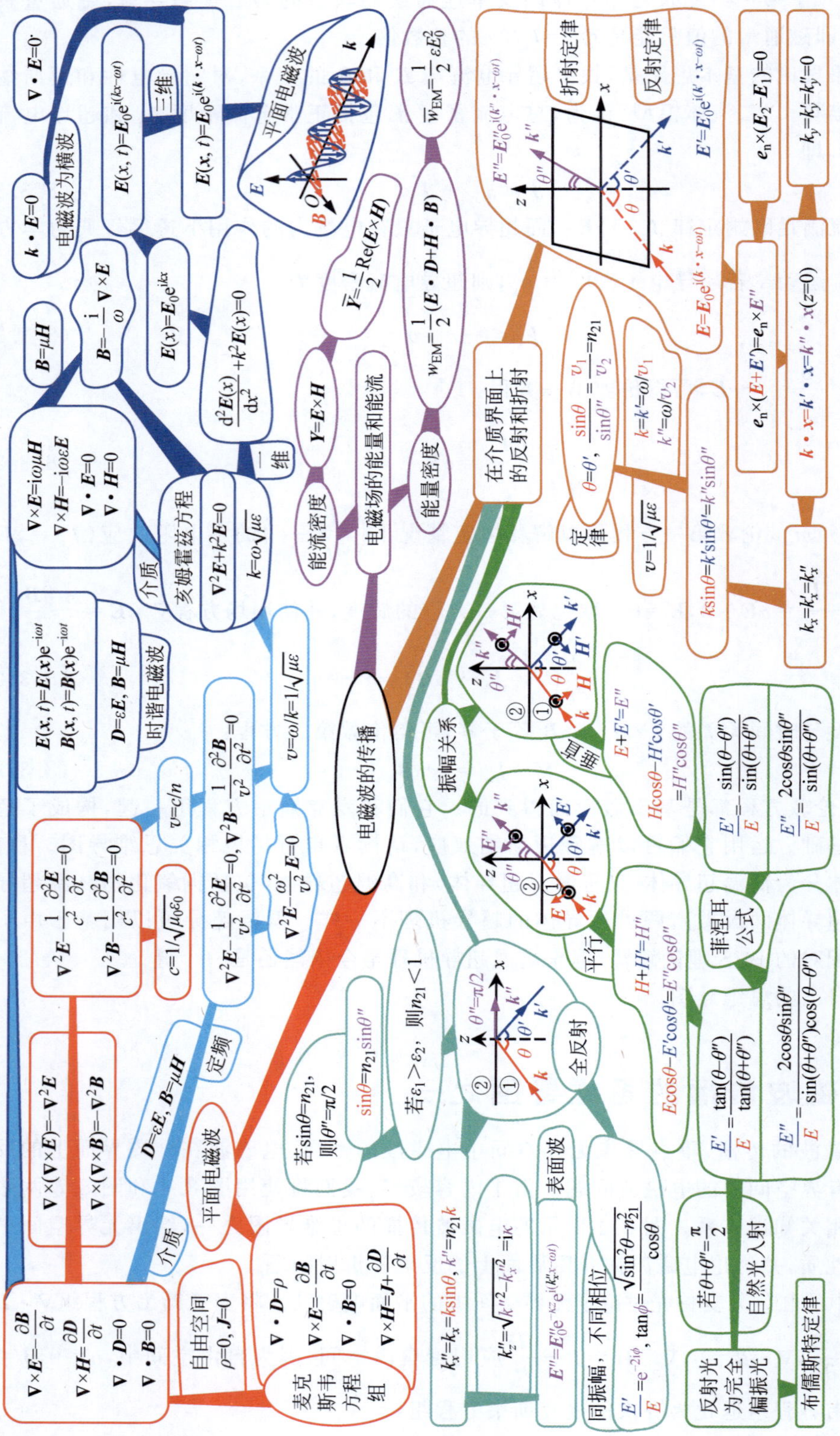

图 8.4 电磁波传播的思维导图之一

$$\begin{cases}\nabla\times\boldsymbol{E}=-\dfrac{\partial\boldsymbol{B}}{\partial t} & (8.4.1a)\\ \nabla\times\boldsymbol{H}=\dfrac{\partial\boldsymbol{D}}{\partial t} & (8.4.1b)\\ \nabla\cdot\boldsymbol{D}=0 & (8.4.1c)\\ \nabla\cdot\boldsymbol{B}=0 & (8.4.1d)\end{cases}$$

对式(8.4.1a)和式(8.4.1b)取旋度,并利用$\nabla\times(\nabla\times\boldsymbol{E})=-\nabla^2\boldsymbol{E}$,$\nabla\times(\nabla\times\boldsymbol{B})=-\nabla^2\boldsymbol{B}$和真空中$\boldsymbol{D}=\varepsilon_0\boldsymbol{E}$,$\boldsymbol{B}=\mu_0\boldsymbol{H}$,可得真空中的波动方程:

$$\begin{cases}\nabla^2\boldsymbol{E}-\dfrac{1}{c^2}\dfrac{\partial^2\boldsymbol{E}}{\partial t^2}=0 & (8.4.2a)\\ \nabla^2\boldsymbol{B}-\dfrac{1}{c^2}\dfrac{\partial^2\boldsymbol{B}}{\partial t^2}=0 & (8.4.2b)\end{cases}$$

其中,$c=1/\sqrt{\mu_0\varepsilon_0}$为电磁波在真空中的传播速度。

在介质中,因为色散($\varepsilon=\varepsilon(\omega)$,$\mu=\mu(\omega)$)的存在,对于一般非正弦变化的电场$\boldsymbol{E}(t)$,关系式$\boldsymbol{D}(t)=\varepsilon\boldsymbol{E}(t)$不再成立,因此在介质内,不会给出类似真空中的波动方程。但是,如图8.4中的浅蓝色分支所示,在一定频率下,对于线性均匀介质来说,有$\boldsymbol{D}=\varepsilon\boldsymbol{E}$,$\boldsymbol{B}=\mu\boldsymbol{H}$,可导出如下的波动方程:

$$\begin{cases}\nabla^2\boldsymbol{E}-\dfrac{1}{v^2}\dfrac{\partial^2\boldsymbol{E}}{\partial t^2}=0 & (8.4.3a)\\ \nabla^2\boldsymbol{B}-\dfrac{1}{v^2}\dfrac{\partial^2\boldsymbol{B}}{\partial t^2}=0 & (8.4.3b)\end{cases}$$

这也相当于将真空中波动方程中的c换成$v=c/n$即可。

如图8.4中的蓝色分支所示,时谐电磁波的复数形式可写为

$$\begin{cases}\boldsymbol{E}(\boldsymbol{x},t)=\boldsymbol{E}(\boldsymbol{x})\mathrm{e}^{-\mathrm{i}\omega t} & (8.4.4a)\\ \boldsymbol{B}(\boldsymbol{x},t)=\boldsymbol{B}(\boldsymbol{x})\mathrm{e}^{-\mathrm{i}\omega t} & (8.4.4b)\end{cases}$$

一方面,将它们代入齐次的麦克斯韦方程组,并利用$\boldsymbol{D}=\varepsilon\boldsymbol{E}$,$\boldsymbol{B}=\mu\boldsymbol{H}$,可得

$$\begin{cases}\nabla\times\boldsymbol{E}=\mathrm{i}\omega\mu\boldsymbol{H} & (8.4.5a)\\ \nabla\times\boldsymbol{H}=-\mathrm{i}\omega\varepsilon\boldsymbol{E} & (8.4.5b)\\ \nabla\cdot\boldsymbol{E}=0 & (8.4.5c)\\ \nabla\cdot\boldsymbol{H}=0 & (8.4.5d)\end{cases}$$

再次利用$\nabla\times(\nabla\times\boldsymbol{E})=-\nabla^2\boldsymbol{E}$,$\nabla\times(\nabla\times\boldsymbol{B})=-\nabla^2\boldsymbol{B}$,可得亥姆霍兹方程:

$$\nabla^2\boldsymbol{E}+k^2\boldsymbol{E}=0 \tag{8.4.6}$$

其中,$k=\omega\sqrt{\mu\varepsilon}$。另一方面,如将式(8.4.4a)代入式(8.4.3a),可得

$$\nabla^2\boldsymbol{E}-\frac{\omega^2}{v^2}\boldsymbol{E}=0 \tag{8.4.7}$$

将上式与亥姆霍兹方程对比可知

$$v=\omega/k=1/\sqrt{\mu\varepsilon} \tag{8.4.8}$$

假如通过求解亥姆霍兹方程能够得到电场$\boldsymbol{E}$,可使用$\nabla\times\boldsymbol{E}=\mathrm{i}\omega\mu\boldsymbol{H}$和$\boldsymbol{B}=\mu\boldsymbol{H}$得到磁

场为

$$\boldsymbol{B}=-\frac{\mathrm{i}}{\omega}\nabla\times\boldsymbol{E} \tag{8.4.9}$$

下面介绍如何求解亥姆霍兹方程。先考虑一维情况，设电磁波沿 x 轴方向传播，亥姆霍兹方程化为

$$\frac{\mathrm{d}^2\boldsymbol{E}(x)}{\mathrm{d}x^2}+k^2\boldsymbol{E}(x)=0 \tag{8.4.10}$$

其解为 $\boldsymbol{E}(x)=\boldsymbol{E}_0\mathrm{e}^{\mathrm{i}kx}$。加上时间项，时谐平面电磁波的完全表达式为

$$\boldsymbol{E}(x,t)=\boldsymbol{E}_0\mathrm{e}^{\mathrm{i}(kx-\omega t)} \tag{8.4.11}$$

将其推广到三维情况可得

$$\boldsymbol{E}(\boldsymbol{x},t)=\boldsymbol{E}_0\mathrm{e}^{\mathrm{i}(\boldsymbol{k}\cdot\boldsymbol{x}-\omega t)} \tag{8.4.12}$$

磁场可由 $\boldsymbol{B}=\sqrt{\mu\varepsilon}\,\boldsymbol{e}_k\times\boldsymbol{E}$ 给出。可见，平面电磁波中的电场和磁场在线性均匀绝缘介质中相互激发并以速度 $v=c/n$ 向前传播，见图 8.4 蓝色分支中的示意图。由 $\nabla\cdot\boldsymbol{E}=0$ 可得 $\boldsymbol{k}\cdot\boldsymbol{E}=0$。这说明电磁波为横波。

如图 8.4 玫红色分支中的示意图所示，线性均匀介质中电磁场的能量密度为

$$w_{\mathrm{EM}}=\frac{1}{2}(\boldsymbol{E}\cdot\boldsymbol{D}+\boldsymbol{H}\cdot\boldsymbol{B})=\frac{1}{2}\left(\varepsilon E^2+\frac{1}{\mu}B^2\right) \tag{8.4.13}$$

能流密度为

$$\boldsymbol{Y}=\boldsymbol{E}\times\boldsymbol{H} \tag{8.4.14}$$

由于二次式求平均值的一般公式为

$$\overline{fg}=\frac{1}{2}\mathrm{Re}(f^*g) \tag{8.4.15}$$

其中，$f(t)=f_0\mathrm{e}^{-\mathrm{i}\omega t}$；$g(t)=g_0\mathrm{e}^{-\mathrm{i}\omega t+\mathrm{i}\phi}$；$f^*$ 代表 f 的复共轭；Re 表示对复数取实数部分。由此，可得能量密度和能流密度的平均值为

$$\bar{w}_{\mathrm{EM}}=\frac{1}{2}\varepsilon E_0^2 \tag{8.4.16}$$

$$\bar{\boldsymbol{Y}}=\frac{1}{2}\mathrm{Re}(\boldsymbol{E}^*\times\boldsymbol{H})=\frac{1}{2}\sqrt{\frac{\varepsilon}{\mu}}E_0^2\boldsymbol{e}_k \tag{8.4.17}$$

电磁波在介质界面上会发生反射和折射。使用电场的边界条件可导出电磁波的反射定律和折射定律。如图 8.4 橘黄色分支中的示意图所示，假设平面电磁波的入射波、反射波和折射波的电场强度分别为

$$\begin{cases}\boldsymbol{E}=\boldsymbol{E}_0\mathrm{e}^{\mathrm{i}(\boldsymbol{k}\cdot\boldsymbol{x}-\omega t)} & (8.4.18\mathrm{a})\\ \boldsymbol{E}'=\boldsymbol{E}'_0\mathrm{e}^{\mathrm{i}(\boldsymbol{k}'\cdot\boldsymbol{x}-\omega t)} & (8.4.18\mathrm{b})\\ \boldsymbol{E}''=\boldsymbol{E}''_0\mathrm{e}^{\mathrm{i}(\boldsymbol{k}''\cdot\boldsymbol{x}-\omega t)} & (8.4.18\mathrm{c})\end{cases}$$

由边界条件 $\boldsymbol{e}_{\mathrm{n}}\times(\boldsymbol{E}_2-\boldsymbol{E}_1)=0$ 可知，在界面附近，有

$$\boldsymbol{e}_{\mathrm{n}}\times(\boldsymbol{E}+\boldsymbol{E}')=\boldsymbol{e}_{\mathrm{n}}\times\boldsymbol{E}'' \tag{8.4.19}$$

将式(8.4.18a)～式(8.4.18c)代入上式，边界条件要求

$$\boldsymbol{k}\cdot\boldsymbol{x}=\boldsymbol{k}'\cdot\boldsymbol{x}=\boldsymbol{k}''\cdot\boldsymbol{x},\quad z=0 \tag{8.4.20}$$

取入射波矢在 xOz 平面上，有

$$\begin{cases} k_y = k'_y = k''_y = 0 & (8.4.21a) \\ k_x = k'_x = k''_x & (8.4.21b) \end{cases}$$

以 θ,θ' 和 θ'' 分别代表入射角、反射角和折射角,有

$$k\sin\theta = k'\sin\theta' = k''\sin\theta'' \tag{8.4.22}$$

设 v_1 和 v_2 为电磁波在两种介质中的相速度,由 $v=\dfrac{1}{\sqrt{\mu\varepsilon}}=\dfrac{\omega}{k}$ 可知

$$\begin{cases} k = k' = \omega/v_1 & (8.4.23a) \\ k'' = \omega/v_2 & (8.4.23b) \end{cases}$$

将这些结果代入式(8.4.22),可得反射定律和折射定律:反射角等于入射角,即 $\theta=\theta'$;入射角和折射角的正弦之比等于两种介质的相速之比,即

$$\frac{\sin\theta}{\sin\theta''} = \frac{v_1}{v_2} = \frac{n_2}{n_1} = n_{21} \tag{8.4.24}$$

其中,n_{21} 为介质 2 相对介质 1 的折射率。

结合图 8.4 绿色分支中的两个示意图,利用边值关系 $\boldsymbol{e}_n\times(\boldsymbol{E}_2-\boldsymbol{E}_1)=0$ 和 $\boldsymbol{e}_n\times(\boldsymbol{H}_2-\boldsymbol{H}_1)=\boldsymbol{\alpha}$,还可求出入射波、反射波和折射波的振幅关系。当 $\boldsymbol{E}$ 垂直于入射面,且界面上的自由电流密度 $\boldsymbol{\alpha}=0$ 时,则有

$$\begin{cases} E + E' = E'' & (8.4.25a) \\ H\cos\theta - H'\cos\theta' = H''\cos\theta'' & (8.4.25b) \end{cases}$$

利用 $H=\sqrt{\dfrac{\varepsilon}{\mu}}E$ 和折射定律,可得

$$\begin{cases} \dfrac{E'}{E} = -\dfrac{\sin(\theta-\theta'')}{\sin(\theta+\theta'')} & (8.4.26a) \\ \dfrac{E''}{E} = \dfrac{2\cos\theta\sin\theta''}{\sin(\theta+\theta'')} & (8.4.26b) \end{cases}$$

当 $\boldsymbol{E}$ 平行于入射面时,则有

$$\begin{cases} H + H' = H'' & (8.4.27a) \\ E\cos\theta - E'\cos\theta = E''\cos\theta'' & (8.4.27b) \end{cases}$$

使用类似方法可得

$$\begin{cases} \dfrac{E'}{E} = \dfrac{\tan(\theta-\theta'')}{\tan(\theta+\theta'')} & (8.4.28a) \\ \dfrac{E''}{E} = \dfrac{2\cos\theta\sin\theta''}{\sin(\theta+\theta'')\cos(\theta-\theta'')} & (8.4.28b) \end{cases}$$

这些表示反射波、折射波与入射波场强的比值的公式称为菲涅耳公式。倘若 $\theta+\theta''=\dfrac{\pi}{2}$,由式(8.4.28a)可知,当自然光入射时,反射光没有振动方向平行于入射面的分量,而是变为振动方向垂直于入射面的完全偏振光。这是光学中的布儒斯特定律,这种情形下的入射角称为布儒斯特角。

如图 8.4 青色分支中的图所示,由折射定律还可以讨论全反射现象。由 $n_{21}=\sqrt{\dfrac{\mu_2\varepsilon_2}{\mu_1\varepsilon_1}}\approx$

$\sqrt{\frac{\varepsilon_2}{\varepsilon_1}}$可知：若 $\varepsilon_1>\varepsilon_2$，则 $n_{21}<1$。由 $\sin\theta=n_{21}\sin\theta''$ 可知：若 $\sin\theta=n_{21}$，则 $\theta''=\frac{\pi}{2}$，这时折射波沿界面掠过。若入射角再增大，$\sin\theta>n_{21}$，则发生全反射现象。假设在 $\sin\theta>n_{21}$ 情形下两介质中的电场形式仍可用平面波形式表示，边值条件的形式仍然成立，即仍有

$$\begin{cases} k''_x=k_x=k\sin\theta & (8.4.29a) \\ k''=n_{21}k & (8.4.29b) \end{cases}$$

因而

$$k''_z=\sqrt{k''^2-k''^2_x}=\mathrm{i}\kappa \tag{8.4.30}$$

其中，$\kappa=k\sqrt{\sin^2\theta-n_{21}^2}$，则折射波电场表示式变为

$$\boldsymbol{E}''=\boldsymbol{E}''_0\mathrm{e}^{-\kappa z}\mathrm{e}^{\mathrm{i}(k''_x x-\omega t)} \tag{8.4.31}$$

这表明，沿 x 轴方向传播的折射波，它的场强沿 z 轴方向指数衰减，变为表面波。在全反射条件下，对于垂直入射面的情形，边界条件给出

$$\begin{cases} \dfrac{E'}{E}=\mathrm{e}^{-2\mathrm{i}\phi} & (8.4.32a) \\ \tan\phi=\dfrac{\sqrt{\sin^2\theta-n_{21}^2}}{\cos\theta} & (8.4.32b) \end{cases}$$

这表明，反射波与入射波是同振幅、不同相位的。进而可证明：反射波的平均能流密度在数值上和入射波的平均能流密度相等，因此，电磁能量被全部反射出去，这就是全反射的由来。

请构建自己的思维导图。

8.5 电磁波传播的思维导图之二

图 8.5 给出了电磁波传播的思维导图之二，主要讨论有界空间中的电磁波问题。如图 8.5 中的红色分支所示，研究有导体存在时电磁波的传播，需要首先弄明白在迅变场中导体内的自由电荷分布。在静电场中，导体内部不带电，自由电荷只能分布于导体的表面。在迅变场中，自由电荷是否仍然保持这一特征呢？设导体内部某区域内有自由电荷分布，其密度为 ρ。自由电荷既会激发电场，又会在电场作用下引起传导电流。这要求电场既要满足高斯定理 $\varepsilon\nabla\cdot\boldsymbol{E}=\rho$，又要满足欧姆定律 $\boldsymbol{J}=\gamma\boldsymbol{E}$，两者结合可得

$$\nabla\cdot\boldsymbol{J}=\frac{\gamma}{\varepsilon}\rho \tag{8.5.1}$$

另外，ρ 的变化率还要遵循电荷守恒定律，即

$$\nabla\cdot\boldsymbol{J}+\frac{\partial\rho}{\partial t}=0 \tag{8.5.2}$$

与式(8.5.1)结合，可得微分方程：

$$\frac{\partial\rho}{\partial t}=-\frac{\gamma}{\varepsilon}\rho \tag{8.5.3}$$

解方程可得 $\rho(t)=\rho_0\mathrm{e}^{-\frac{\gamma}{\varepsilon}t}$，这表明电荷密度随时间呈指数衰减。定义特征时间 $\tau=\varepsilon/\gamma$，因

为金属导体的 $\tau \approx 10^{-17}$ s，只要电磁波的频率满足 $\omega \ll \tau^{-1}$，就可以认为 $\rho(t)=0$。因此，当 ω 不高时，良导体内无电荷积聚，电荷仅分布在导体表面。这一结论除影响电磁场的边界条件外，还表明在研究导体内的电磁波时，只需考虑 $\rho=0, \boldsymbol{J}=\gamma \boldsymbol{E}$ 的前提即可。

如图 8.5 中的玫红色分支所示，在导体内部 $\rho=0, \boldsymbol{J}=\gamma \boldsymbol{E}$，麦克斯韦方程组改写为

$$\begin{cases} \nabla \cdot \boldsymbol{D}=0 & (8.5.4\text{a}) \\ \nabla \times \boldsymbol{E}=-\dfrac{\partial \boldsymbol{B}}{\partial t} & (8.5.4\text{b}) \\ \nabla \cdot \boldsymbol{B}=0 & (8.5.4\text{c}) \\ \nabla \times \boldsymbol{H}=\boldsymbol{J}+\dfrac{\partial \boldsymbol{D}}{\partial t} & (8.5.4\text{d}) \end{cases}$$

对于一定角频率 ω 的电磁波，可令 $\boldsymbol{D}=\varepsilon \boldsymbol{E}, \boldsymbol{B}=\mu \boldsymbol{H}$，则有

$$\begin{cases} \nabla \times \boldsymbol{E}=\mathrm{i}\omega\mu \boldsymbol{H} & (8.5.5\text{a}) \\ \nabla \times \boldsymbol{H}=-\mathrm{i}\omega\varepsilon \boldsymbol{E}+\gamma \boldsymbol{E} & (8.5.5\text{b}) \\ \nabla \cdot \boldsymbol{E}=0 & (8.5.5\text{c}) \\ \nabla \cdot \boldsymbol{H}=0 & (8.5.5\text{d}) \end{cases}$$

将这组方程与绝缘介质的方程组 $\nabla \times \boldsymbol{E}=\mathrm{i}\omega\mu \boldsymbol{H}, \nabla \times \boldsymbol{H}=-\mathrm{i}\omega\varepsilon \boldsymbol{E}, \nabla \cdot \boldsymbol{E}=0, \nabla \cdot \boldsymbol{H}=0$ 类比（$\varepsilon \to \varepsilon'$），引入复电容率 ε'，并令 $\varepsilon'=\varepsilon+\mathrm{i}\gamma/\omega$（实部代表位移电流的贡献，它不会引起电磁波功率的耗散，而虚部是传导电流的贡献，它将引起能量的耗散），得

$$\nabla \times \boldsymbol{H}=-\mathrm{i}\omega\varepsilon' \boldsymbol{E} \tag{8.5.6}$$

类比图 8.4 蓝色分支中对应于绝缘介质内的亥姆霍兹方程，在导体内部有亥姆霍兹方程：

$$\nabla^2 \boldsymbol{E}+k^2 \boldsymbol{E}=0 \tag{8.5.7}$$

其中，$k=\omega\sqrt{\mu\varepsilon'}$。亥姆霍兹方程同样有平面波解：

$$\boldsymbol{E}(\boldsymbol{x})=\boldsymbol{E}_0 \mathrm{e}^{\mathrm{i}\boldsymbol{k}\cdot\boldsymbol{x}} \tag{8.5.8}$$

其中，$\boldsymbol{k}=\boldsymbol{\beta}+\mathrm{i}\boldsymbol{\alpha}$ 为复矢量，则有

$$\boldsymbol{E}(\boldsymbol{x},t)=\boldsymbol{E}_0 \mathrm{e}^{-\boldsymbol{\alpha}\cdot\boldsymbol{x}} \mathrm{e}^{\mathrm{i}(\boldsymbol{\beta}\cdot\boldsymbol{x}-\omega t)} \tag{8.5.9}$$

比较 $k^2=\beta^2-\alpha^2+2\mathrm{i}\boldsymbol{\alpha}\cdot\boldsymbol{\beta}=\omega^2\mu(\varepsilon+\mathrm{i}\gamma/\omega)$ 中的实部和虚部得

$$\beta^2-\alpha^2=\omega^2\mu\varepsilon \tag{8.5.10}$$

$$\boldsymbol{\alpha}\cdot\boldsymbol{\beta}=\mu\omega\gamma/2 \tag{8.5.11}$$

它们和边值条件一起可以确定矢量 $\boldsymbol{\alpha}$ 和 $\boldsymbol{\beta}$。考查电磁波垂直入射导体的特例，其边值条件为 $k_x^{(0)}=k_x=0$，则 $\alpha_x=\beta_x=0$，$\boldsymbol{\alpha}$ 和 $\boldsymbol{\beta}$ 沿 z 轴方向，$\boldsymbol{E}(\boldsymbol{x},t)$ 变为

$$\boldsymbol{E}=\boldsymbol{E}_0 \mathrm{e}^{-\alpha z} \mathrm{e}^{\mathrm{i}(\beta z-\omega t)} \tag{8.5.12}$$

其中，$\beta=\omega\sqrt{\mu\varepsilon}\left[\dfrac{1}{2}\left(\sqrt{1+\dfrac{\gamma^2}{\varepsilon^2\omega^2}}\right)+1\right]^{1/2}$；$\alpha=\omega\sqrt{\mu\varepsilon}\left[\dfrac{1}{2}\left(\sqrt{1+\dfrac{\gamma^2}{\varepsilon^2\omega^2}}\right)-1\right]^{1/2}$。对于良导体情形，$\dfrac{\gamma}{\varepsilon\omega} \gg 1$，则 $\alpha \approx \beta \approx \sqrt{\dfrac{\omega\mu\gamma}{2}}$。由振幅 $\boldsymbol{E}_0 \mathrm{e}^{-\alpha z}$ 的指数衰减可知，电磁波的穿透深度为

$$\delta=\frac{1}{\alpha}=\sqrt{\frac{2}{\omega\mu\gamma}} \tag{8.5.13}$$

这表明，对于高频电磁波，电磁场以及和它相互作用的高频电流集中于导体表面很薄的一层，

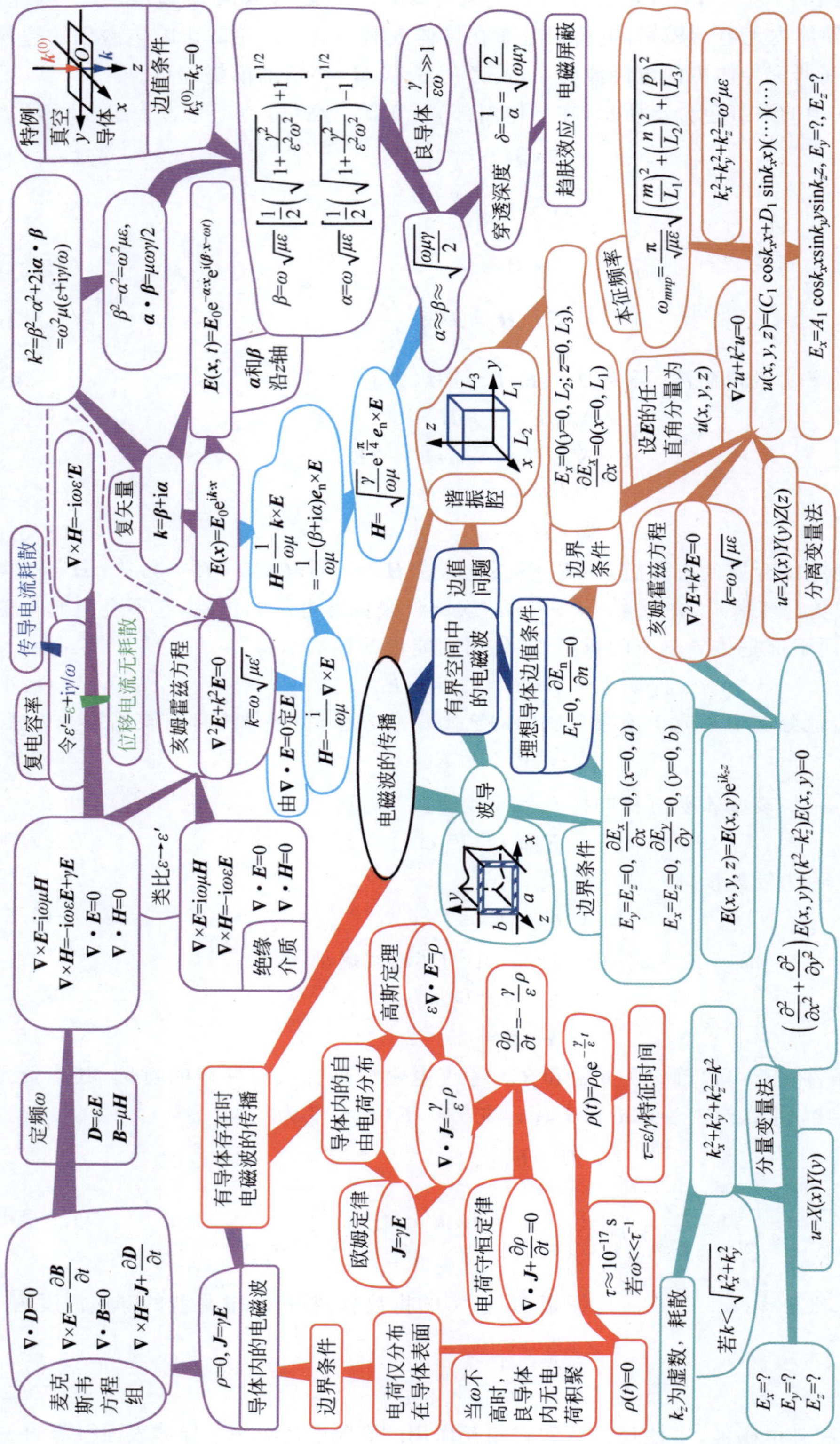

图 8.5 电磁波传播的思维导图之二

这种现象称为趋肤效应。这一效应可被运用到电磁屏蔽之中。

如图 8.5 中的浅蓝色分支所示，通过求解亥姆霍兹方程，再由$\nabla\cdot\boldsymbol{E}=0$确定$\boldsymbol{E}$后，可由$\boldsymbol{H}=-\frac{\mathrm{i}}{\omega\mu}\nabla\times\boldsymbol{E}$给出磁场强度$\boldsymbol{H}$。将$\boldsymbol{E}(\boldsymbol{x})=\boldsymbol{E}_0\mathrm{e}^{\mathrm{i}\boldsymbol{k}\cdot\boldsymbol{x}}$代入上式，可得

$$\boldsymbol{H}=\frac{1}{\omega\mu}\boldsymbol{k}\times\boldsymbol{E}=\frac{1}{\omega\mu}(\beta+\mathrm{i}\alpha)\boldsymbol{e}_{\mathrm{n}}\times\boldsymbol{E}\tag{8.5.14}$$

在$\alpha\approx\beta\approx\sqrt{\frac{\omega\mu\gamma}{2}}$的条件下，可得

$$\boldsymbol{H}=\sqrt{\frac{\gamma}{\omega\mu}}\mathrm{e}^{\mathrm{i}\frac{\pi}{4}}\boldsymbol{e}_{\mathrm{n}}\times\boldsymbol{E}\tag{8.5.15}$$

则$\sqrt{\frac{\mu}{\varepsilon}}\left|\frac{\boldsymbol{H}}{\boldsymbol{E}}\right|=\sqrt{\frac{\gamma}{\omega\varepsilon}}\gg1$，这说明在金属导体内，电磁波的磁场比电场更重要。

前文分析表明，导体表面自然构成电磁波存在的边界，电磁波只能在导体以外的空间或绝缘介质内的有界空间中传播。有界空间中的电磁波广泛应用在许多无线电技术的实际问题之中，谐振腔和波导就是其中的典型例子，本质上，它们都属于数学物理方法中的边值问题。分析有界空间中的电磁波就变为求解满足一定边值条件的亥姆霍兹方程问题。因导体中$\boldsymbol{E}_1=\boldsymbol{H}_1=0$，略去下角标 2，以$\boldsymbol{E}$和$\boldsymbol{H}$表示介质一侧处的场强，使用边值条件$\boldsymbol{e}_{\mathrm{n}}\times(\boldsymbol{H}_2-\boldsymbol{H}_1)=\boldsymbol{\alpha}$，$\boldsymbol{e}_{\mathrm{n}}\times(\boldsymbol{E}_2-\boldsymbol{E}_1)=0$，可证明理想导体的边值条件为$\boldsymbol{e}_{\mathrm{n}}\times\boldsymbol{H}=\boldsymbol{\alpha}$，$\boldsymbol{e}_{\mathrm{n}}\times\boldsymbol{E}=0$，即在理想导体表面上，电场线与界面正交，磁感线与界面相切。具体到边界电场来说，$E_{\mathrm{t}}=0$，$\frac{\partial E_{\mathrm{n}}}{\partial n}=0$。

谐振腔是中空的金属腔，电磁波在腔体内以某些特定频率振荡，因此，在高频技术中，常用谐振腔来产生一定频率的电磁振荡。以如图 8.5 橘黄色分支中所示的矩形谐振腔为例，介绍如何分析谐振腔内的电磁振荡。首先确定边界条件，以电场的E_x分量为例，对于壁面$y=0,y=L_2,z=0,z=L_3$来说，E_x都是切向分量，故有$E_x=0(y=0,L_2;z=0,L_3)$；但对于壁面$x=0,x=L_1$来说，E_x都是法向分量，故有$\frac{\partial E_x}{\partial x}=0\ (x=0,L_1)$。读者可类比写出$E_y$和$E_z$所要满足的边值条件。将$\boldsymbol{E}=E_x\boldsymbol{i}+E_y\boldsymbol{j}+E_z\boldsymbol{k}$代入亥姆霍兹方程$\nabla^2\boldsymbol{E}+k^2\boldsymbol{E}=0$，其中，$k=\omega\sqrt{\mu\varepsilon}$，可知$\boldsymbol{E}$的任一直角分量$u(x,y,z)$都满足亥姆霍兹方程：

$$\nabla^2u+k^2u=0\tag{8.5.16}$$

令$u=X(x)Y(y)Z(z)$，使用分离变量法可得如下的通解：

$$u(x,y,z)=(C_1\cos k_xx+D_1\sin k_xx)(C_2\cos k_yy+D_2\sin k_yy)(C_3\cos k_zz+D_3\sin k_zz)\tag{8.5.17}$$

应用边值条件$\frac{\partial E_x}{\partial x}=0(x=0)$和$E_x=0(y=0,z=0)$可得电场分量为

$$E_x=A_1\cos k_xx\sin k_yy\sin k_zz\tag{8.5.18}$$

再应用边值条件$\frac{\partial E_x}{\partial x}=0(x=L_1)$和$E_x=0(y=L_2,z=L_3)$等，可得

$$k_x=\frac{m\pi}{L_1},\quad m=0,1,2,\cdots\tag{8.5.19}$$

采用类似方法可求出

$$\begin{cases} E_y = A_2 \sin k_x x \cos k_y y \sin k_z z & (8.5.20\text{a}) \\ E_z = A_3 \sin k_x x \sin k_y y \cos k_z z & (8.5.20\text{b}) \end{cases}$$

其中，$k_y = \frac{n\pi}{L_2}$，$k_z = \frac{p\pi}{L_3}$，$n, p = 0, 1, 2, \cdots$。又因为分离变量过程中引入的 k_x、k_y 和 k_z 要满足

$$k_x^2 + k_y^2 + k_z^2 = k^2 = \omega^2 \mu\varepsilon \tag{8.5.21}$$

将 k_x、k_y 和 k_z 的值代入上式并开方，可得谐振腔的本征角频率为

$$\omega_{mnp} = \frac{\pi}{\sqrt{\mu\varepsilon}} \sqrt{\left(\frac{m}{L_1}\right)^2 + \left(\frac{n}{L_2}\right)^2 + \left(\frac{p}{L_3}\right)^2} \tag{8.5.22}$$

每一组 (m, n, p) 值，对应一组谐振波模。

波导是中空的金属管，电磁波在波导管中传播，波导管能够代替同轴传输线传播微波，广泛应用于近代无线电技术如雷达、电视和定向通信中。在此以如图 8.5 青色分支中所示的矩形波导为例，回顾如何分析波导内电磁波的传播问题。假设电磁波沿 z 轴方向传播，其边界条件为 $E_y = E_z = 0$，$\frac{\partial E_x}{\partial x} = 0\ (x = 0, a)$，$E_x = E_z = 0$，$\frac{\partial E_y}{\partial y} = 0\ (y = 0, b)$。设 $\boldsymbol{E}(x, y, z) = \boldsymbol{E}(x, y)\mathrm{e}^{\mathrm{i}k_z z}$，将其代入亥姆霍兹方程得

$$\left(\frac{\partial^2}{\partial x^2} + \frac{\partial^2}{\partial y^2}\right)\boldsymbol{E}(x, y) + (k^2 - k_z^2)\boldsymbol{E}(x, y) = 0 \tag{8.5.23}$$

令 $u(x, y) = X(x)Y(y)$，使用分量变量法写出 u 的通解，由 $x = 0$ 和 $y = 0$ 面上的边界条件可得

$$\begin{cases} E_x = A_1 \cos k_x x \sin k_y y \mathrm{e}^{\mathrm{i}k_z z} & (8.5.24\text{a}) \\ E_y = A_2 \sin k_x x \cos k_y y \mathrm{e}^{\mathrm{i}k_z z} & (8.5.24\text{b}) \\ E_z = A_3 \sin k_x x \sin k_y y \mathrm{e}^{\mathrm{i}k_z z} & (8.5.24\text{c}) \end{cases}$$

再考虑边界条件 $\frac{\partial E_x}{\partial x}\big|_{x=a} = 0$ 和 $\frac{\partial E_y}{\partial y}\big|_{y=b} = 0$，可得 $k_x = \frac{m\pi}{a}$，$k_y = \frac{n\pi}{b}$，$m, n = 0, 1, 2, \cdots$。又因 $k_x^2 + k_y^2 + k_z^2 = k^2$，$k$ 由激发角频率 ω 确定，若 $k < \sqrt{k_x^2 + k_y^2}$，则 k_z 为虚数，这时传播因子 $\mathrm{e}^{\mathrm{i}k_z z}$ 变为衰减因子，电磁波出现耗散，不再是沿波导传播的波。这就说明，能够在波导内传播的波就存在一个最低频率 ω_c，称为该波模的截止频率。解出 $\boldsymbol{E}$ 后，可由 $\boldsymbol{B} = -\frac{i}{\omega}\nabla \times \boldsymbol{E}$ 给出磁场强度。因为在波导内传播的波的电场 $\boldsymbol{E}$ 和磁场 $\boldsymbol{B}$ 不能同时为横波，读者可自己讨论不同横电波(TE)和横磁波(TM)在波导中的传播问题。实际应用中，最常用的波模是 TE_{10} 波。

请构建自己的思维导图。

8.6 电磁波辐射的思维导图

图 8.6 给出了电磁波辐射的思维导图。本节将介绍一般情况下势的概念和辐射电磁场的计算方法。本节首先从麦克斯韦方程组出发，引入矢势 $\boldsymbol{A}$ 和标势 φ；然后，为了唯一地确

定矢势和标势，可引入库仑规范或洛伦兹规范，简化矢势 $\boldsymbol{A}$ 和标势 φ 满足的微分方程；最后求解方程得到计算辐射场的一般公式，进而讨论不同情况下的辐射问题。

如图 8.6 中的红色分支所示，在真空中，$\boldsymbol{D}=\varepsilon_0\boldsymbol{E}$，$\boldsymbol{B}=\mu_0\boldsymbol{H}$。麦克斯韦方程组简化为

$$\begin{cases}\nabla\times\boldsymbol{E}=-\dfrac{\partial\boldsymbol{B}}{\partial t} & (8.6.1\text{a})\\ \nabla\times\boldsymbol{H}=\boldsymbol{J}+\dfrac{\partial\boldsymbol{D}}{\partial t} & (8.6.1\text{b})\\ \nabla\cdot\boldsymbol{D}=\rho & (8.6.1\text{c})\\ \nabla\cdot\boldsymbol{B}=0 & (8.6.1\text{d})\end{cases}$$

由磁场的无源性（$\nabla\cdot\boldsymbol{B}=0$）和$\nabla\cdot(\nabla\times\boldsymbol{A})=0$（矢量场的旋度必为无源场的性质），可引入矢势 $\boldsymbol{A}$ 使得

$$\boldsymbol{B}=\nabla\times\boldsymbol{A} \tag{8.6.2}$$

将上式代入式(8.6.1a)可得

$$\nabla\times\left(\boldsymbol{E}+\frac{\partial\boldsymbol{A}}{\partial t}\right)=0 \tag{8.6.3}$$

再利用$\nabla\times(\nabla\varphi)=0$（标量场的梯度必为无旋场的性质），可引入标势 φ，使得

$$\boldsymbol{E}+\frac{\partial\boldsymbol{A}}{\partial t}=-\nabla\varphi \tag{8.6.4}$$

进而得到由矢势 $\boldsymbol{A}$ 和标势 φ 表示的电场强度：

$$\boldsymbol{E}=-\nabla\varphi-\frac{\partial\boldsymbol{A}}{\partial t} \tag{8.6.5}$$

不过，如图 8.6 中的玫红色分支所示，这样引入的 $\boldsymbol{A}$ 和 φ 并不唯一，因为在势的规范变换中，令 $\boldsymbol{A}\to\boldsymbol{A}'=\boldsymbol{A}+\nabla\psi$，$\varphi\to\varphi'=\varphi-\dfrac{\partial\psi}{\partial t}$，可证明

$$\nabla\times\boldsymbol{A}'=\nabla\times\boldsymbol{A}=\boldsymbol{B} \tag{8.6.6}$$

$$-\nabla\varphi'-\frac{\partial\boldsymbol{A}'}{\partial t}=-\nabla\varphi-\frac{\partial\boldsymbol{A}}{\partial t}=\boldsymbol{E} \tag{8.6.7}$$

这就是所谓的规范不变性：当势作规范变换时，所有物理量和物理规律都应保持不变。常用的规范条件有：库仑规范（$\nabla\cdot\boldsymbol{A}=0$）和洛伦兹规范$\left(\nabla\cdot\boldsymbol{A}+\dfrac{1}{c^2}\dfrac{\partial\varphi}{\partial t}=0\right)$，它们又从何而来呢？

如图 8.6 中的橘黄色分支所示，将式(8.6.5)代入式(8.6.1c)，并使用 $\boldsymbol{D}=\varepsilon_0\boldsymbol{E}$，可得

$$-\nabla^2\varphi-\frac{\partial}{\partial t}\nabla\cdot\boldsymbol{A}=\rho/\varepsilon_0 \tag{8.6.8}$$

再将式(8.6.5)和式(8.6.2)代入式(8.6.1b)，并使用 $\boldsymbol{B}=\mu_0\boldsymbol{H}$，可得

$$\nabla^2\boldsymbol{A}-\frac{1}{c^2}\frac{\partial^2\boldsymbol{A}}{\partial t^2}-\nabla\left(\nabla\cdot\boldsymbol{A}+\frac{1}{c^2}\frac{\partial\varphi}{\partial t}\right)=-\mu_0\boldsymbol{J} \tag{8.6.9}$$

若采用库仑规范（$\nabla\cdot\boldsymbol{A}=0$），两个微分方程（即式(8.6.8)和式(8.6.9)）分别化为

$$\nabla^2\varphi=-\rho/\varepsilon_0 \tag{8.6.10}$$

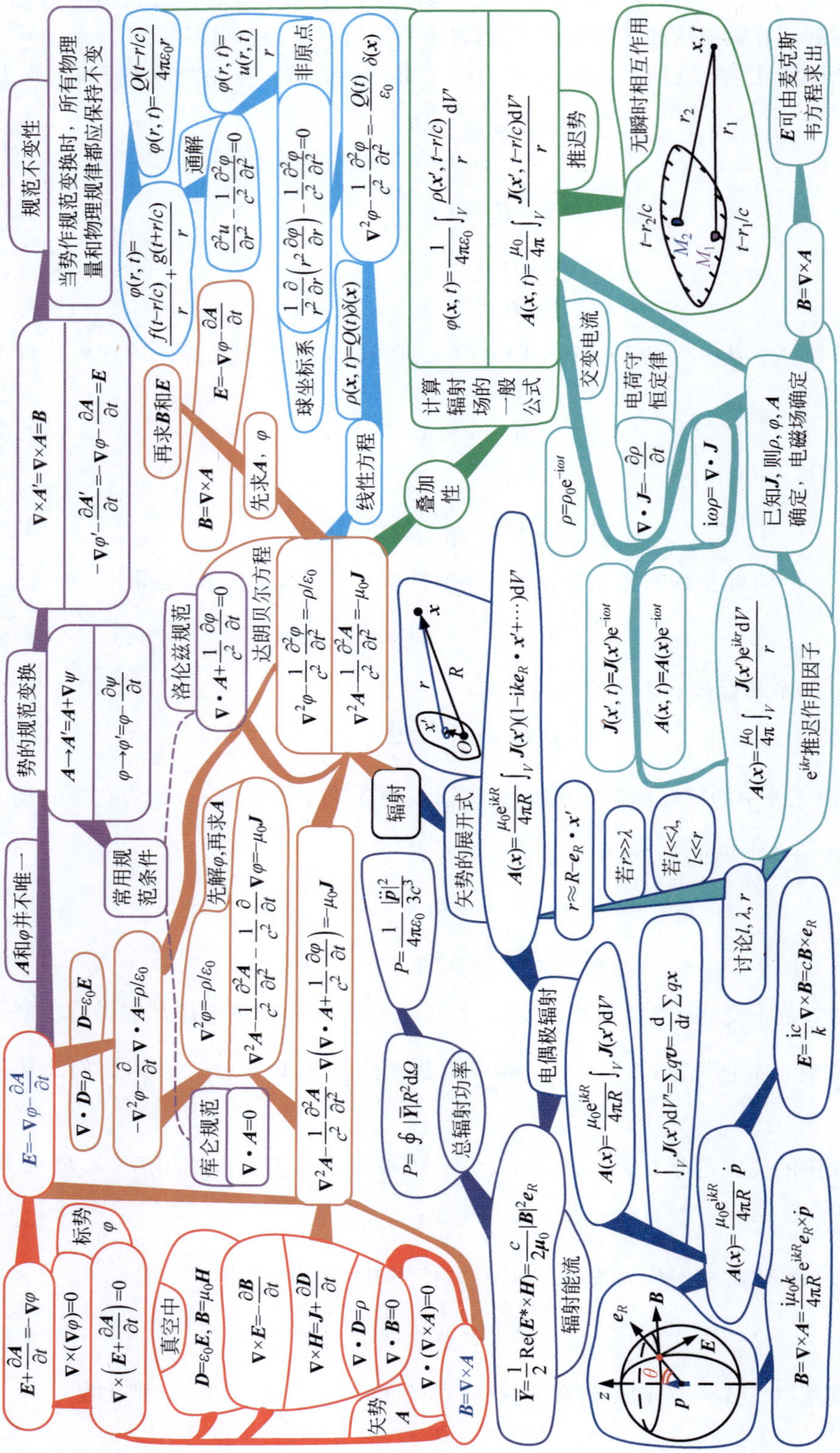

图 8.6 电磁波辐射的思维导图

$$\nabla^2 \boldsymbol{A} - \frac{1}{c^2}\frac{\partial^2 \boldsymbol{A}}{\partial t^2} - \frac{1}{c^2}\frac{\partial}{\partial t}\nabla\varphi = -\mu_0 \boldsymbol{J} \tag{8.6.11}$$

此时可先解 φ,再求 $\boldsymbol{A}$。若采用洛伦兹规范 $\left(\nabla \cdot \boldsymbol{A} + \frac{1}{c^2}\frac{\partial\varphi}{\partial t} = 0\right)$,两个微分方程将化为形式对称的达朗贝尔方程:

$$\nabla^2 \varphi - \frac{1}{c^2}\frac{\partial^2 \varphi}{\partial t^2} = -\rho/\varepsilon_0 \tag{8.6.12}$$

$$\nabla^2 \boldsymbol{A} - \frac{1}{c^2}\frac{\partial^2 \boldsymbol{A}}{\partial t^2} = -\mu_0 \boldsymbol{J} \tag{8.6.13}$$

此时可先求 $\boldsymbol{A}$,φ,再由式(8.6.2)和式(8.6.5),求出 $\boldsymbol{B}$ 和 $\boldsymbol{E}$。

如何求解达朗贝尔方程呢?因标势的达朗贝尔方程(8.6.12)为线性方程,反映电磁场的叠加性。由于场的叠加性,可以先考虑某一体元内的变化电荷所激发的势,然后对电荷分布区域积分,即可得总的标势。如图8.6中的浅蓝色分支所示,设原点处有一假想变化电荷 $Q(t)$,其电荷密度为 $\rho(\boldsymbol{x},t)=Q(t)\delta(\boldsymbol{x})$。该电荷辐射的标势的达朗贝尔方程为

$$\nabla^2 \varphi - \frac{1}{c^2}\frac{\partial^2 \varphi}{\partial t^2} = -\frac{Q(t)}{\varepsilon_0}\delta(\boldsymbol{x}) \tag{8.6.14}$$

在球坐标系中,非原点处满足如下的齐次波动方程:

$$\frac{1}{r^2}\frac{\partial}{\partial r}\left(r^2\frac{\partial\varphi}{\partial r}\right) - \frac{1}{c^2}\frac{\partial^2 \varphi}{\partial t^2} = 0 \tag{8.6.15}$$

令 $\varphi(r,t)=\frac{u(r,t)}{r}$,则有一维空间的波动方程:

$$\frac{\partial^2 u}{\partial r^2} - \frac{1}{c^2}\frac{\partial^2 u}{\partial t^2} = 0 \tag{8.6.16}$$

它的通解为

$$\varphi(r,t) = \frac{f(t-r/c)}{r} + \frac{g(t+r/c)}{r} \tag{8.6.17}$$

其中,第一项代表向外发射的球面波,第二项代表向内收敛的球面波(辐射问题中应取 $g=0$)。将静止点电荷激发的电势 $\varphi=\frac{Q}{4\pi\varepsilon_0 r}$,推广到变化场情形,可推想出时变点电荷在 t 时刻、空间 r 处激发的电势为

$$\varphi(r,t) = \frac{Q(t-r/c)}{4\pi\varepsilon_0 r} \tag{8.6.18}$$

如图8.6中的绿色分支所示,由场的叠加性可知,对于一般变化电荷分布 $\rho(\boldsymbol{x}',t)$,它所激发的标势为

$$\varphi(\boldsymbol{x},t) = \frac{1}{4\pi\varepsilon_0}\int_V \frac{\rho(\boldsymbol{x}',t-r/c)}{r}\mathrm{d}V' \tag{8.6.19}$$

由于矢势 $\boldsymbol{A}$ 所满足的方程在形式上与标势的达朗贝尔方程一致,所以一般变化电流分布 $\boldsymbol{J}(\boldsymbol{x}',t)$ 所激发的矢势为

$$\boldsymbol{A}(\boldsymbol{x},t) = \frac{\mu_0}{4\pi}\int_V \frac{\boldsymbol{J}(\boldsymbol{x}',t-r/c)\mathrm{d}V'}{r} \tag{8.6.20}$$

它们是计算辐射场的一般公式，也被称为推迟势。结合图8.6绿色分支中的示意图，可知空间某点 $\boldsymbol{x}$ 在某时刻 t 的场值不依赖于同一时刻的电荷电流分布，而是由较早时刻 $t-r/c$ 的电荷电流分布决定。也就是说，电荷产生的物理作用不能立刻传递至场点，而是要推迟 r/c 时间后才到达场点，并无瞬时相互作用。

图8.6中的青色分支进一步探讨交变电流激发的电磁场。电荷守恒定律 $\nabla\cdot\boldsymbol{J}=-\dfrac{\partial\rho}{\partial t}$ 将电荷密度 ρ 与电流密度 $\boldsymbol{J}$ 联系起来，在一定频率的交变电流情形中，$\rho=\rho_0\mathrm{e}^{-\mathrm{i}\omega t}$，则有

$$\mathrm{i}\omega\rho=\nabla\cdot\boldsymbol{J} \tag{8.6.21}$$

若电流密度 $\boldsymbol{J}$ 是一定频率的交变电流形成的，有 $\boldsymbol{J}(\boldsymbol{x}',t)=\boldsymbol{J}(\boldsymbol{x}')\mathrm{e}^{-\mathrm{i}\omega t}$，令 $\boldsymbol{A}(\boldsymbol{x},t)=\boldsymbol{A}(\boldsymbol{x})\mathrm{e}^{-\mathrm{i}\omega t}$，则可得

$$\boldsymbol{A}(\boldsymbol{x})=\frac{\mu_0}{4\pi}\int_V\frac{\boldsymbol{J}(\boldsymbol{x}')\mathrm{e}^{\mathrm{i}kr}\mathrm{d}V'}{r} \tag{8.6.22}$$

其中，$\mathrm{e}^{\mathrm{i}kr}$ 为推迟作用因子。综上所述，已知 $\boldsymbol{J}$，则 ρ、φ、$\boldsymbol{A}$ 确定，电磁场也就确定。由 $\boldsymbol{B}=\nabla\times\boldsymbol{A}$ 可以确定 $\boldsymbol{B}$，进而可由麦克斯韦方程 $\nabla\times\boldsymbol{B}=\mu_0\varepsilon_0\dfrac{\partial\boldsymbol{E}}{\partial t}=-\dfrac{\mathrm{i}\omega}{c^2}\boldsymbol{E}$ 求出 $\boldsymbol{E}$。

矢势公式 $\boldsymbol{A}(\boldsymbol{x})$ 中存在三个线度：电荷分布区域的线度 l，它决定了积分区域内 $|\boldsymbol{x}'|$ 的大小；波长 λ 以及电荷到场点的距离 r。研究分布于一个小区域内的电流所产生的辐射，要求 $l\ll\lambda$，$l\ll r$，至于 r 和 λ 的关系，又可分为近区 $r\ll\lambda$、感应区 $r\sim\lambda$、辐射区 $r\gg\lambda$ 共三种情况进行讨论。

如图8.6蓝色分支右侧的示意图所示，对于辐射区（若 $r\gg\lambda$），因 $r\approx R-\boldsymbol{e}_R\cdot\boldsymbol{x}'$，则矢势的展开式可写为

$$\boldsymbol{A}(\boldsymbol{x})=\frac{\mu_0\mathrm{e}^{\mathrm{i}kR}}{4\pi R}\int_V\boldsymbol{J}(\boldsymbol{x}')(1-\mathrm{i}k\boldsymbol{e}_R\cdot\boldsymbol{x}'+\cdots)\mathrm{d}V' \tag{8.6.23}$$

考虑展开式的第一项可得电偶极辐射为

$$\boldsymbol{A}(\boldsymbol{x})=\frac{\mu_0\mathrm{e}^{\mathrm{i}kR}}{4\pi R}\int_V\boldsymbol{J}(\boldsymbol{x}')\mathrm{d}V' \tag{8.6.24}$$

可以证明

$$\int_V\boldsymbol{J}(\boldsymbol{x}')\mathrm{d}V'=\sum q\boldsymbol{v}=\frac{\mathrm{d}}{\mathrm{d}t}\sum q\boldsymbol{x}=\dot{\boldsymbol{p}} \tag{8.6.25}$$

则有

$$\boldsymbol{A}(\boldsymbol{x})=\frac{\mu_0\mathrm{e}^{\mathrm{i}kR}}{4\pi R}\dot{\boldsymbol{p}} \tag{8.6.26}$$

因为只保留最低的次项，所以算符不需作用到分母上，而只需作用到相因子上，作用结果相当于作 $\nabla\to\mathrm{i}k\boldsymbol{e}_R$，$\dfrac{\partial}{\partial t}\to-\mathrm{i}\omega$ 代换，由此可得辐射场为

$$\boldsymbol{B}=\nabla\times\boldsymbol{A}=\frac{\mathrm{i}\mu_0k}{4\pi R}\mathrm{e}^{\mathrm{i}kR}\boldsymbol{e}_R\times\dot{\boldsymbol{p}}=\frac{\mathrm{e}^{\mathrm{i}kR}}{4\pi\varepsilon_0c^3R}\ddot{\boldsymbol{p}}\times\boldsymbol{e}_R \tag{8.6.27}$$

$$\boldsymbol{E}=\frac{\mathrm{i}c}{k}\nabla\times\boldsymbol{B}=c\boldsymbol{B}\times\boldsymbol{e}_R=\frac{\mathrm{e}^{\mathrm{i}kR}}{4\pi\varepsilon_0c^2R}(\ddot{\boldsymbol{p}}\times\boldsymbol{e}_R)\times\boldsymbol{e}_R \tag{8.6.28}$$

$\boldsymbol{B}$ 和 $\boldsymbol{E}$ 的方向如图 8.6 中蓝色分支左侧的示意图所示。

在辐射问题的实际应用中，最关心的问题是计算辐射功率和辐射的方向性，这些都可以由平均能流密度 $\bar{\boldsymbol{Y}}$ 求出。如图 8.6 中的紫色分支所示，电偶极辐射的平均能流密度为

$$\bar{\boldsymbol{Y}}=\frac{1}{2}\mathrm{Re}(\boldsymbol{E}^{*}\times\boldsymbol{H})=\frac{c}{2\mu_0}\mid\boldsymbol{B}\mid^2\boldsymbol{e}_R=\frac{\mid\ddot{\boldsymbol{p}}\mid^2\sin^2\theta}{32\pi^2\varepsilon_0c^3R^2}\boldsymbol{e}_R \tag{8.6.29}$$

其中，因子 $\sin^2\theta$ 描述电偶极辐射的角分布。将式(8.6.29)对球面积分即得总辐射功率为

$$P=\oint\mid\bar{\boldsymbol{Y}}\mid R^2\mathrm{d}\Omega \tag{8.6.30}$$

积分结果为

$$P=\frac{1}{4\pi\varepsilon_0}\frac{\mid\ddot{\boldsymbol{p}}\mid^2}{3c^3} \tag{8.6.31}$$

由 $\mid\ddot{\boldsymbol{p}}\mid^2$ 看出，若保持电偶极矩振幅不变，则辐射功率正比于频率 ω 的四次方。当频率变高时，辐射功率迅速增大。

请构建自己的思维导图。

8.7 狭义相对论的思维导图

图 8.7 给出了狭义相对论的思维导图。本节结合图 8.7，从电动力学的参考系问题引入相对论时空观，由物理规律对惯性参考系协变的要求，把电动力学的基本方程表示为四维形式，导出电磁场量在不同参考系间的变换，并简要回顾相对论力学的基本概念。

如图 8.7 中的红色分支所示，狭义相对论的基本假设包括相对性原理和光速不变原理。相对性原理认为所有惯性参考系都是等价的。而光速不变原理认为，真空中的光速相对于任何惯性系沿任一方向恒为 c，并与光源运动无关，这一假设和迈克耳孙-莫雷实验结果是一致的。

相对论的基本假设所给出的时空观是和旧时空观相矛盾的。伽利略变换($x'=x-vt$，$y'=y$，$z'=z$，$t'=t$)集中体现了旧时空观，它反映的时空观的特征是，时间和空间是分离的。如图 8.7 橘黄色分支中的示意图所示，假设两惯性系 Σ 和 Σ' 以速度 $\boldsymbol{v}$ 沿 x 轴方向相对运动，取光源发出闪光时所在位置为 O，则从 Σ 系中观测同时发生的两事件(P_1 和 P_2 同时接收到光波)，在 Σ' 上看来就变为不同时。在相对论时空观中，设物体接收到信号的空时坐标在 Σ 系和 Σ' 系上分别为(x,y,z,t)和(x',y',z',t')。由于两参考系上测出的光速都是 c，且闪光的空时坐标均为(0,0,0,0)，故有

$$x^2+y^2+z^2=c^2t^2 \tag{8.7.1}$$

$$x'^2+y'^2+z'^2=c^2t'^2 \tag{8.7.2}$$

若定义两事件的间隔在 Σ 系和 Σ' 系分别为

$$s^2=c^2t^2-(x^2+y^2+z^2) \tag{8.7.3}$$

$$s'^2=c^2t'^2-(x'^2+y'^2+z'^2) \tag{8.7.4}$$

则有间隔不变性 $s^2=s'^2$，它表示两事件的间隔不因参考系的变换而改变。若将其推广到一般情况，计算 Σ 系和 Σ' 系中的两事件(x_1,y_1,z_1,t_1)与(x_2,y_2,z_2,t_2)的间隔和两事件(x'_1,y'_1,z'_1,t'_1)与(x'_2,y'_2,z'_2,t'_2)的间隔，则

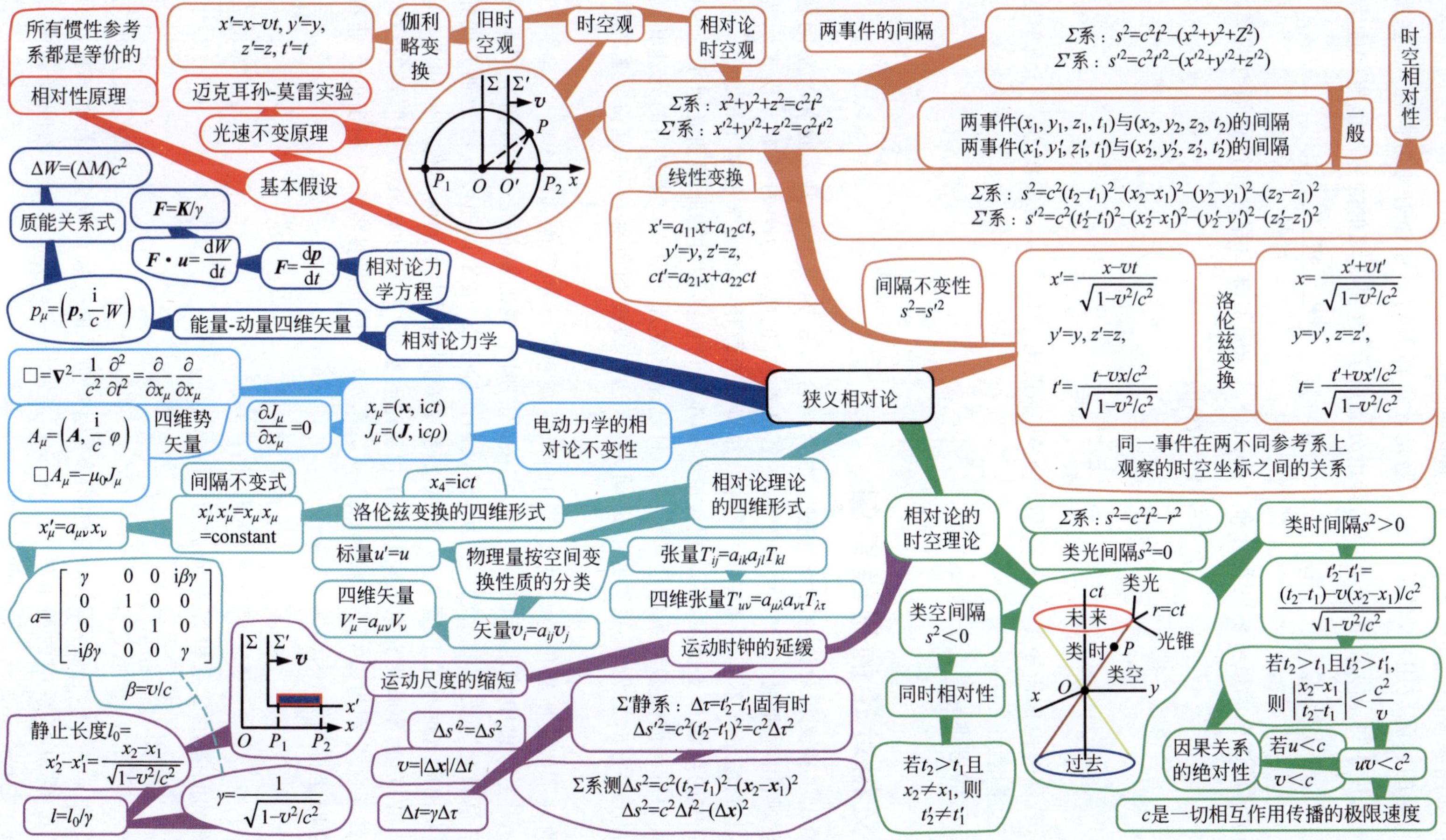

图 8.7 狭义相对论的思维导图

$$s^2=c^2(t_2-t_1)^2-(x_2-x_1)^2-(y_2-y_1)^2-(z_2-z_1)^2 \tag{8.7.5}$$

$$s'^2=c^2(t'_2-t'_1)^2-(x'_2-x'_1)^2-(y'_2-y'_1)^2-(z'_2-z'_1)^2 \tag{8.7.6}$$

根据线性变换（$x'=a_{11}x+a_{12}ct, y'=y, z'=z, ct'=a_{21}x+a_{22}ct$）和间隔不变性（$s^2=s'^2$），可以导出相对论时空坐标变换关系——洛伦兹变换公式，即

$$\begin{cases} x'=\dfrac{x-vt}{\sqrt{1-v^2/c^2}} & (8.7.7\text{a}) \\ y'=y & (8.7.7\text{b}) \\ z'=z & (8.7.7\text{c}) \\ t'=\dfrac{t-vx/c^2}{\sqrt{1-v^2/c^2}} & (8.7.7\text{d}) \end{cases}$$

若 Σ' 相对于 Σ 的运动速度为 v，则 Σ 相对于 Σ' 的速度为 $-v$，将 v 改为 $-v$，可得其逆变换式为

$$\begin{cases} x=\dfrac{x'+vt'}{\sqrt{1-v^2/c^2}} & (8.7.8\text{a}) \\ y=y' & (8.7.8\text{b}) \\ z=z' & (8.7.8\text{c}) \\ t=\dfrac{t'+vx'/c^2}{\sqrt{1-v^2/c^2}} & (8.7.8\text{d}) \end{cases}$$

洛伦兹变换给出了同一事件在两不同参考系上观察的时空坐标之间的关系。这也表明，时间、空间和运动是相互融合的，相对论的时间、距离和同时性都具有相对性。

相对论的时空理论还会给出哪些新图景呢？在 Σ 系中，两事件的间隔为

$$s^2=c^2t^2-r^2 \tag{8.7.9}$$

根据 s^2 取值的不同，可将间隔分为三类：类光间隔（$s^2=0$）、类时间隔（$s^2>0$）和类空间隔（$s^2<0$）。使用如图 8.7 绿色分支所示的三维时空中的光锥可帮助人们形象地理解三类间隔的区别。事件 P 在 xOy 面上的投影表示事件发生的地点，P 点的竖直坐标表示事件发生的时刻 t 与 c 的积。类光间隔 $s^2=c^2t^2-r^2=0$ 给出一个以 O 为顶点的光锥。凡是光锥上的事件点，都可以和 O 点用光波联系。类时间隔 $s^2>0$，意味着 $r<ct$，事件 P 位于光锥内。当 P 在 O 的上半光锥内，它代表绝对未来，而当 P 在 O 的下半光锥内，它代表绝对过去。由洛伦兹变换可得

$$t'_2-t'_1=\frac{(t_2-t_1)-v(x_2-x_1)/c^2}{\sqrt{1-v^2/c^2}} \tag{8.7.10}$$

若保证因果关系的绝对性，应有

$$\left|\frac{x_2-x_1}{t_2-t_1}\right|<\frac{c^2}{v} \tag{8.7.11}$$

简记为，若 $t_2>t_1$ 且 $t'_2>t'_1$，则 $\left|\dfrac{x_2-x_1}{t_2-t_1}\right|<\dfrac{c^2}{v}$。设 $|x_2-x_1|=u(t_2-t_1)$，u 代表由 O 到 P 的作用传播速度，则有 $uv<c^2$。若 $u<c$，$v<c$，则事件的因果关系就保证有绝对意义，这也

说明，c 是一切相互作用传播的极限速度。类空间隔 $s^2<0$，意味着 $r>ct$，P 与 O 绝无联系，它们之间没有因果关系，其先后次序也就失去绝对意义。因此，类空间隔中会出现同时相对性，即若 $t_2>t_1$ 且 $x_2\neq x_1$，则 $t'_2\neq t'_1$。

如图 8.7 中的玫红色分支所示，在相对论的时空中，会看到运动时钟的延缓和运动尺度的缩短。对于前者，设一物体内部在相对其静止的 Σ' 系中发生两事件的时间差为

$$\Delta\tau=t'_2-t'_1 \tag{8.7.12}$$

这称为该物理过程的固有时。由于两事件发生在同一地点，因此两事件的间隔为

$$\Delta s'^2=c^2(t'_2-t'_1)^2=c^2\Delta\tau^2 \tag{8.7.13}$$

而在 Σ 系观测，该物体以速度 v 运动，因此两事件的间隔为

$$\Delta s^2=c^2(t_2-t_1)^2-(\boldsymbol{x}_2-\boldsymbol{x}_1)^2 \tag{8.7.14}$$

即 $\Delta s^2=c^2\Delta t^2-(\Delta\boldsymbol{x})^2$。由间隔不变性 $\Delta s'^2=\Delta s^2$ 和 $v=|\Delta\boldsymbol{x}|/\Delta t$，可得

$$\Delta t=\gamma\Delta\tau \tag{8.7.15}$$

其中，$\gamma=\dfrac{1}{\sqrt{1-v^2/c^2}}$。因 $\gamma>1$，故 $\Delta t>\Delta\tau$，这表明，物体运动速度越大，所观测到的其内部物理过程进行的越缓慢。这就是时间延缓效应，它在高能物理中得到大量实验的证实。这种效应是时空的基本属性引起的，与钟的具体结构无关。对于后者，设物体沿 x 轴方向运动，Σ' 为固定在物体上的参考系，其静止长度为 $l_0=x'_2-x'_1$。在 Σ 系中同时$(t_1=t_2)$测量到物体两端的坐标分别为 x_1 和 x_2，其长度为 $l=x_2-x_1$，则由洛伦兹变换可得

$$l_0=x'_2-x'_1=\frac{x_2-x_1}{\sqrt{1-v^2/c^2}} \tag{8.7.16}$$

即 $l=l_0/\gamma$。因 $\gamma>1$，故 $l<l_0$，这表明，在运动的方向上，物体的长度缩短了。这和时钟延缓效应一样，运动尺度缩短也是时空的基本属性，与物体的内部结构无关。高速运动的 μ 子能够穿越大气层的事实证实了长度缩短效应。

因为在相对论中时间和空间不可分割，所以在四维时空中相对论理论需要采用四维形式来描述。如图 8.7 中的青色分支所示，物理量按空间变换性质进行分类可分为标量、矢量和张量。当空间转动时，由标量不变性，有 $u'=u$，三维矢量应满足变换关系 $v'_i=a_{ij}v_j$，而由 9 个分量构成的二阶张量应满足如下变换关系：

$$T'_{ij}=a_{ik}a_{jl}T_{kl} \tag{8.7.17}$$

式中，指标 j、k、l 重复并从 1 到 3 求和。式中凡有重复下标的量都代表要对它求和，这称为爱因斯坦求和约定。将三维形式推广到四维形式，在洛伦兹变换下不变的物理量称为洛伦兹标量。倘若具有四个分量的物理量满足变换关系 $V'_\mu=a_{\mu\nu}V_\nu$，则将其称为四维矢量，而满足如下变换关系的物理量 $T_{\mu\nu}$ 称为四维张量：

$$T'_{\mu\nu}=a_{\mu\lambda}a_{\nu\tau}T_{\lambda\tau} \tag{8.7.18}$$

式中，指标 ν、λ、τ 重复并从 1 到 4 求和。若引入第四维虚数坐标 $x_4=\mathrm{i}ct$，则间隔不变式可写为

$$x'_\mu x'_\mu=x_\mu x_\mu=\text{constant} \tag{8.7.19}$$

洛伦兹变换的四维形式变为

$$x'_\mu=a_{\mu\nu}x_\nu \tag{8.7.20}$$

相应的变换矩阵为

$$a=\begin{bmatrix}\gamma & 0 & 0 & \mathrm{i}\beta\gamma\\ 0 & 1 & 0 & 0\\ 0 & 0 & 1 & 0\\ -\mathrm{i}\beta\gamma & 0 & 0 & \gamma\end{bmatrix} \tag{8.7.21}$$

其中，$\gamma=\dfrac{1}{\sqrt{1-v^2/c^2}}$，$\beta=v/c$，而逆变换矩阵为

$$a^{-1}=\begin{bmatrix}\gamma & 0 & 0 & -\mathrm{i}\beta\gamma\\ 0 & 1 & 0 & 0\\ 0 & 0 & 1 & 0\\ \mathrm{i}\beta\gamma & 0 & 0 & \gamma\end{bmatrix} \tag{8.7.22}$$

常用的四维矢量有四维速度矢量 $U_\mu=\dfrac{\mathrm{d}x_\mu}{\mathrm{d}\tau}$，由 $U_\mu=\dfrac{\mathrm{d}x_\mu}{\mathrm{d}t}\dfrac{\mathrm{d}t}{\mathrm{d}\tau}$ 和 $\dfrac{\mathrm{d}t}{\mathrm{d}\tau}=\dfrac{1}{\sqrt{1-u^2/c^2}}=\gamma_u$，可得四维速度的分量是 $U_\mu=\gamma_u(u_1,u_2,u_3,\mathrm{i}c)$。在考虑电磁波的相位因子中的相位是一个不变量时，可得一个四维波矢量 $k_\mu=(\boldsymbol{k},\mathrm{i}\omega/c)$。在洛伦兹变换下，$k_\mu$ 的变换式为 $k'_\mu=a_{\mu\nu}k_\nu$。设波矢量 $\boldsymbol{k}$ 与 x 轴方向的夹角为 θ，$\boldsymbol{k}'$ 与 x 轴方向的夹角为 θ'，有 $k_1=\omega\cos\theta/c$，$k'_1=\omega'\cos\theta'/c$。使用洛伦兹变换可得相对论的多普勒效应和光行差公式，分别为

$$\omega'=\omega\gamma(1-v\cos\theta/c) \tag{8.7.23}$$

$$\tan\theta'=\frac{\sin\theta}{\gamma(\cos\theta-v/c)} \tag{8.7.24}$$

实验证实了这些结果的正确性。

图 8.7 中的浅蓝色分支讨论了电动力学的相对论不变性。它是指根据相对性原理，电磁现象的基本规律(如麦克斯韦方程组)对任意惯性参考系可以表示为相同的形式。它将依次给出四维电流密度矢量和四维势矢量。实验表明，带电粒子的电荷与它的运动速度无关。若粒子以速度 $\boldsymbol{u}$ 运动，则体元有洛伦兹收缩 $\mathrm{d}V=\mathrm{d}V_0/\gamma_u$，为保持总电荷的不变性，电荷密度应相应地增大，即 $\rho=\gamma_u\rho_0$。当粒子以速度 $\boldsymbol{u}$ 运动时，其电流密度为 $\boldsymbol{J}=\rho\boldsymbol{u}$。对应于四维空间矢量 $x_\mu=(\boldsymbol{x},\mathrm{i}ct)$，有电流密度四维矢量 $J_\mu=(\boldsymbol{J},\mathrm{i}c\rho)$。电流密度和电荷密度在四维矢量中的统一，可将电荷守恒定律 $\nabla\cdot\boldsymbol{J}+\dfrac{\partial\rho}{\partial t}=0$ 用四维形式表示为

$$\frac{\partial J_\mu}{\partial x_\mu}=0 \tag{8.7.25}$$

若将 $\boldsymbol{A}$ 和 φ 合成为一个四维势矢量 $A_\mu=\left(\boldsymbol{A},\dfrac{\mathrm{i}}{c}\varphi\right)$，再引入微分算符 $\Box=\nabla^2-\dfrac{1}{c^2}\dfrac{\partial^2}{\partial t^2}=\dfrac{\partial}{\partial x_\mu}\dfrac{\partial}{\partial x_\mu}$，可将用势表示出的电动力学基本方程 $\nabla^2\boldsymbol{A}-\dfrac{1}{c^2}\dfrac{\partial^2\boldsymbol{A}}{\partial t^2}=-\mu_0\boldsymbol{J}$ 和 $\nabla^2\varphi-\dfrac{1}{c^2}\dfrac{\partial^2\varphi}{\partial t^2}=-\rho/\varepsilon_0$ 组合写为

$$\Box A_\mu=-\mu_0J_\mu \tag{8.7.26}$$

在参考系变换下，四维势遵从如下矢量变换：

$$A'_\mu=a_{\mu\nu}A_\nu \tag{8.7.27}$$

而势的变换关系为

$$\begin{cases} A'_x = \gamma(A_x - v\varphi/c^2) & (8.7.28a) \\ A'_y = A_y & (8.7.28b) \\ A'_z = A_z & (8.7.28c) \\ \varphi' = \gamma(\varphi - vA_x) & (8.7.28d) \end{cases}$$

在旧时空观中，牛顿运动定律对伽利略变换是协变的，那么在新时空中对洛伦兹变换协变的相对论力学又有哪些新内容呢？如图 8.7 中的蓝色分支所示，在经典力学中，设物体的质量为 m，运动速度为 $\boldsymbol{u}$，则它的动量为 $m\boldsymbol{u}$。在相对论中，利用四维速度的分量 $U_\mu = \gamma_u(u_1, u_2, u_3, \mathrm{i}c)$ 可定义四维动量矢量 $p_\mu = m_0 U_\mu$，这个四维矢量的空间分量和时间分量分别是

$$\begin{cases} \boldsymbol{p} = \gamma_u m_0 \boldsymbol{u} & (8.7.29a) \\ p_4 = \mathrm{i}c\gamma_u m_0 & (8.7.29b) \end{cases}$$

其中，$\gamma_u = \dfrac{1}{\sqrt{1-u^2/c^2}}$。对比 $p_4 = \dfrac{\mathrm{i}}{c}\dfrac{m_0 c^2}{\sqrt{1-u^2/c^2}}$ 和 $p_4 = \dfrac{\mathrm{i}}{c}\left(m_0 c^2 + \dfrac{1}{2} m_0 u^2 + \cdots\right)$，设相对论中物体的能量为 $W = \dfrac{m_0 c^2}{\sqrt{1-u^2/c^2}}$，则 $p_4 = \dfrac{\mathrm{i}}{c}W$，进而可得能量和动量的统一的四维动量：

$$p_\mu = \left(\boldsymbol{p}, \frac{\mathrm{i}}{c}W\right) \tag{8.7.30}$$

由 p_μ 可构成不变量，即

$$p_\mu p_\mu = \boldsymbol{p}^2 - W^2/c^2 = \text{constant} \tag{8.7.31}$$

在物体的静止参考系中，$u=0$，则 $\boldsymbol{p}=0$，$W = W_0 = m_0 c^2$，因而 constant $= -m_0^2 c^2$，故有

$$W = \sqrt{p^2 c^2 + m_0^2 c^4} \tag{8.7.32}$$

这是关于物体的能量、动量和质量的一条重要公式。当一组粒子构成复合物体时，由于各粒子之间有相互作用能以及有相对运动的动能，因而当物体整体静止时，它的总能量一般不等于所有粒子的静止能量之和，即

$$W_0 \neq \sum_i m_{i0} c^2 \tag{8.7.33}$$

其中，m_{i0} 为第 i 个粒子的静止质量。两者之差称为物体的结合能，即

$$\Delta W = \sum_i m_{i0} c^2 - W_0 \tag{8.7.34}$$

与之对应的是，物体的静止质量 M_0 也不等于组成它的各粒子的静止质量之和 $\sum\limits_i m_{i0}$，两者之差称为质量亏损，即

$$\Delta M = \sum_i m_{i0} - M_0 \tag{8.7.35}$$

质量亏损与结合能之间满足质能关系式：

$$\Delta W = (\Delta M) c^2 \tag{8.7.36}$$

这是利用原子能的主要理论依据。引入运动质量 $m = \dfrac{m_0}{\sqrt{1-u^2/c^2}}$，可得相对论的动量 $\boldsymbol{p} =$

$m\boldsymbol{u}$ 和能量 $W=mc^2$。由 $K_\mu=\frac{\mathrm{d}p_\mu}{\mathrm{d}\tau}$引入作用于速度为 $\boldsymbol{u}$ 的物体上的四维力矢量 $K_\mu=(\boldsymbol{K},\frac{\mathrm{i}}{c}\boldsymbol{K}\cdot\boldsymbol{u})$，则相对论协变的力学方程包括以下两个方程：

$$\begin{cases}\boldsymbol{K}=\dfrac{\mathrm{d}\boldsymbol{p}}{\mathrm{d}\tau} & (8.7.37\mathrm{a})\\[2ex] \boldsymbol{K}\cdot\boldsymbol{u}=\dfrac{\mathrm{d}W}{\mathrm{d}\tau} & (8.7.37\mathrm{b})\end{cases}$$

如果使用参考系时间量度的变化率表示，由 $\mathrm{d}t=\gamma\mathrm{d}\tau$ 可知

$$\begin{cases}\dfrac{\boldsymbol{K}}{\gamma}=\dfrac{\mathrm{d}\boldsymbol{p}}{\mathrm{d}t} & (8.7.38\mathrm{a})\\[2ex] \dfrac{\boldsymbol{K}\cdot\boldsymbol{u}}{\gamma}=\dfrac{\mathrm{d}W}{\mathrm{d}t} & (8.7.38\mathrm{b})\end{cases}$$

其中，$\gamma=\frac{1}{\sqrt{1-v^2/c^2}}$。若定义力为 $\boldsymbol{F}=\boldsymbol{K}/\gamma$，则相对论力学方程可写为

$$\begin{cases}\boldsymbol{F}=\dfrac{\mathrm{d}\boldsymbol{p}}{\mathrm{d}t} & (8.7.39\mathrm{a})\\[2ex] \boldsymbol{F}\cdot\boldsymbol{u}=\dfrac{\mathrm{d}W}{\mathrm{d}t} & (8.7.39\mathrm{b})\end{cases}$$

将相对论理论用于研究带电粒子在电磁场中的运动，可验证电磁场对带电粒子作用力的洛伦兹公式 $\boldsymbol{F}=q(\boldsymbol{E}+\boldsymbol{v}\times\boldsymbol{B})$适用于任意惯性参考系。洛伦兹公式和相对论的动量能量表示式是研究带电粒子在电磁场中运动问题的理论基础。

请构建自己的思维导图。

8.8　带电粒子和电磁场相互作用的思维导图

从微观角度研究带电粒子和电磁场的相互作用，有助于人们认识物质之间的基本相互作用。图 8.8 简要回顾了运动带电粒子的辐射电磁场、辐射的频谱分析和切连科夫辐射。

如图 8.8 红色分支中的示意图所示，以速度$\boldsymbol{v}(t')$运动的电荷在 t'时刻 $\boldsymbol{x}_q(t')$处激发的电磁场，在 t 时刻到达场点 $\boldsymbol{x}$ 处，粒子和场点的距离为

$$r=c(t-t') \tag{8.8.1}$$

在 Σ 系中，由图 8.6 绿色分支可知，推迟势的一般公式为

$$\begin{cases}\varphi(\boldsymbol{x},t)=\displaystyle\int_V\frac{\rho\left(\boldsymbol{x}',t-\dfrac{r}{c}\right)}{4\pi\varepsilon_0 r}\mathrm{d}V' & (8.8.2\mathrm{a})\\[3ex] \boldsymbol{A}(\boldsymbol{x},t)=\displaystyle\int_V\frac{\mu_0\boldsymbol{J}\left(\boldsymbol{x}',t-\dfrac{r}{c}\right)}{4\pi r}\mathrm{d}V' & (8.8.2\mathrm{b})\end{cases}$$

假如选一个在粒子辐射时刻相对静止的参考系 $\tilde{\Sigma}$ 中观测，$(\tilde{\boldsymbol{x}},\tilde{t})$点上势的瞬时值与静止点电荷的势相同，即

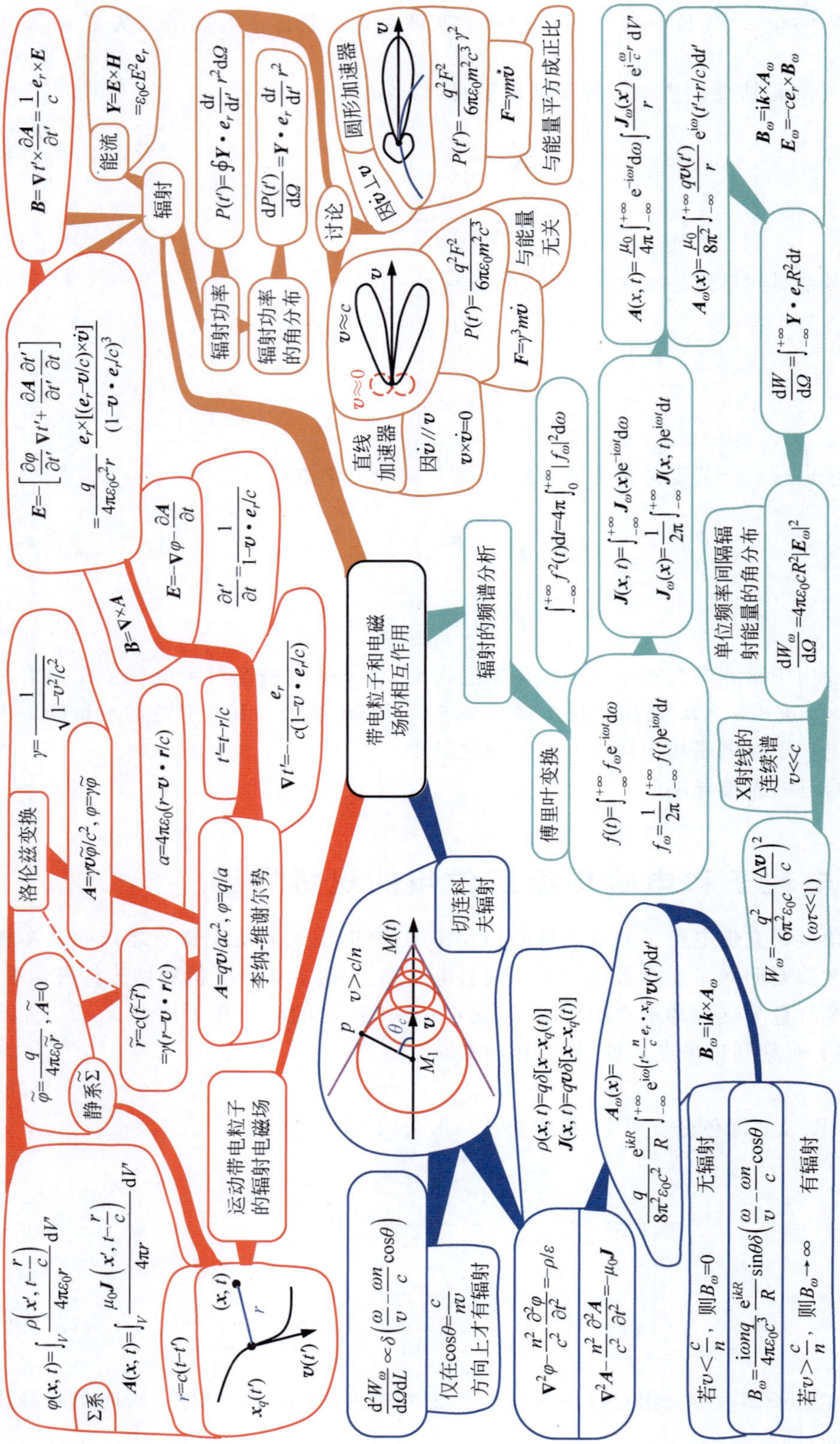

图 8.8 带电粒子和电磁场相互作用的思维导图

$$\begin{cases}\widetilde{\varphi}=\dfrac{q}{4\pi\varepsilon_0\widetilde{r}} & (8.8.3\text{a})\\ \widetilde{\boldsymbol{A}}=0 & (8.8.3\text{b})\end{cases}$$

由洛伦兹变换，令 $\gamma=\dfrac{1}{\sqrt{1-v^2/c^2}}$，可得

$$\widetilde{r}=c(\widetilde{t}-\widetilde{t}')=\gamma(r-\boldsymbol{v}\cdot\boldsymbol{r}/c) \tag{8.8.4}$$

同时可得

$$\begin{cases}\boldsymbol{A}=\gamma\boldsymbol{v}\widetilde{\varphi}/c^2 & (8.8.5\text{a})\\ \varphi=\gamma\widetilde{\varphi} & (8.8.5\text{b})\end{cases}$$

令 $a=4\pi\varepsilon_0(r-\boldsymbol{v}\cdot\boldsymbol{r}/c)$，最终可得李纳-维谢尔(Liénard-Wiechert)势：

$$\begin{cases}\boldsymbol{A}=q\boldsymbol{v}/ac^2 & (8.8.6\text{a})\\ \varphi=q/a & (8.8.6\text{b})\end{cases}$$

由 $t'=t-r/c$ 和 $\boldsymbol{r}=\boldsymbol{x}-\boldsymbol{x}_q(t')$ 可导出

$$\begin{cases}\nabla t'=-\dfrac{\boldsymbol{e}_r}{c(1-\boldsymbol{v}\cdot\boldsymbol{e}_r/c)} & (8.8.7\text{a})\\ \dfrac{\partial t'}{\partial t}=\dfrac{1}{1-\boldsymbol{v}\cdot\boldsymbol{e}_r/c} & (8.8.7\text{b})\end{cases}$$

再把李纳-维谢尔势对时空坐标微分$\left(\text{即 }\boldsymbol{B}=\nabla\times\boldsymbol{A}\text{ 和 }\boldsymbol{E}=-\nabla\varphi-\dfrac{\partial\boldsymbol{A}}{\partial t}\right)$，可得电磁场的电场强度和磁场强度分别为

$$\begin{cases}\boldsymbol{E}=-\left[\dfrac{\partial\varphi}{\partial t'}\nabla t'+\dfrac{\partial\boldsymbol{A}}{\partial t'}\dfrac{\partial t'}{\partial t}\right]=\dfrac{q}{4\pi\varepsilon_0c^2r}\dfrac{\boldsymbol{e}_r\times[(\boldsymbol{e}_r-\boldsymbol{v}/c)\times\dot{\boldsymbol{v}}]}{(1-\boldsymbol{v}\cdot\boldsymbol{e}_r/c)^3} & (8.8.8\text{a})\\ \boldsymbol{B}=\nabla t'\times\dfrac{\partial\boldsymbol{A}}{\partial t'}=\dfrac{1}{c}\boldsymbol{e}_r\times\boldsymbol{E} & (8.8.8\text{b})\end{cases}$$

它们给出了任意运动带电粒子的辐射场。当 $v\ll c$ 时，

$$\begin{cases}\boldsymbol{E}=\dfrac{q\boldsymbol{e}_r\times(\boldsymbol{e}_r\times\dot{\boldsymbol{v}})}{4\pi\varepsilon_0c^2r} & (8.8.9\text{a})\\ \boldsymbol{B}=\dfrac{1}{c}\boldsymbol{e}_r\times\boldsymbol{E} & (8.8.9\text{b})\end{cases}$$

这表明，当低速运动的带电粒子被加速时，会激发电偶极辐射。

在已知任意运动带电粒子的辐射场的公式基础上，可以研究不同运动电荷的辐射。辐射场的能流、辐射功率和辐射功率的角分布分别由下式给出：

$$\boldsymbol{Y}=\boldsymbol{E}\times\boldsymbol{H}=\varepsilon_0cE^2\boldsymbol{e}_r \tag{8.8.10}$$

$$P(t')=\oint\boldsymbol{Y}\cdot\boldsymbol{e}_r\frac{\mathrm{d}t}{\mathrm{d}t'}r^2\mathrm{d}\Omega \tag{8.8.11}$$

$$\frac{\mathrm{d}P(t')}{\mathrm{d}\Omega}=\boldsymbol{Y}\cdot\boldsymbol{e}_r\frac{\mathrm{d}t}{\mathrm{d}t'}r^2 \tag{8.8.12}$$

据此可以讨论直线加速器和圆形加速器中带电粒子的辐射功率，如图8.8中的橘黄色分支所示。在直线加速器中，因为 $\dot{\boldsymbol{v}}/\!/\boldsymbol{v}$，即$\boldsymbol{v}\times\dot{\boldsymbol{v}}=0$，其辐射功率为

$$P(t')=\frac{q^2F^2}{6\pi\varepsilon_0 m^2c^3} \tag{8.8.13}$$

其中，相对论力学方程 $\boldsymbol{F}=\gamma^3 m\dot{\boldsymbol{v}}$，这表明，在一定作用力下，直线运动带电粒子的辐射功率与粒子能量无关。在圆形加速器中，因为 $\dot{\boldsymbol{v}}\perp\boldsymbol{v}$，其辐射功率为

$$P(t')=\frac{q^2F^2}{6\pi\varepsilon_0 m^2c^3}\gamma^2 \tag{8.8.14}$$

其中，相对论力学方程 $\boldsymbol{F}=\gamma m\dot{\boldsymbol{v}}$。这表明，在一定作用力下，当粒子的加速度 $\dot{\boldsymbol{v}}\perp\boldsymbol{v}$ 时，它的辐射功率与粒子能量平方成正比。比较可知，要获取能量较高的粒子一般更适合采用直线型加速器。两种加速器中所产生辐射的辐射角分布如图 8.8 橘黄色分支中的示意图所示。

带电粒子加速时所产生的辐射往往是脉冲形式的。对一个脉冲辐射作频谱分析，可以得到它所包含的各个频率分量，这在实际应用中是一个重要的问题。如图 8.8 中的青色分支所示，傅里叶变换 $f(t)=\int_{-\infty}^{+\infty}f_\omega \mathrm{e}^{-\mathrm{i}\omega t}\mathrm{d}\omega$ 及其逆变换 $f_\omega=\frac{1}{2\pi}\int_{-\infty}^{+\infty}f(t)\mathrm{e}^{\mathrm{i}\omega t}\mathrm{d}t$ 常被用于频谱分析。同时，若某一物理量正比于 $f^2(t)$，则它对 t 的积分可变为 $|f_\omega|^2$ 对 ω 的积分，即

$$\int_{-\infty}^{+\infty}f^2(t)\mathrm{d}t=4\pi\int_0^{+\infty}|f_\omega|^2\mathrm{d}\omega \tag{8.8.15}$$

将傅里叶变换应用到电磁场问题上，可得电流密度用傅里叶积分表示为

$$\boldsymbol{J}(\boldsymbol{x},t)=\int_{-\infty}^{+\infty}\boldsymbol{J}_\omega(\boldsymbol{x})\mathrm{e}^{-\mathrm{i}\omega t}\mathrm{d}\omega \tag{8.8.16}$$

其逆变换式为

$$\boldsymbol{J}_\omega(\boldsymbol{x})=\frac{1}{2\pi}\int_{-\infty}^{+\infty}\boldsymbol{J}(\boldsymbol{x},t)\mathrm{e}^{\mathrm{i}\omega t}\mathrm{d}t \tag{8.8.17}$$

那么，矢势的傅里叶积分为

$$\boldsymbol{A}(\boldsymbol{x},t)=\frac{\mu_0}{4\pi}\int_{-\infty}^{+\infty}\mathrm{e}^{-\mathrm{i}\omega t}\mathrm{d}\omega\int\frac{\boldsymbol{J}_\omega(\boldsymbol{x}')}{r}\mathrm{e}^{\mathrm{i}\frac{\omega}{c}r}\mathrm{d}V' \tag{8.8.18}$$

相应的逆变换式为

$$\boldsymbol{A}_\omega(\boldsymbol{x})=\frac{\mu_0}{8\pi^2}\int_{-\infty}^{+\infty}\frac{q\boldsymbol{v}(t')}{r}\mathrm{e}^{\mathrm{i}\omega(t'+r/c)}\mathrm{d}t' \tag{8.8.19}$$

辐射电磁场的 ω 分量由 $\boldsymbol{B}_\omega=\mathrm{i}\boldsymbol{k}\times\boldsymbol{A}_\omega$ 和 $\boldsymbol{E}_\omega=-c\boldsymbol{e}_r\times\boldsymbol{B}_\omega$ 给出。若对辐射能量作频谱分析，可知辐射能量的角分布为

$$\frac{\mathrm{d}W}{\mathrm{d}\Omega}=\int_{-\infty}^{+\infty}\boldsymbol{Y}\cdot\boldsymbol{e}_rR^2\mathrm{d}t \tag{8.8.20}$$

角频率为 ω 的单位频率间隔辐射能量的角分布为

$$\frac{\mathrm{d}W_\omega}{\mathrm{d}\Omega}=4\pi\varepsilon_0 cR^2|\boldsymbol{E}_\omega|^2 \tag{8.8.21}$$

对 $\mathrm{d}\Omega$ 积分即得单位频率间隔辐射能量为

$$W_\omega=4\pi\varepsilon_0 c\oint|\boldsymbol{E}_\omega|^2R^2\mathrm{d}\Omega \tag{8.8.22}$$

以上理论可用于计算 X 射线的连续谱。当入射电子速度 $v\ll c$ 时，所产生的辐射能量为

$$\begin{cases} W_\omega = \dfrac{q^2}{6\pi^2\varepsilon_0 c}\left(\dfrac{\Delta \boldsymbol{v}}{c}\right)^2, \quad \omega\tau \ll 1 & (8.8.23\text{a}) \\ W_\omega \approx 0, \quad \omega\tau \gg 1 & (8.8.23\text{b}) \end{cases}$$

利用上式可以解释入射电子能量增大(即 $\Delta\boldsymbol{v}$ 增大)时,辐射也增强的现象。

当带电粒子在介质内运动时,介质内会产生诱导电流,这些诱导电流会激发次波。当带电粒子的速度超过介质内的光速时(即 $v>c/n$),这些次波与运动电荷的电磁场相互干涉,可形成辐射电磁场。这种辐射称为切连科夫辐射,其相应的物理机制如图 8.8 蓝色分支中的示意图所示。当介质的折射率 n 为常数时,介质内的标势和矢势方程为

$$\begin{cases} \nabla^2\varphi - \dfrac{n^2}{c^2}\dfrac{\partial^2\varphi}{\partial t^2} = -\rho/\varepsilon & (8.8.24\text{a}) \\ \nabla^2\boldsymbol{A} - \dfrac{n^2}{c^2}\dfrac{\partial^2\boldsymbol{A}}{\partial t^2} = -\mu_0\boldsymbol{J} & (8.8.24\text{b}) \end{cases}$$

式中,ρ 和 $\boldsymbol{J}$ 分别为运动带电粒子的电荷密度和电流密度。设粒子以 $\boldsymbol{v}$ 匀速做直线运动,其位矢为

$$\boldsymbol{x} = \boldsymbol{x}_q(t) = \boldsymbol{v}t \tag{8.8.25}$$

它的电荷密度和电流密度分别为

$$\begin{cases} \rho(\boldsymbol{x},t) = q\delta[\boldsymbol{x} - \boldsymbol{x}_q(t)] & (8.8.26\text{a}) \\ \boldsymbol{J}(\boldsymbol{x},t) = q\,\boldsymbol{v}\,\delta[\boldsymbol{x} - \boldsymbol{x}_q(t)] & (8.8.26\text{b}) \end{cases}$$

使用频谱分析方法求解,可得介质中推迟势的傅里叶变换:

$$\boldsymbol{A}_\omega(\boldsymbol{x}) = \frac{q}{8\pi^2\varepsilon_0 c^2}\frac{\mathrm{e}^{\mathrm{i}kR}}{R}\int_{-\infty}^{+\infty}\mathrm{e}^{\mathrm{i}\omega\left(t' - \frac{n}{c}\boldsymbol{e}_r\cdot\boldsymbol{x}_q\right)}\boldsymbol{v}(t')\mathrm{d}t' \tag{8.8.27}$$

由 $\boldsymbol{B}_\omega = \mathrm{i}\boldsymbol{k}\times\boldsymbol{A}_\omega$,可导出 $\boldsymbol{B}_\omega$ 的量值为

$$B_\omega = \frac{\mathrm{i}\omega n q}{4\pi\varepsilon_0 c^3}\frac{\mathrm{e}^{\mathrm{i}kR}}{R}\sin\theta\delta\left(\frac{\omega}{v} - \frac{\omega n}{c}\cos\theta\right) \tag{8.8.28}$$

由 δ 函数的性质(若 $\cos\theta \neq \dfrac{c}{nv}$,则 $B_\omega = 0$)可知:若 $v < \dfrac{c}{n}$,$\cos\theta < \dfrac{c}{nv}$,则 $B_\omega = 0$,因此在这种情形下无辐射;若 $v > \dfrac{c}{n}$,在 $\cos\theta = \dfrac{c}{nv}$ 方向上,则 $B_\omega \to \infty$,此时有辐射。进一步可以证明,粒子走过单位路程时的单位频率间隔辐射能量角分布正比于 $\delta\left(\dfrac{\omega}{v} - \dfrac{\omega n}{c}\cos\theta\right)$,即

$$\frac{\mathrm{d}^2 W_\omega}{\mathrm{d}\Omega\,\mathrm{d}L} \propto \delta\left(\frac{\omega}{v} - \frac{\omega n}{c}\cos\theta\right) \tag{8.8.29}$$

这说明仅在 $\cos\theta = \dfrac{c}{nv}$ 方向上才有辐射。

由于经典宏观电动力学应用到微观领域存在局限性,如要正确反映微观世界中带电粒子的运动规律,需要在量子力学中把电磁场的麦克斯韦方程组量子化后,发展为量子电动力学,才能得到更深的认识。

请构建自己的思维导图。

第9章 量子力学的思维导图范例

9.1 量子力学绪论的思维导图

量子力学是反映微观粒子(如电子、原子、原子核、分子、基本粒子等)的运动规律及其性质的理论,它是现代物理学的理论基础之一。图 9.1 给出了量子力学绪论的思维导图。它将从量子力学的实验基础、逻辑框架和作用等三个方面展开。

物理学是以实验为基础的学科,量子力学的诞生和发展也离不开其实验基础。如图 9.1 中的橘黄色分支所示,这些实验都与微观粒子的波粒二象性有着千丝万缕的联系。由于经典物理理论无法解释诸如黑体辐射、光电效应、固体在低温下的热容等新的物理现象,因此人们呼唤新思想的出现。普朗克假设电磁辐射的能量交换是量子化的,导出了普朗克黑体辐射公式:

$$E(\nu,T)\mathrm{d}\nu=\frac{8\pi h\nu^3}{c^3}/(\mathrm{e}^{h\nu/kT}-1)\mathrm{d}\nu$$

(见图 7.9)。为了解释光电效应,爱因斯坦在普朗克能量子假说的基础上提出光子假说,运用光电效应方程 $\frac{1}{2}mv_m^2=h\nu-W_0$,完美解释了光电效应(见图 5.2)。爱因斯坦将固体中的一个原子看作三个独立的一维量子谐振子,每一个谐振子的能量为 $\varepsilon_n=\left(n+\frac{1}{2}\right)\hbar\omega$,运用玻耳兹曼统计解释了固体热容随温度降低而趋于零的实验现象(见图 7.8)。康普顿散射 $\left(\lambda'-\lambda=\frac{2h}{m_0c}\sin^2\frac{\theta}{2}\right)$ 实验进一步证实了光具有粒子性(见图 5.6)。德布罗意在光的波粒二象性的启示下,假设微观粒子也应具有波粒二象性($E=h\nu$,$p=h/\lambda$ 或 $\omega=E/\hbar$,$\boldsymbol{k}=\boldsymbol{p}/\hbar$),开启了建立量子力学的大门。电子双缝干涉($d\sin\theta=k\lambda$)实验和晶体衍射($2a\sin\theta=n\lambda=nh/p$)实验验证了德布罗意波的存在(见图 5.3)。薛定谔为德布罗意波构建了波动方程(薛定谔方程),海森伯运用矩阵,狄拉克运用算符表述为构建量子力学大厦做出了杰出的贡献。在量子力学中,粒子不再有分别被很好定义的、能被同时观测的位置和动量,取而代之的是位置和动量的结合物的量子态。

如图 9.1 中的绿色分支所示,微观粒子的波粒二象性决定了物质的微观结构和运动规律呈现出三大特征:物质波是一种概率波,只能用概率幅 $\psi(\boldsymbol{r},t)$ 进行描述;微观粒子的能量不连续(量子化现象),即 $E_n=E_1,E_2,\cdots$,这为解释元素的线光谱($h\nu=E_n-E_m$)提供了

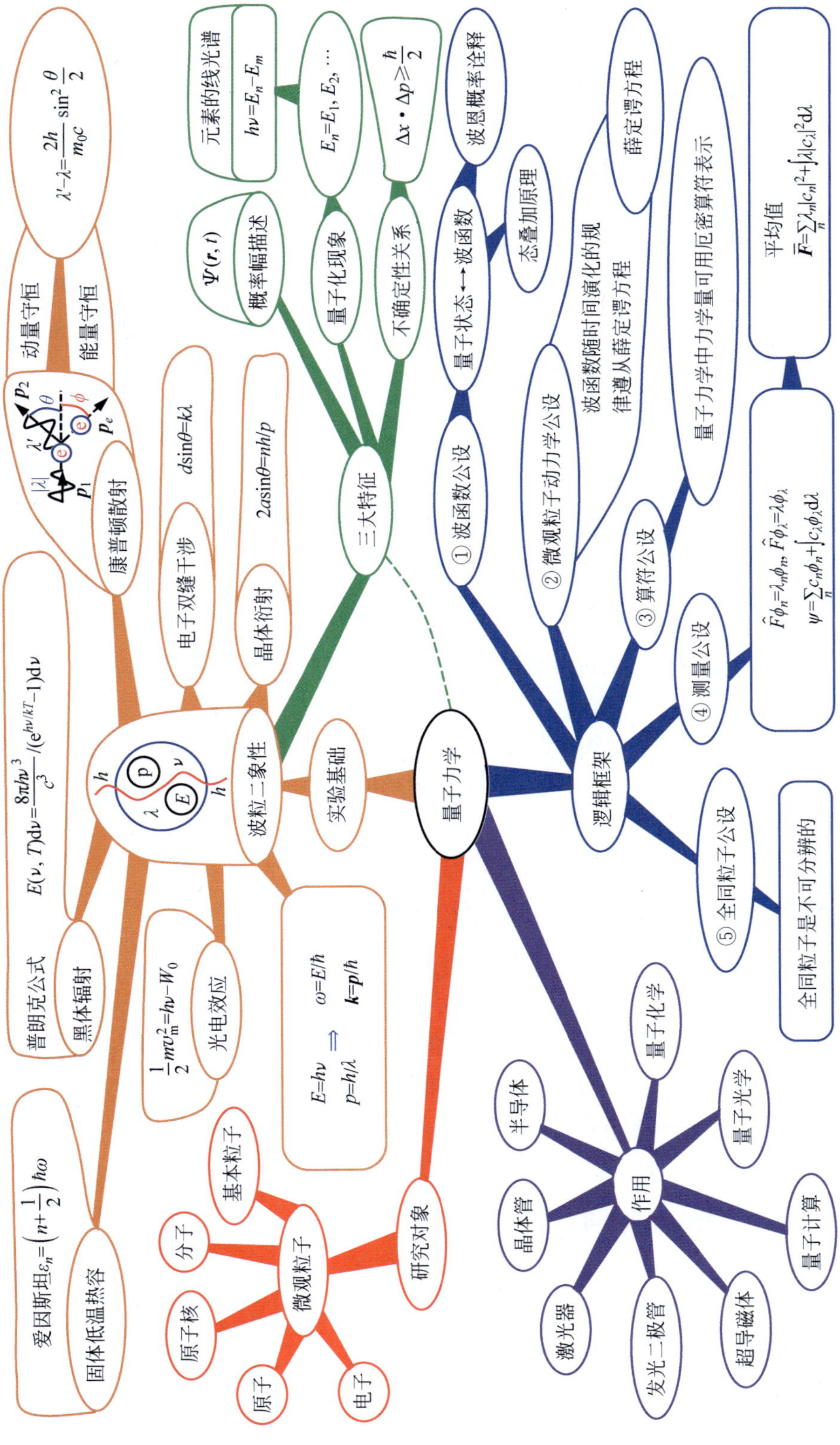

图 9.1　量子力学结论的思维导图

新途径(见图 5.2);微观粒子的一对共轭物理量,要遵循不确定性关系,如 $\Delta x \cdot \Delta p \geqslant \frac{\hbar}{2}$,这表明,粒子在客观上不能同时具有确定的坐标位置及相应的动量。

图 9.1 中的蓝色分支给出了量子力学的逻辑框架,它包括五大公设:①波函数公设;②微观粒子动力学公设;③算符公设;④测量公设;⑤全同粒子公设。波函数公设认为,微观体系的量子状态可被一个波函数 $\Psi(\boldsymbol{r},t)$完全描述,从这个波函数可以得到体系的所有性质。波函数的模方代表粒子的概率密度(波恩概率诠释),波函数满足归一化条件。量子态满足态叠加原理,当 $\Psi_1,\Psi_2,\cdots,\Psi_n,\cdots$是体系的可能状态时,它们的线性叠加 Ψ 也是体系的一个可能状态。微观粒子动力学公设认为微观体系的波函数随时间演化的规律遵从薛定谔方程。算符公设认为量子力学中可测量的力学量 A 都可用相应的线性厄密算符 $\hat{A}$ 来表示。测量公设认为将体系的状态波函数 $\psi(x)$用算符 $\hat{F}$ 的本征函数($\hat{F}\phi_n=\lambda_n\phi_n$,$\hat{F}\phi_\lambda=\lambda\phi_\lambda$)展开,即

$$\psi=\sum_n c_n\phi_n+\int c_\lambda\phi_\lambda\,\mathrm{d}\lambda \tag{9.1.1}$$

则在ψ 态中测量力学量 F 得到结果为λ_n 的概率是$|c_n|^2$,得到结果在 $\lambda\to\lambda+\mathrm{d}\lambda$ 范围内的概率是$|c_\lambda|^2$,测量结果为 F 的平均值,即

$$\bar{F}=\sum_n\lambda_n|c_n|^2+\int\lambda|c_\lambda|^2\mathrm{d}\lambda \tag{9.1.2}$$

全同粒子公设认为,全同粒子是不可分辨的,即在全同粒子所组成的体系中,两全同粒子相互调换不改变体系的状态。

量子力学在许多领域发挥着至关重要的作用。譬如,半导体、晶体管、激光器、发光二极管、超导磁体、量子计算、量子光学、量子化学等领域的研究都离不开量子力学。

请构建自己的思维导图。

9.2 波函数和薛定谔方程的思维导图

图 9.2 给出了波函数和薛定谔方程的思维导图。本节结合图 9.2,简要介绍构建薛定谔方程的过程、波函数的性质、求解定态薛定谔方程的步骤及其应用。

如图 9.2 中的红色和橘黄色分支所示,构建薛定谔方程的过程是,首先构建出已知波函数的自由粒子要满足的薛定谔方程,然后再把它推广到一般情形中去。自由粒子可用平面波函数描述(自由粒子⇔平面波函数),即

$$\Psi(\boldsymbol{r},t)=A\exp\left[\frac{\mathrm{i}}{\hbar}(\boldsymbol{p}\cdot\boldsymbol{r}-Et)\right] \tag{9.2.1}$$

如果将波函数对时间 t 求偏微商,可得

$$\mathrm{i}\hbar\frac{\partial}{\partial t}\Psi=E\Psi \tag{9.2.2}$$

如使用算符$-\frac{\hbar^2}{2\mu}\nabla^2$作用在波函数上,可得

$$-\frac{\hbar^2}{2\mu}\nabla^2\Psi=\frac{p^2}{2\mu}\Psi \tag{9.2.3}$$

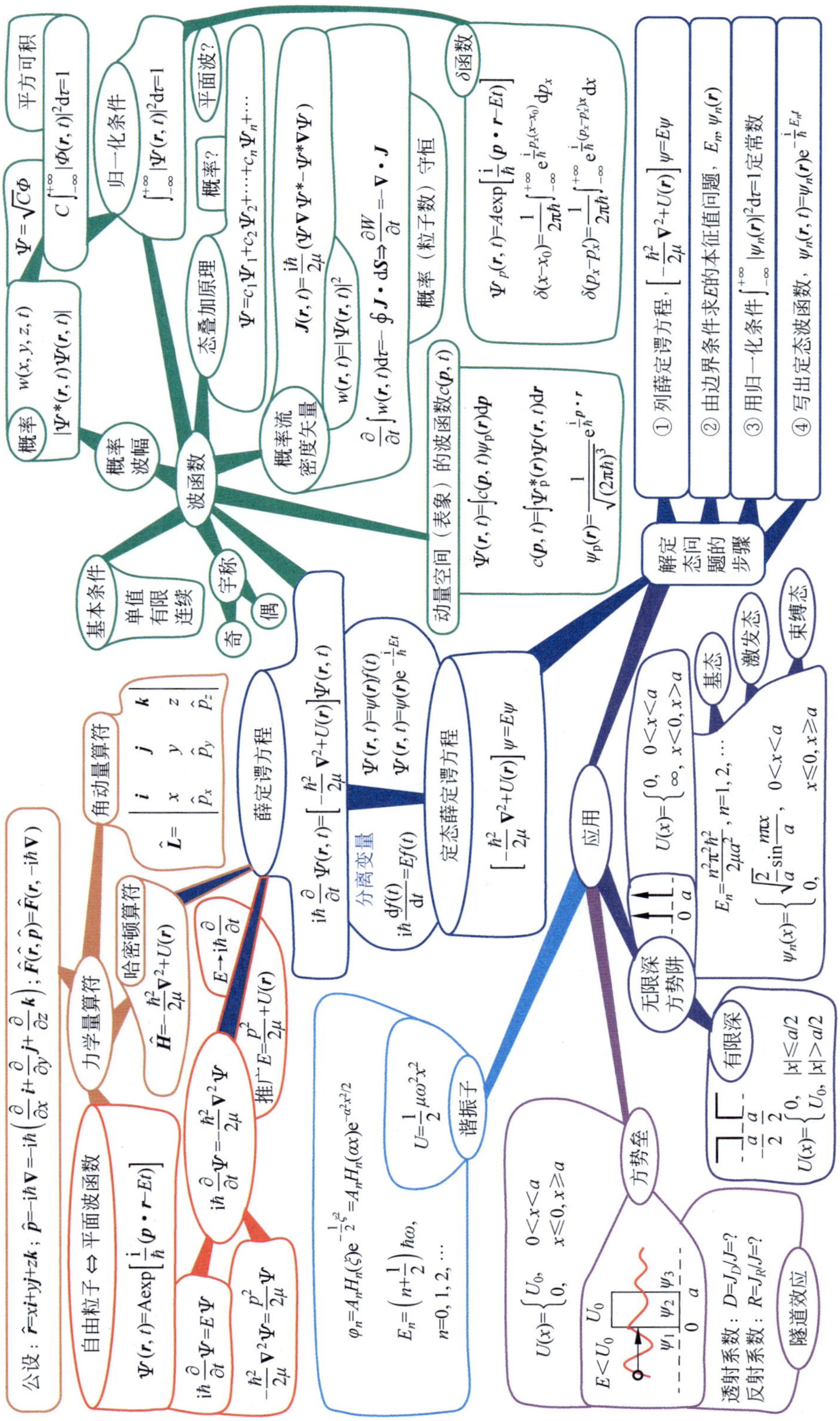

图 9.2　波函数和薛定谔方程的思维导图

再利用自由粒子的能量和动量的关系式 $E=\frac{p^2}{2\mu}$,可得自由粒子波函数所满足的微分方程：

$$\mathrm{i}\hbar\frac{\partial}{\partial t}\Psi=-\frac{\hbar^2}{2\mu}\nabla^2\Psi \tag{9.2.4}$$

由力学量的算符公设可知,位矢算符为

$$\hat{\boldsymbol{r}}=x\boldsymbol{i}+y\boldsymbol{j}+z\boldsymbol{k} \tag{9.2.5}$$

动量算符为

$$\hat{\boldsymbol{p}}=-\mathrm{i}\hbar\nabla=-\mathrm{i}\hbar\left(\frac{\partial}{\partial x}\boldsymbol{i}+\frac{\partial}{\partial y}\boldsymbol{j}+\frac{\partial}{\partial z}\boldsymbol{k}\right) \tag{9.2.6}$$

某一力学量算符为

$$\hat{F}(\hat{\boldsymbol{r}},\hat{\boldsymbol{p}})=\hat{F}(\boldsymbol{r},-\mathrm{i}\hbar\nabla) \tag{9.2.7}$$

角动量算符为

$$\hat{\boldsymbol{L}}=\begin{vmatrix}\boldsymbol{i} & \boldsymbol{j} & \boldsymbol{k}\\ x & y & z\\ \hat{p}_x & \hat{p}_y & \hat{p}_z\end{vmatrix} \tag{9.2.8}$$

能量算符为

$$E\rightarrow\mathrm{i}\hbar\frac{\partial}{\partial t} \tag{9.2.9}$$

设粒子在力场中的势能为 $U(\boldsymbol{r})$,则粒子的能量和动量的关系变为

$$E=\frac{p^2}{2\mu}+U(\boldsymbol{r}) \tag{9.2.10}$$

上式两边同时乘以波函数 $\Psi(\boldsymbol{r},t)$,分别使用 $\mathrm{i}\hbar\frac{\partial}{\partial t}$ 和哈密顿算符 $\hat{H}=-\frac{\hbar^2}{2\mu}\nabla^2+U(\boldsymbol{r})$ 替代方程两边的 E 和 $\frac{p^2}{2\mu}+U(\boldsymbol{r})$,便得到薛定谔方程：

$$\mathrm{i}\hbar\frac{\partial}{\partial t}\Psi(\boldsymbol{r},t)=\left[-\frac{\hbar^2}{2\mu}\nabla^2+U(\boldsymbol{r})\right]\Psi(\boldsymbol{r},t) \tag{9.2.11}$$

如图 9.2 中的绿色分支所示,量子力学中用波函数描述微观体系的状态。正如 5.3 节提到的,波函数的概率波幅属性要求波函数应满足三个基本条件：单值、有限、连续。具有空间反演对称势场的微观体系的波函数还要考虑其宇称的奇偶性。描述微观体系运动状态的波函数和经典的波函数有本质区别,它不代表实际物理量的传播,而是概率波,也称为概率波幅。波函数在空间中某一点的强度和在该点找到粒子的概率(概率密度 $w(x,y,z,t)=|\Psi^*(\boldsymbol{r},t)\Psi(\boldsymbol{r},t)|$)成正比。令 $\Psi=\sqrt{C}\Phi$,若 $C\int_{-\infty}^{+\infty}|\Phi(\boldsymbol{r},t)|^2\mathrm{d}\tau=1$,则称 Φ 是平方可积的。$\int_{-\infty}^{+\infty}|\Psi(\boldsymbol{r},t)|^2\mathrm{d}\tau=1$ 称为归一化条件,$\Psi(\boldsymbol{r},t)$ 称为归一化波函数,将 Φ 换成 Ψ 的过程称为归一化。显然,自由粒子的平面波函数 $\Psi_p(\boldsymbol{r},t)=A\exp\left[\frac{\mathrm{i}}{\hbar}(\boldsymbol{p}\cdot\boldsymbol{r}-Et)\right]$ 不满足以上归一化条件。要将其归一化需要引入 δ 函数,对于一维情况有

$$\begin{cases}\delta(x-x_0)=\dfrac{1}{2\pi\hbar}\displaystyle\int_{-\infty}^{+\infty}e^{\frac{i}{\hbar}p_x(x-x_0)}dp_x & (9.2.12a)\\ \delta(p_x-p'_x)=\dfrac{1}{2\pi\hbar}\displaystyle\int_{-\infty}^{+\infty}e^{\frac{i}{\hbar}(p_x-p'_x)x}dx & (9.2.12b)\end{cases}$$

除了波函数的统计解释，微观粒子的波粒二象性还通过量子力学中关于状态的一个基本原理——态叠加原理表现出来。当 $\Psi_1,\Psi_2,\cdots,\Psi_n,\cdots$是体系的可能状态时，它们的线性叠加 $\Psi(\Psi=c_1\Psi_1+c_2\Psi_2+\cdots+c_n\Psi_n+\cdots)$也是体系的一个可能状态。利用这个原理可以解释粒子的双缝衍射实验和电子的晶体表面衍射等大量实验现象。粒子在一定区域内出现的概率如何随时间变化呢？定义概率流密度矢量 $\boldsymbol{J}(\boldsymbol{r},t)=\dfrac{i\hbar}{2\mu}(\Psi\nabla\Psi^*-\Psi^*\nabla\Psi)$和概率密度 $w(\boldsymbol{r},t)=|\Psi(\boldsymbol{r},t)|^2$，可证明

$$\frac{\partial}{\partial t}\int w(\boldsymbol{r},t)d\tau=-\oint\boldsymbol{J}\cdot d\boldsymbol{S} \tag{9.2.13}$$

其微分表达式为

$$\frac{\partial w}{\partial t}=-\nabla\cdot\boldsymbol{J} \tag{9.2.14}$$

这就是概率(粒子数)守恒定律。另外，描述同一个微观体系的波函数的形式也会因描述表象的不同而有所不同。如在坐标表象中的波函数 $\Psi(\boldsymbol{r},t)$，它在动量空间(表象)的波函数为 $c(\boldsymbol{p},t)$。它们之间的关系互为傅里叶变换，即

$$\begin{cases}\Psi(\boldsymbol{r},t)=\displaystyle\int c(\boldsymbol{p},t)\,\psi_p(\boldsymbol{r})d\boldsymbol{p} & (9.2.15a)\\ c(\boldsymbol{p},t)=\displaystyle\int\psi_p^*(\boldsymbol{r})\Psi(\boldsymbol{r},t)d\boldsymbol{r} & (9.2.15b)\end{cases}$$

其中，$\psi_p(\boldsymbol{r})=\dfrac{1}{\sqrt{(2\pi\hbar)^3}}e^{\frac{i}{\hbar}\boldsymbol{p}\cdot\boldsymbol{r}}$ 为动量的本征函数(这一部分内容还将会在 9.4 节中讲到)。

如图 9.2 中的蓝色分支所示，倘若 $U(\boldsymbol{r})$与时间无关，使用分离变量法可简化薛定谔方程的解。令 $\Psi(\boldsymbol{r},t)=\psi(\boldsymbol{r})f(t)$，将其代入薛定谔方程后分离变量可得两个微分方程：第一个方程为

$$i\hbar\frac{df(t)}{dt}=Ef(t) \tag{9.2.16}$$

其解为 $f(t)=Ce^{-\frac{i}{\hbar}Et}$，可得

$$\Psi(\boldsymbol{r},t)=\psi(\boldsymbol{r})e^{-\frac{i}{\hbar}Et} \tag{9.2.17}$$

第二个为定态薛定谔方程，其表达式为

$$\left[-\frac{\hbar^2}{2\mu}\nabla^2+U(\boldsymbol{r})\right]\psi=E\psi \tag{9.2.18}$$

如何解定态问题呢？解定态问题的步骤如下：①列出定态薛定谔方程，即写出式(9.2.18)②由边界条件求 E 的本征值问题，得到能量本征值 E_n 及其本征函数$\psi_n(\boldsymbol{r})$；③运用归一化条件$\int_{-\infty}^{+\infty}|\psi_n(\boldsymbol{r})|^2d\tau=1$ 确定常数；④写出定态波函数，即

$$\Psi_n(\boldsymbol{r},t)=\psi_n(\boldsymbol{r})\mathrm{e}^{-\frac{\mathrm{i}}{\hbar}E_n t} \tag{9.2.19}$$

应用薛定谔方程能够解析求解的力学体系很少。在此仅简要介绍四个简单的力学体系在量子力学描述中的“言行举止”：一维无限深方势阱中的粒子、一维有限深方势阱中的粒子、贯穿一维方势垒的粒子和一维量子谐振子。如图 9.2 中的紫色分支所示，对于一维无限深方势阱中的粒子来说，倘若其势能为

$$U(x)=\begin{cases}0, & 0<x<a \\ \infty, & x<0, x>a\end{cases} \tag{9.2.20}$$

则粒子的能量为

$$E_n=\frac{n^2\pi^2\hbar^2}{2\mu a^2}, \quad n=1,2,\cdots \tag{9.2.21}$$

对应的波函数为

$$\psi_n(x)=\begin{cases}\sqrt{\dfrac{2}{a}}\sin\dfrac{n\pi x}{a}, & 0<x<a \\ 0, & x\leqslant 0, x\geqslant a\end{cases} \tag{9.2.22}$$

显然，其能量出现量子化，体系能量最低的态称为基态，其他能量较高的态称为激发态。通常把无限远处为零的波函数所描写的状态称为束缚态。无限深方势阱中的粒子始终处于束缚态中。同样，还可深入讨论一维有限深方势阱中粒子的量子行为。

如图 9.2 玫红色分支中的示意图所示，能量小于势垒高度($E<U_0$)的粒子，在经典物理理论中是绝不会翻越势垒的。但是在量子力学的世界里，通过求解定态薛定谔方程，计算透射系数 D($D=J_D/J=?$)和反射系数 R($R=J_R/J=?$)，可以发现量子力学中的隧道效应。粒子在能量小于势垒高度时仍能贯穿势垒的现象，称为隧道效应。当 $k_3a\gg 1$($k_3=\sqrt{2\mu(U_0-E)}/\hbar$)时，透射系数为

$$D=D_0\mathrm{e}^{-\frac{2}{\hbar}\sqrt{2\mu(U_0-E)}\,a} \tag{9.2.23}$$

如果将其推广到任意形状的势垒 $U(x)$，透射系数变为

$$D=D_0\mathrm{e}^{-\frac{2}{\hbar}\int_a^b\sqrt{2\mu[U(x)-E]}\,\mathrm{d}x} \tag{9.2.24}$$

如图 9.2 中的浅蓝色分支所示，对于一维量子谐振子来说，其势能为 $U=\dfrac{1}{2}\mu\omega^2x^2$。将其代入定态薛定谔方程求解，可得其能量本征值为

$$E_n=\left(n+\frac{1}{2}\right)\hbar\omega, \quad n=0,1,2,\cdots \tag{9.2.25}$$

相应的本征函数为

$$\psi_n=A_nH_n(\xi)\mathrm{e}^{-\frac{1}{2}\xi^2}=A_nH_n(\alpha x)\mathrm{e}^{-\alpha^2x^2/2} \tag{9.2.26}$$

其中，$\alpha=\sqrt{\mu\omega/\hbar}$；$H_n(\xi)$称为厄密多项式，它可以用下列式子表示：

$$H_n(\xi)=(-1)^n\mathrm{e}^{\xi^2}\frac{\mathrm{d}^n}{\mathrm{d}\xi^n}\mathrm{e}^{-\xi^2} \tag{9.2.27}$$

请构建自己的思维导图。

9.3　量子力学中的力学量的思维导图

图 9.3 给出了量子力学中的力学量的思维导图。本节将简要介绍算符公设、算符的构造方法、运算规则、厄密算符的性质和几个具体的表示力学量的算符（动量算符、角动量算符和氢原子的哈密顿算符）。

算符公设认为，量子力学中可测量的力学量 F 都可用相应的线性厄密算符 $\hat{F}$ 来表示。什么是厄密算符？如图 9.3 中的红色分支所示，这要从量子力学中算符的构造方法和算符的运算规则说起。算符是指作用在一个函数上得到另一个函数的运算符号，如 $\hat{A}u=v$。如果量子力学中的力学量 F 在经典力学中有相应的力学量与之对应，则将经典表达式 $F(\boldsymbol{r},\boldsymbol{p})$中的 $\boldsymbol{p}$ 换为算符 $\hat{\boldsymbol{p}}=-\mathrm{i}\hbar\nabla$，即可构造出表示这个力学量的算符 $\hat{F}$，即

$$\hat{F}(\hat{\boldsymbol{r}},\hat{\boldsymbol{p}})=\hat{F}(\boldsymbol{r},-\mathrm{i}\hbar\nabla) \tag{9.3.1}$$

算符的运算规则包括相等、和、积、转置、逆、共轭、对易和升降算符等运算及其规则，读者可自己绘制相关思维导图回顾相关细节，在此不再赘述。

如图 9.3 中的橘黄色分支所示，要判定一个算符是否为厄密算符，需要使用波函数标积的定义：

$$(\psi,\phi)=\int\psi^{*}\phi\mathrm{d}\tau \tag{9.3.2}$$

倘若对于两个任意的函数ψ 和ϕ，算符满足下列等式：

$$(\psi,\hat{F}\phi)=(\hat{F}\psi,\phi) \tag{9.3.3}$$

其中，$(\psi,\hat{F}\phi)=\int\psi^{*}\hat{F}\phi\mathrm{d}\tau$，$(\hat{F}\psi,\phi)=\int(\hat{F}\psi)^{*}\phi\mathrm{d}\tau$，则称 $\hat{F}$ 为厄密算符。如使用矩阵描述厄密算符，则其厄密共轭就相当于将矩阵转置后再对每个元素取复共轭。假如 $\hat{F}$ 的本征值方程为

$$\hat{F}\phi_n=\lambda_n\phi_n \tag{9.3.4}$$

$\hat{F}$ 为厄密算符，则可证明 λ_n 必为实数。证明过程如下：假设$\psi=\phi=\phi_n$，则由厄密算符的定义，可证明

$$(\phi_n,\hat{F}\phi_n)=(\hat{F}\phi_n,\phi_n) \tag{9.3.5}$$

即

$$\lambda_n\int\phi_n^{*}\phi_n\mathrm{d}\tau=\lambda_n^{*}\int\phi_n^{*}\phi_n\mathrm{d}\tau \tag{9.3.6}$$

因此 $\lambda_n=\lambda_n^{*}$，说明 λ_n 必为实数。

如图 9.3 中的玫红色分支所示，两个算符的对易关系定义为

$$[\hat{A},\hat{B}]\equiv\hat{A}\hat{B}-\hat{B}\hat{A} \tag{9.3.7}$$

若$[\hat{A},\hat{B}]=0$，则称两算符对易。此时，可证明 $\hat{A}$ 和 $\hat{B}$ 有组成完全系的共同本征态，其逆定理也成立。例如，$[\hat{L}^2,\hat{L}_z]=0$，$\hat{L}^2$ 和 $\hat{L}_z$ 有共同本征态 $Y_{lm}(\theta,\varphi)$。若$[\hat{F},\hat{G}]=\mathrm{i}\hat{k}$，则称两算

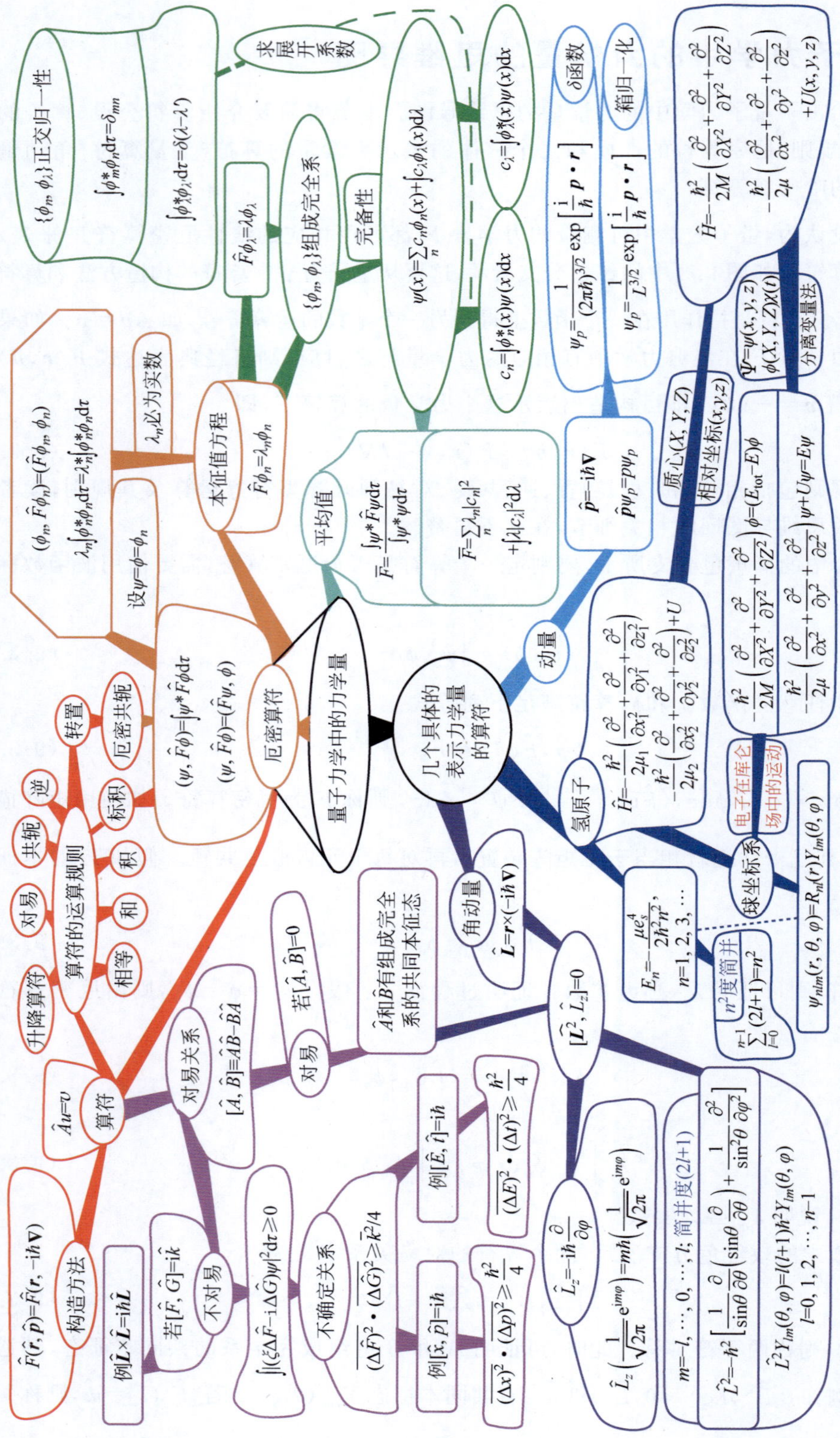

图 9.3 量子力学中的力学量的思维导图

符不对易。又如,$\hat{\boldsymbol{L}}\times\hat{\boldsymbol{L}}=\mathrm{i}\hbar\hat{\boldsymbol{L}}$ 代表$[\hat{L}_x,\hat{L}_y]=\mathrm{i}\hbar\hat{L}_z$,$[\hat{L}_y,\hat{L}_z]=\mathrm{i}\hbar\hat{L}_x$,$[\hat{L}_z,\hat{L}_x]=\mathrm{i}\hbar\hat{L}_y$。考查 $I(\xi)=\int|(\xi\Delta\hat{F}-\mathrm{i}\Delta\hat{G})\psi|^2\mathrm{d}\tau\geqslant 0$ 成立的条件,可导出不确定关系:

$$\overline{(\Delta\hat{F})^2}\cdot\overline{(\Delta\hat{G})^2}\geqslant\bar{k}^2/4 \tag{9.3.8}$$

两个不确定关系的典型例子分别为

$$\begin{cases}[\hat{x},\hat{p}]=\mathrm{i}\hbar & (9.3.9\mathrm{a})\\ \overline{(\Delta x)^2}\cdot\overline{(\Delta p)^2}\geqslant\dfrac{\hbar^2}{4} & (9.3.9\mathrm{b})\end{cases}$$

$$\begin{cases}[\hat{E},\hat{t}]=\mathrm{i}\hbar & (9.3.10\mathrm{a})\\ \overline{(\Delta E)^2}\cdot\overline{(\Delta t)^2}\geqslant\dfrac{\hbar^2}{4} & (9.3.10\mathrm{b})\end{cases}$$

取平方根后简记为 $\Delta x\cdot\Delta p\geqslant\hbar/2$ 和 $\Delta E\cdot\Delta t\geqslant\hbar/2$。在此运用量子力学严格导出了 5.3 节原子物理学使用的不确定关系。

如图 9.3 中的绿色分支所示,量子力学中假定力学量与算符的关系为量子力学中表示力学量的算符都是厄密算符,它们的本征函数组成完全系。如 $\hat{F}\phi_n=\lambda_n\phi_n$(部分本征值 λ_n 组成分立谱),$\hat{F}\phi_\lambda=\lambda\phi_\lambda$(部分本征值 λ 组成连续谱),则 $\hat{F}$ 的全部本征函数$\{\phi_n,\phi_\lambda\}$组成完全系。任一函数$\psi(\boldsymbol{x})$可由完全系展开,即

$$\psi(x)=\sum_n c_n\phi_n(x)+\int c_\lambda\phi_\lambda(x)\mathrm{d}\lambda\text{(完备性)} \tag{9.3.11}$$

利用本征函数$\{\phi_n,\phi_\lambda\}$的正交归一性:$\int\phi_m^*\phi_n\mathrm{d}\tau=\delta_{mn}$,$\int\phi_\lambda^*\phi_{\lambda'}\mathrm{d}\tau=\delta(\lambda-\lambda')$,求展开系数得

$$\begin{cases}c_n=\int\phi_n^*(x)\psi(x)\mathrm{d}x & (9.3.12\mathrm{a})\\ c_\lambda=\int\phi_\lambda^*(x)\psi(x)\mathrm{d}x & (9.3.12\mathrm{b})\end{cases}$$

当体系处于波函数$\psi(x)$所描述的状态时,测量力学量 F 所得的数值,必定是算符 $\hat{F}$ 的本征值之一。$|c_n|^2$ 代表在$\psi(x)$态中测量 F 得到 λ_n 的概率,$|c_\lambda|^2\mathrm{d}\lambda$ 则代表所得结果在 $\lambda\sim\lambda+\mathrm{d}\lambda$ 范围内的概率。如图 9.3 中的青色分支所示,按照由概率分布求平均值的一般法则:

$$\bar{F}=\frac{\int\psi^*\hat{F}\psi\,\mathrm{d}\tau}{\int\psi^*\psi\,\mathrm{d}\tau} \tag{9.3.13}$$

可求得力学量 F 在ψ 态中的平均值的表达式为

$$\bar{F}=\sum_n\lambda_n|c_n|^2+\int\lambda|c_\lambda|^2\mathrm{d}\lambda \tag{9.3.14}$$

下面研究几个具体的表示力学量的算符:动量算符、角动量算符和描述氢原子用到的哈密顿算符。

首先,如图 9.3 中的浅蓝色分支所示,动量算符 $\hat{\boldsymbol{p}}=-\mathrm{i}\hbar\nabla$的本征方程为

$$\hat{\boldsymbol{p}}\psi_p = p\psi_p \tag{9.3.15}$$

它的本征函数按照归一化方式的不同有两种形式：第一种形式是

$$\psi_p = \frac{1}{(2\pi\hbar)^{3/2}}\exp\left[\frac{\mathrm{i}}{\hbar}\boldsymbol{p}\cdot\boldsymbol{r}\right] \tag{9.3.16}$$

它将归一化为 δ 函数；第二种形式是

$$\psi_p = \frac{1}{L^{3/2}}\exp\left[\frac{\mathrm{i}}{\hbar}\boldsymbol{p}\cdot\boldsymbol{r}\right] \tag{9.3.17}$$

采用周期性边界条件，它满足箱归一化的结果。

其次，如图 9.3 中的紫色分支所示，角动量算符为

$$\hat{L} = \boldsymbol{r}\times(-\mathrm{i}\hbar\nabla) \tag{9.3.18}$$

由于 $[\hat{L}^2, \hat{L}_z] = 0$，$\hat{L}^2$ 和 $\hat{L}_z$ 有共同本征态。在球极坐标系中，$\hat{L}_z = -\mathrm{i}\hbar\frac{\partial}{\partial\varphi}$，它的本征方程为

$$\hat{L}_z\left(\frac{1}{\sqrt{2\pi}}\mathrm{e}^{\mathrm{i}m\varphi}\right) = m\hbar\left(\frac{1}{\sqrt{2\pi}}\mathrm{e}^{\mathrm{i}m\varphi}\right) \tag{9.3.19}$$

$$\hat{L}^2 = -\hbar^2\left[\frac{1}{\sin\theta}\frac{\partial}{\partial\theta}\left(\sin\theta\frac{\partial}{\partial\theta}\right) + \frac{1}{\sin^2\theta}\frac{\partial^2}{\partial\varphi^2}\right] \tag{9.3.20}$$

它的本征方程为

$$\hat{L}^2 Y_{lm}(\theta,\varphi) = l(l+1)\hbar^2 Y_{lm}(\theta,\varphi) \tag{9.3.21}$$

另外，

$$\hat{L}_z Y_{lm}(\theta,\varphi) = m\hbar Y_{lm}(\theta,\varphi) \tag{9.3.22}$$

其中，磁量子数 $m = -l,\cdots,0,\cdots,l$。因此，$Y_{lm}(\theta,\varphi)$ 是 $\hat{L}^2$ 和 $\hat{L}_z$ 的共同本征态。人们将这种对应于一个本征值却有一个以上本征函数的情况，称为简并；把对应同一个本征值的本征函数的数目，称为简并度。那么，$\hat{L}^2$ 的本征值的简并度为 $(2l+1)$。如若考虑原子中的电子，会得到其角动量量子数 $l=0,1,2,\cdots,n-1$，其中，n 称为主量子数。

如图 9.3 中的蓝色分支所示，电子和核组成的氢原子体系的薛定谔方程为

$$\mathrm{i}\hbar\frac{\partial}{\partial t}\Psi(\boldsymbol{r},t) = \hat{H}\Psi(\boldsymbol{r},t) \tag{9.3.23}$$

其中，$\hat{H} = -\frac{\hbar^2}{2\mu_1}\left(\frac{\partial^2}{\partial x_1^2}+\frac{\partial^2}{\partial y_1^2}+\frac{\partial^2}{\partial z_1^2}\right) - \frac{\hbar^2}{2\mu_2}\left(\frac{\partial^2}{\partial x_2^2}+\frac{\partial^2}{\partial y_2^2}+\frac{\partial^2}{\partial z_2^2}\right) + U$，$(x_1, y_1, z_1)$ 和 (x_2, y_2, z_2) 分别是电子和核的坐标，μ_1 和 μ_2 分别是电子和核的质量。若将两粒子的坐标变换为两粒子的质心坐标 (X, Y, Z) 和相对坐标 (x, y, z) 后，则

$$\hat{H} = -\frac{\hbar^2}{2M}\left(\frac{\partial^2}{\partial X^2}+\frac{\partial^2}{\partial Y^2}+\frac{\partial^2}{\partial Z^2}\right) - \frac{\hbar^2}{2\mu}\left(\frac{\partial^2}{\partial x^2}+\frac{\partial^2}{\partial y^2}+\frac{\partial^2}{\partial z^2}\right) + U(x,y,z) \tag{9.3.24}$$

其中，M 和 $\mu = \frac{\mu_1\mu_2}{\mu_1+\mu_2}$ 分别是体系的总质量和折合质量。令 $\Psi = \psi(x,y,z)\phi(X,Y,Z)\chi(t)$，使用分离变量法可得

$$\begin{cases} -\dfrac{\hbar^2}{2M}\left(\dfrac{\partial^2}{\partial X^2}+\dfrac{\partial^2}{\partial Y^2}+\dfrac{\partial^2}{\partial Z^2}\right)\phi=(E_{\text{tot}}-E)\phi & (9.3.25a) \\ -\dfrac{\hbar^2}{2\mu}\left(\dfrac{\partial^2}{\partial x^2}+\dfrac{\partial^2}{\partial y^2}+\dfrac{\partial^2}{\partial z^2}\right)\psi+U\psi=E\psi & (9.3.25b) \end{cases}$$

其中,方程(9.3.25a)描述质心运动状态的波函数ϕ所满足的方程。它指出,质心按能量为$E_{\text{tot}}-E$的自由粒子的方式运动;方程(9.3.25b)描写电子相对于核运动的波函数ψ所满足的方程,相对运动的能量E就是电子的能级。

对于氢原子来说,它描述一个质量为μ的电子在势能为$U=-e_s^2/r$的库仑场中的运动,其中$e_s=e/\sqrt{4\pi\varepsilon_0}$,$r=\sqrt{x^2+y^2+z^2}$。令$\psi(r,\theta,\varphi)=R(r)Y(\theta,\varphi)$,在球极坐标系中使用分离变量法求解第二个方程,可得其能量本征值为

$$E_n=-\frac{\mu e_s^4}{2\hbar^2 n^2} \tag{9.3.26}$$

其中,$n=1,2,3,\cdots$。对应的本征波函数为

$$\psi_{nlm}(r,\theta,\varphi)=R_{nl}(r)Y_{lm}(\theta,\varphi) \tag{9.3.27}$$

由于ψ_{nlm}与n,l,m三个量子数有关,而E_n只与n有关,所以能级E_n是简并的。对应一个n,l可以取n个值,即$l=0,1,2,\cdots,n-1$。而对应一个l,m还可以取$(2l+1)$个值,即$m=0,\pm1,\cdots,\pm l$。因为$\sum\limits_{l=0}^{n-1}(2l+1)=n^2$,所以对于第$n$个能级$E_n$,有$n^2$个波函数与之对应,电子的第$n$个能级是$n^2$度简并的。详细的求解过程,读者可参考量子力学相关教材。

请构建自己的思维导图。

9.4　态和力学量的表象的思维导图

图9.4展示了态和力学量的表象的思维导图。量子力学中态和力学量的具体表示方式称为表象。除了坐标表象,本节将讨论其他表象和常用的狄拉克符号。

首先研究态的表象,从熟知的坐标表象到动量表象,再推广到一般的Q表象。在坐标表象中,体系的状态用波函数$\Psi(x,t)$描述,那么如何用以动量为变量的波函数来描述这样的状态呢?图9.4中的红色分支将给出问题的答案,假如以动量的本征函数$\psi_p(x)=\dfrac{1}{\sqrt{2\pi\hbar}}e^{\frac{i}{\hbar}px}$组成完全系,则

$$\Psi(x,t)=\int c(p,t)\,\psi_p(x)\mathrm{d}p \tag{9.4.1}$$

其中,系数$c(p,t)=\int\psi_p^*(x)\Psi(x,t)\mathrm{d}x$。由归一化条件可知

$$\int|\Psi(x,t)|^2\mathrm{d}x=\int|c(p,t)|^2\mathrm{d}p=1 \tag{9.4.2}$$

因为$|\Psi(x,t)|^2\mathrm{d}x$和$|c(p,t)|^2\mathrm{d}p$分别代表在$\Psi(x,t)$所描述的态中测量粒子位置和动量的所得结果分别在$x\sim x+\mathrm{d}x$和$p\sim p+\mathrm{d}p$范围内的概率,所以,称$c(p,t)$是同一个状态在动量表象中的波函数。

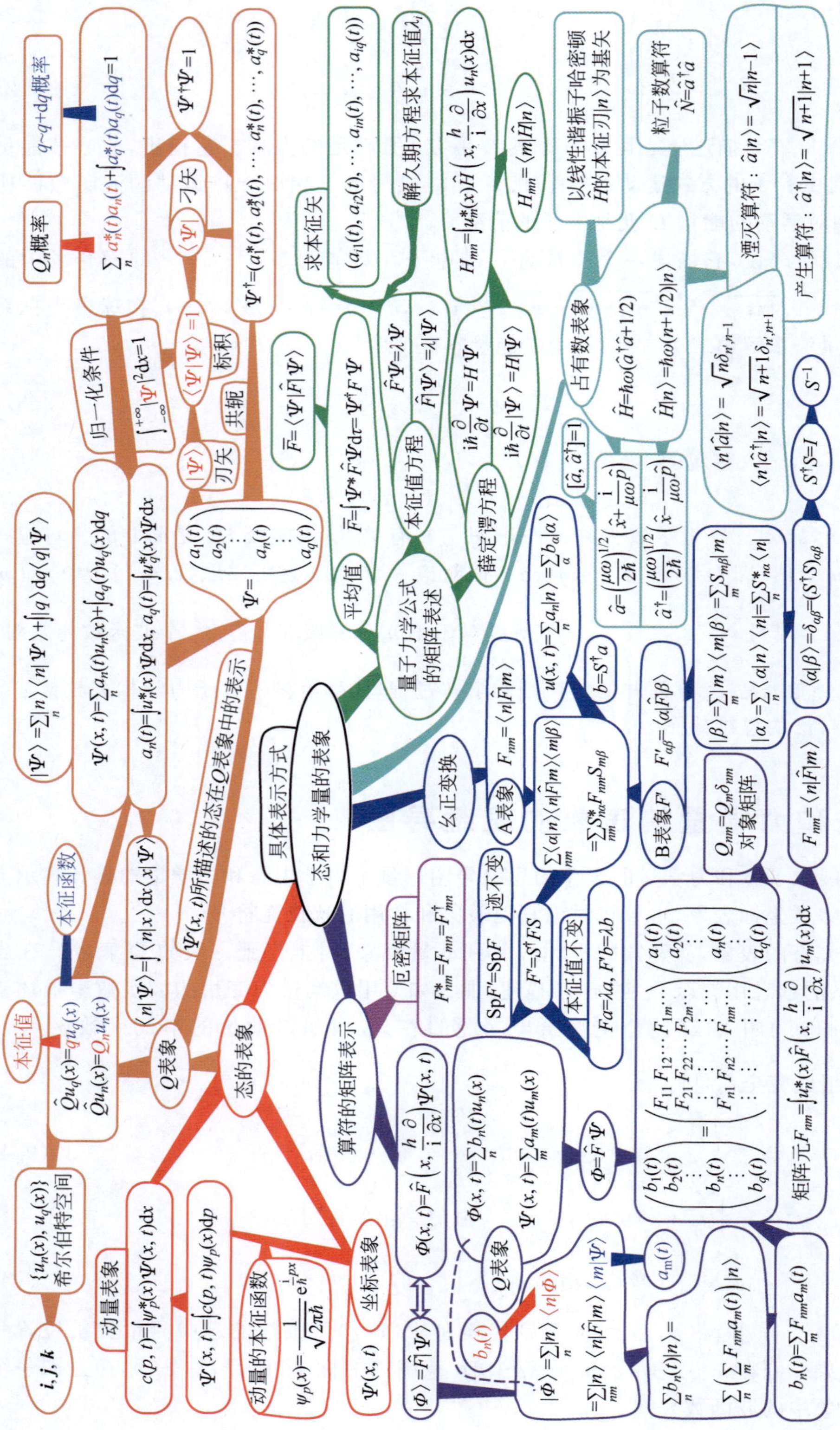

图 9.4 态和力学量的表象的思维导图

图 9.4 中的橘黄色分支将展示在任一力学量 Q 的表象中，如何表示 $\Psi(x,t)$ 所描述的状态。设 $\hat{Q}$ 的本征值方程为

$$\begin{cases}\hat{Q}u_n(x)=Q_n u_n(x) & (9.4.3a)\\ \hat{Q}u_q(x)=q u_q(x) & (9.4.3b)\end{cases}$$

即力学量 Q 除具有分立本征值 Q_n 外，还具有连续本征值 q，对应的归一化本征函数分别是 $u_n(x)$ 和 $u_q(x)$。选用 Q 的本征函数 $\{u_n(x),u_q(x)\}$ 作为基矢构成希尔伯特函数空间，称为 Q 表象空间。这些函数基矢和普通直角坐标系中的基矢 $\boldsymbol{i},\boldsymbol{j},\boldsymbol{k}$ 的地位相当。将 $\Psi(x,t)$ 按 Q 的本征函数展开，有

$$\Psi(x,t)=\sum_n a_n(t)u_n(x)+\int a_q(t)u_q(x)\mathrm{d}q \tag{9.4.4}$$

式中，展开系数为 $a_n(t)=\int u_n^*(x)\Psi\mathrm{d}x$；$a_q(t)=\int u_q^*(x)\Psi\mathrm{d}x$。若采用狄拉克符号，有

$$|\Psi\rangle=\sum_n|n\rangle\langle n|\Psi\rangle+\int|q\rangle\mathrm{d}q\langle q|\Psi\rangle \tag{9.4.5}$$

式中，展开系数为 $\langle n|\Psi\rangle=\int\langle n|x\rangle\mathrm{d}x\langle x|\Psi\rangle$；$\langle q|\Psi\rangle=\int\langle q|x\rangle\mathrm{d}x\langle x|\Psi\rangle$。类比矢量 $\boldsymbol{A}$ 沿 $\boldsymbol{i},\boldsymbol{j},\boldsymbol{k}$ 三个方向的分量是 (A_x,A_y,A_z)，如图 9.4 中的橘黄色分支所示，$a_1(t)$，$a_2(t)$，$\cdots$，$a_n(t)$，$\cdots$，$a_q(t)$ 所组成的列向量 Ψ 就是 $\Psi(x,t)$ 所描写的态在 Q 表象中的表示。其共轭记为 $\Psi^\dagger$，则其可表示为

$$\Psi^\dagger=(a_1^*(t),a_2^*(t),\cdots,a_n^*(t),\cdots,a_q^*(t)) \tag{9.4.6}$$

由归一化条件 $\int_{-\infty}^{+\infty}|\Psi|^2\mathrm{d}x=1$，可得

$$\sum_n a_n^*(t)a_n(t)+\int a_q^*(t)a_q(t)\mathrm{d}q=1 \tag{9.4.7}$$

它也可简记为 $\Psi^\dagger\Psi=1$。其中，$a_n^*(t)a_n(t)$ 和 $a_q^*(t)a_q(t)\mathrm{d}q$ 分别代表在 $\Psi(x,t)$ 所描述的态中测量力学量 Q 所得结果为 Q_n 的概率和所得结果在 $q\sim q+\mathrm{d}q$ 的概率。若使用狄拉克符号，则归一化条件的形式变为标积 $\langle\Psi|\Psi\rangle=1$，其中，刃矢 $|\Psi\rangle$ 和刁矢 $\langle\Psi|$ 分别代表 Ψ 和 $\Psi^\dagger$ 在 Q 表象中的表示。

前面讨论了态在各种表象中的表述方式，如图 9.4 中的紫色分支所示下面讨论算符在各种表象中的矩阵表示。一方面，

$$\Phi(x,t)=\hat{F}\left(x,\frac{h}{\mathrm{i}}\frac{\partial}{\partial x}\right)\Psi(x,t) \tag{9.4.8}$$

即 $|\Phi\rangle=\hat{F}|\Psi\rangle$；另一方面，在 Q 表象中，

$$\begin{cases}\Phi(x,t)=\sum_n b_n(t)u_n(x) & (9.4.9a)\\ \Psi(x,t)=\sum_m a_m(t)u_m(x) & (9.4.9b)\end{cases}$$

使用狄拉克符号和本征矢 $|n\rangle$ 的封闭性（$\sum_n|n\rangle\langle n|=1$），则得

$$|\Phi\rangle=\sum_n|n\rangle\langle n|\Phi\rangle=\sum_{nm}|n\rangle\langle n|\hat{F}|m\rangle\langle m|\Psi\rangle \tag{9.4.10}$$

其中，$\langle n|\Phi\rangle=b_n(t)$，$\langle m\mid\Psi\rangle=a_m(t)$（因 $|\Psi\rangle=\sum\limits_m|m\rangle\langle m|\Psi\rangle$）。令 $\langle n|\hat{F}|m\rangle=F_{nm}$，那么可得

$$\sum_n b_n(t)\mid n\rangle=\sum_n\Big(\sum_m F_{nm}a_m(t)\Big)\mid n\rangle \tag{9.4.11}$$

即 $b_n(t)=\sum\limits_m F_{nm}a_m(t)$。使用矩阵形式，$\Phi=\hat{F}\Psi$ 化为

$$\begin{pmatrix} b_1(t)\\ b_2(t)\\ \vdots\\ b_n(t)\\ \vdots\\ b_q(t)\end{pmatrix}=\begin{pmatrix} F_{11} & F_{12} & \cdots & F_{1m} & \cdots\\ F_{21} & F_{22} & \cdots & F_{2m} & \cdots\\ \vdots & \vdots & \cdots & \vdots & \cdots\\ F_{n1} & F_{n2} & \cdots & F_{nm} & \cdots\\ \vdots & \vdots & \cdots & \vdots & \cdots\end{pmatrix}\begin{pmatrix} a_1(t)\\ a_2(t)\\ \vdots\\ a_n(t)\\ \vdots\\ a_q(t)\end{pmatrix} \tag{9.4.12}$$

其中，矩阵元 $F_{nm}=\int u_n^*(x)\hat{F}\left(x,\dfrac{h}{i}\dfrac{\partial}{\partial x}\right)u_m(x)\mathrm{d}x$，简记为 $F_{nm}=\langle n|\hat{F}|m\rangle$。倘若 $\hat{F}=\hat{Q}$，则有 $Q_{nm}=Q_m\delta_{nm}$。这表明，算符在自身表象中是一个对角矩阵，而厄密矩阵则要求 $F_{nm}^*=F_{mn}=F_{mn}^\dagger$。

如图 9.4 中的绿色分支所示，与算符类似，量子力学公式也可用矩阵表述。平均值公式为

$$\bar{F}=\int\Psi^*\hat{F}\Psi\mathrm{d}\tau=\Psi^\dagger F\Psi \tag{9.4.13}$$

其中，Ψ 和 F 均采用上述矩阵的形式。使用狄拉克符号表示平均值公式，简记为 $\bar{F}=\langle\Psi|\hat{F}|\Psi\rangle$。本征值方程为 $\hat{F}\Psi=\lambda\Psi$，或使用狄拉克符号表示为 $\hat{F}|\Psi\rangle=\lambda|\Psi\rangle$。采用矩阵形式后，需要求解如下的久期方程求出本征值 λ_i：

$$\begin{vmatrix} F_{11}-\lambda & F_{12} & \cdots & F_{1n} & \cdots\\ F_{21} & F_{22}-\lambda & \cdots & F_{2n} & \cdots\\ \vdots & \vdots & \cdots & \vdots & \cdots\\ F_{n1} & F_{n2} & \cdots & F_{nn}-\lambda & \cdots\\ \vdots & \vdots & \cdots & \vdots & \cdots\end{vmatrix}=0 \tag{9.4.14}$$

把求得的 λ_i 分别代入本征值方程就可求出与 λ_i 对应的本征矢 $(a_{i1}(t),a_{i2}(t),\cdots,a_{in}(t),\cdots,a_{iq}(t))$。薛定谔方程的矩阵形式为

$$\mathrm{i}\hbar\frac{\partial}{\partial t}\Psi=H\Psi \tag{9.4.15}$$

或

$$\mathrm{i}\hbar\frac{\partial}{\partial t}\mid\Psi\rangle=H\mid\Psi\rangle \tag{9.4.16}$$

其中，H 的矩阵元为

$$H_{mn}=\int u_m^*(x)\hat{H}\left(x,\frac{h}{\mathrm{i}}\frac{\partial}{\partial x}\right)u_n(x)\mathrm{d}x \tag{9.4.17}$$

简记为 $H_{mn}=\langle m|\hat{H}|n\rangle$。

如图 9.4 中的蓝色分支所示，波函数和力学量从一个表象(如 A 表象)变换到另一个表象(如 B 表象)时，要用到幺正变换。在以 $|n\rangle$ 为基矢的 A 表象中，算符 $\hat{F}$ 的矩阵元 $F_{nm}=\langle n|\hat{F}|m\rangle$。在以 $|\alpha\rangle$ 为基矢的 B 表象中，算符 $\hat{F}$ 的矩阵元 $F'_{\alpha\beta}=\langle\alpha|\hat{F}|\beta\rangle$。由基矢 $|n\rangle$ 的完备性可知，$|\beta\rangle$ 和 $\langle\alpha|$ 也可用 $|n\rangle$ 展开，即

$$\begin{cases}|\beta\rangle=\sum\limits_{m}|m\rangle\langle m|\beta\rangle=\sum\limits_{m}S_{m\beta}|m\rangle & (9.4.18\text{a})\\ \langle\alpha|=\sum\limits_{n}\langle\alpha|n\rangle\langle n|=\sum\limits_{n}S^{*}_{n\alpha}\langle n| & (9.4.18\text{b})\end{cases}$$

将它们代入 $F'_{\alpha\beta}$ 的表达式中可得

$$F'_{\alpha\beta}=\sum_{nm}\langle\alpha|n\rangle\langle n|\hat{F}|m\rangle\langle m|\beta\rangle=\sum_{nm}S^{*}_{n\alpha}F_{nm}S_{m\beta}=\sum_{nm}S^{\dagger}_{\alpha n}F_{nm}S_{m\beta}\quad(9.4.19)$$

即 $F'=S^{\dagger}FS$，这就是力学量由 A 表象变换为 B 表象的变换公式。这种变换称为幺正变换，由基矢的正交归一性，可证明 $\langle\alpha|\beta\rangle=\delta_{\alpha\beta}=(S^{\dagger}S)_{\alpha\beta}$，即 $S^{\dagger}S=I$。满足 $S^{\dagger}=S^{-1}$ 的矩阵称为幺正矩阵，由幺正矩阵所表示的变换称为幺正变换。由 $u(x,t)=\sum\limits_{n}a_n|n\rangle=\sum\limits_{\alpha}b_{\alpha}|\alpha\rangle$ 可证明态矢量从 A 表象变换为 B 表象的变换公式为 $b=S^{\dagger}a$，进而可证明幺正变换有两个重要性质：①幺正变换不改变算符的本征值，即 $Fa=\lambda a$，$F'b=\lambda b$；②幺正变换不改变矩阵 F 的迹，即 $\mathrm{Sp}F'=\mathrm{Sp}F$。

最后，如图 9.4 中的青色分支所示，回顾一下占有数表象。以线性谐振子的哈密顿 $\hat{H}$ 的本征刃 $|n\rangle$ 为基矢的表象，称为占有数表象。一维量子谐振子的哈密顿量 $\hat{H}=\dfrac{\hat{p}^2}{2\mu}+\dfrac{1}{2}\mu\omega^2\hat{x}^2$，可化为 $\hat{H}=\hbar\omega(\hat{a}^{\dagger}\hat{a}+1/2)$，其本征方程为

$$\hat{H}|n\rangle=\hbar\omega(n+1/2)|n\rangle\quad(9.4.20)$$

其中，$\hat{H}$ 中的算符为

$$\begin{cases}\hat{a}=\left(\dfrac{\mu\omega}{2\hbar}\right)^{1/2}\left(\hat{x}+\dfrac{\mathrm{i}}{\mu\omega}\hat{p}\right) & (9.4.21\text{a})\\ \hat{a}^{\dagger}=\left(\dfrac{\mu\omega}{2\hbar}\right)^{1/2}\left(\hat{x}-\dfrac{\mathrm{i}}{\mu\omega}\hat{p}\right) & (9.4.21\text{b})\end{cases}$$

由 $[\hat{x},\hat{p}]=\mathrm{i}\hbar$ 可证明 $[\hat{a},\hat{a}^{\dagger}]=1$。为了方便，定义粒子数算符 $\hat{N}=\hat{a}^{\dagger}\hat{a}$。因谐振子的能量只能以 $\hbar\omega$ 为单位改变，这个能量单位 $\hbar\omega$ 可被看作一个粒子。本征态 $|n\rangle$ 表示体系在这个态中有 n 个粒子。算符 $\hat{a}$ 作用到本征态 $|n\rangle$ 后，体系由状态 $|n\rangle$ 变到状态 $|n-1\rangle$ ($\hat{a}|n\rangle=\sqrt{n}|n-1\rangle$)，即粒子数减少一个，所以称 $\hat{a}$ 为粒子的湮灭算符。同理，因 $\hat{a}^{\dagger}|n\rangle=\sqrt{n+1}|n+1\rangle$，则称 $\hat{a}^{\dagger}$ 为粒子的产生算符。那么，在占有数表象中表示算符 $\hat{a}$ 和 $\hat{a}^{\dagger}$ 矩阵的矩阵元分别由下式给出：

$$\begin{cases}\langle n'|\hat{a}|n\rangle=\sqrt{n}\,\delta_{n',n-1} & (9.4.22\text{a})\\ \langle n'|\hat{a}^{\dagger}|n\rangle=\sqrt{n+1}\,\delta_{n',n+1} & (9.4.22\text{b})\end{cases}$$

其中，$\delta_{n,m}=1\ (n=m)$，$\delta_{n,m}=0\ (n\neq m)$。

请构建自己的思维导图。

9.5 微扰理论的思维导图之一

因为量子力学中能严格求解的问题是很少的，所以需要发展近似方法。近似方法通常是从简单问题的精确解出发来求较复杂问题的近似解。微扰理论的内容较多，我们将使用图9.5和图9.6两张思维导图给出简要介绍。图9.5主要介绍非简并定态微扰理论、简并情况下的微扰理论和与时间有关的微扰理论。

微扰理论主要讨论两类问题：一类是定态问题，另一类是跃迁问题。对于前者，重点讨论非简并定态微扰理论（见图9.5中的红色分支）和简并情况下的微扰理论（见图9.5中的玫红色分支）。假设体系的哈密顿量 $\hat{H}$ 不显含时间，而且可分为两部分，即 $\hat{H}=\hat{H}^{(0)}+\hat{H}'$。设 $\hat{H}^{(0)}\psi_n^{(0)}=E_n^{(0)}\psi_n^{(0)}$ 是已知的，而 $\hat{H}'=\lambda\hat{H}^{(1)}$ 很小，可以看作是加在 $\hat{H}^{(0)}$ 上的微扰，λ 是表征微扰程度的实参数。假设 $\hat{H}$ 的本征方程为 $\hat{H}\psi_n=E_n\psi_n$，由于 E_n 和 ψ_n 都和微扰有关，将它们展开为 λ 的幂级数，则得

$$\begin{cases}E_n=E_n^{(0)}+\lambda E_n^{(1)}+\lambda^2E_n^{(2)}+\cdots & (9.5.1\text{a})\\ \psi_n=\psi_n^{(0)}+\lambda\psi_n^{(1)}+\lambda^2\psi_n^{(2)}+\cdots & (9.5.1\text{b})\end{cases}$$

将它们代入 $\hat{H}\psi_n=E_n\psi_n$，比较等式两边 λ 同次幂的系数可得

$$\begin{cases}(\hat{H}^{(0)}-E_n^{(0)})\psi_n^{(0)}=0 & (9.5.2\text{a})\\ (\hat{H}^{(0)}-E_n^{(0)})\psi_n^{(1)}=-(\hat{H}^{(1)}-E_n^{(1)})\psi_n^{(0)} & (9.5.2\text{b})\\ (\hat{H}^{(0)}-E_n^{(0)})\psi_n^{(2)}=-(\hat{H}^{(1)}-E_n^{(1)})\psi_n^{(1)}+E_n^{(2)}\psi_n^{(0)} & (9.5.2\text{c})\end{cases}$$

其近似方法的思想为：在已知 $\hat{H}^{(0)}$ 严格解的基础上，将微扰 $\hat{H}'$ 看作 $\lambda\hat{H}^{(1)}$，E_n 和 ψ_n 展开为 λ 的幂级数，代入定态方程，比较 λ 同次幂的系数，获取不同级能量和波函数近似满足的方程组，再分简并和非简并两种情况，依次求解出它们。在 $E_n^{(0)}$ 非简并的情况中，当 $\left|\dfrac{H'_{mn}}{E_n^{(0)}-E_m^{(0)}}\right|\ll 1$ 时，可得受微扰体系的能量为

$$E_n=E_n^{(0)}+H'_{nn}+\Sigma'_m\frac{|H'_{nm}|^2}{E_n^{(0)}-E_m^{(0)}}+\cdots \tag{9.5.3}$$

体系的波函数为

$$\psi_n=\psi_n^{(0)}+\Sigma'_m\frac{H'_{mn}}{E_n^{(0)}-E_m^{(0)}}\psi_m^{(0)}+\cdots \tag{9.5.4}$$

如图9.5中的玫红色分支所示，简并情况下的微扰理论则相对复杂一些。假设 $E_n^{(0)}$ 的简并度为 k，即

$$\hat{H}^{(0)}\phi_i=E_n^{(0)}\phi_i,\quad i=1,2,\cdots,k \tag{9.5.5}$$

首先要解决波函数零级近似的问题，式(9.5.2b)要求作为零级近似波函数应满足：

$$(\hat{H}^{(0)}-E_n^{(0)})\psi_n^{(1)}=E_n^{(1)}\psi_n^{(0)}-\hat{H}'\psi_n^{(0)} \tag{9.5.6}$$

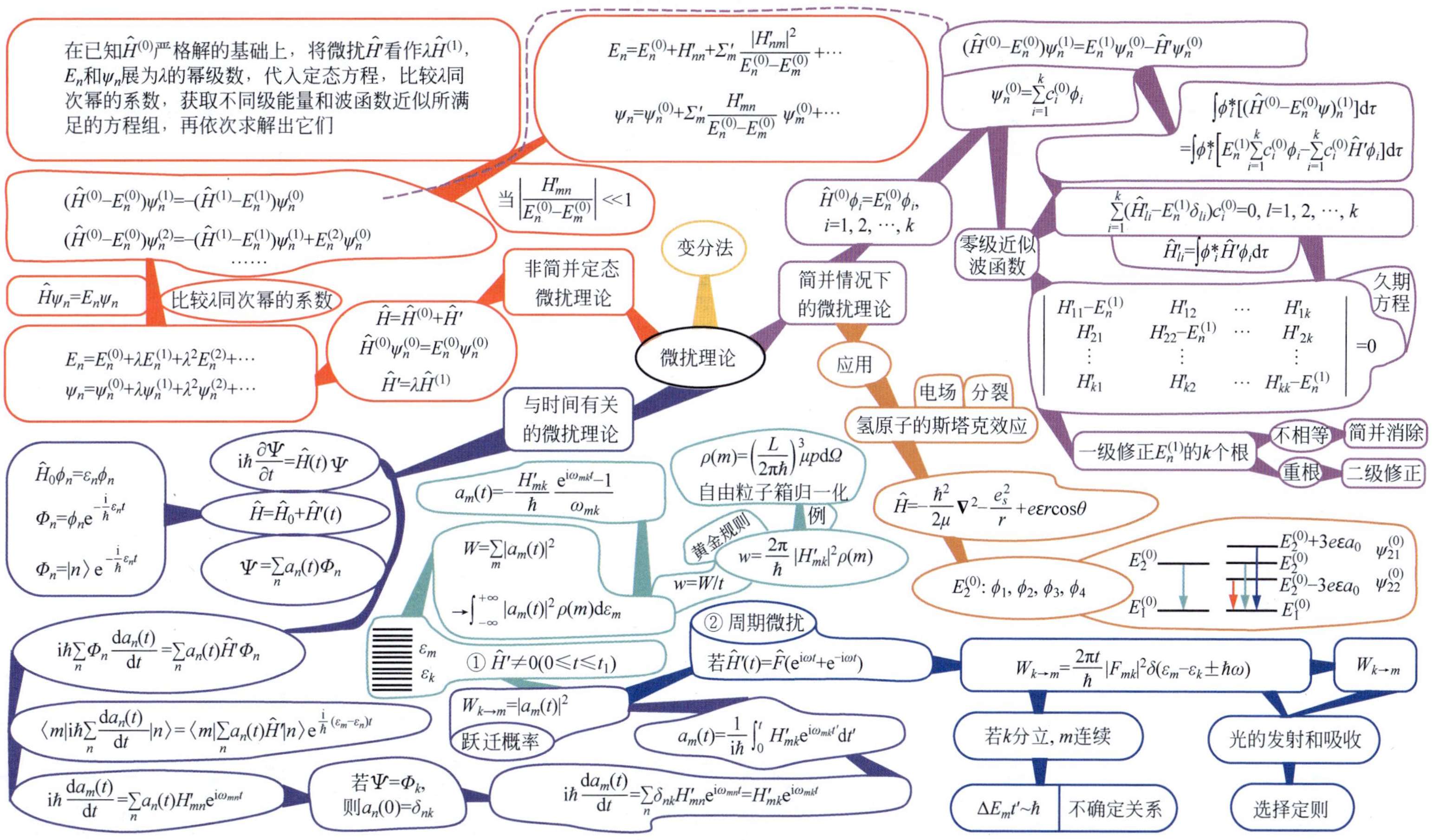

图 9.5　微扰理论的思维导图之一

为此选择

$$\psi_n^{(0)}=\sum_{i=1}^{k}c_i^{(0)}\phi_i \tag{9.5.7}$$

将其代入式(9.5.6)，以 ϕ_l^* 左乘以方程两边，并对整个空间积分，有

$$\int\phi_l^*\left[\left(\hat{H}^{(0)}-E_n^{(0)}\right)\psi_n^{(1)}\right]\mathrm{d}\tau=\int\phi_l^*\left[E_n^{(1)}\sum_{i=1}^{k}c_i^{(0)}\phi_i-\sum_{i=1}^{k}c_i^{(0)}\hat{H}'\phi_i\right]\mathrm{d}\tau \tag{9.5.8}$$

因方程的左侧为零（$\int\phi_l^*\left[\left(\hat{H}^{(0)}-E_n^{(0)}\right)\psi_n^{(1)}\right]\mathrm{d}\tau=\int\left[\left(\hat{H}^{(0)}-E_n^{(0)}\right)\phi_l\right]^*\psi_n^{(1)}\mathrm{d}\tau=0$），故有

$$\sum_{i=1}^{k}\left(\hat{H}'_{li}-E_n^{(1)}\delta_{li}\right)c_i^{(0)}=0,\quad l=1,2,\cdots,k \tag{9.5.9}$$

其中，$\hat{H}'_{li}=\int\phi_l^*\hat{H}'\phi_i\mathrm{d}\tau$。以系数 $c_i^{(0)}$ 为未知量的一次齐次方程组有非零解的条件是

$$\begin{vmatrix} H'_{11}-E_n^{(1)} & H'_{12} & \cdots & H'_{1k} \\ H'_{21} & H'_{22}-E_n^{(1)} & \cdots & H'_{2k} \\ \vdots & \vdots & & \vdots \\ H'_{k1} & H'_{k2} & \cdots & H'_{kk}-E_n^{(1)} \end{vmatrix}=0 \tag{9.5.10}$$

这个行列式方程称为久期方程，解久期方程可得能量一级修正 $E_n^{(1)}$ 的 k 个根 $E_{nj}^{(1)}(j=1,2,\cdots,k)$。因 $E_n=E_n^{(0)}+E_n^{(1)}$，若 $E_n^{(1)}$ 的 k 个根都不相等，则一级微扰可以将 k 度简并完全消除。若 $E_n^{(1)}$ 有几个重根，必须考虑能量的二级修正，才有可能完全消除简并。

如图 9.5 中的橘黄色分支所示，简并情况下的微扰理论可应用于解释氢原子在外电场作用下产生谱线分裂的现象，即氢原子的斯塔克效应。氢原子在外电场 $\mathcal{E}$ 中的哈密顿算符为

$$\hat{H}=-\frac{\hbar^2}{2\mu}\nabla^2-\frac{e_s^2}{r}+e\mathcal{E}r\cos\theta \tag{9.5.11}$$

其中，$\hat{H}^{(0)}=-\frac{\hbar^2}{2\mu}\nabla^2-\frac{e_s^2}{r}$；$\hat{H}'=e\mathcal{E}r\cos\theta$。$\hat{H}^{(0)}$ 的严格解已在图 9.3 中的蓝色分支给出，当 $n=2$ 时，能量本征值为

$$E_2^{(0)}=-\frac{e_s^2}{8a_0} \tag{9.5.12}$$

其中，$a_0=\frac{\hbar^2}{\mu e_s^2}$ 是第一轨道半径或玻尔半径；$E_2^{(0)}$ 的简并度为 4，对应的波函数分别为 ϕ_1、ϕ_2、ϕ_3、ϕ_4。通过求解久期方程，可得一级修正下有三个能量值：$E_2^{(0)}+3e\mathcal{E}a_0$，$E_2^{(0)}$，$E_2^{(0)}-3e\mathcal{E}a_0$。这说明 $E_2^{(0)}$ 的简并部分解除，如图 9.5 橘黄色分支中的示意图所示，原来简并的能级 $E_2^{(0)}$ 在外电场作用下分裂为三个能级。因此，相应的谱线也会出现分裂现象。

用微扰法求解问题要求体系的哈密顿量 $\hat{H}$ 可分为两部分 $\hat{H}^{(0)}$ 和 $\hat{H}'$，且 $\hat{H}^{(0)}$ 的本征值和本征函数是已知的，$\hat{H}'$ 很小。利用变分法求体系的基态能量 E_0 则不受上述条件的限制。因在 ψ 所描述的状态中，体系能量的平均值是

$$\overline{H}=\frac{\int\psi^{*}\hat{H}\,\psi\,\mathrm{d}\tau}{\int\psi^{*}\psi\,\mathrm{d}\tau}\tag{9.5.13}$$

且可证明 $\overline{H}\geqslant E_0$，那么，可用变分法求解体系的基态能量，其步骤是：选取含有参量 λ 的尝试波函数 $\psi(\lambda)$ 代入 $\overline{H}$ 表达式，并算出平均能量 $\overline{H}(\lambda)$，然后由 $\frac{\mathrm{d}\overline{H}(\lambda)}{\mathrm{d}\lambda}=0$ 求出 $\overline{H}(\lambda)$ 的最小值，所得结果就是 E_0 的近似值。譬如，氦原子基态的能量和近似波函数就可通过变分法近似地求出。

如图 9.5 中的紫色分支所示，采用与时间有关的微扰理论，讨论体系哈密顿算符含有与时间有关的微扰的情况，即 $\hat{H}(t)=\hat{H}_0+\hat{H}'(t)$。由 $\hat{H}_0$ 的定态波函数近似地计算出有微扰时的波函数，从而计算无微扰体系在微扰作用下由一个量子态跃迁到另一个量子态的跃迁概率。设 $\hat{H}_0$ 的本征函数 ϕ_n 为已知，即 $\hat{H}_0\phi_n=\varepsilon_n\phi_n$，则定态波函数为

$$\Phi_n=\phi_n\mathrm{e}^{-\frac{\mathrm{i}}{\hbar}\varepsilon_n t}\tag{9.5.14}$$

简记为 $\Phi_n=|n\rangle\mathrm{e}^{-\frac{\mathrm{i}}{\hbar}\varepsilon_n t}$。体系波函数 Ψ 所满足的薛定谔方程为

$$\mathrm{i}\hbar\frac{\partial\Psi}{\partial t}=\hat{H}(t)\Psi\tag{9.5.15}$$

其中，$\hat{H}=\hat{H}_0+\hat{H}'(t)$。将 Ψ 按 $\hat{H}_0$ 的定态波函数 Φ_n 展开：$\Psi=\sum\limits_n a_n(t)\Phi_n$，代入薛定谔方程可得

$$\mathrm{i}\hbar\sum_n\Phi_n\frac{\mathrm{d}a_n(t)}{\mathrm{d}t}=\sum_n a_n(t)\hat{H}'\Phi_n\tag{9.5.16}$$

用 Φ_m^{*} 左乘以式(9.5.16)两边，然后对整个空间积分，并使用狄拉克符号有

$$\langle m\mid\mathrm{i}\hbar\sum_n\frac{\mathrm{d}a_n(t)}{\mathrm{d}t}\mid n\rangle=\langle m\mid\sum_n a_n(t)\hat{H}'\mid n\rangle\mathrm{e}^{\frac{\mathrm{i}}{\hbar}(\varepsilon_m-\varepsilon_n)t}\tag{9.5.17}$$

令 $\omega_{mn}=(\varepsilon_m-\varepsilon_n)/\hbar$，再利用 $\langle m|n\rangle=\delta_{mn}$，可得

$$\mathrm{i}\hbar\frac{\mathrm{d}a_m(t)}{\mathrm{d}t}=\sum_n a_n(t)H'_{mn}\mathrm{e}^{\mathrm{i}\omega_{mn}t}\tag{9.5.18}$$

其中，微扰矩阵元 $H'_{mn}=\langle m|\hat{H}'|n\rangle$。设微扰在 $t=0$ 时开始引入，此时体系处于 $\hat{H}_0$ 的第 k 个本征态 Φ_k（简记为：若 $\Psi=\Phi_k$，则 $a_n(0)=\delta_{nk}$），则有

$$\mathrm{i}\hbar\frac{\mathrm{d}a_m(t)}{\mathrm{d}t}=\sum_n\delta_{nk}H'_{mn}\mathrm{e}^{\mathrm{i}\omega_{mn}t}=H'_{mk}\mathrm{e}^{\mathrm{i}\omega_{mk}t}\tag{9.5.19}$$

积分可得

$$a_m(t)=\frac{1}{\mathrm{i}\hbar}\int_0^t H'_{mk}\mathrm{e}^{\mathrm{i}\omega_{mk}t'}\mathrm{d}t'\tag{9.5.20}$$

由 $\Psi=\sum\limits_n a_n(t)\Phi_n$ 可知，在 t 时刻发现体系处于 Φ_m 态的概率，即体系在微扰作用下由初态 Φ_k 跃迁到终态 Φ_m 的概率为

$$W_{k\to m}=|a_m(t)|^2\tag{9.5.21}$$

如图 9.5 中的青色和蓝色分支所示，可分两种情形来计算 $a_m(t)$ 和 $W_{k\to m}$。

(1) 设在 $0\leqslant t\leqslant t_1$ 时间内 $\hat{H}'\neq 0$，但 $\hat{H}'$ 与时间无关，体系在 $t=0$ 时所处的状态假设为 Φ_k。在 $\hat{H}'$ 作用下，体系跃迁到连续分布的或接近连续分布的末态，则从初态跃迁到这些末态的跃迁概率为

$$W=\sum_m |a_m(t)|^2\to\int_{-\infty}^{+\infty}|a_m(t)|^2\rho(m)\mathrm{d}\varepsilon_m \tag{9.5.22}$$

其中，$\rho(m)$ 是这些末态的态密度，$a_m(t)=-\dfrac{H'_{mk}}{\hbar}\dfrac{\mathrm{e}^{\mathrm{i}\omega_{mk}t}-1}{\omega_{mk}}$。进一步推导可得单位时间的跃迁概率为

$$w=W/t \tag{9.5.23}$$

$$w=\frac{2\pi}{\hbar}|H'_{mk}|^2\rho(m) \tag{9.5.24}$$

这个重要公式常称为黄金规则。这表明，体系末态的具体情况取决于态密度 $\rho(m)$ 的具体形式。例如，自由粒子采用箱归一化形式，其态密度为

$$\rho(m)=\left(\frac{L}{2\pi\hbar}\right)^3\mu p\,\mathrm{d}\Omega \tag{9.5.25}$$

这就是自由粒子的动量大小为 p，方向在立体角 $\mathrm{d}\Omega=\sin\theta\mathrm{d}\theta\mathrm{d}\varphi$ 内的末态的态密度。

(2) 设周期微扰 $\hat{H}'(t)$($\hat{H}'(t)=\hat{F}(\mathrm{e}^{\mathrm{i}\omega t}+\mathrm{e}^{-\mathrm{i}\omega t})$)从 $t=0$ 开始作用于体系。通过分析 $a_m(t)$ 可知，体系的跃迁是一个共振现象，即只有 $\varepsilon_m-\varepsilon_k\pm\hbar\omega=0$ 时，系统才能从 Φ_k 态跃迁到 Φ_m 态。这是因为在周期性微扰作用下，

$$a_m(t)=\frac{F_{mk}}{\hbar}\left[\frac{\mathrm{e}^{\mathrm{i}(\omega_{mk}+\omega)t}-1}{\omega_{mk}+\omega}+\frac{\mathrm{e}^{\mathrm{i}(\omega_{mk}-\omega)t}-1}{\omega_{mk}-\omega}\right] \tag{9.5.26}$$

跃迁的概率为

$$W_{k\to m}=\frac{2\pi t}{\hbar}|F_{mk}|^2\delta(\varepsilon_m-\varepsilon_k\pm\hbar\omega) \tag{9.5.27}$$

如果初态 k 是分立的，末态 m 是连续的，可从跃迁概率公式获得能量和时间的不确定关系：$\Delta E_m t'\sim\hbar$，其中，t' 为测量的时间间隔，ΔE_m 为测量末态能量 E_m 的不确定范围。另外，通过 $W_{k\to m}$ 还可以讨论光的发射和吸收以及跃迁的选择定则，相关内容将由图 9.6 给出。

请构建自己的思维导图。

9.6 微扰理论的思维导图之二

图 9.6 给出了微扰理论的思维导图之二，主要介绍光的发射和吸收以及原子跃迁的选择定则。

爱因斯坦使用旧量子论给出了光的发射和吸收理论。为了描述原子在 ε_m 和 ε_k 两个能级间的跃迁概率，如图 9.6 红色分支中的示意图所示，爱因斯坦引入自发发射系数 A_{mk}、受激发射系数 B_{mk} 和吸收系数 B_{km}。A_{mk} 表示原子在单位时间内由 ε_m 能级自发跃迁到 ε_k 能级的概率。假设作用于原子的光波在 $\omega\sim\omega+\mathrm{d}\omega$ 频率范围内的能量密度是 $I(\omega)\mathrm{d}\omega$，则 $B_{mk}I(\omega_{mk})$ 代表在单位时间内原子由 ε_m 能级受激跃迁到 ε_k 能级并发射出能量为 $\hbar\omega_{mk}$ 的

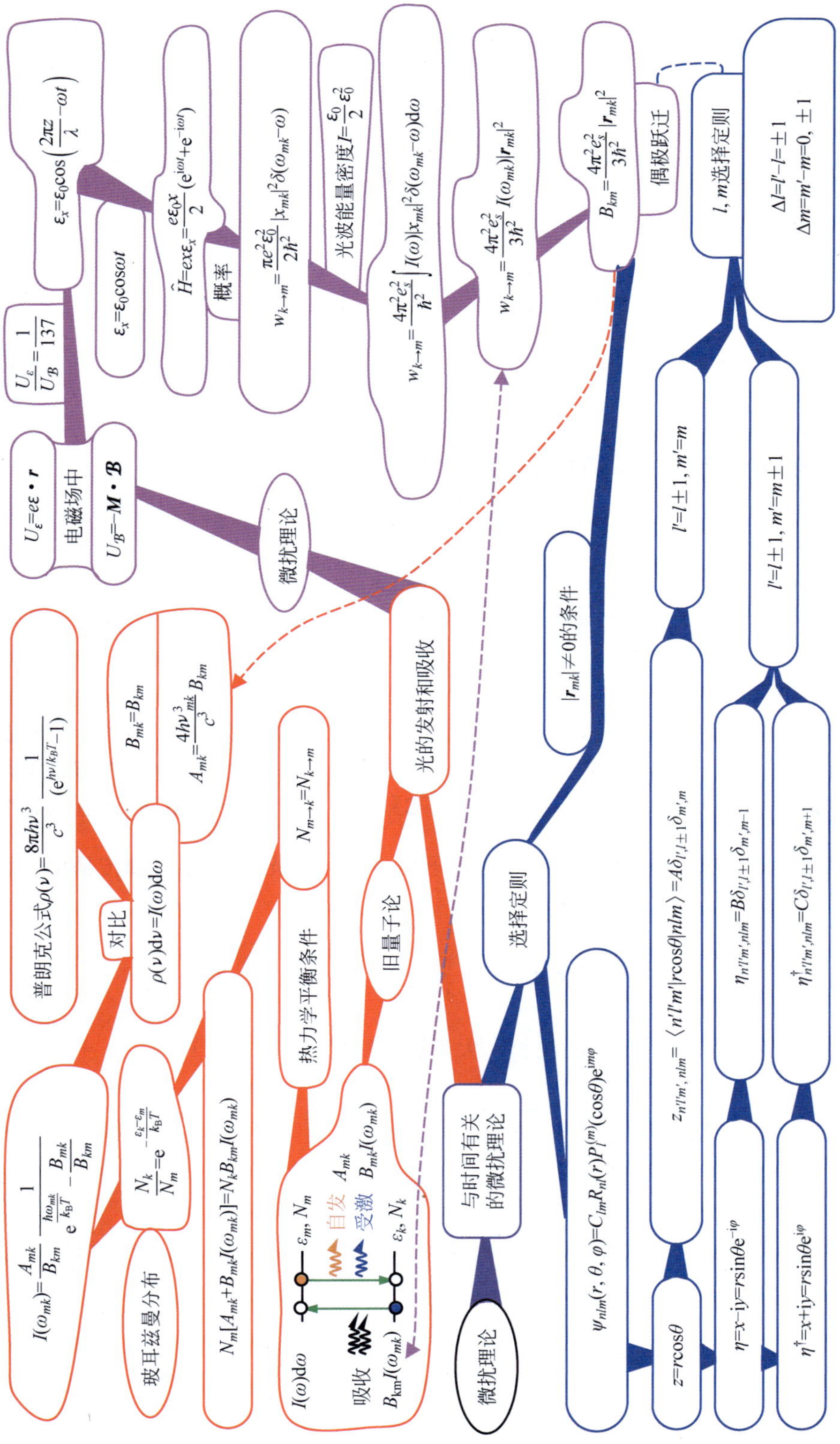

图 9.6　微扰理论的思维导图之二

光子的概率，而 $B_{km}I(\omega_{mk})$ 代表在单位时间内原子由 ε_k 能级跃迁到 ε_m 能级并吸收能量为 $\hbar\omega_{mk}$ 的光子的概率。设处于 ε_k 和 ε_m 能级的原子数目分别为 N_k 和 N_m，当这些原子与电磁辐射在热力学温度 T 下处于平衡时，应满足热力学平衡条件：$N_{m\to k}=N_{k\to m}$（单位时间内两个能级间向对方跃迁的粒子数相等），即

$$N_m[A_{mk}+B_{mk}I(\omega_{mk})]=N_kB_{km}I(\omega_{mk}) \tag{9.6.1}$$

由玻耳兹曼分布（见图 7.7）可知

$$\frac{N_k}{N_m}=\mathrm{e}^{-\frac{\varepsilon_k-\varepsilon_m}{k_\mathrm{B}T}} \tag{9.6.2}$$

将其代入式(9.6.1)，得到 $I(\omega_{mk})$ 的表达式为

$$I(\omega_{mk})=\frac{A_{mk}}{B_{km}}\frac{1}{\mathrm{e}^{\frac{\hbar\omega_{mk}}{k_\mathrm{B}T}}-\frac{B_{mk}}{B_{km}}} \tag{9.6.3}$$

另外，处于热平衡的黑体辐射满足普朗克公式（见图 7.9），则

$$\rho(\nu)=\frac{8\pi h\nu^3}{c^3}\frac{1}{(\mathrm{e}^{h\nu/k_\mathrm{B}T}-1)} \tag{9.6.4}$$

因 $\rho(\nu)\mathrm{d}\nu$ 和 $I(\omega)\mathrm{d}\omega$ 是同一能量密度的两种写法，故有

$$\rho(\nu)\mathrm{d}\nu=I(\omega)\mathrm{d}\omega \tag{9.6.5}$$

通过对比可得，$B_{mk}=B_{km}$，$A_{mk}=\dfrac{4h\nu_{mk}^3}{c^3}B_{km}$。

如图 9.6 中的玫红色分支所示，运用微扰理论可以建立光的发射和吸收的量子理论，求出概率系数 B_{mk} 和 B_{km}。当光与原子发生相互作用时，光波中的电场 $\boldsymbol{\mathcal{E}}$ 和磁场 $\boldsymbol{\mathcal{B}}$ 都对原子中的电子有作用。相互作用的能量分别为 $U_\mathcal{E}=e\boldsymbol{\mathcal{E}}\cdot\boldsymbol{r}$ 和 $U_\mathcal{B}=-\boldsymbol{M}\cdot\boldsymbol{\mathcal{B}}$，因两者的比值为 $\dfrac{U_\mathcal{E}}{U_\mathcal{B}}=\dfrac{1}{\alpha}=137$，所以可以只考虑光波中电场对电子的作用。若光波为沿 x 轴传播的平面单色偏振光，它的电场为

$$\mathcal{E}_x=\mathcal{E}_0\cos\left(\frac{2\pi z}{\lambda}-\omega t\right) \tag{9.6.6}$$

因 z 局限在原子线度 a_0 之内，若光波波长 λ 大于原子线度，即 $\dfrac{2\pi a_0}{\lambda}\ll 1$，则

$$\mathcal{E}_x=\mathcal{E}_0\cos\omega t \tag{9.6.7}$$

电子在该电场中的势能改写为

$$\hat{H}'=ex\mathcal{E}_x=\frac{e\mathcal{E}_0x}{2}(\mathrm{e}^{\mathrm{i}\omega t}+\mathrm{e}^{-\mathrm{i}\omega t}) \tag{9.6.8}$$

这个能量远小于电子在原子中的势能，由微扰理论可得单位时间内原子从 Φ_k 态跃迁到 Φ_m 态的概率为

$$w_{k\to m}=\frac{\pi e^2\mathcal{E}_0^2}{2\hbar^2}|x_{mk}|^2\delta(\omega_{mk}-\omega) \tag{9.6.9}$$

可以证明，光波的能量密度为 $I=\dfrac{\varepsilon_0}{2}\mathcal{E}_0^2$，故有

$$w_{k\to m}=\frac{4\pi^2 e_s^2}{\hbar^2}I\,|x_{mk}|^2\delta(\omega_{mk}-\omega) \tag{9.6.10}$$

其中，$e_s=e/\sqrt{4\pi\varepsilon_0}$。若将单色偏振光推广到频率连续分布的偏振光源，仅需将 $w_{k\to m}$ 中的 I 替代为 $I(\omega)\mathrm{d}\omega$，并对入射光的频率分布范围积分即可，即

$$w_{k\to m}=\frac{4\pi^2 e_s^2}{\hbar^2}\int I(\omega)\,|x_{mk}|^2\delta(\omega_{mk}-\omega)\mathrm{d}\omega \tag{9.6.11}$$

再将光源推广为各向同性、且偏振是无规则的自然光，则得

$$w_{k\to m}=\frac{4\pi^2 e_s^2}{3\hbar^2}I(\omega_{mk})\,|\boldsymbol{r}_{mk}|^2 \tag{9.6.12}$$

因为这个概率也等于 $B_{km}I(\omega_{mk})$，所以有

$$B_{mk}=\frac{4\pi^2 e_s^2}{3\hbar^2}|\boldsymbol{r}_{mk}|^2 \tag{9.6.13}$$

因上式中 $e_s\boldsymbol{r}_{mk}$ 为电子的电偶极矩，故称这样的跃迁为偶极跃迁。在此基础上，可以讨论自发发射概率和受激发射概率的比值、获得受激发射的条件，也可由 $|\boldsymbol{r}_{mk}|\neq 0$ 的条件讨论偶极跃迁的选择定则。

要实现从 Φ_k 态到 Φ_m 态的跃迁，必须满足的条件是 $|\boldsymbol{r}_{mk}|\neq 0$。如图 9.6 中的蓝色分支所示，设原子中的电子在辏力场中运动，那么，电子的波函数可写为

$$\psi_{nlm}(r,\theta,\varphi)=C_{lm}R_{nl}(r)P_l^{(m)}(\cos\theta)\mathrm{e}^{\mathrm{i}m\varphi} \tag{9.6.14}$$

式中，$R_{nl}(r)$是径向函数；$P_l^{(m)}(\cos\theta)$是缔合勒让德多项式。$\boldsymbol{r}_{mk}\neq 0$ 意味着它的三个分量 x_{mk}、y_{mk}、z_{mk} 不全为零，在球极坐标中计算它们会更方便，因 $z=r\cos\theta$，可导出

$$z_{n'l'm',nlm}=\langle n'l'm'\,|\,r\cos\theta\,|\,nlm\rangle=A\delta_{l',l\pm1}\delta_{m',m} \tag{9.6.15}$$

$z_{n'l'm',nlm}$ 不为零要求：$l'=l\pm1, m'=m$。为了求出 $x_{n'l'm',nlm}$ 和 $y_{n'l'm',nlm}$ 不同时为零的条件，引入两个新的变量 $\eta,\eta^\dagger$，分别定义为

$$\eta=x-\mathrm{i}y=r\sin\theta\mathrm{e}^{-\mathrm{i}\varphi} \tag{9.6.16}$$

$$\eta^\dagger=x+\mathrm{i}y=r\sin\theta\mathrm{e}^{\mathrm{i}\varphi} \tag{9.6.17}$$

显然，x 和 y 矩阵元不同时为零的条件与 η 和 $\eta^\dagger$ 的矩阵元不同时为零的条件相同。因此，可导出

$$\eta_{n'l'm',nlm}=B\delta_{l',l\pm1}\delta_{m',m-1} \tag{9.6.18}$$

$$\eta^\dagger_{n'l'm',nlm}=C\delta_{l',l\pm1}\delta_{m',m+1} \tag{9.6.19}$$

所以，η 和 $\eta^\dagger$ 的矩阵元不同时为零的条件为 $l'=l\pm1, m'=m\pm1$。综上所述，$\boldsymbol{r}_{n'l'm',nlm}$ 不为零的条件是：$\Delta l=l'-l=\pm1$；$\Delta m=m'-m=0,\pm1$。这就是角量子数 l 和磁量子数 m 的选择定则。

请构建自己的思维导图。

9.7 散射的思维导图

在量子力学中，散射现象也称为碰撞现象。研究粒子与力场（或粒子与粒子）碰撞的过程有很重要的实际意义。它在研究原子、原子核的内部结构、基本粒子、宇宙射线、气体放

电、气体分子碰撞等现象中发挥着重要的作用。图 9.7 展示了散射的思维导图。

如图 9.7 黑色边框内的示意图所示，当一束粒子流沿 z 轴射向粒子 A(散射中心)时，入射粒子受 A 的作用而偏离原来运动方向，发生散射。如图 9.7 中的红色分支所示，单位时间内散射到面元 dS 上的粒子数 dn 应与入射粒子流强度 N 和 dS 对 A 所张的立体角 $d\Omega$ 成正比，即

$$dn = q(\theta,\varphi) N d\Omega \tag{9.7.1}$$

其中，$d\Omega = dS/r^2$，$dS = r^2\sin\theta d\theta d\varphi$。微分散射截面 $q(\theta,\varphi)=\dfrac{dn}{N d\Omega}$ 与入射粒子、散射中心的性质以及它们之间的相互作用和相对动能有关。将 $q(\theta,\varphi)d\Omega$ 对所有的方向积分，可得总散射截面为

$$Q = \int q(\theta,\varphi) d\Omega \tag{9.7.2}$$

因此求解散射截面的问题成为研究散射问题的核心。

在量子力学中，如何通过求解薛定谔方程 $\left[-\dfrac{\hbar^2}{2\mu}\nabla^2 + U(\boldsymbol{r})\right]\psi = E\psi$ 来确定散射截面呢？即用 $U(\boldsymbol{r})$ 代表入射粒子与散射中心之间的相互作用势能，如何求解 $q(\theta,\varphi)$ 呢？如图 9.7 中的紫色分支所示，令 $k^2 = 2\mu E/\hbar^2$，$v = p/\mu = \hbar k/\mu$，$V(\boldsymbol{r}) = 2\mu U(\boldsymbol{r})/\hbar^2$，则薛定谔方程化为

$$\nabla^2\psi + [k^2 - V(\boldsymbol{r})]\psi = 0 \tag{9.7.3}$$

从波函数在 $r\to+\infty$ 情况下的形式出发思考(若 $r\to+\infty$，则 $\psi=?$)，可知

$$\psi \xrightarrow[r\to+\infty]{} \psi_1 + \psi_2 = A e^{ikz} + f(\theta,\varphi)\frac{e^{ikr}}{r} \tag{9.7.4}$$

即此时波函数应包括描述入射粒子的平面波 $A e^{ikz}$ 和描述散射粒子的球面波 $f(\theta,\varphi)\dfrac{e^{ikr}}{r}$ 两部分。令 $A=1$，则 $|\psi_1|^2=1$，这表明每单位体积内有一个入射粒子，可证明

$$J_z = \frac{i\hbar}{2\mu}\left(\psi_1\frac{\partial\psi_1^*}{\partial z} - \psi_1^*\frac{\partial\psi_1}{\partial z}\right) = v = N \tag{9.7.5}$$

即入射波的概率密度等于入射粒子流密度。而散射波的概率密度为

$$J_r = \frac{i\hbar}{2\mu}\left(\psi_2\frac{\partial\psi_2^*}{\partial r} - \psi_2^*\frac{\partial\psi_2}{\partial r}\right) = |f(\theta,\varphi)|^2\frac{v}{r^2} \tag{9.7.6}$$

故单位时间内通过 dS 的粒子数等于

$$dn = J_r dS = v|f(\theta,\varphi)|^2 d\Omega \tag{9.7.7}$$

将其与定义式 $q(\theta,\varphi)=\dfrac{dn}{N d\Omega}$ 对比可得

$$q(\theta,\varphi) = |f(\theta,\varphi)|^2 \tag{9.7.8}$$

其中，$f(\theta,\varphi)$ 称为散射振幅，它的具体形式($f(\theta,\varphi)=?$)要通过求解薛定谔方程并考虑在 $r\to+\infty$ 时解的形式才能给出。下面将分低能散射和高能散射两种情况进行讨论。

首先，如图 9.7 中的蓝色分支所示，使用分波法讨论辏力场中的弹性散射。一方面，在辏力场中粒子的薛定谔方程式(9.7.3)的一般解为

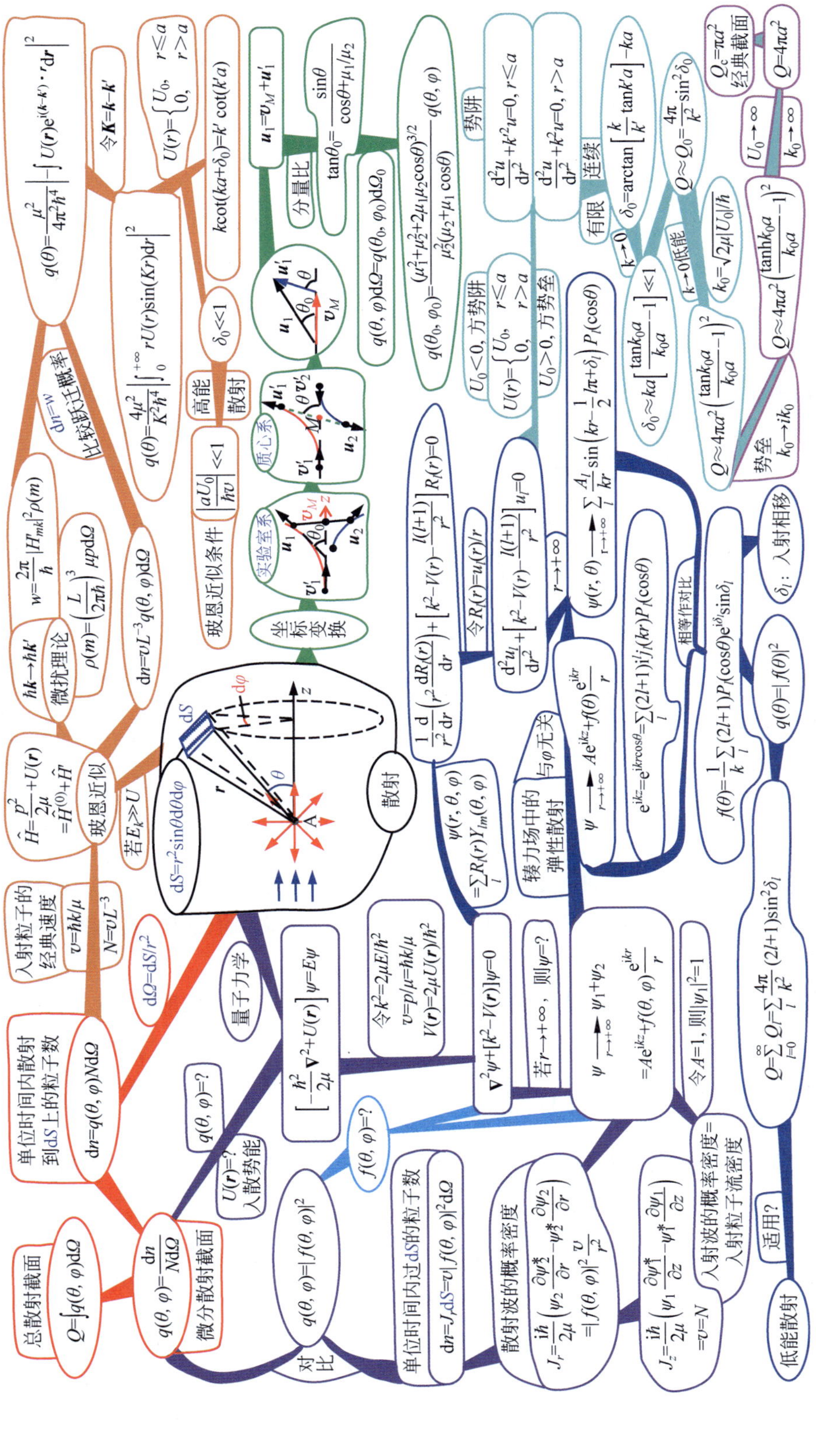
总散射截面
$Q=\int q(\theta,\varphi)\mathrm{d}\Omega$
$q(\theta,\varphi)=\frac{\mathrm{d}n}{N\mathrm{d}\Omega}$
微分散射截面
单位时间内散射到dS上的粒子数
$\mathrm{d}n=q(\theta,\varphi)N\mathrm{d}\Omega$
入射粒子的经典速度
$v=\hbar k/\mu$
$N=vL^{-3}$
$\mathrm{d}\Omega=\mathrm{d}S/r^2$
$\mathrm{d}S=r^2\sin\theta\mathrm{d}\theta\mathrm{d}\varphi$
若$E_k\gg U$
玻恩近似
$\hat{H}=\frac{\hat{p}^2}{2\mu}+U(\boldsymbol{r})=\hat{H}^{(0)}+\hat{H}'$
$\hbar\boldsymbol{k}\to\hbar\boldsymbol{k}'$
微扰理论
$w=\frac{2\pi}{\hbar}|H_{mk}|^2\rho(m)$
$\rho(m)=\left(\frac{L}{2\pi\hbar}\right)^3\mu p\mathrm{d}\Omega$
$\mathrm{d}n=vL^{-3}q(\theta,\varphi)\mathrm{d}\Omega$
dn=w
比较跃迁概率
$q(\theta)=\frac{\mu^2}{4\pi^2\hbar^4}\left|\int U(\boldsymbol{r})\mathrm{e}^{\mathrm{i}(\boldsymbol{k}-\boldsymbol{k}')\cdot\boldsymbol{r}}\mathrm{d}\boldsymbol{r}\right|^2$
令$\boldsymbol{K}=\boldsymbol{k}-\boldsymbol{k}'$
$q(\theta)=\frac{4\mu^2}{K^2\hbar^4}\left|\int_0^{+\infty}rU(r)\sin(Kr)\mathrm{d}r\right|^2$
$U(r)=\begin{cases}U_0, & r\leqslant a\\0, & r>a\end{cases}$
$k\cot(ka+\delta_0)=k'\cot(k'a)$
$\delta_0\ll1$
高能散射
玻恩近似条件 $\left|\frac{aU_0}{\hbar v}\right|\ll1$
散射
量子力学
$q(\theta,\varphi)=?$
$U(\boldsymbol{r})=?$
入散势能
$\left[-\frac{\hbar^2}{2\mu}\nabla^2+U(\boldsymbol{r})\right]\psi=E\psi$
令$k^2=2\mu E/\hbar^2$
$v=p/\mu=\hbar k/\mu$
$V(\boldsymbol{r})=2\mu U(\boldsymbol{r})/\hbar^2$
$\nabla^2\psi+[k^2-V(\boldsymbol{r})]\psi=0$
坐标变换
实验室系
质心系
$\boldsymbol{u}_1=\boldsymbol{v}_M+\boldsymbol{u}_1'$
分量比
$\tan\theta_0=\frac{\sin\theta}{\cos\theta+\mu_1/\mu_2}$
$q(\theta,\varphi)\mathrm{d}\Omega=q(\theta_0,\varphi_0)\mathrm{d}\Omega_0$
$q(\theta_0,\varphi_0)=\frac{(\mu_1^2+\mu_2^2+2\mu_1\mu_2\cos\theta)^{3/2}}{\mu_2^2(\mu_2+\mu_1\cos\theta)}q(\theta,\varphi)$
$\psi(r,\theta,\varphi)=\sum_l R_l(r)Y_{lm}(\theta,\varphi)$
$\frac{1}{r^2}\frac{\mathrm{d}}{\mathrm{d}r}\left(r^2\frac{\mathrm{d}R_l(r)}{\mathrm{d}r}\right)+\left[k^2-V(r)-\frac{l(l+1)}{r^2}\right]R_l(r)=0$
令$R_l(r)=u_l(r)/r$
$\frac{\mathrm{d}^2u_l}{\mathrm{d}r^2}+\left[k^2-V(r)-\frac{l(l+1)}{r^2}\right]u_l=0$
$U_0<0$, 方势阱
$U_0>0$, 方势垒
势阱
$\frac{\mathrm{d}^2u}{\mathrm{d}r^2}+k'^2u=0, r\leqslant a$
$\frac{\mathrm{d}^2u}{\mathrm{d}r^2}+k^2u=0, r>a$
有限
连续
$\delta_0=\arctan\left[\frac{k}{k'}\tan k'a\right]-ka$
$Q\approx Q_0=\frac{4\pi}{k^2}\sin^2\delta_0$
$Q_c=\pi a^2$
经典截面
$Q=4\pi a^2$
$U_0\to\infty$
$k_0\to\infty$
k→0低能
$k_0=\sqrt{2\mu|U_0|}/\hbar$
$\delta_0\approx ka\left[\frac{\tanh k_0a}{k_0a}-1\right]\ll1$
$Q\approx4\pi a^2\left(\frac{\tanh k_0a}{k_0a}-1\right)^2$
势垒
$k_0\to ik_0$
$r\to+\infty$
$\psi(r,\theta)\xrightarrow[r\to+\infty]{}\sum_l\frac{A_l}{kr}\sin\left(kr-\frac{1}{2}l\pi+\delta_l\right)P_l(\cos\theta)$
与φ无关
辏力场中的弹性散射
$\psi\xrightarrow[r\to+\infty]{}A\mathrm{e}^{\mathrm{i}kz}+f(\theta)\frac{\mathrm{e}^{\mathrm{i}kr}}{r}$
$\mathrm{e}^{\mathrm{i}kz}=\mathrm{e}^{\mathrm{i}kr\cos\theta}=\sum_l(2l+1)\mathrm{i}^lj_l(kr)P_l(\cos\theta)$
相等作对比
$f(\theta)=\frac{1}{k}\sum_l(2l+1)P_l(\cos\theta)\mathrm{e}^{\mathrm{i}\delta_l}\sin\delta_l$
δ_l: 入射相移
$q(\theta)=|f(\theta)|^2$
$Q=\sum_{l=0}^{\infty}Q_l=\sum_l\frac{4\pi}{k^2}(2l+1)\sin^2\delta_l$
若$r\to+\infty$, 则$\psi=?$
$\psi\xrightarrow[r\to+\infty]{}\psi_1+\psi_2=A\mathrm{e}^{\mathrm{i}kz}+f(\theta,\varphi)\frac{\mathrm{e}^{\mathrm{i}kr}}{r}$
令$A=1$, 则$|\psi_1|^2=1$
$f(\theta,\varphi)=?$
$q(\theta,\varphi)=|f(\theta,\varphi)|^2$
对比
单位时间内过dS的粒子数
$\mathrm{d}n=J_r\mathrm{d}S=v|f(\theta,\varphi)|^2\mathrm{d}\Omega$
散射波的概率密度
$J_r=\frac{\mathrm{i}\hbar}{2\mu}\left(\psi_2\frac{\partial\psi_2^*}{\partial r}-\psi_2^*\frac{\partial\psi_2}{\partial r}\right)=|f(\theta,\varphi)|^2\frac{v}{r^2}$
$J_z=\frac{\mathrm{i}\hbar}{2\mu}\left(\psi_1\frac{\partial\psi_1^*}{\partial z}-\psi_1^*\frac{\partial\psi_1}{\partial z}\right)=v=N$
入射波的概率密度=入射粒子流密度
适用?
低能散射
图 9.7 散射的思维导图

$$\psi(r,\theta,\varphi)=\sum_{l}R_{l}(r)Y_{lm}(\theta,\varphi) \tag{9.7.9}$$

因ψ与φ无关,故有

$$\psi(r,\theta)=\sum_{l}R_{l}(r)P_{l}(\cos\theta) \tag{9.7.10}$$

其中,$R_l(r)P_l(\cos\theta)$是第l个分波。径向函数$R_l(r)$满足下列方程:

$$\frac{1}{r^2}\frac{\mathrm{d}}{\mathrm{d}r}\left[r^2\frac{\mathrm{d}R_l(r)}{\mathrm{d}r}\right]+\left[k^2-V(r)-\frac{l(l+1)}{r^2}\right]R_l(r)=0 \tag{9.7.11}$$

令$R_l(r)=u_l(r)/r$,则$u_l(r)$满足方程:

$$\frac{\mathrm{d}^2u_l}{\mathrm{d}r^2}+\left[k^2-V(r)-\frac{l(l+1)}{r^2}\right]u_l=0 \tag{9.7.12}$$

当$r\to+\infty$时,可求得

$$\psi(r,\theta)\underset{r\to+\infty}{\to}\sum_{l}\frac{A_l}{kr}\sin\left(kr-\frac{1}{2}l\pi+\delta_l\right)P_l(\cos\theta) \tag{9.7.13}$$

另一方面,$\psi\underset{r\to+\infty}{\longrightarrow}A\mathrm{e}^{\mathrm{i}kz}+f(\theta)\frac{\mathrm{e}^{\mathrm{i}kr}}{r}$,将$\mathrm{e}^{\mathrm{i}kz}=\mathrm{e}^{\mathrm{i}kr\cos\theta}=\sum_{l}(2l+1)\mathrm{i}^l j_l(kr)P_l(\cos\theta)$的渐进式代入上式,并将其与$\psi(r,\theta)$相等作对比,可得

$$f(\theta)=\frac{1}{k}\sum_{l}(2l+1)P_l(\cos\theta)\mathrm{e}^{\mathrm{i}\delta_l}\sin\delta_l \tag{9.7.14}$$

其中,δ_l被称为入射相移,它是入射波经过散射后第l个分波的相位移动。这表明,求散射截面$f(\theta)$的问题归结为求δ_l。若能求出$f(\theta)$,则通过$q(\theta)=|f(\theta)|^2$可求出微分散射截面,进而可求出总散射截面:

$$Q=\sum_{l=0}^{\infty}Q_l=\sum_{l}\frac{4\pi}{k^2}(2l+1)\sin^2\delta_l \tag{9.7.15}$$

显然,相移δ_l越小,势场对散射波的影响越小。通过讨论球贝塞尔函数$j_l(kr)$的性质可知,分波法最适合在低能散射的情况下使用。图9.7只给出相关知识框架,具体推导过程请参考量子力学教材。

作为应用分波法的特例,现计算低能粒子受球形对称方形势阱的散射截面(见图9.7的青色分支)。设势能为

$$U(r)=\begin{cases}U_0, & r\leqslant a\\ 0, & r>a\end{cases} \tag{9.7.16}$$

显然,当$U_0<0$时,势能描述方势阱;当$U_0>0$时,势能描述方势垒。因$ka\ll1$,只讨论s散射($l=0$)就够了。u满足的方程为

$$\begin{cases}\dfrac{\mathrm{d}^2u}{\mathrm{d}r^2}+k'^2u=0, & r\leqslant a\\[2ex] \dfrac{\mathrm{d}^2u}{\mathrm{d}r^2}+k^2u=0, & r>a\end{cases} \tag{9.7.17}$$

式中,$k^2=2\mu E/\hbar^2$,$k'^2=k^2-2\mu U_0/\hbar^2$。其解为

$$\begin{cases} u(r)=A\sin(k'r+\delta_0'), & r\leqslant a \\ u(r)=B\sin(kr+\delta_0), & r>a \end{cases} \tag{9.7.18}$$

由 $R(r)=u/r$ 在 $r=0$ 处为有限值，得 $\delta_0'=0$；由在 $r=a$ 处 $\frac{1}{u}\frac{\mathrm{d}u}{\mathrm{d}r}$ 是连续的，得

$$k\cot(ka+\delta_0)=k'\cot(k'a) \tag{9.7.19}$$

进而可得相移为

$$\delta_0=\arctan\left[\frac{k}{k'}\tan k'a\right]-ka \tag{9.7.20}$$

当在 $k\to 0$ 时，有 $\delta_0\approx ka\left[\frac{\tan k_0 a}{k_0 a}-1\right]\ll 1, Q\approx Q_0=\frac{4\pi}{k^2}\sin^2\delta_0$。因此，在 $k\to 0$ 的低能情况下，可得

$$Q\approx 4\pi a^2\left(\frac{\tan k_0 a}{k_0 a}-1\right)^2 \tag{9.7.21}$$

式中，$k_0=\sqrt{2\mu|U_0|/\hbar}$。如果散射场不是势阱而是方形势垒，只需将 $k_0\to \mathrm{i}k_0$，当 $k\to 0$ 时，总散射截面为

$$Q\approx 4\pi a^2\left(\frac{\tanh k_0 a}{k_0 a}-1\right)^2 \tag{9.7.22}$$

当 $U_0\to\infty$ 时，$k_0\to\infty$，$\tanh k_0 a\to 1$，于是有 $Q=4\pi a^2$，这说明此时总散射截面等于半径为 a 的球面面积。它与经典的总散射截面为 $Q_c=\pi a^2$ 完全不同，见图 2.4。

由于分波法在入射粒子的动能较大时计算甚不方便，下面介绍在高能散射的情况下使用玻恩近似来计算散射截面（见图 9.7 中的橘黄色分支）。其思路是采用微扰理论计算粒子的跃迁概率 w，再与单位时间内散射到 $\mathrm{d}S$ 上的粒子数 $\mathrm{d}n=q(\theta,\varphi)N\mathrm{d}\Omega$ 作比较，获取粒子微分散射截面的信息。假设入射自由粒子的经典速度为 $v=\hbar k/\mu$，采用箱归一化形式描述自由粒子，则入射粒子流强度为 $N=vL^{-3}$，单位时间内散射到 $\mathrm{d}S$ 上的粒子数为

$$\mathrm{d}n=vL^{-3}q(\theta,\varphi)\mathrm{d}\Omega \tag{9.7.23}$$

如果入射粒子的动能远大于粒子与散射中心相互作用的势能（若 $E_k\gg U$），则体系的哈密顿算符 $\hat{H}=\frac{p^2}{2\mu}+U(\boldsymbol{r})=\hat{H}^{(0)}+\hat{H}'$ 中的势能 $\hat{H}'=U(\boldsymbol{r})$ 可以看作微扰项。散射微扰使粒子从动量为 $\hbar\boldsymbol{k}$ 的初态跃迁到动量为 $\hbar\boldsymbol{k}'$ 的末态（简记为 $\hbar\boldsymbol{k}\to\hbar\boldsymbol{k}'$）。根据能量守恒定律，有

$$|\boldsymbol{k}|^2=|\boldsymbol{k}'|^2=k^2 \tag{9.7.24}$$

由 9.5 节中所给的微扰理论可知，单位时间的跃迁概率为

$$w=\frac{2\pi}{\hbar}|H'_{mk}|^2\rho(m) \tag{9.7.25}$$

其中，$\rho(m)=\left(\frac{L}{2\pi\hbar}\right)^3\mu p\,\mathrm{d}\Omega$ 代表自由粒子的动量大小为 $p=\hbar k$，方向在立体角 $\mathrm{d}\Omega$ 内的末态的态密度。比较跃迁概率 $\mathrm{d}n=w$ 可得

$$q(\theta)=\frac{\mu^2}{4\pi^2\hbar^4}\left|-\int U(\boldsymbol{r})\mathrm{e}^{\mathrm{i}(\boldsymbol{k}-\boldsymbol{k}')\cdot\boldsymbol{r}}\mathrm{d}\boldsymbol{r}\right|^2 \tag{9.7.26}$$

令 $\boldsymbol{K}=\boldsymbol{k}-\boldsymbol{k}'$，则

$$\begin{cases} K = 2k\sin\dfrac{\theta}{2} & (9.7.27\text{a}) \\ q(\theta) = \dfrac{4\mu^2}{K^2\hbar^4}\left|\displaystyle\int_0^{+\infty} rU(r)\sin(Kr)\,\mathrm{d}r\right|^2 & (9.7.27\text{b}) \end{cases}$$

如果势能可以近似地表示为球形对称的方势垒或势阱，则

$$U(r) = \begin{cases} U_0, & r \leqslant a \\ 0, & r > a \end{cases} \tag{9.7.28}$$

因相移 δ_l 越小，势场对散射波的影响越小，可通过分析 s 分波的相移得出玻恩近似成立的条件。当粒子能量很高时，由 $k\cot(ka+\delta_0)=k'\cot(k'a)$，可知此时 $\delta_0 \ll 1$，满足把势场看作微扰的条件，得到粒子在高能散射时玻恩近似有效的条件是

$$\left|\frac{aU_0}{\hbar v}\right| \ll 1 \tag{9.7.29}$$

其中，v 是入射粒子的经典速度。如果计算一个高速带电粒子被一中性原子散射的散射截面，可得卢瑟福散射公式。

如图 9.7 中的绿色分支所示，使用坐标变换可实现实验室坐标系和质心坐标系中散射截面的变换。由 $\boldsymbol{u}_1 = \boldsymbol{v}_M + \boldsymbol{u}_1'$ 的矢量图，求其分量比值可得两坐标系中散射角度之间的关系为

$$\tan\theta_0 = \frac{\sin\theta}{\cos\theta + \mu_1/\mu_2} \tag{9.7.30}$$

由 $q(\theta,\varphi)\mathrm{d}\Omega = q(\theta_0,\varphi_0)\mathrm{d}\Omega_0$，可得两坐标系中的微分散射截面之间的关系为

$$q(\theta_0,\varphi_0) = \frac{(\mu_1^2+\mu_2^2+2\mu_1\mu_2\cos\theta)^{3/2}}{\mu_2^2(\mu_2+\mu_1\cos\theta)}q(\theta,\varphi) \tag{9.7.31}$$

请构建自己的思维导图。

9.8 自旋与全同粒子的思维导图之一

因为没有考虑微观粒子的自旋，以薛定谔方程为基础建立的理论无法解释涉及自旋的微观现象，同时这些理论主要考虑一个粒子在力场中运动的问题，无法处理多粒子体系（原子、分子、原子核、固体等）。本节将把自旋引入量子力学理论。图 9.8 给出了自旋与全同粒子的思维导图之一。它将首先回顾一下证明电子具有自旋的实验事实、自旋角动量和具有自旋的粒子态函数的性质，然后探讨多粒子体系的特性，最后应用这一特性来研究氦原子和氢分子的能级。

施特恩-格拉赫实验证实了电子具有自旋（实验原理示意图见图 5.4）。如图 9.8 中的红色分支所示，假设原子的磁矩为 $\boldsymbol{M}$，它在沿 z 方向的非均匀外磁场 $\boldsymbol{\mathcal{B}}$ 中的势能为

$$U = -\boldsymbol{M}\cdot\boldsymbol{\mathcal{B}} = -M\mathcal{B}_z\cos\theta \tag{9.8.1}$$

其中，θ 为 $\boldsymbol{M}$ 和 $\boldsymbol{\mathcal{B}}$ 之间的夹角。原子在 z 方向所受的力为

$$F_z = -\frac{\partial U}{\partial z} = M\frac{\partial \mathcal{B}_z}{\partial z}\cos\theta \tag{9.8.2}$$

实验结果呈现两条分立的线，对应 $\cos\theta = \pm 1$。因处于 s 态的氢原子所具有磁矩完全来自电

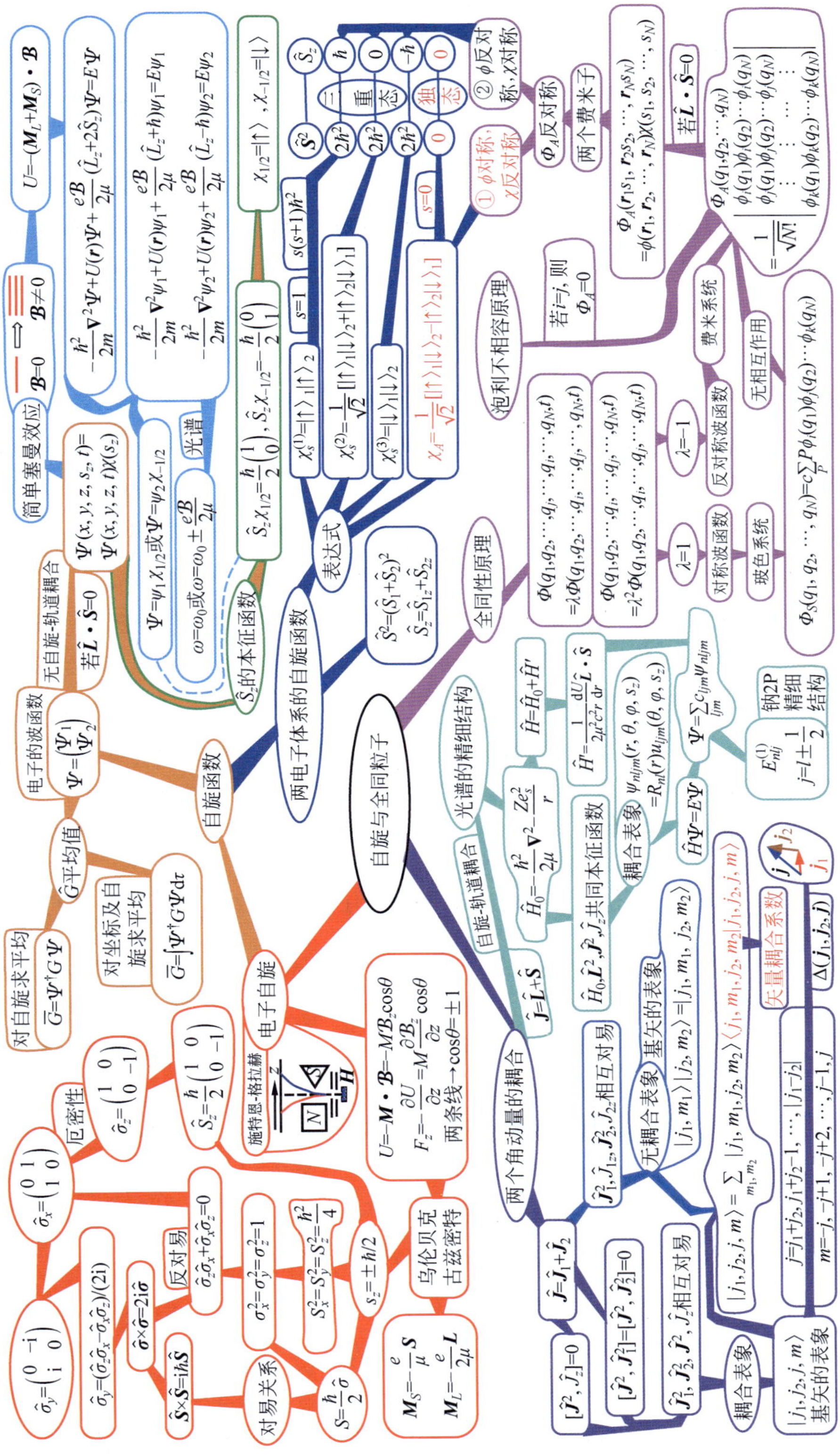

图 9.8　自旋与全同粒子的思维导图之一

子的自旋磁矩，所以证明电子具有自旋。乌伦贝克和古兹密特为了解释施特恩-格拉赫实验，假设电子具有自旋角动量 $\boldsymbol{S}$，它在空间任意方向上的投影只能取两个数值：$s_z=\pm\hbar/2$；每个电子具有的自旋磁矩为 $\boldsymbol{M}_s=-\frac{e}{\mu}\boldsymbol{S}$，而轨道磁矩为 $\boldsymbol{M}_L=-\frac{e}{2\mu}\boldsymbol{L}$。因此，自旋算符 $\hat{S}$ 的三个分量算符本征值的平方为 $S_x^2=S_y^2=S_z^2=\frac{\hbar^2}{4}$，$\hat{S}^2$ 的本征值是 $S^2=\frac{3}{4}\hbar^2$，令 $S^2=s(s+1)\hbar^2$，则自旋量子数 $s=1/2$。为了计算方便，引入泡利算符 $\hat{\sigma}$，它和 $\hat{S}$ 的关系为 $\hat{S}=\frac{\hbar}{2}\hat{\sigma}$，则

$$\sigma_x^2=\sigma_y^2=\sigma_z^2=1 \tag{9.8.3}$$

再使用对易关系和反对易关系可获取算符 $\hat{\sigma}_x$、$\hat{\sigma}_y$、$\hat{\sigma}_z$ 的矩阵形式。类比角动量算符的对易关系 $\hat{\boldsymbol{L}}\times\hat{\boldsymbol{L}}=\mathrm{i}\hbar\hat{\boldsymbol{L}}$，可设对易关系 $\hat{\boldsymbol{S}}\times\hat{\boldsymbol{S}}=\mathrm{i}\hbar\hat{\boldsymbol{S}}$，则

$$\hat{\boldsymbol{\sigma}}\times\hat{\boldsymbol{\sigma}}=2\mathrm{i}\hat{\boldsymbol{\sigma}} \tag{9.8.4}$$

其中，$\hat{\sigma}_z\hat{\sigma}_x-\hat{\sigma}_x\hat{\sigma}_z=2\mathrm{i}\hat{\sigma}_y$。可证明，$\hat{\sigma}_z$ 和 $\hat{\sigma}_x$ 满足反对易关系，即

$$\hat{\sigma}_z\hat{\sigma}_x+\hat{\sigma}_x\hat{\sigma}_z=0 \tag{9.8.5}$$

由 $s_z=\pm\hbar/2$ 和算符 $\hat{S}_z$ 对态函数的作用效果可得，$\hat{S}_z=\frac{\hbar}{2}\begin{pmatrix}1&0\\0&-1\end{pmatrix}$，进而得到 $\hat{\sigma}_z=\begin{pmatrix}1&0\\0&-1\end{pmatrix}$。由反对易关系和算符的厄密性可得 $\hat{\sigma}_x=\begin{pmatrix}0&1\\1&0\end{pmatrix}$，再由 $\hat{\sigma}_y=(\hat{\sigma}_z\hat{\sigma}_x-\hat{\sigma}_x\hat{\sigma}_z)/(2\mathrm{i})$ 可得 $\hat{\sigma}_y=\begin{pmatrix}0&-\mathrm{i}\\\mathrm{i}&0\end{pmatrix}$。$\hat{\sigma}_x$、$\hat{\sigma}_y$ 和 $\hat{\sigma}_z$ 这三个矩阵称为泡利矩阵。

如图 9.8 中的橘黄色分支所示，将自旋变量引入到电子的波函数 Ψ 中，可将 Ψ 写成两个分量形式，即 $\Psi=\begin{pmatrix}\Psi_1\\\Psi_2\end{pmatrix}$。如果电子处于 $s_z=\hbar/2$ 或 $s_z=-\hbar/2$ 的自旋态，则它的波函数分别为 $\Psi_{1/2}=\begin{pmatrix}\Psi_1\\0\end{pmatrix}$ 或 $\Psi_{-1/2}=\begin{pmatrix}0\\\Psi_2\end{pmatrix}$，此时自旋算符的任一个函数 $\hat{G}$ 可表示为二行二列的矩阵，$\hat{G}$ 在 Ψ 态中的平均值可分两种情况：仅对自旋求平均的结果为 $\bar{G}=\Psi^{\dagger}G\Psi$；同时对坐标及自旋求平均，其表达式为

$$\bar{G}=\int\Psi^{\dagger}G\Psi\mathrm{d}\tau \tag{9.8.6}$$

当电子的自旋和轨道运动相互作用可忽略不计(无自旋-轨道耦合，即 $\hat{\boldsymbol{L}}\cdot\hat{\boldsymbol{S}}=0$)时，$\Psi$ 可写成

$$\Psi(x,y,z,s_z,t)=\psi(x,y,z,t)\chi(s_z) \tag{9.8.7}$$

其中，$\chi(s_z)$是描述电子自旋状态的自旋函数。它是 $\hat{S}_z$ 的本征函数，即

$$\begin{cases}\hat{S}_z\chi_{1/2}=\frac{\hbar}{2}\begin{pmatrix}1\\0\end{pmatrix} & (9.8.8\text{a})\\[2ex] \hat{S}_z\chi_{-1/2}=-\frac{\hbar}{2}\begin{pmatrix}0\\1\end{pmatrix} & (9.8.8\text{b})\end{cases}$$

其中，$\chi_{1/2}$ 和 $\chi_{-1/2}$ 可分别用 $\chi_{1/2}=|\uparrow\rangle$，$\chi_{-1/2}=|\downarrow\rangle$两种符号替代。

如图 9.8 中的浅蓝色分支所示，引入自旋后，通过比较无外磁场（$\mathcal{B}=0$）和有外磁场（$\mathcal{B}\neq 0$）中原子能级的分裂，可解释匀强磁场中氢原子或类氢原子为何会发生简单塞曼效应。在强磁场中，自旋和轨道运动相互作用的能量和外磁场引起的附加能量比较起来可忽略。取磁场$\mathcal{B}$的方向沿 z 轴，则磁场引起的附加能量为

$$U=-(\boldsymbol{M}_L+\boldsymbol{M}_s)\cdot\mathcal{B} \tag{9.8.9}$$

于是，体系的定态薛定谔方程写为

$$-\frac{\hbar^2}{2m}\nabla^2\Psi+U(\boldsymbol{r})\Psi+\frac{e\mathcal{B}}{2\mu}(\hat{L}_z+2\hat{S}_z)\Psi=E\Psi \tag{9.8.10}$$

令 $\Psi=\psi_1\chi_{1/2}$ 或 $\Psi=\psi_2\chi_{-1/2}$，代入定态薛定谔方程可得ψ_1和ψ_2所满足的方程：

$$\begin{cases}-\dfrac{\hbar^2}{2m}\nabla^2\psi_1+U(\boldsymbol{r})\psi_1+\dfrac{e\mathcal{B}}{2\mu}(\hat{L}_z+\hbar)\psi_1=E\psi_1 & (9.8.11\text{a})\\ -\dfrac{\hbar^2}{2m}\nabla^2\psi_2+U(\boldsymbol{r})\psi_2+\dfrac{e\mathcal{B}}{2\mu}(\hat{L}_z-\hbar)\psi_2=E\psi_2 & (9.8.11\text{b})\end{cases}$$

当$\mathcal{B}=0$ 时，$\psi_1=\psi_2=\psi_{nlm}=R_{nl}(r)Y_{lm}(\theta,\varphi)$，能级 E_{nl} 仅与总量子数 n 和角量子数 l 有关；当$\mathcal{B}\neq 0$ 时，能级出现分裂，即

$$E_{nlm}=E_{nl}+\frac{e\hbar\mathcal{B}}{2\mu}(m\pm 1) \tag{9.8.12}$$

在外磁场中，电子由能级 E_{nlm} 跃迁到 $E_{n'l'm'}$ 时，光谱角频率为 $\omega=\omega_0\pm\dfrac{e\mathcal{B}}{2\mu}\Delta m$，由选择定则 $\Delta m=0,\pm 1$ 可知，ω 可取三个值：$\omega=\omega_0$，$\omega=\omega_0\pm\dfrac{e\mathcal{B}}{2\mu}$。这是对 5.4 节原子物理学中所介绍的塞曼效应的进一步深化。

讨论含有两个电子的体系（如氦原子和氢分子等，见图 9.9）的态时要用到两电子体系的自旋函数。当体系哈密顿算符不含电子自旋相互作用项时，两电子的自旋函数是每个电子自旋函数之积。它们可构成两电子的对称自旋函数 χ_S 和反对称自旋函数 χ_A，相应的表达式分别为

$$\begin{cases}\chi_s^{(1)}=|\uparrow\rangle_1|\uparrow\rangle_2 & (9.8.13\text{a})\\ \chi_s^{(2)}=\dfrac{1}{\sqrt{2}}[|\uparrow\rangle_1|\downarrow\rangle_2+|\uparrow\rangle_2|\downarrow\rangle_1] & (9.8.13\text{b})\\ \chi_s^{(3)}=|\downarrow\rangle_1|\downarrow\rangle_2 & (9.8.13\text{c})\\ \chi_A=\dfrac{1}{\sqrt{2}}[|\uparrow\rangle_1|\downarrow\rangle_2-|\uparrow\rangle_2|\downarrow\rangle_1] & (9.8.13\text{d})\end{cases}$$

通过讨论体系的总自旋角动量平方算符 $\hat{S}^2=(\hat{S}_1+\hat{S}_2)^2$ 和总自旋角动量在 z 轴上的投影算符 $\hat{S}_z=\hat{S}_{1z}+\hat{S}_{2z}$ 在这些态中的本征值，可知两电子自旋相互平行的能级是三重简并的（$s(s+1)\hbar^2$，$s=1$），对应于这些能级的态称为三重态；两电子自旋相互反平行的态是单一的态（$s=0$），称这种态为独态。

全同性原理表明，全同粒子的不可区分性使得在全同粒子所组成的体系中，两全同粒子互换不引起物理状态的改变。根据全同性原理可知，将 q_i 和 q_j 互换，则得

$$\Phi(q_1,q_2,\cdots,q_j,\cdots,q_i,\cdots,q_N,t)=\lambda\Phi(q_1,q_2,\cdots,q_i,\cdots,q_j,\cdots,q_N,t) \tag{9.8.14}$$

再次将 q_i 和 q_j 互换，则有

$$\Phi(q_1,q_2,\cdots,q_i,\cdots,q_j,\cdots,q_N,t)=\lambda^2\Phi(q_1,q_2,\cdots,q_i,\cdots,q_j,\cdots,q_N,t) \tag{9.8.15}$$

由此得到 $\lambda=\pm1$。当 $\lambda=1$ 时，两粒子互换后波函数不变，所以 Φ 是 q 的对称函数；当 $\lambda=-1$ 时，两粒子互换后波函数变号，所以 Φ 是 q 的反对称函数。实验表明，自旋为 $\hbar$ 的整数倍的粒子所组成的全同粒子体系（玻色系统）服从玻色-爱因斯坦统计，这类粒子称为玻色子。玻色系统的波函数是对称的，它可由下式给出：

$$\Phi_S(q_1,q_2,\cdots,q_N)=C\sum_P P\phi_i(q_1)\,\phi_j(q_2)\cdots\,\phi_k(q_N) \tag{9.8.16}$$

式中，P 表示 N 个粒子在波函数中的某一种排列；$\sum\limits_P$ 表示对所有可能的排列求和；而 C 是归一化常数；自旋为 $\hbar/2$ 的奇数倍的粒子所组成的全同粒子体系（费米系统）服从费米-狄拉克统计，这类粒子称为费米子。费米系统的波函数是反对称的，它可由下面的行列式给出：

$$\Phi_A(q_1,q_2,\cdots,q_N)=\frac{1}{\sqrt{N!}}\begin{vmatrix}\phi_i(q_1) & \phi_i(q_2) & \cdots & \phi_i(q_N)\\ \phi_j(q_1) & \phi_j(q_2) & \cdots & \phi_j(q_N)\\ \vdots & \vdots & & \vdots\\ \phi_k(q_1) & \phi_k(q_2) & \cdots & \phi_k(q_N)\end{vmatrix} \tag{9.8.17}$$

如果 N 个单粒子态 $\phi_i,\phi_j,\cdots,\phi_k$ 中有两个单粒子态相同，则行列式中有两行相同，因而 $\Phi_A=0$（若 $i=j$，则 $\Phi_A=0$），这表示不能有两个或两个以上的费米子处于同一状态，这称为泡利不相容原理。倘若无自旋-轨道耦合相互作用（若 $\hat{\boldsymbol{L}}\cdot\hat{\boldsymbol{S}}=0$），波函数 Φ_A 可写为

$$\Phi_A(\boldsymbol{r}_1s_1,\boldsymbol{r}_2s_2,\cdots,\boldsymbol{r}_Ns_N)=\phi(\boldsymbol{r}_1,\boldsymbol{r}_2,\cdots,\boldsymbol{r}_N)\chi(s_1,s_2,\cdots,s_N) \tag{9.8.18}$$

对于两个费米子组成的体系，Φ_A 的反对称性要求：①若 ϕ 为对称函数，则 χ 应为反对称函数；②若 ϕ 为反对称函数，则 χ 应为对称函数。这与研究两电子体系的自旋函数的对称性完成接轨。

角动量耦合的理论被广泛地应用在原子和原子核的结构问题中。对于两个角动量的耦合，首先讨论两角动量耦合的一般关系，然后讨论自旋轨道耦合，进而讨论光谱的精细结构，见图 9.8 中的紫色和蓝灰色分支。一方面，以 $\hat{\boldsymbol{J}}_1$ 和 $\hat{\boldsymbol{J}}_2$ 代表体系的两个角动量算符，它们是相互独立的，体系的总角动量为 $\hat{\boldsymbol{J}}=\hat{\boldsymbol{J}}_1+\hat{\boldsymbol{J}}_2$。$\hat{\boldsymbol{J}}_1$、$\hat{\boldsymbol{J}}_2$ 和 $\hat{\boldsymbol{J}}$ 都满足角动量的一般对易关系，如 $\hat{\boldsymbol{J}}\times\hat{\boldsymbol{J}}=\mathrm{i}\hbar\hat{\boldsymbol{J}}$。可以证明：$[\hat{J}^2,\hat{J}_z]=0$，$[\hat{J}^2,\hat{J}_1^2]=[\hat{J}^2,\hat{J}_2^2]=0$。这些结果表明，$\hat{J}_1^2$，$\hat{J}_2^2$，$\hat{J}^2$ 和 $\hat{J}_z$ 是相互对易的，它们有共同本征矢 $|j_1,j_2,j,m\rangle$：

$$\hat{J}^2\,|\,j_1,j_2,j,m\rangle=j(j+1)\hbar^2\,|\,j_1,j_2,j,m\rangle \tag{9.8.19}$$

$$\hat{J}_z\,|\,j_1,j_2,j,m\rangle=m\hbar\,|\,j_1,j_2,j,m\rangle \tag{9.8.20}$$

其中，$j=j_1+j_2,j_1+j_2-1,\cdots,|j_1-j_2|$；$m=-j,-j+1,-j+2,\cdots,j-1,j$。以 $|j_1,j_2,j,m\rangle$ 为基矢的表象称为耦合表象，$\boldsymbol{j}_1$，$\boldsymbol{j}_2$ 和 $\boldsymbol{j}$ 所满足的关系称为三角形关系，简记为 $\Delta(\boldsymbol{j}_1,\boldsymbol{j}_2,\boldsymbol{j})$。另一方面，可以证明：$\hat{J}_1^2,\hat{J}_{1z},\hat{J}_2^2,\hat{J}_{2z}$ 也是相互对易的，它们有共同本征矢 $|j_1,m_1,j_2,m_2\rangle$：

$$|\,j_1,m_1\rangle\,|\,j_2,m_2\rangle=|\,j_1,m_1,j_2,m_2\rangle \tag{9.8.21}$$

以 $|j_1,m_1,j_2,m_2\rangle$ 为基矢的表象称为无耦合表象。将 $|j_1,j_2,j,m\rangle$ 按照无耦合表象中的完

全系$|j_1,m_1,j_2,m_2\rangle$展开，则得

$$|j_1,j_2,j,m\rangle=\sum_{m_1,m_2}|j_1,m_1,j_2,m_2\rangle\langle j_1,m_1,j_2,m_2|j_1,j_2,j,m\rangle \qquad (9.8.22)$$

式中，系数$\langle j_1,m_1,j_2,m_2|j_1,j_2,j,m\rangle$称为矢量耦合系数，它们可从专用表中查出。

如图9.8中的青色分支所示，在无外场的条件下，考虑自旋-轨道耦合($\hat{\boldsymbol{J}}=\hat{\boldsymbol{L}}+\hat{\boldsymbol{S}}$)，可研究电子自旋对类氢原子的能级和谱线的影响，探讨产生光谱精细结构的原因。不考虑自旋与轨道耦合能量时，类氢原子的哈密顿量为

$$\hat{H}_0=-\frac{\hbar^2}{2\mu}\nabla^2+U(r)=-\frac{\hbar^2}{2\mu}\nabla^2-\frac{Ze_s^2}{r} \qquad (9.8.23)$$

体系的定态可由$\hat{H}_0,\hat{L}^2,\hat{J}^2,\hat{J}_z$的共同本征函数$\psi_{nljm}(r,\theta,\varphi,s_z)=R_{nl}(r)u_{ljm}(\theta,\varphi,s_z)$来描述。这些波函数是耦合表象中的基矢。考虑自旋与轨道耦合能量后，体系的哈密顿量改写为

$$\hat{H}=\hat{H}_0+\hat{H}' \qquad (9.8.24)$$

其中，$\hat{H}'=\frac{1}{2\mu^2c^2}\frac{1}{r}\frac{\mathrm{d}U}{\mathrm{d}r}\hat{\boldsymbol{L}}\cdot\hat{\boldsymbol{S}}$。可以证明，$\hat{H},\hat{L}^2,\hat{J}^2,\hat{J}_z$有共同本征函数。在耦合表象中，$\hat{H}\Psi=E\Psi$，令$\Psi=\sum_{ljm}c_{ljm}\psi_{nljm}$，使用简并微扰理论可求得$\hat{H}$的本征值$E_n$的第一级近似和对应本征函数的零级近似。通过计算可得，能量的一级修正$E_{nlj}^{(1)}$在n和l给定后，j可取两个值：$j=l\pm\frac{1}{2}$($l=0$除外)，即具有相同的量子数n、l的能级有两个，它们之间的差别很小，这就是产生光谱线精细结构的原因。据此可解释钠原子2P项的精细结构。

请构建自己的思维导图。

9.9　自旋与全同粒子的思维导图之二

利用前面所讲的理论基础，可以讨论氦原子和氢分子的能级，图9.9给出了相关的思维导图。氦原子的哈密顿算符为

$$\hat{H}=-\frac{\hbar^2}{2\mu}\nabla_1^2-\frac{2e_s^2}{r_1}-\frac{\hbar^2}{2\mu}\nabla_2^2-\frac{2e_s^2}{r_2}+\frac{e_s^2}{r_{12}} \qquad (9.9.1)$$

式中，各空间坐标参量的意义由图9.9红色分支中的示意图给出。因为$\hat{H}$中不含自旋变量，所以氦原子的定态波函数可写为

$$\Phi(\boldsymbol{r}_1,\boldsymbol{r}_2,s_{1z},s_{2z})=\psi(\boldsymbol{r}_1,\boldsymbol{r}_2)\chi(s_{1z},s_{2z}) \qquad (9.9.2)$$

其中，坐标波函数$\psi(\boldsymbol{r}_1,\boldsymbol{r}_2)$是$\hat{H}$的本征函数，即$\hat{H}\psi(\boldsymbol{r}_1,\boldsymbol{r}_2)=E\psi(\boldsymbol{r}_1,\boldsymbol{r}_2)$。令

$$\hat{H}=\hat{H}^{(0)}+\hat{H}' \qquad (9.9.3)$$

其中，$\hat{H}^{(0)}=-\frac{\hbar^2}{2\mu}\nabla_1^2-\frac{2e_s^2}{r_1}-\frac{\hbar^2}{2\mu}\nabla_2^2-\frac{2e_s^2}{r_2}$，$\hat{H}'=\frac{e_s^2}{r_{12}}$，可用微扰法计算氦原子的能级。因$\hat{H}^{(0)}$是两个类氢原子哈密顿算符之和，设类氢原子定态方程为

$$\left(-\frac{\hbar^2}{2\mu}\nabla^2-\frac{2e_s^2}{r}\right)\psi_i=\varepsilon_i\psi_i \qquad (9.9.4)$$

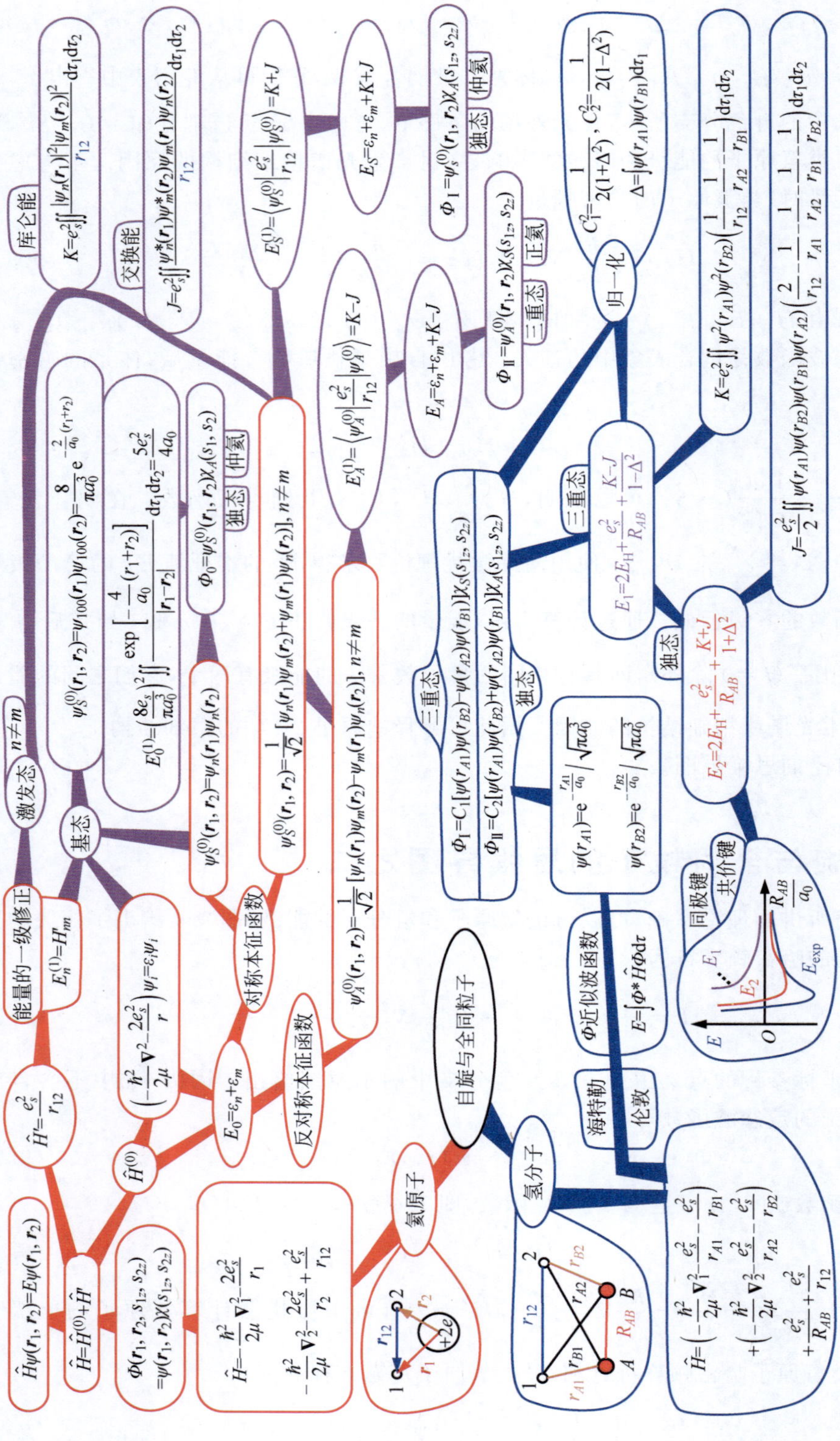

图 9.9 自旋与全同粒子的思维导图之二

则属于 $\hat{H}^{(0)}$ 的本征值为 $E_0=\varepsilon_n+\varepsilon_m$。当 $n=m$ 时，其所对应的对称本征函数为

$$\psi_S^{(0)}(\boldsymbol{r}_1,\boldsymbol{r}_2)=\psi_n(\boldsymbol{r}_1)\psi_n(\boldsymbol{r}_2) \tag{9.9.5}$$

当 $n\neq m$ 时，其所对应的对称本征函数为

$$\psi_S^{(0)}(\boldsymbol{r}_1,\boldsymbol{r}_2)=\frac{1}{\sqrt{2}}[\psi_n(\boldsymbol{r}_1)\psi_m(\boldsymbol{r}_2)+\psi_m(\boldsymbol{r}_1)\psi_n(\boldsymbol{r}_2)] \tag{9.9.6}$$

而反对称本征函数为

$$\psi_A^{(0)}(\boldsymbol{r}_1,\boldsymbol{r}_2)=\frac{1}{\sqrt{2}}[\psi_n(\boldsymbol{r}_1)\psi_m(\boldsymbol{r}_2)-\psi_m(\boldsymbol{r}_1)\psi_n(\boldsymbol{r}_2)] \tag{9.9.7}$$

将以上三个函数都看作 $\hat{H}$ 的零级近似本征函数，可求出能量的一级修正 $E_n^{(1)}=H'_{nn}$。

如图 9.9 中的玫红色分支所示，对于基态，其坐标波函数为对称波函数，则有

$$\psi_S^{(0)}(\boldsymbol{r}_1,\boldsymbol{r}_2)=\psi_{100}(\boldsymbol{r}_1)\psi_{100}(\boldsymbol{r}_2)=\frac{8}{\pi a_0^3}\mathrm{e}^{-\frac{2}{a_0}(r_1+r_2)} \tag{9.9.8}$$

对应的能量一级修正为

$$E_0^{(1)}=\left(\frac{8e_s}{\pi a_0^3}\right)^2\iint\frac{\exp\left[-\frac{4}{a_0}(r_1+r_2)\right]}{|\boldsymbol{r}_1-\boldsymbol{r}_2|}\mathrm{d}\tau_1\mathrm{d}\tau_2=\frac{5e_s^2}{4a_0} \tag{9.9.9}$$

基态波函数为

$$\Phi_0=\psi_S^{(0)}(\boldsymbol{r}_1,\boldsymbol{r}_2)\chi_A(s_1,s_2) \tag{9.9.10}$$

它说明，氦原子的基态是独态，或者说基态的氦是仲氦。对于激发态，设两电子处于不同的能级（$n\neq m$），令库仑能为

$$K=e_s^2\iint\frac{|\psi_n(\boldsymbol{r}_1)|^2|\psi_m(\boldsymbol{r}_2)|^2}{r_{12}}\mathrm{d}\tau_1\mathrm{d}\tau_2 \tag{9.9.11}$$

交换能为

$$J=e_s^2\iint\frac{\psi_n^*(\boldsymbol{r}_1)\psi_m^*(\boldsymbol{r}_2)\psi_m(\boldsymbol{r}_1)\psi_n(\boldsymbol{r}_2)}{r_{12}}\mathrm{d}\tau_1\mathrm{d}\tau_2 \tag{9.9.12}$$

可知使用对称本征函数所得能量的一级修正为

$$E_S^{(1)}=\langle\psi_S^{(0)}|\frac{e_s^2}{r_{12}}|\psi_S^{(0)}\rangle=K+J \tag{9.9.13}$$

此时本征能量为

$$E_S=\varepsilon_n+\varepsilon_m+K+J \tag{9.9.14}$$

对应的本征函数为

$$\Phi_{\mathrm{I}}=\psi_S^{(0)}(\boldsymbol{r}_1,\boldsymbol{r}_2)\chi_A(s_{1z},s_{2z}) \tag{9.9.15}$$

Φ_{I} 是独态，处于独态的氦称为仲氦。若使用反对称本征函数，则

$$E_A^{(1)}=\langle\psi_A^{(0)}|\frac{e_s^2}{r_{12}}|\psi_A^{(0)}\rangle=K-J \tag{9.9.16}$$

此时本征能量为

$$E_A=\varepsilon_n+\varepsilon_m+K-J \tag{9.9.17}$$

对应的本征函数为

$$\Phi_{\mathrm{II}}=\psi_A^{(0)}(\boldsymbol{r}_1,\boldsymbol{r}_2)\chi_S(s_{1z},s_{2z}) \tag{9.9.18}$$

Φ_{II} 是三重态，处于三重态的氦称为正氦。据此可从量子力学角度完美地解释氦原子为何

有两套能级结构（5.5 节提到的相关实验结果）。

多原子分子的问题是相当复杂的，作为最简单的双原子分子——氢分子，它的定态能级和波函数也只能用近似的方法求得。假定氢分子的原子核 A 和 B 固定不动，忽略电子自旋-轨道耦合相互作用和自旋之间的相互作用后，氢分子的哈密顿算符为

$$\hat{H}=\left(-\frac{\hbar^2}{2\mu}\nabla_1^2-\frac{e_s^2}{r_{A1}}-\frac{e_s^2}{r_{B1}}\right)+\left(-\frac{\hbar^2}{2\mu}\nabla_2^2-\frac{e_s^2}{r_{A2}}-\frac{e_s^2}{r_{B2}}\right)+\frac{e_s^2}{R_{AB}}+\frac{e_s^2}{r_{12}} \tag{9.9.19}$$

式中，各空间坐标参量的意义由图 9.9 蓝色分支中的示意图给出。下面用海特勒-伦敦法讨论氢分子的结合能，该方法的要点是选择适当的 Φ 作为近似波函数，然后用公式 $E=\int\Phi^*\hat{H}\Phi\mathrm{d}\tau$ 计算能量。将两氢原子间的相互作用看作微扰，用两氢原子的基态波函数在满足对称性要求下构成近似波函数 Φ。第一个电子和核 A，以及第二个电子和核 B 组成的原子基态波函数分别为

$$\begin{cases}\psi(r_{A1})=\mathrm{e}^{-\frac{r_{A1}}{a_0}}/\sqrt{\pi a_0^3} & (9.9.20\mathrm{a})\\ \psi(r_{B2})=\mathrm{e}^{-\frac{r_{B2}}{a_0}}/\sqrt{\pi a_0^3} & (9.9.20\mathrm{b})\end{cases}$$

由它们可以构成下列两个反对称近似波函数：三重态的反对称近似波函数为

$$\Phi_{\mathrm{I}}=C_1[\psi(r_{A1})\psi(r_{B2})-\psi(r_{A2})\psi(r_{B1})]\chi_S(s_{1z},s_{2z}) \tag{9.9.21}$$

独态的反对称近似波函数为

$$\Phi_{\mathrm{II}}=C_2[\psi(r_{A1})\psi(r_{B2})+\psi(r_{A2})\psi(r_{B1})]\chi_A(s_{1z},s_{2z}) \tag{9.9.22}$$

使用归一化条件可证明：

$$\begin{cases}C_1^2=\dfrac{1}{2(1+\Delta^2)} & (9.9.23\mathrm{a})\\ C_2^2=\dfrac{1}{2(1-\Delta^2)} & (9.9.23\mathrm{b})\end{cases}$$

其中，$\Delta=\int\psi(r_{A1})\psi(r_{B1})\mathrm{d}\tau_1$。将 Φ_{I} 和 Φ_{II} 分别代入 $E=\int\Phi^*\hat{H}\Phi\mathrm{d}\tau$，计算可得三重态的能量 E_1 和独态的能量 E_2 分别为

$$\begin{cases}E_1=2E_{\mathrm{H}}+\dfrac{e_s^2}{R_{AB}}+\dfrac{K-J}{1-\Delta^2} & (9.9.24\mathrm{a})\\ E_2=2E_{\mathrm{H}}+\dfrac{e_s^2}{R_{AB}}+\dfrac{K+J}{1+\Delta^2} & (9.9.24\mathrm{b})\end{cases}$$

式中，E_{H} 是氢原子基态的能量。因此，库仑能与交换能分别为

$$\begin{cases}K=e_s^2\iint\psi^2(r_{A1})\psi^2(r_{B2})\left(\dfrac{1}{r_{12}}-\dfrac{1}{r_{A2}}-\dfrac{1}{r_{B1}}\right)\mathrm{d}\tau_1\mathrm{d}\tau_2 & (9.9.25\mathrm{a})\\ J=\dfrac{e_s^2}{2}\iint\psi(r_{A1})\psi(r_{B2})\psi(r_{B1})\psi(r_{A2})\left(\dfrac{2}{r_{12}}-\dfrac{1}{r_{A1}}-\dfrac{1}{r_{A2}}-\dfrac{1}{r_{B1}}-\dfrac{1}{r_{B2}}\right)\mathrm{d}\tau_1\mathrm{d}\tau_2 & (9.9.25\mathrm{b})\end{cases}$$

如图 9.9 底部的能量曲线所示，通过比较 E_1 和 E_2 随 R_{AB} 变化的曲线以及实验结果 E_{exp} 可知，只有当两电子自旋反平行时，即两电子的自旋相互抵消时才能形成氢分子。这为同极键或共价键提供了解释，同极键是由量子力学中的交换现象（$J\neq0$）而来的。

请构建自己的思维导图。

第10章 固体物理学的思维导图范例

10.1 晶体结构的思维导图

固体物理学是研究固体的物理性质、微观结构、固体中各种粒子运动形态和规律及其相互关系的学科。固体材料是由大量的原子(或离子)排列而成的,原子排列的方式称为固体的结构。按照原子排列的周期性不同,固体材料可分为晶体、准晶体和非晶体。在晶体中原子的排列具有周期性,在非晶体中原子的排列不具有长程的周期性,而准晶体介于前两者之间。图 10.1 展示了晶体结构的思维导图,简要回顾描述晶体结构的基本概念和方法,总结晶体中原子排列的几何规则性。

晶体中原子排列的具体形式称为晶格。首先来考查一些晶格的实例。如图 10.1 红色分支中的示意图所示,常见的晶格结构有简单立方晶格(sc)、体心立方晶格(bcc)、六角密排晶格(hcp)、面心立方晶格(fcc)、金刚石晶格、闪锌矿晶格、钙钛矿 ABO_3 晶格、CsCl 晶格和 NaCl 晶格等结构。具体来说,有很多金属如 Li、Na、K、Rb、Cs、Fe 等,具有体心立方晶格结构。将体心立方晶格中的体心原子替换为 Cs 原子,而顶点处放置 Cl 原子,则可得 CsCl 晶格结构。按照密排晶格密排层之间的堆积方式周期性的不同,可构成不同的多型结构,常见的有 hcp 晶格结构,它的堆积周期为 2,堆积方式为 AB AB AB…,而 fcc 晶格结构,它的堆积周期为 3,堆积方式为 ABC ABC…。很多金属单质具有以上两种密排结构之一,例如,Be、Mg、Zn、Cd 具有 hcp 晶格结构,Au、Ag、Cu、Al 则具有 fcc 晶格结构。金刚石晶格结构中每个原子有 4 个最近邻,它们正好处于一个正四面体的顶角位置。C、Si 和 Ge 都具有金刚石晶格结构。闪锌矿晶格仅需在金刚石晶格立方单元的对角线位置放置一种原子,在面心立方位置上放置另一种原子即可构成。钙钛矿 ABO_3 结构中 A、B 和 O 分别位于立方晶格顶点、体心和面心的位置。碱金属和卤族元素的化合物都具有 NaCl 晶格结构,它也可看作是两种面心立方晶格的嵌套。

晶格的周期性(或称平移对称性)通常由原胞和基矢来描述。晶格的原胞是指一个晶格最小的周期性单元。为了反映晶格的对称性,晶体学中常选取较大的周期性单元——单胞来描述晶体。晶格的基矢是指原胞的边矢量,一般用 $\boldsymbol{a}_1$、$\boldsymbol{a}_2$、$\boldsymbol{a}_3$ 表示。例如,sc 晶格的基矢为 $\boldsymbol{a}_1=a\boldsymbol{i}$,$\boldsymbol{a}_2=a\boldsymbol{j}$,$\boldsymbol{a}_3=a\boldsymbol{k}$;fcc 晶格的基矢为 $\boldsymbol{a}_1=\frac{a}{2}(\boldsymbol{i}+\boldsymbol{j})$,$\boldsymbol{a}_2=\frac{a}{2}(\boldsymbol{j}+\boldsymbol{k})$,$\boldsymbol{a}_3=\frac{a}{2}(\boldsymbol{k}+\boldsymbol{i})$;bcc 晶格的基矢为 $\boldsymbol{a}_1=\frac{a}{2}(\boldsymbol{i}+\boldsymbol{j}-\boldsymbol{k})$,$\boldsymbol{a}_2=\frac{a}{2}(\boldsymbol{j}+\boldsymbol{k}-\boldsymbol{i})$,$\boldsymbol{a}_3=\frac{a}{2}(\boldsymbol{k}+\boldsymbol{i}-\boldsymbol{j})$。晶格分为简单晶格和复式晶格两类。针对晶格周期性的描述,前者使用位矢表达:

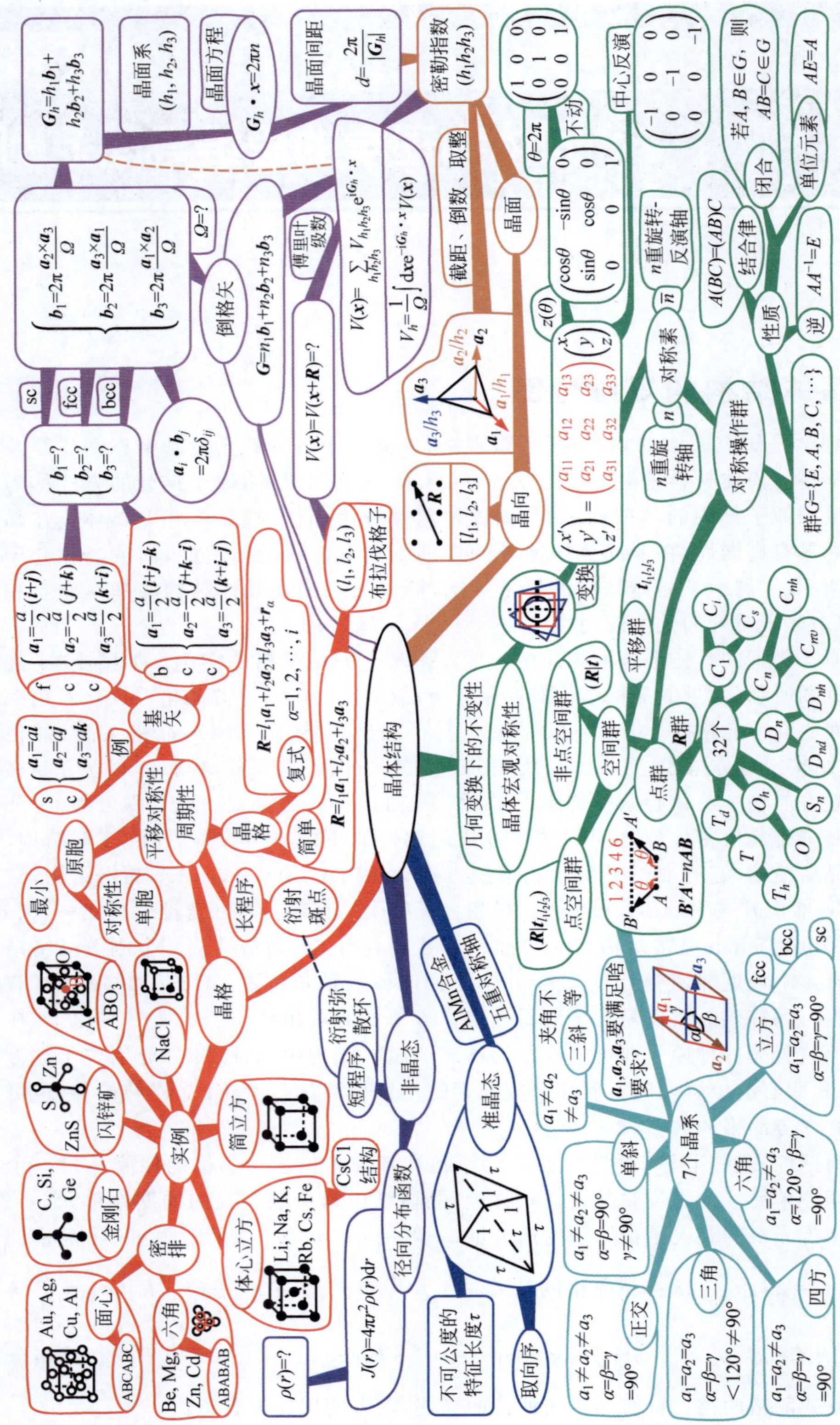

图 10.1 晶体结构的思维导图

$$\boldsymbol{R}=l_1\boldsymbol{a}_1+l_2\boldsymbol{a}_2+l_3\boldsymbol{a}_3 \tag{10.1.1}$$

而后者使用下式表达：

$$\boldsymbol{R}=l_1\boldsymbol{a}_1+l_2\boldsymbol{a}_2+l_3\boldsymbol{a}_3+\boldsymbol{r}_\alpha,\quad \alpha=1,2,\cdots,i \tag{10.1.2}$$

其中，$\boldsymbol{a}_1$、$\boldsymbol{a}_2$、$\boldsymbol{a}_3$ 为晶格基矢；$\boldsymbol{r}_\alpha$ 表示原胞内各种等价原子之间的相对位移。以 $\boldsymbol{a}_1$、$\boldsymbol{a}_2$、$\boldsymbol{a}_3$ 为基矢，一组整数序列(l_1,l_2,l_3)的所有可能取值的集合可以构成一个布拉伐格子。晶体的长程序可由衍射实验中一组组清晰的斑点图样显示出来。与此对比，非晶态的短程序所给出的衍射则呈现出弥散环的图样。

由于晶格的周期性，晶格中 $\boldsymbol{x}$ 点和 $\boldsymbol{x}+\boldsymbol{R}$ 点的情况完全相同。设 $V(\boldsymbol{x})$是 $\boldsymbol{x}$ 点处的某一物理量，如静电势能、电子云密度等，则有

$$V(\boldsymbol{x})=V(\boldsymbol{x}+\boldsymbol{R}) \tag{10.1.3}$$

如图 10.1 中的玫红色分支所示，为了方便地将三维周期函数 $V(\boldsymbol{x})$展开成傅里叶级数，需要引入倒格子空间。由基矢 $\boldsymbol{a}_1$、$\boldsymbol{a}_2$、$\boldsymbol{a}_3$ 定义如下三个新的矢量：

$$\begin{cases}\boldsymbol{b}_1=2\pi\dfrac{\boldsymbol{a}_2\times\boldsymbol{a}_3}{\Omega} & (10.1.4\text{a})\\[2ex] \boldsymbol{b}_2=2\pi\dfrac{\boldsymbol{a}_3\times\boldsymbol{a}_1}{\Omega} & (10.1.4\text{b})\\[2ex] \boldsymbol{b}_3=2\pi\dfrac{\boldsymbol{a}_1\times\boldsymbol{a}_2}{\Omega} & (10.1.4\text{c})\end{cases}$$

其中，$\boldsymbol{b}_1$，$\boldsymbol{b}_2$，$\boldsymbol{b}_3$ 称为倒格子基矢；$\Omega=\boldsymbol{a}_1\cdot(\boldsymbol{a}_2\times\boldsymbol{a}_3)(\Omega=?)$。以 $\boldsymbol{b}_1$、$\boldsymbol{b}_2$、$\boldsymbol{b}_3$ 为基矢，可以构成一个倒格子，倒格子每个格点的位置由倒格矢 $\boldsymbol{G}=n_1\boldsymbol{b}_1+n_2\boldsymbol{b}_2+n_3\boldsymbol{b}_3$ 确定。请读者动手计算 sc、fcc 和 bcc 晶格对应的倒格矢 $\boldsymbol{b}_1$、$\boldsymbol{b}_2$ 和 $\boldsymbol{b}_3$($\boldsymbol{b}_1=?,\boldsymbol{b}_2=?,\boldsymbol{b}_3=?$)。可证明，$\boldsymbol{a}_i\cdot\boldsymbol{b}_j=2\pi\delta_{ij}$，倒格矢 $\boldsymbol{G}_h=h_1\boldsymbol{b}_1+h_2\boldsymbol{b}_2+h_3\boldsymbol{b}_3$ 垂直于密勒指数为(h_1,h_2,h_3)的晶面系(可使用两个矢量内积为零来证明)，晶面方程为 $\boldsymbol{G}_h\cdot\boldsymbol{x}=2\pi n$，晶面间距为 $d=\dfrac{2\pi}{|\boldsymbol{G}_h|}$。借助倒格矢，三维周期函数 $V(\boldsymbol{x})(V(\boldsymbol{x})=V(\boldsymbol{x}+\boldsymbol{R}))$的傅里叶级数形式可表示为

$$V(\boldsymbol{x})=\sum_{h_1h_2h_3}V_{h_1h_2h_3}\mathrm{e}^{\mathrm{i}\boldsymbol{G}_h\cdot\boldsymbol{x}} \tag{10.1.5}$$

其中，展开系数 $V_h=V_{h_1h_2h_3}=\dfrac{1}{\Omega}\int\mathrm{d}\boldsymbol{x}\,\mathrm{e}^{-\mathrm{i}\boldsymbol{G}_h\cdot\boldsymbol{x}}V(\boldsymbol{x})$。

由于晶体具有方向性，沿晶格的不同方向，晶体的性质不同，如图 10.1 中的橘黄色分支所示，人们使用晶向和晶面以区别和标志晶格中的不同方向。如果从一个原子沿晶向到最近的原子的位移矢量为 $l_1\boldsymbol{a}_1+l_2\boldsymbol{a}_2+l_3\boldsymbol{a}_3$，则使用晶向指数$[l_1,l_2,l_3]$来标志晶向。讨论晶体时，又常常需要谈到某些具体的晶面，密勒指数$(h_1h_2h_3)$常被用于标志不同的晶面。如图 10.1 中橘黄色分支右侧的示意图所示，密勒指数可由如下规则确定：以一个原子为原点作基矢 $\boldsymbol{a}_1$、$\boldsymbol{a}_2$ 和 $\boldsymbol{a}_3$，晶面系中必然有一个晶面通过原点，假如与该晶面平行的最近邻晶面与 $\boldsymbol{a}_1$、$\boldsymbol{a}_2$ 和 $\boldsymbol{a}_3$ 切割点的矢量分别为 $\boldsymbol{a}_1/h_1$、$\boldsymbol{a}_2/h_2$ 和 $\boldsymbol{a}_3/h_3$，其中 h_1、h_2 和 h_3 为正或负整数，则该晶面系的密勒指数记为$(h_1h_2h_3)$。它们也就是以$|\boldsymbol{a}_1|$、$|\boldsymbol{a}_2|$、$|\boldsymbol{a}_3|$为各轴的长度单位所求得的晶面截距的倒数值，再通过取整数所得(简记为截距、倒数、取整)。

晶体的宏观对称性不仅表现在几何外形上，还反映在晶体的宏观物理性质中。如图 10.1 中的绿色分支所示，研究晶体的宏观对称性就是考查在一定几何变换下物体的不

变性。三维正交变换可以写成

$$\begin{pmatrix} x' \\ y' \\ z' \end{pmatrix} = \begin{pmatrix} a_{11} & a_{12} & a_{13} \\ a_{21} & a_{22} & a_{23} \\ a_{31} & a_{32} & a_{33} \end{pmatrix} \begin{pmatrix} x \\ y \\ z \end{pmatrix} \tag{10.1.6}$$

其中,矩阵$\{a_{ij}\}$是正交矩阵。譬如,绕 z 轴转 θ 角的正交矩阵(简记为 $z(\theta)$)为

$$\begin{pmatrix} \cos\theta & -\sin\theta & 0 \\ \sin\theta & \cos\theta & 0 \\ 0 & 0 & 1 \end{pmatrix} \tag{10.1.7}$$

当 $\theta=2\pi$ 时,矩阵变为

$$\begin{pmatrix} 1 & 0 & 0 \\ 0 & 1 & 0 \\ 0 & 0 & 1 \end{pmatrix}$$

它代表一个特殊的对称操作,即不动。而中心反演的正交矩阵为

$$\begin{pmatrix} -1 & 0 & 0 \\ 0 & -1 & 0 \\ 0 & 0 & -1 \end{pmatrix}$$

一个物体的旋转轴或旋转-反演轴统称为物体的“对称素”。若一个物体绕某一转轴旋转 $2\pi/n$ 以及它的整数倍时与自身重合,则称这个轴为物体的 n 重旋转轴,记作 n。若一个物体绕某一转轴旋转 $2\pi/n$ 再作中心反演以及旋转$\frac{2\pi}{n}$的整数倍再作中心反演时与自身重合,则称这个轴为物体的 n 重旋转-反演轴,记作 $\bar{n}$。一个物体所有对称操作的集合,构成对称操作群。群 $G\equiv\{E,A,B,C,\cdots\}$具有如下性质:结合律 $A(BC)=(AB)C$;闭合性(若 A,$B\in G$,则 $AB=C\in G$);存在单位元素 E,即 $AE=A$;对于任意元素 A,存在逆元素,即 $AA^{-1}=E$。

晶格的对称性可由一系列转动(或转动加反演)对称操作描述,这些对称操作的集合组成点群,通常用 $\boldsymbol{R}$ 表示点群对称操作,简称 $\boldsymbol{R}$ 群。除了 $\boldsymbol{R}$ 群,晶格的平移对称性可用布拉伐格子来表征,平移一个布拉伐格子的晶格矢量 $\boldsymbol{t}_{l_1l_2l_3}=l_1\boldsymbol{a}_1+l_2\boldsymbol{a}_2+l_3\boldsymbol{a}_3$,晶体自身重合,称为平移对称操作。所有布拉伐格子的晶格矢量所对应的平移对称操作 $\boldsymbol{t}_{l_1l_2l_3}$ 的集合,称为平移群。而晶格全部对称操作(既有平移也有转动)的集合,构成空间群。空间群又可分为两类:点空间群$(\boldsymbol{R}|\boldsymbol{t}_{l_1l_2l_3})$和非点空间群$(\boldsymbol{R}|\boldsymbol{t})$,其中,$\boldsymbol{t}_{l_1l_2l_3}$ 为平移对称操作,而 $\boldsymbol{t}$ 不一定是一个平移对称操作。

由于任何晶格都具有由一定布拉伐格子所表征的基本周期性,考查如图 10.1 中绿色分支左侧示意图所示的旋转变换,利用 $\boldsymbol{B'A'}=n\boldsymbol{AB}$,可证明,不论任何晶体,它的宏观对称只可能有下列 10 种对称素:1,2,3,4,6;$\bar{1},\bar{2},\bar{3},\bar{4},\bar{6}$。因为对称素组合时受到严格限制,由 10 种对称素只能组成 32 个不同的点群。它们分别是:只含一个不动操作的 C_1 群,只含一个旋转轴的回转群 C_n(含 C_2,C_3,C_4,C_6),包含一个 n 重旋转轴和 n 个与之垂直的二重轴的双面群 D_n(含 D_2,D_3,D_4,D_6),含 48 个对称操作的立方点群 O_h,含 24 个对称操作的正四面体点群 T_d,以及由上述点群增加中心反演和反映面或子群所构成的新点群。例如,C_1

群加上中心反演组成的 C_i 群；C_1 群加上反映面组成的 C_s 群；C_n 群加上与 n 重轴垂直的反映面组成的 C_{nh} 群；C_n 群加上与 n 个含 n 重轴的反映面组成的 C_{nv} 群；D_n 群加上与 n 重轴垂直的反映面组成的 D_{nh} 群；D_n 群加上通过 n 重轴及两根二重轴角平分线的反映面组成的 D_{nd} 群；O_h 群中的 24 个纯转动操作组成的 O 群；T_d 群中的 12 个纯转动操作组成的 T 群；T 群加上中心反演组成的 T_h 群；还有只包含旋转反演轴的 S_n 群（只含 S_4，S_6）。

倘若晶体要具有一定的宏观对称性，它必须具有怎样的布拉伐格子呢？也就是说，一个布拉伐格子如果要具有一定的点群对称性，$\boldsymbol{a}_1$、$\boldsymbol{a}_2$、$\boldsymbol{a}_3$ 要满足什么要求？可证明，如图 10.1 中的青色分支所示，根据 32 个点群对布拉伐格子的要求，布拉伐格子总共可分为 7 类，称为 7 个晶系。各种晶系对应的单胞基矢的特征可由 $\boldsymbol{a}_1$、$\boldsymbol{a}_2$ 和 $\boldsymbol{a}_3$ 的大小和它们之间的夹角 α、β 和 γ 给出。三斜晶系要求 $a_1 \neq a_2 \neq a_3$，夹角不等，仅包含简单三斜一种布拉伐格子，属于 C_1，C_i 点群；单斜晶系要求 $a_1 \neq a_2 \neq a_3$，$\alpha=\beta=90°$，$\gamma \neq 90°$，包含简单单斜和底心单斜两种布拉伐格子，属于 C_2，C_s，C_{2h} 点群；正交晶系要求 $a_1 \neq a_2 \neq a_3$，$\alpha=\beta=\gamma=90°$，包含简单正交、底心正交、体心正交和面心正交四种布拉伐格子，属于 D_2，C_{2v}，D_{2h} 点群；三角晶系要求 $a_1=a_2=a_3$，$\alpha=\beta=\gamma<120° \neq 90°$，仅包含三角一种布拉伐格子，属于 C_3，C_{3h}，D_3，C_{3v}，D_{3d} 点群；四方晶系要求 $a_1=a_2 \neq a_3$，$\alpha=\beta=\gamma=90°$，包含简单四方和体心四方两种布拉伐格子，属于 C_4，C_{4h}，D_4，D_{4v}，D_{4h}，S_4，D_{2d} 点群；六角晶系要求 $a_1=a_2 \neq a_3$，$\alpha=120°$，$\beta=\gamma=90°$，仅包含六角一种布拉伐格子，属于 C_6，C_{6h}，D_6，C_{3v}，D_{6h}，C_{3h}，D_{2h} 点群；立方晶系要求 $a_1=a_2=a_3$，$\alpha=\beta=\gamma=90°$，包含简单立方(sc)、体心立方(bcc)和面心立方(fcc)三种布拉伐格子，属于 T，T_h，T_d，O，O_h 点群。

实验发现，快速冷却方法制备的 AlMn 合金中的电子衍射图中，存在五重对称轴的斑点分布。这是一种介于晶态和非晶态之间的准晶态。因为由“箭”和“风筝”两种四边形（两种边长之比为不可公度的特征长度 $\tau=1.618$）的 Penrose 拼接图案（见图 10.1 蓝色分支中的示意图），具有 5 重对称性，将其推广应用到三维情形，成功解释了 AlMn 合金的电子衍射图。由此可知，准晶态具有长程的取向序而没有长程的平移序。

与此对比，如图 10.1 中的紫色分支所示，非晶态只具有短程序，它的衍射图案呈现弥散环的特征。通常，人们使用 X 射线、电子或中子衍射的方法测定非晶态材料的径向分布函数 $J(r)=4\pi r^2 \rho(r)\mathrm{d}r$ 来研究非晶态材料结构，其中，$\rho(r)$ 代表距原子半径为 r 的球面上的原子密度（$\rho(r)=?$）。

请构建自己的思维导图。

10.2 固体的结合的思维导图

图 10.2 给出了固体的结合的思维导图。固体的结合一般可以概括为离子性结合、共价结合、金属性结合和范德瓦耳斯结合四种基本形式。

典型的离子晶体就是碱金属元素和卤族元素之间形成的化合物。如图 10.2 中红色分支右侧的示意图所示，离子性结合的基本特点是以离子而不是以原子为结合的单位，正负离子之间以库仑吸引相互作用，而离子间相互重叠的电子云会产生强烈的排斥作用。一般

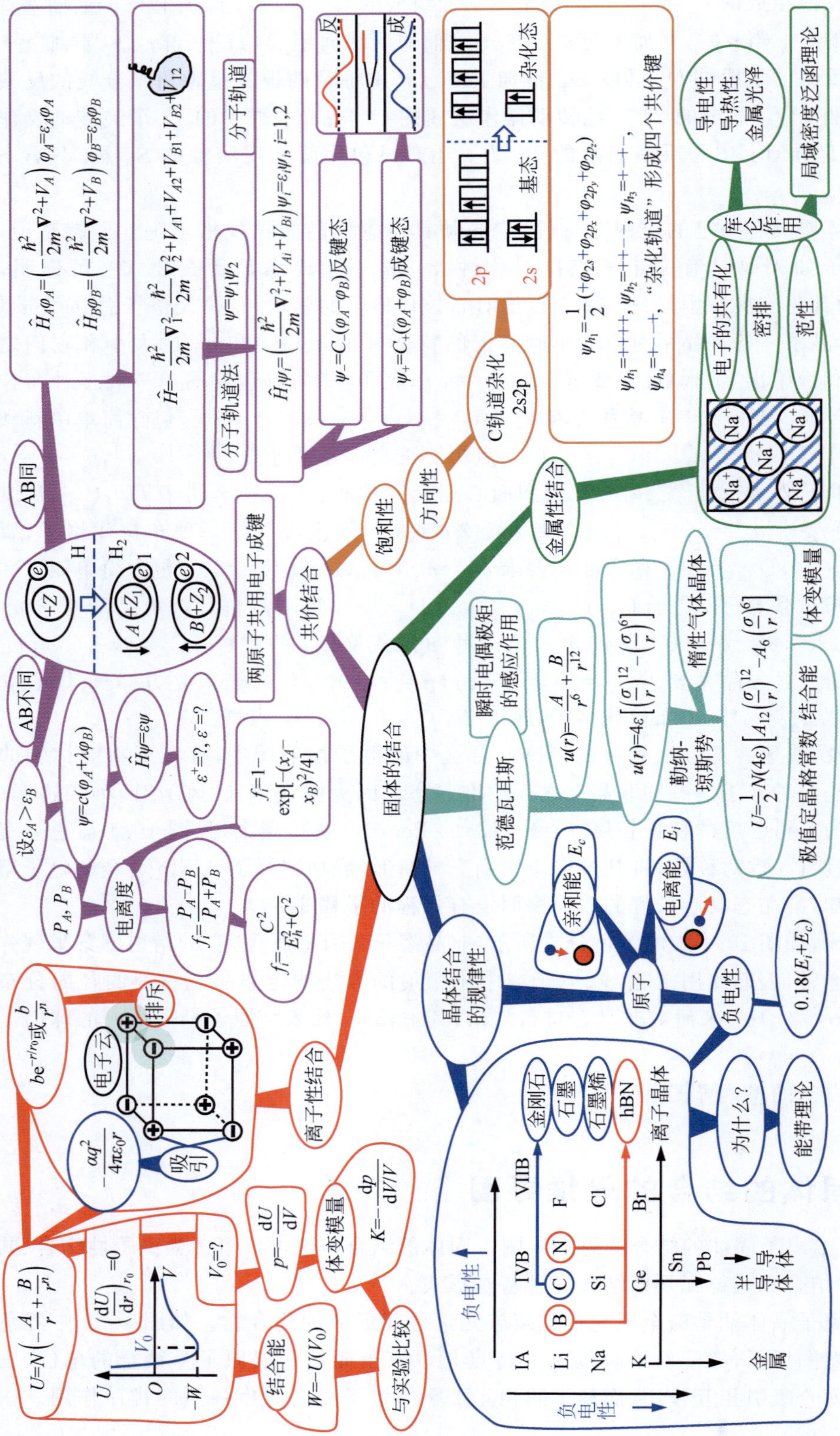

图 10.2 固体的结合的思维导图

来说，库仑吸引能采用$-\frac{\alpha q^2}{4\pi\varepsilon_0 r}$的形式，而重叠排斥能唯象地采用$be^{-r/r_0}$或$\frac{b}{r^n}$形式的势能函数来概括，其中，$r$表示相邻离子之间的距离。设 NaCl 晶体包括 N 个原胞，综合考虑库仑吸引能和重叠排斥能，系统的内能可采用$U=N\left(-\frac{A}{r}+\frac{B}{r^n}\right)$的简单形式。因晶体的体积$V$为$r$的函数，即$V=2Nr^3$，对应的内能$U(V)$的曲线如图 10.2 中红色分支左侧的示意图所示。那么，如何确定晶体最小内能所对应的体积V_0呢？由$\left(\frac{\mathrm{d}U}{\mathrm{d}r}\right)_{r_0}=0$和内能表达式求出近邻离子之间的平衡距离$r_0$，进而由$V_0=2Nr_0^3$可确定$V_0$。设想将分散很远的原子(离子或分子)逐渐缩短距离，最终结合为晶体，在这个过程中，系统的体积不断减小，系统会释放一定的能量W，称为结合能。由内能随体积的变化曲线和结合能的定义可知，$W=-U(V_0)$。由功能原理可知 0 K 时，固体所受外压强应满足$p=-\frac{\mathrm{d}U}{\mathrm{d}V}$。再由体变模量$K=-\frac{\mathrm{d}p}{\mathrm{d}V/V}$，对于平衡晶体可得

$$K=\left(V\frac{\mathrm{d}^2U}{\mathrm{d}V^2}\right)_{V_0} \tag{10.2.1}$$

将其写成r_0的函数，则得

$$K=\frac{(n-1)\alpha q^2}{72\pi\varepsilon_0 r_0^4} \tag{10.2.2}$$

并与实验测量的晶格常数和体变模量比较，可以确定排斥能$\frac{b}{r^n}$中的参数n，最终计算出结合能为

$$W=-U(r_0)=\frac{N\alpha q^2}{4\pi\varepsilon_0 r_0}\left(1-\frac{1}{n}\right) \tag{10.2.3}$$

共价结合是指两原子各自贡献一个电子，共用电子形成所谓的共价键。例如，氢分子H_2是靠两氢原子 H 形成共价键结合的典型例子，它属于形成共价键的两个原子 A 和 B 是相同原子的情况，如图 10.2 中玫红色分支左侧的示意图所示。当两原子为自由原子时，各有一个价电子，它们分别满足薛定谔方程：

$$\begin{cases}\hat{H}_A\varphi_A=\left(-\frac{\hbar^2}{2m}\nabla^2+V_A\right)\varphi_A=\varepsilon_A\varphi_A & (10.2.4\mathrm{a})\\ \hat{H}_B\varphi_B=\left(-\frac{\hbar^2}{2m}\nabla^2+V_B\right)\varphi_B=\varepsilon_B\varphi_B & (10.2.4\mathrm{b})\end{cases}$$

其中，V_A、V_B为作用在电子上的库仑势。当两原子相互靠近时，波函数交叠，形成共价键，这时每个电子均为 A 原子和 B 原子共有，哈密顿量为

$$\hat{H}=-\frac{\hbar^2}{2m}\nabla_1^2-\frac{\hbar^2}{2m}\nabla_2^2+V_{A1}+V_{A2}+V_{B1}+V_{B2}+V_{12} \tag{10.2.5}$$

忽略两电子之间的相互作用V_{12}，采用分子轨道法，令$\psi=\psi_1\psi_2$，可将$\hat{H}\psi=E\psi$的方程分解为两部分，即

$$\hat{H}_i\psi_i=\left(-\frac{\hbar^2}{2m}\nabla_i^2+V_{Ai}+V_{Bi}\right)\psi_i=\varepsilon_i\psi_i,\quad i=1,2 \tag{10.2.6}$$

这是单电子波动方程，它的解称为分子轨道。选取分子轨道波函数为原子波函数的线性组合，则分子轨道波函数有如下形式：

$$\begin{cases}\psi_-=C_-(\varphi_A-\varphi_B) & (10.2.7\text{a})\\ \psi_+=C_+(\varphi_A+\varphi_B) & (10.2.7\text{b})\end{cases}$$

通常称ψ_-为反键态，ψ_+为成键态。如图10.2中玫红色分支右侧的示意图所示，在反键态中两原子核之间的电子云密度减小，而在成键态中电子云密集在两原子核之间。成键态中一对为两原子所共有的自旋相反配对的电子结构，称为共价键。

当形成共价键的两个原子A和B是不同种原子时，V_A与V_B不同，则$\varepsilon_A\neq\varepsilon_B$，假设$\varepsilon_A>\varepsilon_B$，仍采用分子轨道法，将薛定谔方程约化为单电子方程。选取分子轨道波函数为原子轨道波函数的线性组合，即

$$\psi=c(\varphi_A+\lambda\varphi_B) \tag{10.2.8}$$

其中，λ代表不同原子的波函数组合成分子轨道波函数时的权重因子。求解薛定谔方程

$$\begin{cases}\hat{H}\psi=\varepsilon\psi & (10.2.9\text{a})\\ \hat{H}=\left(-\dfrac{\hbar^2}{2m}\nabla^2+V_A+V_B\right) & (10.2.9\text{b})\end{cases}$$

可得成键态和反键态的能级ε^+和ε^-（$\varepsilon^+=?$，$\varepsilon^-=?$）以及相应的λ^+和λ^-（$\lambda^+=?$，$\lambda^-=?$）。详细求解过程请参考书末的参考书目，在此不再赘述。分子轨道波函数$\psi=c(\varphi_A+\lambda\varphi_B)$意味着，在A原子和B原子上电子的概率$P_A$和$P_B$分别为$P_A=\dfrac{1}{1+\lambda^2}$，$P_B=\dfrac{\lambda^2}{1+\lambda^2}$。这说明异类原子所形成的共价结合中包含离子性的成分，通常引入电离度来描述它。卡尔森定义电离度为

$$f_i=\frac{P_A-P_B}{P_A+P_B} \tag{10.2.10}$$

而泡利根据原子的负电性，定义了另一种电离度的标度方式，即

$$f_i=1-\exp[-(x_A-x_B)^2/4] \tag{10.2.11}$$

其中，x_A，x_B分别表示A原子和B原子的负电性。同时，菲利蒲把成键态与反键态之间的能量间隙E_g的平方看成共价结合成分的贡献E_h的平方与离子结合成分的贡献C的平方之和，即$E_g^2=E_h^2+C^2$，定义电离度为

$$f_i=\frac{C^2}{E_h^2+C^2} \tag{10.2.12}$$

多种电离度标度的合理性要以能否更好地反映出固体的性质随离子性变化的规律性为标准。

共价结合有两个基本特征：饱和性和方向性。饱和性是指一个原子只能形成一定数目的共价键，而方向性是指原子只在特定方向上形成共价键。由于共价键的方向性，原子在形成共价键时，可以发生轨道杂化。如图10.2橘黄色分支中的示意图所示，金刚石中的每

个 C 原子之所以能与 4 个近邻碳原子形成共价键，是因为原来在 2s 和 2p 轨道上的 4 个电子，分别处于ψ_{h_1}，ψ_{h_2}，ψ_{h_3}，ψ_{h_4}“杂化轨道”上，其中$\psi_{h_1}=\frac{1}{2}(+\varphi_{2s}+\varphi_{2p_x}+\varphi_{2p_y}+\varphi_{2p_z})$，简记为$\psi_{h_1}=++++$。类似地，$\psi_{h_2}$，$\psi_{h_3}$，$\psi_{h_4}$分别简记为：$\psi_{h_2}=++--$，$\psi_{h_3}=+-+-$，$\psi_{h_4}=+--+$，最终形成四个共价键。

金属性结合的基本特点是电子的“共有化”，如图 10.2 绿色分支中的示意图所示，Na^+离子实沉浸在共有化的电子海中。金属的导电性、导热性、光泽等特性都是与共有化电子可以在整个晶体内自由运动相联系的。晶体的平衡仍主要来自库仑作用中的斥力和引力的竞争。为了使系统的能量更低，金属元素多采用密排的晶体结构，如面心立方或六角密排结构。另外，金属性结合对原子排列没有特殊的要求，使其具有很大的范性，这是金属被广泛用作机械材料的一个重要原因。局域密度泛函理论为研究金属的结合性质提供了有力的支持。

范德瓦耳斯结合是一种瞬时电偶极矩的感应作用。靠范德瓦耳斯相互作用结合的两个原子的相互作用能可写成

$$u(r)=-\frac{A}{r^6}+\frac{B}{r^{12}} \tag{10.2.13}$$

有时也将其改写为

$$u(r)=4\varepsilon\left[\left(\frac{\sigma}{r}\right)^{12}-\left(\frac{\sigma}{r}\right)^{6}\right] \tag{10.2.14}$$

称为勒纳-琼斯势。因此，N 个原子组成的惰性气体晶体的结合能为

$$U=\frac{1}{2}N(4\varepsilon)\left[A_{12}\left(\frac{\sigma}{r}\right)^{12}-A_6\left(\frac{\sigma}{r}\right)^{6}\right] \tag{10.2.15}$$

采用前文所述方法，可通过求极小值确定晶格常数和结合能，由势能函数计算体变模量等。

晶体结合呈现规律性。晶体究竟采用何种基本结合形式，主要取决于原子束缚电子的能力。亲和能 E_c 和电离能 E_i 是度量原子束缚电子能力的两个物理量，前者是指一个中性原子获得一个电子成为负离子时所放出的能量，而后者是指使中性原子失去一个电子所必需的能量。综合两者，可定义原子的负电性为 $0.18(E_i+E_c)$。如图 10.2 中蓝色分支左侧的示意图所示，在元素周期表中，由上到下，元素的负电性逐渐减弱；周期表越往下，一个周期内元素的负电性的差别也越小；从左向右，同一周期内的元素负电性越来越强。碳元素可以形成金刚石、石墨和石墨烯等材料，B 和 N 可以形成二维材料六角氮化硼(hBN)。它们的导电性能又完全不同，为什么？材料可分为导体、半导体和绝缘体，这需要能带理论给予解释，请见图 10.5。

请构建自己的思维导图。

10.3　晶格振动的思维导图

图 10.3 展示了晶格振动的思维导图。它首先总结简谐近似下经典力学和量子力学对晶格振动的一般描述，然后回顾一维单原子链和一维双原子链中格波的特点，最后将其推广至三维晶格的振动。

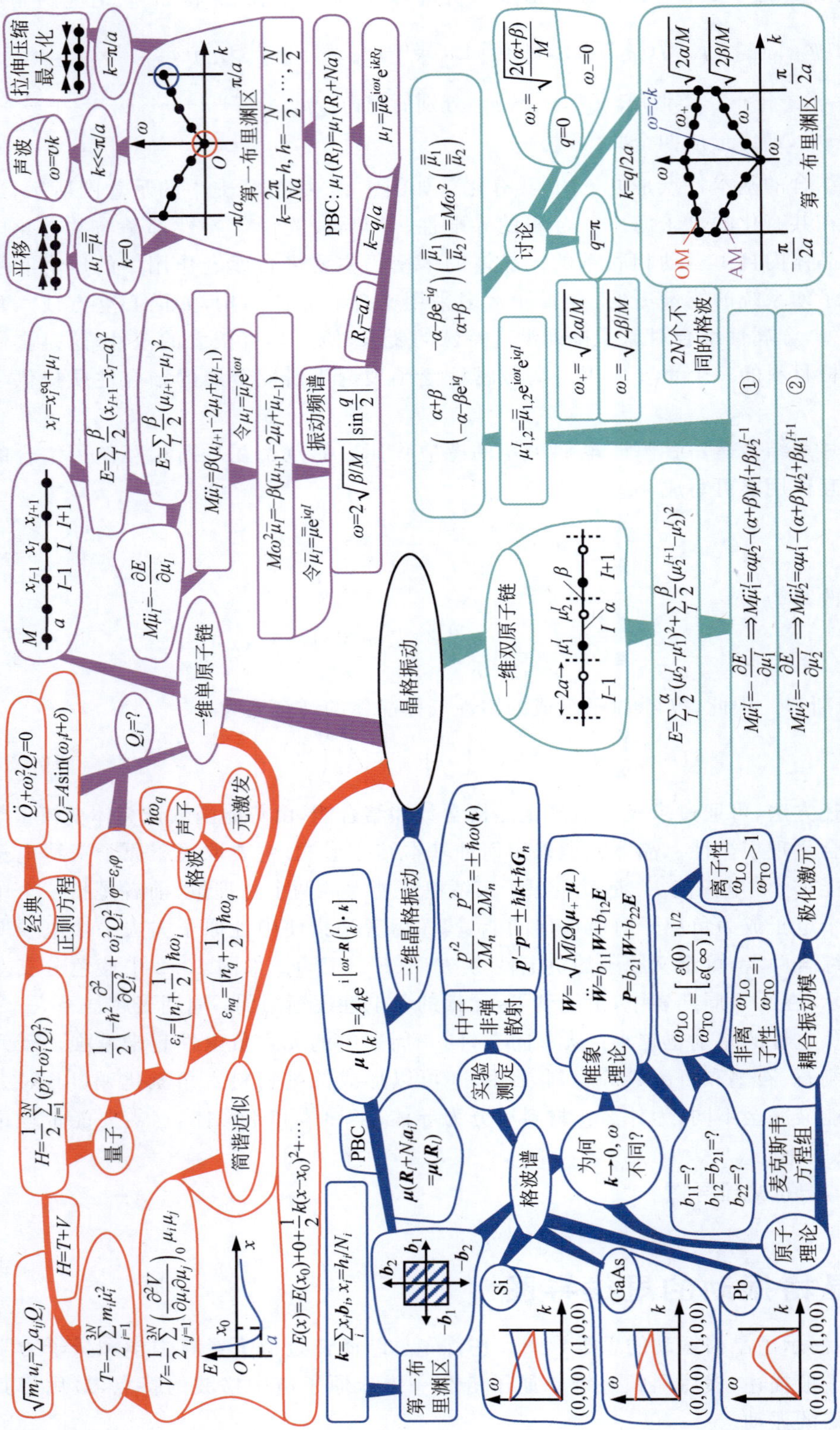

图 10.3　晶格振动的思维导图

晶体中的格点表示原子的平衡位置，晶格振动是指原子在格点附近的振动。如图 10.3 中的红色分支所示，将由 N 个原子所组成体系的势能函数 V 在平衡位置附近展开为泰勒级数，在简谐近似下，总势能为

$$V=\frac{1}{2}\sum_{i,j=1}^{3N}\left(\frac{\partial^2 V}{\partial\mu_i\partial\mu_j}\right)_0\mu_i\mu_j \tag{10.3.1}$$

读者可以类比两原子的势能函数 $E(x)$ 在平衡位置 x_{eq} 附近的泰勒级数展开式，有

$$E(x)=E(x_0)+0+\frac{1}{2}k(x-x_0)^2+\cdots \tag{10.3.2}$$

的形式来理解简谐近似。体系的动能 $T=\frac{1}{2}\sum\limits_{i=1}^{3N}m_i\dot{\mu}_i^2$，引入简正坐标 Q_j，$j=1,2,\cdots,3N$，令 $\sqrt{m_i}\mu_i=\sum\limits_{i=1}^{3N}a_{ij}Q_j$，由分析力学的一般方法（见图 6.6）可将哈密顿量 $H=T+V$ 化为

$$H=\frac{1}{2}\sum_{i=1}^{3N}(p_i^2+\omega_i^2Q_i^2) \tag{10.3.3}$$

在经典力学中，应用正则方程得到

$$\ddot{Q}_i+\omega_i^2Q_i=0,\quad i=1,2,\cdots,3N \tag{10.3.4}$$

其相应的解为 $Q_i=A\sin(\omega_i t+\delta)$。这表明，一个简正振动代表整个晶体中所有原子都参与的振动，而且它们的振动频率相同，这种振动常被称为一个振动模。

从量子力学的角度出发，将 $H=\frac{1}{2}\sum\limits_{i=1}^{3N}(p_i^2+\omega_i^2Q_i^2)$ 中的 p_i 和 Q_i 看作量子力学中的正则共轭算符，把 p_i 写成 $-\mathrm{i}\hbar\frac{\partial}{\partial Q_i}$，可得波动方程

$$\left[\sum_{i=1}^{3N}\frac{1}{2}\left(-\hbar^2\frac{\partial^2}{\partial Q_i^2}+\omega_i^2Q_i^2\right)\right]\psi(Q_1,Q_2,\cdots,Q_{3N})=E\psi(Q_1,Q_2,\cdots,Q_{3N}) \tag{10.3.5}$$

对于其中每一个简正坐标有

$$\frac{1}{2}\left(-\hbar^2\frac{\partial^2}{\partial Q_i^2}+\omega_i^2Q_i^2\right)\varphi=\varepsilon_i\varphi \tag{10.3.6}$$

求解可得，一维量子谐振子的能量本征值为 $\varepsilon_i=\left(n_i+\frac{1}{2}\right)\hbar\omega_i$，$n_i=1,2,\cdots$。周期性晶格的振动模具有波动的形式，称为格波。若引入声子作为格波的量子，它的能量等于 $\hbar\omega_q$，一个格波，也就是一种振动模，称为一种声子；当这种振动模处于 $\varepsilon_{nq}=\left(n_q+\frac{1}{2}\right)\hbar\omega_q$ 本征态时，称为有 n_q 个 $\hbar\omega_q$ 声子，n_q 为声子数。声子是一种准粒子，它反映了晶格原子集体运动状态的激发单元。多体系统中集体运动的激发单元，常称为元激发。由上所述，只要找到该体系的简正坐标（$Q_i=?$），问题就解决了。

一维单原子链是学习格波的典型例子。如图 10.3 中玫红色分支左侧的示意图所示，设在平衡时相邻原子距离为 a，每个原胞内含一个原子，质量为 M，第 I 个原子的坐标为

$$x_I=x_I^{\mathrm{eq}}+\mu_I \tag{10.3.7}$$

其中，μ_I 为原子偏离格点的位移。在简谐近似下，体系的势能为

$$E=\sum_I \frac{\beta}{2}(x_{I+1}-x_I-a)^2 \tag{10.3.8}$$

即 $E=\sum\limits_I \frac{\beta}{2}(\mu_{I+1}-\mu_I)^2$。由牛顿运动定律,$M\ddot{\mu}_I=-\frac{\partial E}{\partial \mu_I}$,可得原子的运动学方程为

$$M\ddot{\mu}_I=\beta(\mu_{I+1}-2\mu_I+\mu_{I-1}) \tag{10.3.9}$$

令 $\mu_I=\bar{\mu}_I e^{i\omega t}$,代入上式可得

$$M\omega^2\bar{\mu}_I=-\beta(\bar{\mu}_{I+1}-2\bar{\mu}_I+\bar{\mu}_{I-1}) \tag{10.3.10}$$

再令 $\bar{\mu}_I=\bar{\mu}e^{iqI}$,代入上式可得振动频谱为

$$\omega=2\sqrt{\beta/M}\left|\sin\frac{q}{2}\right| \tag{10.3.11}$$

因为 q 改变 2π 的整数倍,所有原子的振动完全没变,故可限制 $-\pi<q\leqslant\pi$。因链中第 I 个晶格的位矢坐标为 $R_I=aI$,再引入波数 $k=q/a$ $\left(-\frac{\pi}{a}<k\leqslant\frac{\pi}{a}\right.$,称其为第一布里渊区$\left.\right)$,则

$$\mu_I=\bar{\mu}e^{i\omega t}e^{ikR_I} \tag{10.3.12}$$

采用周期性边界条件(PBC):$\mu_I(R_I)=\mu_I(R_I+Na)$,可知波数 $k=\frac{2\pi}{Na}h$,$h=-\frac{N}{2},\cdots,\frac{N}{2}$。如图 10.3 中玫红色分支右侧示意图所示,可在第一布里渊区中讨论 $\omega(k)=2\sqrt{\beta/M}\left|\sin\frac{ka}{2}\right|$ 的函数关系。当 $k=0$ 时,$\mu_I=\bar{\mu}$,它表示晶体整体做平移运动;当 $k\ll\pi/a$ 时,$\omega=ka\sqrt{\beta/M}$,对比 $\omega=vk$ 可知,此时晶体中形成声波,声速为 $v=a\sqrt{\beta/M}$;当 $k=\pi/a$ 时,相邻原子位移的相位相差 π,表示晶体拉伸压缩达到最大化。

一维双原子链可看作最简单的复式晶格。如图 10.3 中青色分支左侧的示意图所示,设在平衡时相邻原子距离为 a,每个原胞内含两个原子,两原子质量均为 M,原胞的体积为 $2a$,第 I 个原胞中原子偏离格点的位移分别为 μ_1^I 和 μ_2^I,原子间相互作用的弹性系数分别为 α 和 β。在简谐近似下,体系的势能为

$$E=\sum_I\frac{\alpha}{2}(\mu_2^I-\mu_1^I)^2+\sum_I\frac{\beta}{2}(\mu_1^{I+1}-\mu_2^I)^2 \tag{10.3.13}$$

采用处理一维单原子链类似的方法,由 $M\ddot{\mu}_1^I=-\frac{\partial E}{\partial \mu_1^I}$ 和 $M\ddot{\mu}_2^I=-\frac{\partial E}{\partial \mu_2^I}$,分别可得

$$\begin{cases}M\ddot{\mu}_1^I=\alpha\mu_2^I-(\alpha+\beta)\mu_1^I+\beta\mu_2^{I-1} & ① \quad (10.3.14a)\\ M\ddot{\mu}_2^I=\alpha\mu_1^I-(\alpha+\beta)\mu_2^I+\beta\mu_1^{I+1} & ② \quad (10.3.14b)\end{cases}$$

将形式解 $\mu_1^I=\bar{\mu}_1e^{i\omega t}e^{iqI}$ 和 $\mu_2^I=\bar{\mu}_2e^{i\omega t}e^{iqI}$ 分别代入式(10.3.14a)和式(10.3.14b),有

$$\begin{pmatrix}\alpha+\beta & -\alpha-\beta e^{-iq}\\ -\alpha-\beta e^{iq} & \alpha+\beta\end{pmatrix}\begin{pmatrix}\bar{\mu}_1\\ \bar{\mu}_2\end{pmatrix}=M\omega^2\begin{pmatrix}\bar{\mu}_1\\ \bar{\mu}_2\end{pmatrix} \tag{10.3.15}$$

据此并结合 $k=q/2a$,可讨论一维双原子链的振动谱 $\omega(k)$,如图 10.3 中青色分支右侧的示意图所示。当 $q=0$ 时,即 $k=0$ 时,光学波(OM)和声学波(AM)的振动角频率分别为 $\omega_+=\sqrt{\frac{2(\alpha+\beta)}{M}}$ 和 $\omega_-=0$,它们所对应原子振幅的关系分别为 $\bar{\mu}_1=-\bar{\mu}_2$ 和 $\bar{\mu}_1=\bar{\mu}_2$。当

$q=\pi$ 时，即 $k=\dfrac{\pi}{2a}$时，光学波和声学波的振动角频率分别为 $\omega_+=\sqrt{2\alpha/M}$ 和 $\omega_-=\sqrt{2\beta/M}$。讨论 $k\to 0$ 附近振动角频率和波数的关系有利于理解光学波和声学波命名的由来。由周期性边界条件可知，一维双原子链共有 $2N$ 个不同的格波。

如图 10.3 中的蓝色分支所示，通过对比双原子链的研究方法能够更容易地理解三维晶格的振动，其振动的形式解有如下形式：

$$\boldsymbol{\mu}\begin{pmatrix} l \\ m \end{pmatrix}=\boldsymbol{A}_k \mathrm{e}^{\mathrm{i}\left[\omega t-\boldsymbol{R}\begin{pmatrix} l \\ m \end{pmatrix}\cdot \boldsymbol{k}\right]} \tag{10.3.16}$$

其中，原胞以 $l(l_1 l_2 l_3)$ 标志，m 标明原胞中的各原子。仍采用周期性边界条件（PBC）：$\boldsymbol{\mu}(\boldsymbol{R}_l+N_i\boldsymbol{a}_i)=\boldsymbol{\mu}(\boldsymbol{R}_l)$，这要求 $\boldsymbol{k}=\sum\limits_I x_i\boldsymbol{b}_i$，$x_i=h_i/N_i$。如果 $\boldsymbol{k}$ 改变一个倒格矢 $\boldsymbol{G}_n=n_1\boldsymbol{b}_1+n_2\boldsymbol{b}_2+n_3\boldsymbol{b}_3$，因为 $\boldsymbol{R}(l)\cdot\boldsymbol{G}_n=2\pi(l_1n_1+l_2n_2+l_3n_3)$是 2π 的整数倍，$\boldsymbol{\mu}\begin{pmatrix} l \\ m \end{pmatrix}$中的相位因子 $\mathrm{e}^{-\mathrm{i}\boldsymbol{R}(l)\cdot\boldsymbol{k}}$ 不会有任何改变，所以通常选择第一布里渊区范围内的 $\boldsymbol{k}$ 值就可得到所有不同的格波。$\omega(\boldsymbol{k})$称为格波谱或格波的色散关系。各种晶体原子间相互作用力的不同也体现在格波谱不同的特征上，图 10.3 中蓝色分支左侧的示意图给出了 Si、GaAs 和 Pb 的格波谱。格波谱可由中子非弹散射实验测定，散射过程应满足能量守恒$\left(\dfrac{p'^2}{2M_n}-\dfrac{p^2}{2M_n}=\pm\hbar\,\omega(\boldsymbol{k})\right)$和准动量守恒（$\boldsymbol{p}'-\boldsymbol{p}=\pm\hbar\,\boldsymbol{k}+\hbar\,\boldsymbol{G}_n$）关系。为何 $\boldsymbol{k}\to 0$，ω 不同呢？黄昆的唯象理论选定 $\boldsymbol{W}=\sqrt{M/\Omega}(\boldsymbol{\mu}_+-\boldsymbol{\mu}_-)$作为描述长光学波运动的宏观量，并建立一对宏观的方程：

$$\begin{cases}\ddot{\boldsymbol{W}}=b_{11}\boldsymbol{W}+b_{12}\boldsymbol{E} & (10.3.17\mathrm{a})\\ \boldsymbol{P}=b_{21}\boldsymbol{W}+b_{22}\boldsymbol{E} & (10.3.17\mathrm{b})\end{cases}$$

通过对比实验，可以确定 b_{11}、b_{12}、b_{21} 和 b_{22}（$b_{11}=?$，$b_{12}=b_{21}=?$，$b_{22}=?$）。在此基础上，求解长光学波的振动，进而得到 LST（Lyddano-Sachs-Teller）关系：

$$\frac{\omega_{\mathrm{LO}}}{\omega_{\mathrm{TO}}}=\left[\frac{\varepsilon(0)}{\varepsilon(\infty)}\right]^{1/2}$$

最终得到离子性晶体的$\dfrac{\omega_{\mathrm{LO}}}{\omega_{\mathrm{TO}}}>1$，非离子性晶体的$\dfrac{\omega_{\mathrm{LO}}}{\omega_{\mathrm{TO}}}=1$ 的结果，从而成功地解释了实验结果。如要真正地理解以上唯象理论，还需要从原子理论出发，引入麦克斯韦方程组、耦合振动模和极化激元等研究格波的振动模。

请构建自己的思维导图。

10.4 自由电子费米气的思维导图

自由电子费米气模型将原子中的价电子看作传导电子，并且在金属体内自由运动。图 10.4 给出了自由电子费米气的思维导图。借助自由电子模型，可以理解简单金属的许多物理性质，如金属的比热容、导电性、导热性和霍耳效应。

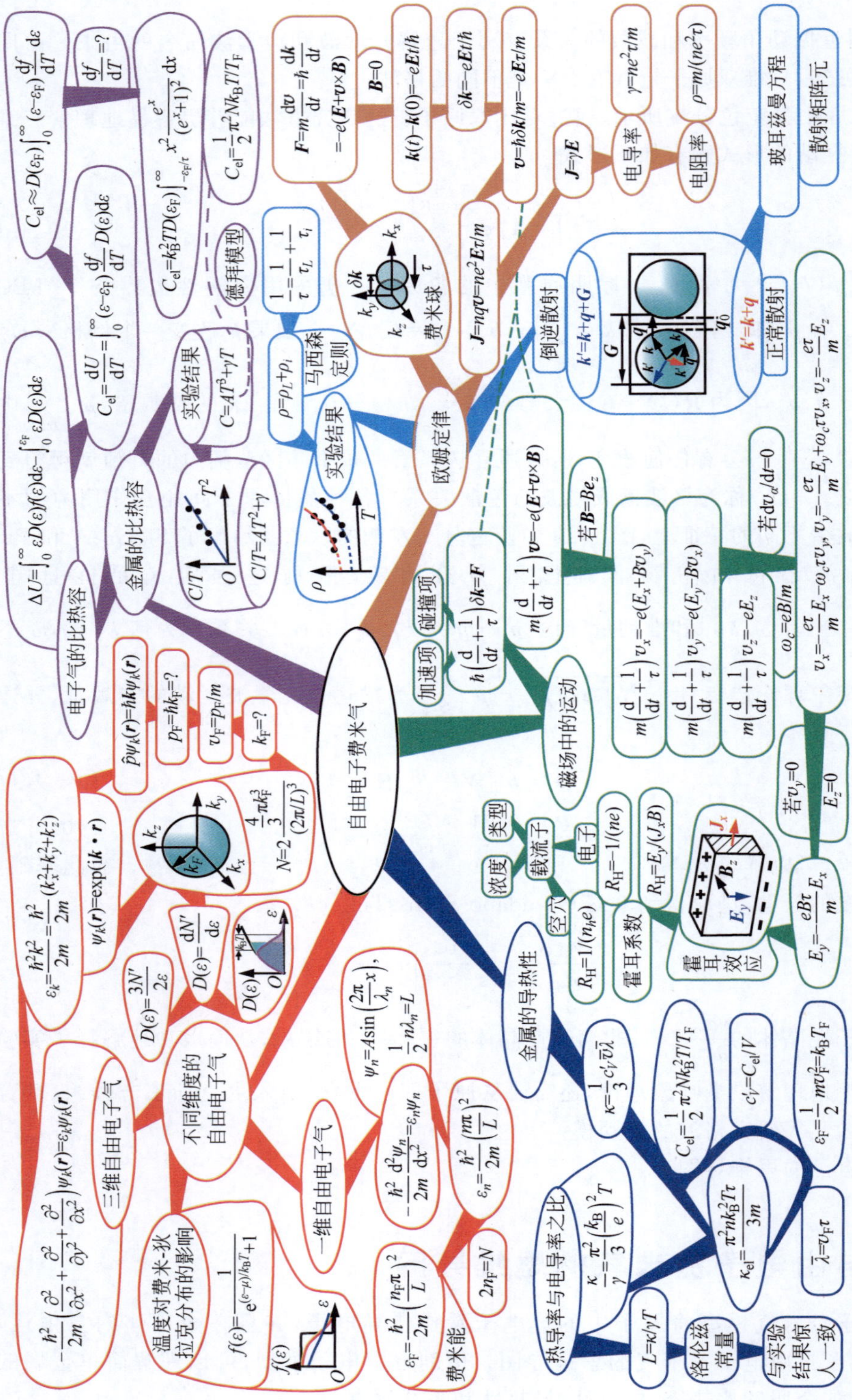

图 10.4 自由电子费米气的思维导图

如图 10.4 中的红色分支所示，利用量子理论和泡利不相容原理，可以研究不同维度的自由电子气的能级和费米能。首先考虑一维自由电子气，一个质量为 m 的电子被限制在宽度为 L 的无限深势阱中，其满足薛定谔方程：

$$-\frac{\hbar^2}{2m}\frac{\mathrm{d}^2\psi_n}{\mathrm{d}x^2}=\varepsilon_n\psi_n \tag{10.4.1}$$

其波函数为 $\psi_n=A\sin\left(\frac{2\pi}{\lambda_n}x\right)$，其中 $\frac{1}{2}n\lambda_n=L$，电子的轨道能量为 $\varepsilon_n=\frac{\hbar^2}{2m}\left(\frac{n\pi}{L}\right)^2$。$N$ 个电子依次由低能级向高能级填充，而泡利不相容原理要求每个能级上最多只能容纳两个电子（考虑自旋简并度为 2），设 n_F 表示被填满的能量最高的能级数，由条件 $2n_\mathrm{F}=N$ 确定 n_F，进而可确定一维情况下费米能的表达式为

$$\varepsilon_\mathrm{F}=\frac{\hbar^2}{2m}\left(\frac{n_\mathrm{F}\pi}{L}\right)^2=\frac{\hbar^2}{2m}\left(\frac{N\pi}{2L}\right)^2 \tag{10.4.2}$$

由图 7.9 给出的统计物理知识可知，自由电子气应该服从费米-狄拉克分布：

$$f(\varepsilon)=\frac{1}{\mathrm{e}^{(\varepsilon-\mu)/k_\mathrm{B}T}+1} \tag{10.4.3}$$

如图 10.4 中红色分支左侧的示意图所示，在绝对零度下，$\mu=\varepsilon_\mathrm{F}$，费米-狄拉克分布为阶跃函数。温度对费米-狄拉克分布的影响会使低能级的电子向高能级轨道跃迁。在每个温度下，取 $f=0.5$，由此对应的能量即为自由电子气相应的化学势 μ，因为 $f(\mu)=0.5$。

在三维情况下，自由电子气遵从薛定谔方程：

$$-\frac{\hbar^2}{2m}\left(\frac{\partial^2}{\partial x^2}+\frac{\partial^2}{\partial y^2}+\frac{\partial^2}{\partial z^2}\right)\psi_k(\boldsymbol{r})=\varepsilon_k\psi_k(\boldsymbol{r}) \tag{10.4.4}$$

若这些电子被限制在边长为 L 的立方体内，其波矢为 $\boldsymbol{k}$ 的轨道能量为

$$\varepsilon_k=\frac{\hbar^2k^2}{2m}=\frac{\hbar^2}{2m}(k_x^2+k_y^2+k_z^2) \tag{10.4.5}$$

相应的波函数为

$$\psi_k(\boldsymbol{r})=\exp(\mathrm{i}\boldsymbol{k}\cdot\boldsymbol{r}) \tag{10.4.6}$$

其中，$\hat{p}\psi_k(\boldsymbol{r})=\hbar\boldsymbol{k}\psi_k(\boldsymbol{r})$ 说明平面波是动量的一个属于本征值为 $\hbar\boldsymbol{k}$ 的本征函数。当 N 个自由电子的系统处于基态时，被占据的轨道在 $\boldsymbol{k}$ 空间中构成一个费米球，如图 10.4 中红色分支右侧的示意图所示。费米面上波矢的大小 k_F（$k_\mathrm{F}=?$）由 $N=2\frac{\frac{4}{3}\pi k_\mathrm{F}^3}{(2\pi/L)^3}$ 给出，而费米面上电子的动量、速度和能量分别由 $p_\mathrm{F}=\hbar k_\mathrm{F}$、$v_\mathrm{F}=p_\mathrm{F}/m$ 和 $\varepsilon_\mathrm{F}=\frac{p_\mathrm{F}^2}{2m}$ 给出。$\varepsilon_\mathrm{F}=\frac{\hbar^2}{2m}\left(\frac{3\pi^2N}{V}\right)^{2/3}$ 将费米能与电子浓度 N/V 联系起来。由态密度的定义式 $D(\varepsilon)=\frac{\mathrm{d}N'}{\mathrm{d}\varepsilon}$ 和能量不大于 ε 的轨道总数 $N'=\frac{V}{3\pi^2}\left(\frac{2m\varepsilon}{\hbar^2}\right)^{3/2}$，可得

$$D(\varepsilon)=\frac{3N'}{2\varepsilon} \tag{10.4.7}$$

这一结果与图 7.9 所给公式 $D(\varepsilon)=\frac{\omega_s}{h^r}\frac{\mathrm{d}\Sigma(\varepsilon)}{\mathrm{d}\varepsilon}$ 计算的结果一致，读者可以自行验证。如图 10.4 中红色分支中间的示意图所示，绝对零度的样品在热激发下，只有那些能量位于费米能级附近范围内的轨道电子才被激发，这些电子所获得的能量量级正好为 k_BT，这为解释传导电子气的比热问题提供了定性的答案。

如图 10.4 中的玫红色分支所示，实验结果表明，在温度远低于德拜温度和费米温度的情况下，金属的比热容可写成声子和电子两部分的贡献之和，即

$$C=AT^3+\gamma T \tag{10.4.8}$$

其中，AT^3 可由德拜模型给出(见图 7.10)，而 γT 则是由泡利原理和费米-狄拉克分布函数所给出的电子气的比热容。实验和理论结果的对比往往用 $C/T=AT^2+\gamma$ 的形式给出，如图 10.4 玫红色分支中的示意图所示。使用泡利原理和费米-狄拉克分布函数可圆满解决电子气的比热容的实验结果和能量均分定理所得结果的矛盾。当 N 个电子构成的系统从 0 K 加热至 T 时，它的总能量的增量为

$$\Delta U=\int_0^{\infty}\varepsilon D(\varepsilon)f(\varepsilon)\mathrm{d}\varepsilon-\int_0^{\varepsilon_F}\varepsilon D(\varepsilon)\mathrm{d}\varepsilon \tag{10.4.9}$$

电子气的比热容为

$$C_{\mathrm{el}}=\frac{\mathrm{d}U}{\mathrm{d}T}=\int_0^{\infty}(\varepsilon-\varepsilon_F)\frac{\mathrm{d}f}{\mathrm{d}T}D(\varepsilon)\mathrm{d}\varepsilon \tag{10.4.10}$$

将 $D(\varepsilon)\approx D(\varepsilon_F)$ 看作一种合理的近似，则

$$C_{\mathrm{el}}\approx D(\varepsilon_F)\int_0^{\infty}(\varepsilon-\varepsilon_F)\frac{\mathrm{d}f}{\mathrm{d}T}\mathrm{d}\varepsilon \tag{10.4.11}$$

令 $\mu=\varepsilon_F$，可求出费米-狄拉克分布函数对温度的导数$\left(即\frac{\mathrm{d}f}{\mathrm{d}T}=?\right)$。再将其代入 C_{el}，并令 $x=(\varepsilon-\varepsilon_F)/\tau$，$\tau=k_BT$，可得

$$C_{\mathrm{el}}=k_B^2TD(\varepsilon_F)\int_{-\varepsilon_F/\tau}^{\infty}x^2\frac{\mathrm{e}^x}{(\mathrm{e}^x+1)^2}\mathrm{d}x$$

积分后再利用 $D(\varepsilon_F)=\frac{3N}{2\varepsilon_F}$，可得

$$C_{\mathrm{el}}=\frac{1}{2}\pi^2Nk_BT/T_F \tag{10.4.12}$$

这表明，电子气的比热容在绝对零度下趋于零，而它在低温下正比于热力学温度 T。

如图 10.4 中的橘黄色分支所示，在恒定电场中运动的自由电子气模型能给出欧姆定律。由牛顿运动定律可知，在电磁场中运动电子的动力学方程为

$$\boldsymbol{F}=m\frac{\mathrm{d}\boldsymbol{v}}{\mathrm{d}t}=\hbar\frac{\mathrm{d}\boldsymbol{k}}{\mathrm{d}t}=-e(\boldsymbol{E}+\boldsymbol{v}\times\boldsymbol{B}) \tag{10.4.13}$$

当 $\boldsymbol{B}=0$ 时，电子气的费米球在 $\boldsymbol{k}$ 空间中以匀速率 $eE/\hbar$ 移动，即

$$\boldsymbol{k}(t)-\boldsymbol{k}(0)=-e\boldsymbol{E}t/\hbar \tag{10.4.14}$$

每个电子都有相同的位移 $\delta\boldsymbol{k}=-e\boldsymbol{E}t/\hbar$，如图 10.4 橘黄色分支中的示意图所示。由自由电子的能谱 $\boldsymbol{E}(\boldsymbol{k})=\frac{\hbar^2k^2}{2m}$ 和 $\boldsymbol{v}(\boldsymbol{k})=\frac{1}{\hbar}\nabla_{\boldsymbol{k}}E(\boldsymbol{k})=\frac{\hbar}{m}\boldsymbol{k}$，可知

$$\boldsymbol{v}(t)=\frac{\hbar}{m}\boldsymbol{k}(0)-\frac{e\boldsymbol{E}}{m}t \tag{10.4.15}$$

这说明自由电子在电场中被不断地加速。由于电子与杂质、晶格缺陷及声子的碰撞，所感受到的平均阻力为 $\boldsymbol{f}_r=-\frac{\hbar\,\delta\boldsymbol{k}}{\tau}$，可以使移动的费米球在电场中维持一种稳态，其中弛豫时间 τ 为每两次碰撞的时间间隔，则电子的动力学方程应该写为

$$\hbar\left(\frac{\mathrm{d}}{\mathrm{d}t}+\frac{1}{\tau}\right)\delta\boldsymbol{k}=\boldsymbol{F} \tag{10.4.16}$$

其中，$\hbar\frac{\mathrm{d}}{\mathrm{d}t}\delta\boldsymbol{k}$ 为加速项；$\frac{\hbar\,\delta\boldsymbol{k}}{\tau}$ 为碰撞项；即 $m\left(\frac{\mathrm{d}}{\mathrm{d}t}+\frac{1}{\tau}\right)\boldsymbol{v}=-e\boldsymbol{E}$。在稳态时，$\frac{\mathrm{d}v}{\mathrm{d}t}=0$，则电子的漂移速率为

$$\boldsymbol{v}=\hbar\,\delta\boldsymbol{k}/m=-e\boldsymbol{E}\tau/m \tag{10.4.17}$$

如果单位体积内含有 n 个电荷 $q=-e$ 的电子，则电流密度为

$$\boldsymbol{J}=nq\boldsymbol{v}=ne^2\boldsymbol{E}\tau/m \tag{10.4.18}$$

由 $\boldsymbol{J}=\gamma\boldsymbol{E}$ 定义电导率 γ，则 $\gamma=ne^2\tau/m$，电阻率为 $\rho=m/(ne^2\tau)$。

如图 10.4 中的浅蓝色分支所示，无外电场时，净弛豫时间 τ 和由声子(τ_L)、缺陷散射效应(τ_i)所决定的弛豫时间应满足如下关系：

$$\frac{1}{\tau}=\frac{1}{\tau_L}+\frac{1}{\tau_i} \tag{10.4.19}$$

这样，总的电阻率满足：

$$\rho=\rho_L+\rho_i \tag{10.4.20}$$

其中，ρ_L 和 ρ_i 分别表示热声子和缺陷散射引起的电阻率。马西森定则给出如下经验性结论：在缺陷浓度较小时，通常 ρ_L 不依赖于缺陷数目，而通常 ρ_i 不依赖于温度。这一定则便于对实验结果进行分析。此外，研究电阻率与温度的关系需要考虑电子-声子相互作用中的正常散射($\boldsymbol{k}'=\boldsymbol{k}+\boldsymbol{q}$，小角散射)和倒逆散射($\boldsymbol{k}'=\boldsymbol{k}+\boldsymbol{q}+\boldsymbol{G}$，大角散射)，其中倒逆散射(见图 10.4 中浅蓝色分支下方的图所示)是在低温下产生电阻率的主因。具体内容要从求解非平衡分布函数的玻耳兹曼方程出发，求解散射矩阵元才能从根本上给出相关解释。

如图 10.4 中的绿色分支所示，考查自由电子费米气在磁场中的运动，可从动力学方程 $\hbar\left(\frac{\mathrm{d}}{\mathrm{d}t}+\frac{1}{\tau}\right)\delta\boldsymbol{k}=\boldsymbol{F}$ 出发，运用 $m\left(\frac{\mathrm{d}}{\mathrm{d}t}+\frac{1}{\tau}\right)\boldsymbol{v}=-e(\boldsymbol{E}+\boldsymbol{v}\times\boldsymbol{B})$，假如 $\boldsymbol{B}=B\boldsymbol{e}_z$，则动力学方程的分量形式为

$$\begin{cases} m\left(\frac{\mathrm{d}}{\mathrm{d}t}+\frac{1}{\tau}\right)v_x=-e(E_x+Bv_y) & (10.4.21\text{a}) \\ m\left(\frac{\mathrm{d}}{\mathrm{d}t}+\frac{1}{\tau}\right)v_y=-e(E_y-Bv_x) & (10.4.21\text{b}) \\ m\left(\frac{\mathrm{d}}{\mathrm{d}t}+\frac{1}{\tau}\right)v_z=-eE_z & (10.4.21\text{c}) \end{cases}$$

对于静电场中的稳态(若 $\mathrm{d}v_\alpha/\mathrm{d}t=0,\alpha=x,y,z$)，电子的漂移速度为

$$\begin{cases} v_x = -\dfrac{e\tau}{m}E_x - \omega_c \tau v_y & (10.4.22\text{a}) \\ v_y = -\dfrac{e\tau}{m}E_y + \omega_c \tau v_x & (10.4.22\text{b}) \\ v_z = -\dfrac{e\tau}{m}E_z & (10.4.22\text{c}) \end{cases}$$

其中，$\omega_c = eB/m$ 称为回旋频率。倘若电流不能从 y 方向流出去，则必定有 $v_y = 0$。这只有当霍耳电场 $E_y = -\dfrac{eB\tau}{m}E_x$ 时才可能发生，这种现象称为霍耳效应。定义霍耳系数为

$$R_{\mathrm{H}} = E_y/(J_x B) \tag{10.4.23}$$

它反映了霍耳效应的因果之比。对于自由电子来说，$R_{\mathrm{H}} = -1/(ne)$；对于空穴来说，$R_{\mathrm{H}} = 1/(n_{\mathrm{h}}e)$，其中 n 和 n_{h} 分别代表电子和空穴的载流子浓度。由此可见，测量 R_{H} 不仅是确定载流子浓度的一种重要手段，还是判定材料的导电载流子类型的重要方法。

金属的导热性主要来自电子的贡献，由热学中图 2.4 可知，对于平均速率为 $\bar{v}$、密度为 ρ，等容比热为 c_V 和平均自由程为 $\bar{\lambda}$ 的粒子所组成系统来说，它的热导率表达式为

$$\kappa = \frac{1}{3}\rho c_V \bar{v}\bar{\lambda} \tag{10.4.24}$$

定义单位体积的等容比热为 $c'_V = C_V/V$，则

$$c'_V = \frac{mc_V}{V} = \rho c_V \tag{10.4.25}$$

那么，如图 10.4 中的蓝色分支所示，热导率的表达式变为

$$\kappa = \frac{1}{3}c'_V \bar{v}\bar{\lambda} \tag{10.4.26}$$

若将电子气的等容热容 $C_{\mathrm{el}} = \dfrac{1}{2}\pi^2 N k_{\mathrm{B}} T/T_{\mathrm{F}}$ 和 $c'_V = C_{\mathrm{el}}/V$ 代入式(10.4.26)，并利用 $\varepsilon_{\mathrm{F}} = \dfrac{1}{2}mv_{\mathrm{F}}^2 = k_{\mathrm{B}}T_{\mathrm{F}}$ 和 $\bar{\lambda} = v_{\mathrm{F}}\tau$，可得到费米气的热导率为

$$\kappa_{\mathrm{el}} = \frac{\pi^2 n k_{\mathrm{B}}^2 T\tau}{3m} \tag{10.4.27}$$

那么，金属的热导率与电导率之比为

$$\frac{\kappa}{\gamma} = \frac{\pi^2}{3}\left(\frac{k_{\mathrm{B}}}{e}\right)^2 T \tag{10.4.28}$$

定义 $L = \kappa/(\gamma T)$，即所谓的洛伦兹常量，则 $L = \dfrac{\pi^2}{3}\left(\dfrac{k_{\mathrm{B}}}{e}\right)^2$ 是不依赖于具体金属的常数，其数值竟然与实验结果惊人一致。这一结果极其重要，因为它佐证了电子作为电荷和能量载体的模型，同时解释了维德曼-弗兰兹(Wiedemann-Franz)定律。维德曼-弗兰兹定律表明，在不太低的温度下，金属的热导率与电导率之比和温度成正比，其中比例常数的值不依赖于具体的金属。

请构建自己的思维导图。

10.5　能带理论的思维导图

图 10.5 给出了能带理论的思维导图。金属的自由电子模型无法给出金属、半金属、半导体和绝缘体之间的区别。考虑周期性晶格调制下的近自由电子模型，它所构建起来的能带理论能够很好地理解它们之间的差别。

如图 10.5 中红色分支左侧的示意图所示，对应的物理问题就是考虑如何从单原子问题走向周期性排列的多原子问题（一变多）。单原子问题考虑第 I 个原子中单电子-原子核的相互作用，其哈密顿量为

$$\hat{H}_0=\frac{\hat{p}^2}{2m}+V_I \tag{10.5.1}$$

其本征方程为

$$\hat{H}_0\mid I\rangle=E_0\mid I\rangle \tag{10.5.2}$$

其中，$\langle x\mid I\rangle=\varphi_0(x-R_I)$ 代表第 I 个原子中电子轨道的波函数。在玻恩-奥本海默近似（假设原子核静止不动）和单粒子近似（忽略电子-电子相互作用）下，单电子在一维周期原子链中的哈密顿量为

$$\hat{H}=\frac{\hat{p}^2}{2m}+\sum_I V(x-R_I) \tag{10.5.3}$$

使用简并微扰理论和原子轨道线性组合（LCAO）方法，令 $\mid\Phi\rangle=\sum_I a_I\mid I\rangle$，将其代入薛定谔方程 $\hat{H}\mid\Phi\rangle=E\mid\Phi\rangle$，再令 $\Delta V_J=\sum_I V_I-V_J$（它代表第 J 个原子附近电子感受到除第 J 个原子外的所有原子的相互作用势），使用 $\langle J\mid$ 左乘薛定谔方程，令 $\langle J\mid\Delta V_{J-1}\mid J-1\rangle=-t$（跳跃项）和 $\langle J\mid\Delta V_J\mid J\rangle=\Delta E_0$（在位项），在紧束缚模型（Tight-Binding model）中认为 $\langle I\mid J\rangle\approx 0$，由此可得到系数 a_I 满足的方程：

$$-ta_{J-1}+(E_0+\Delta E_0)a_J-ta_{J+1}=Ea_J \tag{10.5.4}$$

它所代表的无穷多个耦合方程的矩阵形式如下：

$$\begin{pmatrix} \vdots & -t & \vdots & \vdots & \vdots \\ \cdots & E_0+\Delta E_0 & -t & 0 & \cdots \\ \cdots & -t & E_0+\Delta E_0 & -t & \cdots \\ \cdots & 0 & -t & E_0+\Delta E_0 & -t \\ \vdots & \vdots & \vdots & -t & \vdots \end{pmatrix}\begin{pmatrix} \vdots \\ a_{J-1} \\ a_J \\ a_{J+1} \\ \vdots \end{pmatrix}=E\begin{pmatrix} \vdots \\ a_{J-1} \\ a_J \\ a_{J+1} \\ \vdots \end{pmatrix} \tag{10.5.5}$$

将试探解 $a_J=\mathrm{e}^{\mathrm{i}qJ}=\mathrm{e}^{\mathrm{i}\boldsymbol{k}\cdot\boldsymbol{R}_J}$ 代入耦合方程，最终得到一维周期原子链中电子的波函数为

$$\Phi_k(x)=\sum_I \mathrm{e}^{\mathrm{i}kR_I}\varphi_0(x-R_I) \tag{10.5.6}$$

相应的能谱为

$$E(k)=E_0+\Delta E_0-2t\cos ka \tag{10.5.7}$$

这表明，原来无穷多个简并的轨道因相互作用微扰致使简并消除而合成能带结构。周期性

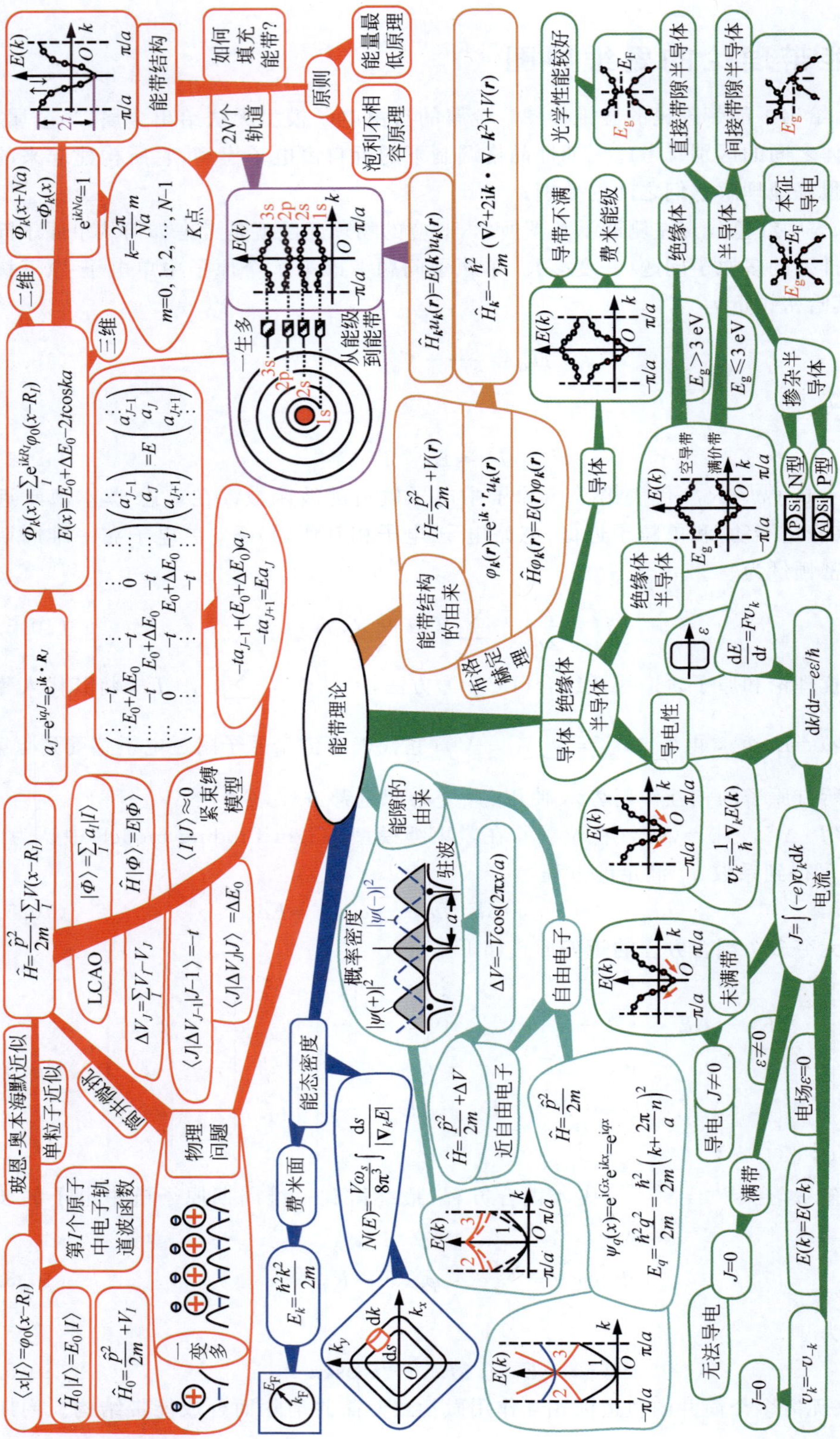

图 10.5 能带理论的思维导图

边界条件 $\Phi_k(x+Na)=\Phi_k(x)$ 要求 $e^{ikNa}=1$，即

$$k=\frac{2\pi}{Na}m \tag{10.5.8}$$

其中，$m=0,1,2,\cdots,N-1$，在第一布里渊区内有 N 个不同的 K 点，如图 10.5 中红色分支右侧的示意图所示。记及每个电子有两个彼此独立的自旋取向，则每个能带中存在 $2N$ 个独立的轨道，如图 10.5 玫红色分支中的示意图所示。电子又是如何填充这些能带呢？正如 7.8 节所述，电子将按照泡利不相容原理和能量最小原理要求的原则去填充能带。

如图 10.5 中的橘黄色分支所示，由布洛赫定理，可以从另外一个角度理解能带结构的由来。布洛赫定理指出，当 $\hat{H}=\frac{\hat{p}^2}{2m}+V(\boldsymbol{r})$ 且 $V(\boldsymbol{r})=V(\boldsymbol{r}+\boldsymbol{R}_l)$ 时，波函数表现为周期性函数 $u_{\boldsymbol{k}}(\boldsymbol{r})$ 调制的平面波函数，即

$$\varphi_{\boldsymbol{k}}(\boldsymbol{r})=e^{i\boldsymbol{k}\cdot\boldsymbol{r}}u_{\boldsymbol{k}}(\boldsymbol{r}) \tag{10.5.9}$$

其中，$u_{\boldsymbol{k}}(\boldsymbol{r})$ 具有与晶格同样周期的函数，即 $u_{\boldsymbol{k}}(\boldsymbol{r})=u_{\boldsymbol{k}}(\boldsymbol{r}+\boldsymbol{R}_l)$。将 $\varphi_{\boldsymbol{k}}(\boldsymbol{r})=e^{i\boldsymbol{k}\cdot\boldsymbol{r}}u_{\boldsymbol{k}}(\boldsymbol{r})$ 代入 $\hat{H}\varphi_{\boldsymbol{k}}(\boldsymbol{r})=E(\boldsymbol{k})\varphi_{\boldsymbol{k}}(\boldsymbol{r})$ 可得

$$\hat{H}_{\boldsymbol{k}}u_{\boldsymbol{k}}(\boldsymbol{r})=E(\boldsymbol{k})u_{\boldsymbol{k}}(\boldsymbol{r}) \tag{10.5.10}$$

其中，$\hat{H}_{\boldsymbol{k}}=-\frac{\hbar^2}{2m}(\nabla^2+2i\boldsymbol{k}\cdot\nabla-\boldsymbol{k}^2)+V(\boldsymbol{r})$，这表明 $\hat{H}_{\boldsymbol{k}}$ 为 $\boldsymbol{k}$ 的函数。如图 10.5 玫红色分支所给出的从原子能级到能带结构的示意图所示，当 $\boldsymbol{k}=0$ 时，$E(\boldsymbol{k})$ 给出原子的所有能级结构。但是，随着 $\boldsymbol{k}$ 在第一布里渊区内取不同的分立值，$E(\boldsymbol{k})$ 就会给出一系列的能带结构，相邻能带间的间隙称为能隙 E_g。

如图 10.5 中的绿色分支所示，能带理论能够很好地解释导体、绝缘体和半导体的区别。电子填充完能带后，导体材料的导带不满，最高占据态的能量被称为费米能级，导体的最低激发能等于零。而绝缘体和半导体材料的价带被完全占满，而导带为空带，价带顶和导带底之间的能隙 E_g 的大小常被用于区分绝缘体和半导体。一般来说，$E_g>3$ eV 的材料称为绝缘体，而 $E_g\leqslant 3$ eV 的材料称为半导体。半导体按照价带顶和导带底所对应的波矢是否相同，可分为直接能隙半导体（波矢相同）和间接能隙半导体（波矢不同），前者的光学性能较好。纯净半导体通过本征激发，使导带上带有电子载流子，而在价带上带有相同数量的空穴载流子，从而实现本征导电。掺杂半导体则由杂质提供的载流子实现导电，它们可分为 N 型半导体（如 Si 晶中掺杂 P 原子）和 P 型半导体（如 Si 晶中掺杂 Al 原子）。

下面讨论不同能带的导电性。将布洛赫电子看作波包，可以证明，波矢为 $\boldsymbol{k}$ 的电子的速度为 $\boldsymbol{v}_k=\frac{1}{\hbar}\nabla_k E(\boldsymbol{k})$。又因为 $\frac{dE}{dt}=\frac{dE}{dk}\frac{dk}{dt}=Fv_k$，电子在外电场 ε 中所受的外力为 $F=-e\varepsilon$，则

$$dk/dt=-e\varepsilon/\hbar \tag{10.5.11}$$

这表明，不论电子处于哪个态上，其态的变化率都相同，所有能带上的电子都会在外电场 ε 的作用下沿着波矢的负方向平移。由电流密度的定义式 $J=\int(-e)v_k\,dk$ 可知：①当电场 $\varepsilon=0$ 时，由于电子在 k 与 $-k$ 上对称分布 $E(k)=E(-k)$，利用 $\boldsymbol{v}_k=\frac{1}{\hbar}\nabla_k E(\boldsymbol{k})$ 可证明，

$v_k=-v_{-k}$,代入电流密度的定义式,可知无电场时,导体中没有电流,即 $J=0$; ②当电场 $\varepsilon\neq 0$ 时,满带中的电子以相同的变化率在能带上运动,而电子在能带上的分布对称性保持不变,故不能给出宏观电流,即 $J=0$,所以绝缘体无法导电; ③当 $\varepsilon\neq 0$ 时,未满带中的电子以相同的变化率在能带上运动,电子在能带上的分布对称性遭到破坏,形成宏观电流,即 $J\neq 0$,因此会出现导体导电的现象。

如图 10.5 中的青色分支所示,能隙的由来起因于晶体中电子波的布拉格反射。一维自由电子的哈密顿量为

$$\hat{H}=\frac{\hat{p}^2}{2m} \tag{10.5.12}$$

相应的波函数为

$$\psi_q(x)=\mathrm{e}^{\mathrm{i}Gx}\mathrm{e}^{\mathrm{i}kx}=\mathrm{e}^{\mathrm{i}qx} \tag{10.5.13}$$

能谱为

$$E_q=\frac{\hbar^2q^2}{2m}=\frac{\hbar^2}{2m}\left(k+\frac{2\pi}{a}n\right)^2 \tag{10.5.14}$$

如果人为地将其能谱折叠到第一布里渊区,有如图 10.5 中青色分支左侧示意图所示的结构。对于在周期性势场中运动的近自由电子模型来说,其哈密顿量为 $\hat{H}=\frac{\hat{p}^2}{2m}+\Delta V$,假设晶体中电子的势能 $\Delta V=-\bar{V}\cos(2\pi x/a)$,在一维情况下,波矢为 $\boldsymbol{k}$ 的波的布拉格衍射条件 $(\boldsymbol{k}+\boldsymbol{G})^2=\boldsymbol{k}^2$ 变为

$$k=\pm\frac{1}{2}G=\pm n\pi/a \tag{10.5.15}$$

这意味着,在布里渊边界反射的波会叠加为驻波。由两个行波 $\exp(\pm\mathrm{i}\pi x/a)$可构成两种不同的驻波:

$$\begin{cases}\psi(+)=\exp\left(\frac{\mathrm{i}\pi x}{a}\right)+\exp\left(-\frac{\mathrm{i}\pi x}{a}\right) & (10.5.16\mathrm{a})\\ \psi(-)=\exp\left(\frac{\mathrm{i}\pi x}{a}\right)-\exp\left(-\frac{\mathrm{i}\pi x}{a}\right) & (10.5.16\mathrm{b})\end{cases}$$

两种驻波$\psi(+)$和$\psi(-)$使电子聚集在不同的区域内(电子的概率密度分别为$|\psi(+)|^2$ 和 $|\psi(-)|^2$,如图 10.5 中青色分支右侧的示意图所示),因此这两种波在晶格离子场中具有不同的势能值。这就是能隙的由来。使用简并微扰理论可知:近自由电子模型在布里渊区边界会打开能隙,如图 10.5 中青色分支中间的示意图所示。

在固体中电子的能级形成准连续分布,如图 10.5 中的蓝色分支所示,引入所谓能态密度的概念能够概括这种情况下能级的分布状况。考虑电子的自旋简并度 ω_s,能态密度函数的一般表达式为

$$N(E)=\frac{V\omega_s}{8\pi^3}\int\frac{\mathrm{d}s}{|\nabla_k E|} \tag{10.5.17}$$

其中,$|\nabla_k E|$表示沿法线方向能量的改变率。费米面的定义是 $\boldsymbol{k}$ 空间占有电子和不占有电子区域的分界面,自由电子的能量为

$$E_k=\frac{\hbar^2k^2}{2m} \tag{10.5.18}$$

将其代入能态密度函数的一般表达式(10.5.17),可知其能态密度为

$$N(E)=\frac{V}{2\pi^2}\left(\frac{2m}{\hbar^2}\right)^{3/2}E^{1/2} \tag{10.5.19}$$

它有一个球形费米面,其半径为 k_F。假如自由电子气体是由 N 个电子组成的系统,那么,系统的球形费米面的半径 k_F 应由球内包含 N 个量子态决定,即

$$N=2\times\frac{V}{(2\pi)^3}\frac{4\pi}{3}k_F^3 \tag{10.5.20}$$

请构建自己的思维导图。

主要参考书目

[1] 漆安慎，杜婵英，包景东. 普通物理学教程(力学)[M]. 北京：高等教育出版社，2012.

[2] 秦允豪，黄凤珍，应学农. 普通物理学教程(热学)[M]. 北京：高等教育出版社，2018.

[3] 赵凯华，钟锡华. 光学[M]. 北京：北京大学出版社，2018.

[4] 梁灿彬. 普通物理学教程(电磁学)[M]. 北京：高等教育出版社，2018.

[5] 杨福家. 原子物理学[M]. 北京：高等教育出版社，2019.

[6] 周衍柏. 理论力学教程[M]. 北京：高等教育出版社，2023.

[7] 汪志诚. 热力学·统计物理[M]. 北京：高等教育出版社，2019.

[8] 郭硕鸿. 电动力学[M]. 北京：高等教育出版社，2008.

[9] 周世勋. 量子力学教程[M]. 北京：高等教育出版社，2009.

[10] 黄昆，韩汝琦. 固体物理学[M]. 北京：高等教育出版社，1988.

[11] 基泰尔. 固体物理导论[M]. 项金钟，吴兴惠，译. 北京：化学工业出版社，2005.